中 国 地 震 年 鉴

2020

《中国地震年鉴》编辑部　编

地 震 出 版 社

图书在版编目（CIP）数据

中国地震年鉴. 2020／《中国地震年鉴》编辑部编 . —北京：地震出版社，2021.12
ISBN 978-7-5028-5384-6
Ⅰ. ①中…　Ⅱ. ①中…　Ⅲ. ①地震-中国-2020-年鉴　Ⅳ. ①P316.2-54

中国版本图书馆 CIP 数据核字（2021）第 237416 号

地震版　XM4975/P(6179)

中国地震年鉴（2020）
《中国地震年鉴》编辑部　编

责任编辑：刘素剑　郭贵娟
责任校对：凌　樱

出版发行：地 震 出 版 社
北京市海淀区民族大学南路 9 号　邮编：100081
发行部：68423031　68467993　传真：68467991
总编办：68462709　68423029
编辑室：68467982
http://seismologicalpress.com
E-mail：dz_press@163.com
经销：全国各地新华书店
印刷：北京广达印刷有限公司

版（印）次：2021 年 12 月第一版　2021 年 12 月第一次印刷
开本：787 × 1092　1/16
字数：691 千字
印张：29.75
书号：ISBN 978-7-5028-5384-6
定价：198.00 元

《中国地震年鉴》编辑委员会

《中国地震年鉴》编辑部

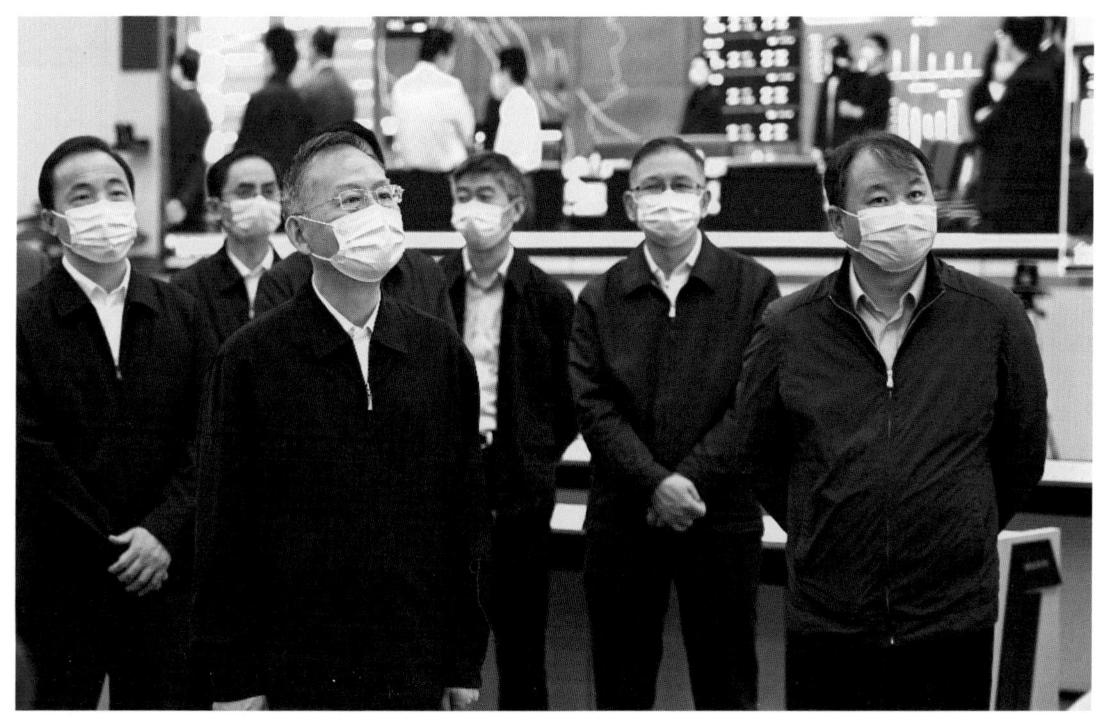

2020 年 10 月 10 日，应急管理部党委书记黄明（左三）前往中国地震局，就中央巡视整改、地震预警工程建设和重特大地震应对准备等工作进行调研指导

（中国地震台网中心　提供）

2020 年 1 月 7 日，全国地震局长会议在北京召开，应急管理部党组成员、副部长，中国地震局党组书记、局长郑国光作工作报告

（中国地震局办公室　提供）

2020 年 1 月 9 日，广西壮族自治区主席陈武（右）会见应急管理部党组成员、副部长，中国地震局党组书记、局长郑国光

（广西壮族自治区地震局　提供）

2020 年 3 月 25 日，应急管理部党组成员、副部长，中国地震局党组书记、局长郑国光出席 2020 年地震系统全面从严治党工作会议并讲话

（中国地震局办公室　提供）

2020 年 1 月 28 日，应急管理部党组成员、副部长，中国地震局党组书记、局长郑国光主持召开中国地震局新冠肺炎疫情防控工作领导小组会议

（中国地震局办公室　提供）

2020 年 7 月 24 日，中国地震局与中核集团签署战略合作协议

（中国地震局办公室　提供）

2020 年 9 月 4 日，应急管理部党委委员，中国地震局党组书记、局长闵宜仁调研指导监测预报工作

（中国地震局监测预报司　提供）

2020 年 9 月 10 日，应急管理部党委委员，中国地震局党组书记、局长闵宜仁出席防灾科技学院 2020 年教师节庆祝表彰大会

（防灾科技学院　提供）

2020 年 9 月 30 日，应急管理部党委委员，中国地震局党组书记、局长闵宜仁（左二）到中国地震台网中心调研防震减灾工作

（中国地震台网中心　提供）

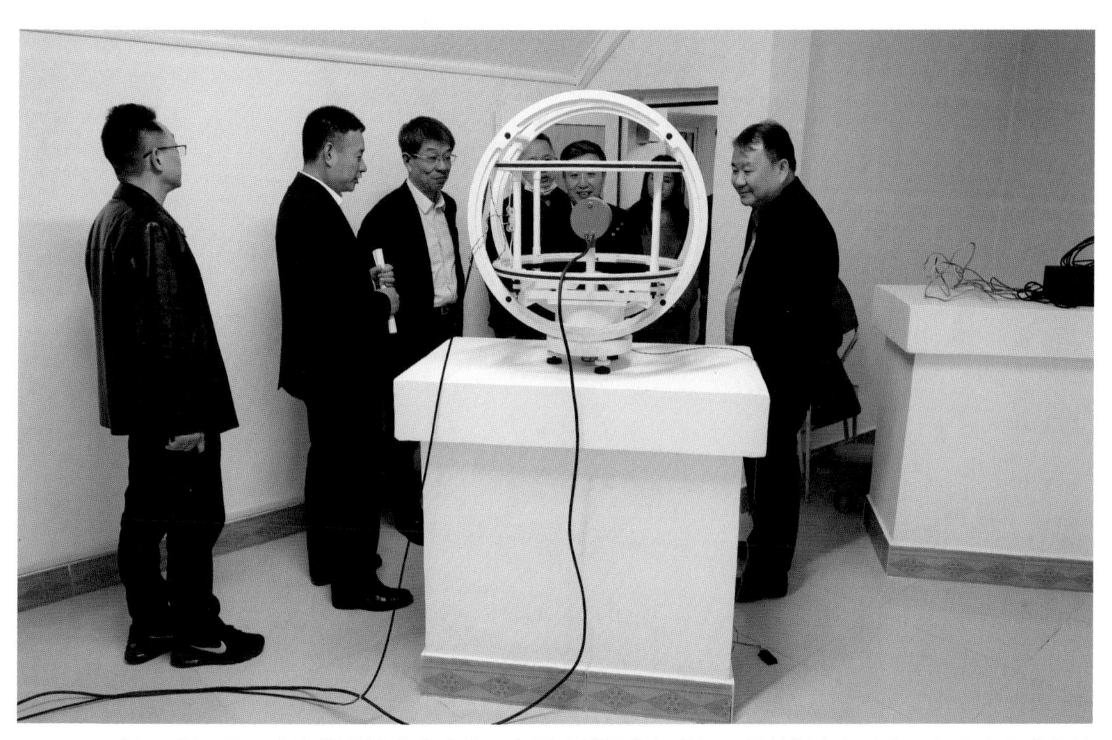

2020 年 11 月 4 日，应急管理部党委委员，中国地震局党组书记、局长闵宜仁（右一）在山东泰安地震基准台调研防震减灾工作

（中国地震局监测预报司　提供）

2020年12月30日，应急管理部党委委员，中国地震局党组书记、局长闵宜仁（前排中）到四川调研防震减灾工作

（四川省地震局　提供）

2020年1月12—14日，中国地震局党组成员、副局长阴朝民（左二）赴安徽省庐江地震台调研防震减灾工作

（安徽省地震局　提供）

2020 年 9 月 20 日，中国地震局党组成员、副局长阴朝民（右二）赴四川康定地震中心站调研防震减灾工作

（中国地震局监测预报司　提供）

2020 年 11 月 7 日，中国地震局党组成员、副局长阴朝民（左二）赴中国地震局深圳防震减灾科技交流培训中心、深圳防灾减灾技术研究院调研防震减灾工作

（中国地震局深圳防震减灾科技交流培训中心　提供）

2020 年 9 月 25 日，中国地震局党组成员、副局长王昆（左三）赴四川省地震局调研防震减灾工作

（四川省地震局　提供）

2020 年 10 月 26 日，中国地震局党组成员、副局长王昆（左四）在云南省巧家县白鹤滩水电站建设工地调研

（中国地震局办公室　提供）

2020 年 11 月 3 日，中国地震局党组成员、副局长王昆（左一）出席中国地震科学实验场第二届学术年会，并参观科技成果展

（中国地震局地球物理研究所　提供）

2020 年 7 月 15 日，北京市人民政府召开北京市防震抗震工作领导小组会议

（北京市地震局　提供）

2020 年 5 月 28 日，西藏自治区副主席多吉次珠在中国地震灾害防御中心科研人员的陪同下赴阿里地区调研防震减灾工作

（中国地震灾害防御中心　提供）

2020 年 7 月 28 日，浙江省代表队在第四届全国防震减灾科普讲解大赛决赛中获得 1 项一等奖、3 项二等奖和优秀组织奖

（浙江省地震局　提供）

2020 年 10 月 9 日，上海市地震局召开青年人才联合会成立大会暨青年理论学习小组成立大会

（上海市地震局　提供）

2020 年 11 月 24—26 日，广西壮族自治区党委区直机关工委、自治区总工会、自治区地震局在南宁联合举办 2020 年区直机关第五届职工岗位技能大赛地震行业个人技能赛

（广西壮族自治区地震局　提供）

2020 年 5 月 12 日，广东省地震局、广东省地震科普馆举办 2020 年防灾减灾周系列科普宣传活动线上发布会

（广东省地震局　提供）

2020 年 6 月 11 日，由 7 家媒体组成的采访团走进中国地震台网中心，就信息化建设进行采访调研

（中国地震台网中心　提供）

目　　录

专　　载

地震与地震灾害

各地区地震活动

重要地震与震害

防震减灾

科技创新与成果推广

机构·人事·教育

合作与交流

政务·规划财务

党的建设

附　　录

专　载

主要收载党中央、国务院，以及应急管理部和中国地震局领导有关防震减灾工作的重要讲话；国务院、国务院办公厅和应急管理部、中国地震局及省级人民政府公布和印发的有关防震减灾工作的重要法规和文件。

应急管理部党组成员、副部长，中国地震局党组书记、局长郑国光在2020年全国地震局长会议上的工作报告（摘要）

（2020年1月7日）

这次全国地震局长会议的主要任务是：以习近平新时代中国特色社会主义思想为指导，全面贯彻党的十九大和党的十九届二中、三中、四中全会精神，深入贯彻习近平总书记关于防灾减灾救灾重要论述精神，认真落实中央经济工作会议和全国应急管理工作会议部署，总结2019年防震减灾工作，部署2020年重点任务，全面推进新时代防震减灾事业现代化建设。

一、2019年工作回顾

2019年是新中国成立70周年。在以习近平同志为核心的党中央坚强领导下，在应急管理部党组的领导下，地震系统扎实推进防震减灾事业改革发展，圆满完成全年各项任务。

（一）深入学习贯彻习近平新时代中国特色社会主义思想

中国地震局党组坚持正确政治方向，始终以习近平新时代中国特色社会主义思想为指导，增强“四个意识”，坚定“四个自信”，做到“两个维护”，在思想上政治上行动上同以习近平同志为核心的党中央保持高度一致，坚决贯彻党中央、国务院各项决策部署。

持续强化创新理论武装。局党组把学懂弄通做实习近平新时代中国特色社会主义思想作为根本任务，坚持全面系统学、及时跟进学、深入思考学、联系实际学，自觉用习近平新时代中国特色社会主义思想武装头脑、指导实践、推动工作。紧紧围绕党的十九届四中全会、中央经济工作会议等会议精神，习近平总书记关于防范化解重大风险和提高自然灾害防治能力重要论述，以及在主持中央政治局第十九次集体学习时的重要讲话等，组织11次主题鲜明的局党组理论学习中心组学习，局属各单位党委（党组）中心组共组织565次学习研讨。还通过党校学习、震苑大讲堂、专题报告会、各类研讨、支部学习等方式，组织广大干部职工认真学、重点学、深入学，切实强化党的创新理论武装。

扎实开展“不忘初心、牢记使命”主题教育。局党组坚决落实主体责任，加强组织领导，派出指导组督导。带头学习研讨、调查研究、查摆问题，开好民主生活会，抓好整改落实和专项整治，开展“回头看”。局属各单位聚焦“守初心、担使命，找差距、抓落实”总要求，抓紧抓实学习教育、调查研究、检视问题、整改落实四项重点措施。通过主题教育，地震系统党员干部“两个维护”更加坚定自觉，理论武装进一步强化，群众观念更加牢固，干事创业精气神进一步提振，政治生态逐步向好。

坚决贯彻落实党中央、国务院决策部署。局党组及时组织广大干部职工认真学习贯彻党的十八大以来习近平总书记关于防震减灾重要批示，制定贯彻落实措施，全力做好地震应急处置工作。贯彻落实李克强总理和王勇国务委员的批示要求，狠抓震情跟踪，全力做好防范应对各项工作。修订局党组贯彻落实习近平总书记重要指示批示和党中央决策部署办法，开展贯彻落实情况“回头看”，确保各项决策部署在地震系统落地生根。落实定点扶贫和援疆援藏政治责任。

（二）地震监测预报预警业务稳步推进

着力提升地震监测水平。地震速报时效和精度不断提升，国内地震正式速报平均用时572 秒，比 2018 年减少 88 秒；自动速报平均用时 111 秒，比 2018 年减少 22 秒；自动速报震级平均偏差 0.21 级，相比 2018 年精度提高 22%。开展测震台网、地球物理台网规划编制，推进全国地震监测台网顶层设计。实施 100 个地震台站标准化改造。完成青藏高原 72 个站址勘选和 11 个高原高寒试验站建设，西藏西部、青海西部、新疆西南部地震监测能力由 3.5 级提升到 3.0 级。制定专业设备计量检测规定，完成 162 个型号设备定型。累计建成 23 个检测实验室和比测台站，地震计量体系初具规模。建立非天然地震信息报送业务，吉林局、台网中心等单位完成 60 余起爆炸、矿震等监测信息报送。

强化地震预报和震情跟踪研判。发挥地震预测咨询委员会作用，邀请系统内外科研、教育单位相关专家 200 余人次参加会商研判，进一步健全重点危险区地震预报滚动会商、开放会商、协作区专题会商、全国地震形势跟踪研讨等研判机制。在年度地震趋势预报和 2021—2030 年地震重点危险区确定工作中应用地震风险概率预测技术，推动经验统计预报向物理数值预报迈出坚实一步。完成全国“两会”、国庆 70 周年等重大活动地震安保工作。

扎实推进地震预警能力建设。全面启动国家地震烈度速报与预警工程，编制 23 项技术规范，累计安装烈度仪 5000 余套，福建、四川等地区初步具备地震预警服务能力。联合广电部门探索利用应急广播发布地震预警信息，打通信息发布“最后一公里”。与国铁集团实现地震信息互联互通。

（三）地震灾害风险防治全面启动

努力构建地震灾害风险防治格局。与有关行业部门建立地震灾害风险防治协同机制，推进自然灾害防治“九项重点工程”相关工作。压实地方地震灾害风险防治主体责任，组织首次全国地震动参数区划图执行情况检查，开展综合减灾示范社区创建。推进制定地震巨灾保险条例，发布新版地震巨灾风险模型。与河北省人民政府共同推进唐山市建设防震减灾示范城市。

完善地震灾害风险防治业务体系。推进地震灾害风险信息平台建设，建立活动断层探察数据中心和备份中心。四川、江苏、河南等省的城市活动断层探测全面铺开，吉林延吉、海南海口等 40 个城市开展活动断层探测取得进展，福建省开展陆地与海洋地震风险基础探测。启动新一代地震灾害风险区划预研。完成区域性地震安全性评价 126 项，开展川藏铁路、大唐海南核电等重大工程地震安评工作。

着力提升地震灾害风险防治能力。编制地震灾害风险调查和重点隐患排查工程实施方案。推进地震易发区房屋设施加固工程，编制总体工作方案。天津市人民政府印发加强地震灾害防治重点工作实施意见，河北、广东、陕西等省局正在牵头实施本省自然灾害防治重点工程。

扎实做好地震应急保障工作。按照“全灾种、大应急”体制要求，修订地震应急响应预案，完成国内外地震应急响应处置 64 次，积极开展快速评估、趋势会商、烈度评定、新闻宣传和舆情引导等工作，为抗震救灾提供信息服务和技术支持。

（四）防震减灾法治建设和公共服务不断加强

不断推进防震减灾法治建设。全面落实防震减灾法执法检查意见，牵头制定落实工作方案，整改落实情况得到全国人大常委会充分肯定。全国人大副委员长艾力更·依明巴海赴河北调研防震减灾法贯彻实施情况。开展地震安全性评价管理条例修订和地震监测预警部门规章起草，安徽、宁夏等16个省（自治区）出台区域性地震安评管理办法，山西省出台地震预警政府规章。出台中国地震局行政执法三项制度实施意见，开展“互联网+监管”系统建设。发布1项地震国家标准，审查通过16项行业标准，完成131项标准复审和清理。天津局、新疆局被评为全国“七五”普法先进集体，河北、河南等省局被评为省依法行政工作优秀单位。

扎实开展防震减灾公共服务。成立公共服务司，研究提出公共服务工作思路。为港珠澳大桥、云南龙江特大桥等10余项重大工程提供地震安全监测服务，为雄安新区59项工程提供抗震设防技术服务。减隔震技术逐步纳入各类建筑抗震设计规范，世界最大单体隔震建筑北京大兴国际机场投入运营。地震播报机器人服务产品达5大类25项，地震速报微博年阅读量超27亿人次，获全国政务微博十年特别贡献奖。福建局初步建成地震预警信息服务体系，布设信息发布终端1.2万余套，依法依规发布4次地震预警信息。中国地震区划APP上线运行。

深入开展地震科普宣传。在国际减灾日通过人民网等主流媒体发布“提高灾害防治水平”主题视频，浏览量近300万。联合科技部、中国科协举办科技列车甘肃行、中国—东盟防灾减灾科学传播论坛。举办全国防震减灾科普作品大赛、讲解大赛和全国中学生防震减灾知识大赛。安徽地震局专家获2019年度十大科学传播人物。出版《地震浅说》等一批优秀科普读物，《隔震技术知多少》等3部视频被评为全国优秀科普微视频，《遁地术的奥秘》荣获全国科学实验展演汇演一等奖。出台局党组加强新闻宣传工作的实施意见。新华社等25家中央主流媒体深入地球所等5个单位开展蹲点采访，集中宣传防震减灾事业发展。

（五）现代化建设迈出坚实步伐

深入开展统筹谋划。在资源配置、氛围营造、试点带动、考核评价和组织领导等方面综合施策、统筹推进现代化建设，印发现代化纲要和任务分工方案，开展纲要解读和宣讲，初步建立现代化指标体系。大部分局属单位成立现代化领导工作机构，制定实施方案。天津、福建、山东、广东4省（直辖市）局和中国地震台网中心、中国地震灾害防御中心列为现代化试点，编制三年行动方案。

加强规划和项目引领。部署防震减灾“十四五”规划编制，在国家发展改革委支持下开展规划研究，凝练全国地震台网升级换代工程、中国地震科学实验场、第六代地震灾害风险区划等6个重点项目。联合国家发展改革委、河北省人民政府编制印发雄安新区地震安全专项规划和实施意见。落实省级“十三五”规划项目73个。

积极推进信息化建设。编制地震信息化建设管理办法和标准体系表。推进台网中心地震云计算大数据平台和地震数据资源池原型建设，完成地震监测预警预报业务大厅建设和系统集成，完善分析会商技术系统，应用人工智能技术研发自动编目系统。全面启动地震观测图纸抢救工作。电子政务试点项目顺利通过验收。

（六）全面深化改革扎实推进

加强全面深化改革统筹协调。召开7次党组深改领导小组会议，传达学习习近平总书记系列重要讲话精神，审议改革议题24项，出台地震灾害风险防治体制改革顶层设计方案，制定改革制度10余项。批复地球所和兰州、乌鲁木齐、昆明、武汉4个区域研究所改革方案。印发改革督查方案，开展科技成果转化、机构改革和绩效工资改革专项督查。组织第三方评估福建局改革。

稳步推进各项专项改革。“5+6+1+N”地震科技创新布局初步形成，4个区域研究所已启动建设，27个局属单位出台科技成果转化办法。开展地震台站改革指导意见制定，积极推进台网中心、一测中心和二测中心改革。积极探索地震安评监管改革，安评报告纳入全国投资项目在线审批必备要件清单。完成中国地震局机关“三定方案”实施，出台局属单位机构改革指导意见，全面落实公务员职务与职级并行制度。预算绩效管理扩点增面，外部评价覆盖所有单位。

局属单位改革取得进展。40个局属单位出台改革意见或实施方案。四川、云南、广东等16个省局制定机构改革方案。44个单位实施绩效工资分配制度，33个单位实施养老保险制度。福建局实行全员竞聘上岗和绩效分配改革。台网中心、震防中心、发展研究中心重新编报“三定方案”。地球所、地质所等出台岗位竞聘、考核激励等系列制度。工力所年度科技成果转化合同额同比翻番。深研院初步形成地震仪器研发和量产能力。机关服务中心等单位深化改革初见成效。

（七）科技创新和人才队伍建设取得进展

继续实施国家地震科技创新工程。统筹申请国家重点研发计划、地震科学联合基金等国家科技项目，开展地震基础理论与关键技术研究。推进“地球深部探测”国家重大科技项目立项。承担川藏铁路重大科技攻关重点任务。

稳步推进中国地震科学实验场建设。联合北京大学、中国科技大学等17个单位共同完成科学设计，28个科研团队承担科研任务，开展千米深井钻探，启动深井、宽频带地震观测。国家地震科学数据中心获批成立，北京白家疃地球观象台等8个国家野外科学观测研究站通过科技部评估。广东局、浙江局、江西局、湖北局和震防中心等单位与地方科研单位联合组建科技协同创新平台。

大力推进科技人才队伍建设。出台促进事业单位人才干事创业指导意见，修订职称评定办法。首次组织地震系统事业人员招聘全国统一考试。中国地震局工程力学研究所专家入选“国家百千万人才工程”，地球所专家获“赵九章优秀中青年科学奖”。遴选117名优秀人才和26个创新团队，组建中国地震局人才库。局属40个单位设立人才专项。选派40名青年骨干出国进修，70名青年科技人员到研究所和业务中心进行交流访问，15名高级专家到省局合作培养人才。

不断扩大国际交流合作。习近平主席见证“张衡一号”02卫星中意合作备忘录签署和援尼泊尔地震监测台网移交。22个国家和2个国际组织正式加入“一带一路”地震减灾合作，召开首届协调人会议。召开第二届地震预警国际研讨会。“一带一路”地震监测台网建设项目、援老挝地震监测台网项目、中国—东盟地震海啸监测预警项目顺利实施。与尼泊尔、美国等国家举行双边高层交流。

（八）全面从严治党持续深入

认真落实全面从严治党主体责任。学习贯彻习近平总书记在中央和国家机关党的建设工作会议上的重要讲话精神，研究部署推动机关党建工作。修订中国地震局党组工作规则、中国地震局工作规则、履行全面从严治党主体责任清单等重要制度文件，认真研究党建工作重要事项，持续推进全面从严治党向纵深发展。

深化巡视整改。深化中央巡视整改，逐项排查整改落实情况，着力对政策性住房历史遗留问题和基层党组织建设问题进行整改。分两轮对 12 个单位开展内部巡视，对 7 个单位开展选人用人专项检查，严肃问题整改。

持续构建风清气正的良好政治生态。局党组印发实施意见，多措并举推进落实。全面摸底地震系统党的政治建设、基层党组织建设、全面从严治党工作状况，进一步规范基层支部建设。贯彻落实党中央关于“基层减负年”的各项要求，持续开展局机关“作风建设月”活动，坚决整治形式主义、官僚主义，严格控制发文、开会，局机关发文数量精简 30%、会议精简 33%。

加强保密、档案、信访、审计、安全生产、财务管理、资产管理、后勤保障、统战群团等工作，重视和加强老干部工作。

二、坚定不移推进新时代防震减灾事业现代化建设

推进新时代防震减灾事业现代化建设，是局党组深入贯彻落实习近平新时代中国特色社会主义思想，以及党的十九大和党的十九届四中全会精神，立足党和国家事业发展大局，着眼防震减灾事业发展需要作出的必然选择和战略安排，我们要深刻认识其重要性和紧迫性，齐心协力，全面推进新时代防震减灾事业现代化建设。

（一）始终坚持用习近平新时代中国特色社会主义思想指导和推进新时代防震减灾事业现代化建设

近年来，局党组深入贯彻落实习近平新时代中国特色社会主义思想，全面贯彻习近平总书记关于防灾减灾救灾重要论述，紧紧围绕现代化建设总目标统筹推进“五位一体”总体布局和协调推进“四个全面”战略布局，谋划推进新时代防震减灾事业现代化建设，出台指导性意见，构建了事业发展“四梁八柱”体系框架，目标更加笃定，路径更加明晰。我们要始终坚持以习近平新时代中国特色社会主义思想为指导，保持战略定力。我们要贯彻落实习近平总书记关于应急管理、防灾减灾救灾重要论述，不断提升防震减灾能力。我们必须坚持以人民为中心的发展思想，贯彻“两个坚持、三个转变”要求，进一步强化风险意识，继续全面深化改革，全力提升地震监测业务能力、地震灾害风险防治能力、地震科技创新能力、防震减灾社会治理能力。我们要始终坚持新发展理念，不断增强发展活力。要把新发展理念贯穿到防震减灾事业发展各个方面，协调解决好事业发展不平衡不充分矛盾，正确处理人和自然的关系、防震减灾和经济社会发展的关系，牢固树立风险意识和服务意识，坚持全面开放合作，统筹用好国际国内两种资源，强化共享发展，认真履行公共服务和社会治理职能，最大限度降低地震灾害风险和保障人民群众生命财产安全。

（二）持续推进新时代防震减灾事业现代化的“四大体系”建设

坚定不移推进地震灾害风险防治体系建设。重点落实好地震灾害风险防治体制改革各

项任务，强化地震灾害风险管理，做到关口前移，主动防御。落实“放管服”改革要求，加快建立建设工程地震安评事前事中事后监管机制。要从源头上摸清地震灾害风险底数，探索建立风险防控一张图、治理一张网，努力推动重点工程实施，不断提升地震灾害风险防治能力和应急支撑保障能力。

坚定不移推进地震基本业务体系建设。重点要调整优化地震监测台网布局，健全完善地震计量和台网运维保障，尽快形成地震预警信息精准发布能力。加强地震预测新技术新方法研发应用，推进经验统计预测向物理数值预测拓展，不断提升地震预报业务水平。健全地震灾害风险调查评估业务，分级分类推进全国地震活动断层探察、地震灾害风险区划和重要地震现场调查评估。

坚定不移推进地震科技创新体系建设。加快建立科技创新体系，培养造就一批具有国际影响的领军人才和创新团队。大力实施国家地震科技创新工程，推行透明地壳、解剖地震、韧性城乡和智慧服务“四大计划”。要大力发展防震减灾应用技术，加大科技成果转化力度。围绕“一带一路”建设，以地震科学实验场为平台，进一步扩大开放合作。创建现代科研院所制度，完善内部治理结构和科技评价机制，激发创新发展活力。

坚定不移推进防震减灾社会治理体系建设。进一步完善防震减灾体制机制，发挥双重领导和双重计划财务体制优势，主动融入大应急体制，理顺基层防震减灾工作机制。进一步系统梳理和修订防震减灾相关法律法规，抓紧出台一批重大急需标准，提高防震减灾的法治化和标准化水平。引导社会力量有序参与，积极推进地震安全风险网格化管理，巩固多元共治格局。要树立共享理念，坚持需求导向，整合资源，提供优质高效的决策服务、公众服务、专业服务和专项服务。

（三）加强新时代防震减灾事业现代化建设的组织领导

加强党对现代化建设的全面领导。各单位党委（党组）要提高政治站位，坚决贯彻落实党中央决策部署，切实发挥把方向、管大局、保落实的重要作用，加强对现代化建设的组织领导，合力推进新时代防震减灾事业现代化建设。

坚持规划引领、项目带动。努力完成《防震减灾规划（2016—2020 年）》《京津冀防震减灾协同发展“十三五”专项规划》确定的目标任务，继续实施国家地震预警工程等在建项目，加快推进“九项重点工程”相关工作。开展事关全局和长远的重大问题研究，统筹推进防震减灾“十四五”规划体系建设，做好与现代化纲要的衔接，组织凝练好重大项目。

强化对现代化建设的评估监督。要聚焦现代化建设，以评价指标体系为导向，科学谋划好本单位现代化建设的重点任务。选取试点单位开展现代化建设评估，完善评价方法、评价规则和评价流程，提高指标体系的针对性。要加大现代化建设考核力度。

三、聚焦主责主业，全面抓好防震减灾各项工作

（一）大力推进地震监测预报预警能力建设

着力夯实地震监测业务基础。召开全国地震台长会，出台地震台网规划，指导全国地震台站建设。实施北京周边老旧地震观测设备升级改造和青藏高原监测能力提升项目，不断推进观测设备改造。筹建国家地震计量站，提升一测中心对全国地震监测设备统一规范

管理能力。推进海洋地震监测体系建设。探索建设煤矿和非煤矿山等地震监测系统，提升非天然地震事件监测能力。

强化全国震情监视跟踪与趋势研判。严密监视全国震情动态变化，做好重大活动、重点时段地震安保工作。完善滚动会商机制，提高年、季、月尺度趋势会商的质量。完善基于预测指标体系的地震风险概率预报技术，开展地震分析会商技术系统业务试用。

大力推进地震预警业务建设。加快国家地震烈度速报与预警工程建设，在全国初步形成地震烈度速报能力，在四川、云南等地区开展地震预警服务试运行。推动与国家新闻出版广电总局等签订合作协议，鼓励各省开展地震预警信息服务试点。

（二）着力提高地震灾害风险防治水平

合力构建地震灾害风险防治工作格局。加强与行业部门协同，建立抗震安全监督管理工作机制，健全抗震设防标准体系。创建综合减灾示范社区和示范县，强化地方政府风险防治主体责任，推动形成行业共治、属地管理的地震灾害风险防治协作体系。

提升地震灾害风险防治能力。实施地震灾害风险调查和重点隐患排查工程，开展风险普查试点。印发地震易发区房屋设施加固工程总体工作方案，编制各类工程抗震鉴定和加固改造技术指南。继续开展重点地区地震活动断层探察，促进数据共享与成果应用。全面推进区域性地震安全性评价。开展地震灾害风险区划试点。推进减隔震、工程地震安全检测技术应用。

提高地震应急保障能力。强化风险意识，做好防大震、抗大灾的各项准备。牢固树立震情第一观念，落实应急响应机制改革要求，优化预案，细化流程，丰富基于人口、交通、经济等基础数据的应急技术产品，提升应急响应支撑服务能力。

（三）积极推进防震减灾公共服务

加快构建公共服务业务体系。出台防震减灾公共服务工作思路和指导意见，开展试点工作。发布第一批公共服务事项清单，各省局要结合地方工作实际完成清单制修订。研究制定公共服务标准体系表，推出一批服务精品。开展防震减灾公共服务综合平台建设，重构地震灾害风险防治服务业务系统。探索公共服务评估评价机制，开展需求调查和社会满意度评估。

大力推进地震科普宣传教育。抓好新闻宣传工作意见和科普宣传意见的落实，召开全国第二届防震减灾科普大会，编制防震减灾科普发展规划。探索建立地震科普融媒体平台，整合科普资源，与社会团体、企业等合作研发推广防震减灾科普精品。重要时段组织开展科普活动，加强涉震舆情监测与引导。

（四）扎实推进全面深化改革

深化行政管理体制改革。落实局属单位机构改革指导意见，调整和优化地震系统管理机构职能配置和业务布局。促进事业单位分类改革，落实好公益一类、二类政策制度。推动落实省级地震局双重领导的管理体制和双重计划财务体制。全面实行事业单位全员聘任和岗位绩效工资制度。制定预算绩效评估指标体系和台站运维预算定额标准，提高预算执行率，扩大预算绩效评价的覆盖面，全面实施预算绩效管理。开展试点单位和专项领域改革评估。

深化地震业务体制改革。推进台网中心、一测中心和二测中心改革，各省局细化监测预报改革实施方案并抓好落实。建立地震监测预报业务评估机制，试点开展地震速报、预警和预报业务技术评估。

深化地震灾害风险防治体制改革。要把地震灾害风险防治体制改革顶层设计细化为改革措施，组织实施，扎实推进。震防中心试点改革要加快推进，各省局要细化地震灾害风险防治体制改革实施方案。联合行业部门以完善标准为抓手，建立地震安评事中事后的“双随机一公开”监管机制，重点做好核电、大型水电站、生命线工程等重大建设工程抗震设防监管全覆盖。

深化地震科技体制改革。继续推进国家级研究所改革。优化区域地震科技布局，扎实推进区域研究所建设，鼓励各省局建立创新团队支撑业务发展，有条件的省局组建区域研究所，对已建区域研究所制度建设情况开展评估。继续抓好促进地震科技成果转化指导意见的落实，大力推进科技成果转化。

（五）大力实施“科技兴业”“人才强业”战略

不断强化科技创新引领支撑。组织编制国家地震科技中长期规划（2021—2035 年），积极争取国家科技项目，推进“地球深部探测”、国家重点研发计划、地震科学联合基金等国家科技项目立项和实施。加强科技攻关，争取在深井观测、地震孕育发生机理、城市风险区划和地震预警等方面取得技术突破。继续做好川藏铁路重大科技攻关研究、国家地震科学数据中心建设和地震动力学国家重点实验室评估工作。扎实建设中国地震科学实验场，凝练大科学计划，完善科学数据共享机制，打造开放合作的地震科技创新平台。

着力加强人才队伍建设。落实加快地震人才发展的意见和促进事业单位人才干事创业的指导意见，大力实施地震人才工程，在实干中培养领军人才、骨干人才、优秀年轻人才和创新团队。综合运用岗位聘任、绩效工资、业务经费和科研设施改善等方式，激发人才活力。加强青年人才培养，继续做好国内交流访问和国外访学研修项目。加大高层次急需人才培养引进力度，支持鼓励专业技术人才创新创业。充分发挥防灾科技学院、局属研究所在人才培养中的骨干作用。优化人才评价机制，注重科技创新、成果转化、应用实效的权重。

积极开展国际交流合作。推进“一带一路”地震减灾务实合作，举办第二届协调人会议，实施地震监测台网建设项目。探索建立国际地震合作组织，在地震科学研究、监测预测预警能力建设、灾害风险防治能力提升和人员培训等方面开展合作。围绕青藏高原相关研究等国际热点，进一步拓展国际相关合作。

（六）不断强化防震减灾法治建设

牢固树立法治意识。举行宪法宣誓仪式、宪法日宣传等活动，大力普及宪法知识，弘扬宪法精神，切实增强干部职工宪法意识和法治观念。切实落实地震系统“七五”普法规划，将法治建设列入各级领导干部理论学习和队伍素质提升计划重要内容。领导干部要带头学法用法、模范守法。

强化制度建设。开展防震减灾法、地震监测管理条例贯彻实施的后评估，推进地震监测预警管理办法出台。各省地震局要积极配合地方立法部门推进地方性法规规章实施评估和制修订工作。加快地震预警信息发布、活动断层避让、地震灾害风险调查等重点标准制修订，切实强化标准宣贯。

提高依法行政能力。举办法治培训班，汇编行政执法典型案例，进一步强化制度意识，自觉遵从制度，严格执行制度，坚决维护制度。组织开展全国人大常委会执法检查意见整改落实情况“回头看”，继续推动各级人大开展防震减灾法执法检查和执法调研。

四、努力建设忠诚干净担当的干部队伍

（一）持续深入学习贯彻习近平新时代中国特色社会主义思想

习近平新时代中国特色社会主义思想是我们党必须长期坚持的指导思想，是全党全国人民为实现中华民族伟大复兴而奋斗的行动指南，我们必须始终坚持不懈以习近平新时代中国特色社会主义思想武装头脑、指导实践、推动工作。

始终把政治建设摆在首位。牢牢把握政治机关的定位，认真贯彻落实中共中央关于加强党的政治建设的意见，以党的政治建设为统领，严守政治纪律和政治规矩，进一步增强“四个意识”，坚定“四个自信”，做到“两个维护”，在政治立场、政治方向、政治原则、政治道路上始终同以习近平同志为核心的党中央保持高度一致。

巩固深化主题教育成果。落实“不忘初心、牢记使命”制度，学懂弄通做实党的创新理论，掌握马克思主义立场观点方法，夯实不忘初心、牢记使命和敢于斗争、善于斗争的思想根基，正视问题、刀刃向内，勇于担当、善于作为。持续抓实主题教育整改落实和专项整治，把初心和使命变成锐意进取、开拓创新的精气神和埋头苦干、真抓实干的原动力，落实到推进现代化建设的具体行动上。

坚决贯彻落实党中央决策部署。严格执行局党组贯彻落实习近平总书记重要指示批示和党中央决策部署办法，切实增强贯彻落实的自觉性，及时跟踪落实情况，强化督促检查。巩固永靖扶贫工作成果，确保脱贫攻坚、援疆援藏等党中央各项决策部署落到实处。

（二）切实加强领导班子和干部队伍建设

着力强化领导班子建设。落实全国党政领导班子建设规划纲要，持续开展领导干部综合分析研判，出台局属单位领导班子建设实施办法。选优配强各单位领导班子，优化领导班子结构，合理配备女干部、少数民族干部和党外干部，增强班子整体功能。加强优秀年轻干部工作，坚持常态化发现选拔、系统化培养教育、持续性跟踪管理，着力解决地震系统干部老化、选人难问题。落实职务与职级并行制度，发挥职级的激励作用。继续做好事业人员招聘工作，严把进人关，提升进人质量。

着力提高领导本领和专业素质。举办局属单位主要负责人专题研讨班，提高领导班子“把方向、谋大局、定政策、促改革”的能力，增强斗争本领。通过民主生活会、“三会一课”、集中教育等，加强领导干部政治历练。聚焦事业改革发展中心任务，通过“上挂下派”“援疆援藏”等方式培养锻炼干部。在事业改革发展实践中加强专业训练，增长专业知识和专业能力，提升干部专业素养和履职能力。

着力加强干部教育监督。贯彻全国党员教育培训工作规划，有计划组织干部专题培训和轮训。严格执行巡视、选人用人进人专项检查、经济责任审计、重大事项请示报告、“一

报告两评议”等制度，提升干部监督工作实效。落实《党政领导干部考核工作条例》，全面考核领导班子和领导干部政治思想建设、领导能力、工作实绩，把制度执行力作为干部选拔任用、考核评价的重要依据，推动干部能上能下，严厉治庸治懒。

（三）持续构建良好政治生态

不断改进工作作风。严格贯彻执行中央八项规定精神，持之以恒纠正“四风”，着力解决形式主义、官僚主义问题。敢于直面问题、修正错误，用好批评和自我批评这个锐利武器。继续开展“作风建设月”活动，进一步改进文风、会风和工作作风，弘扬实干精神，切实把广大干部的精力和智慧放到抓落实、求实效上来，形成真抓实干的良好环境。密切联系群众，深入基层调查研究，指导解决实际问题。

不断凝聚担当作为正能量。贯彻中央关于进一步激励广大干部新时代新担当新作为的意见，把坚持从严管理与正向激励结合起来，让不作为、慢作为、乱作为的干部失去市场，让想干事、能干事、干成事的干部赢得机会。

不断提振干事创业精气神。认真践行“对党忠诚、纪律严明、赴汤蹈火、竭诚为民”重要训词精神，坚守初心使命，始终为党为民守夜。大力弘扬社会主义核心价值观，深入开展应急文化、地震行业精神宣传教育。持续选树先进典型，形成树先进、学先进、赶先进的浓厚氛围。

（四）深入推进全面从严治党

落实全面从严治党“两个责任”。学习贯彻十九届中央纪委四次全会精神，组织召开地震系统全面从严治党工作会议。深入贯彻落实习近平总书记在中央和国家机关党的建设工作会议重要讲话精神，创建让党中央放心、让人民群众满意的模范机关。压紧压实全面从严治党“两个责任”和领导干部“一岗双责”，坚持做到党建工作和业务工作同谋划、同部署、同落实、同考核，一体推进“不敢腐、不能腐、不想腐”，持续推动全面从严治党向纵深发展。

夯实党的基层基础。贯彻《中国共产党支部工作条例》，突出政治功能，加强分类指导，推进基层党支部标准化规范化建设，配齐配强党组织领导班子，压实基层党组织书记责任。严肃党内政治生活，抓好“三会一课”和主题党日活动，加强对党员的教育管理监督，大力提升党支部组织力，切实发挥基层党组织的战斗堡垒作用，推动基层党组织全面进步、全面过硬。

持之以恒正风肃纪。持续深化中央巡视整改。继续开展内部巡视，及时发现问题，整改落实。统筹巡视巡察、财务稽查、内部审计、专项检查、信访举报等，形成监督合力。严肃监督执纪问责，科学运用监督执纪“四种形态”，抓早抓小，防微杜渐。强化经常性纪律教育和警示教育，全面促进党员干部知敬畏、存戒惧、守底线。认真落实驻应急管理部纪检监察组有关要求和规定，全力支持和配合开展工作。

继续做好离退休干部工作，统筹做好财务管理、国有资产专项清理、统计、保密、档案、信访、维稳、宣传、安全生产、后勤保障、统战群团等各项工作。

（中国地震局办公室）

应急管理部党组成员、副部长，中国地震局党组书记、局长郑国光在2020年地震系统全面从严治党工作会议上的讲话（摘要）

（2020年3月25日）

一、深入学习贯彻习近平总书记重要讲话和十九届中央纪委四次全会精神

2020年1月召开的十九届中央纪委四次全会，是在决胜全面建成小康社会、决战脱贫攻坚的关键时刻召开的一次重要会议，习近平总书记发表了重要讲话，深刻总结了新时代全面从严治党的历史性成就，深刻阐释了我们党实现自我革命的成功道路、有效制度，深刻回答了管党治党必须“坚持和巩固什么、完善和发展什么”的重大问题，对以全面从严治党新成效推进国家治理体系和治理能力现代化作出了战略部署。习近平总书记的重要讲话高屋建瓴、统揽全局、思想深邃、内涵丰富，对推动地震系统全面从严治党向纵深发展具有重大指导意义。

第一，始终坚持把“两个维护”作为党的最高政治原则和根本政治规矩。新时代强化政治监督的根本任务就是“两个维护”，要完善坚决维护习近平总书记党中央的核心、全党的核心地位，坚决维护党中央权威和集中统一领导的各项制度，健全党中央对重大工作的领导体制，以统一的意志和行动维护党的团结统一，不断增强“两个维护”的自觉性、坚定性。要坚持党中央重大决策部署到哪里、监督检查就跟进到哪里，对贯彻落实习近平总书记重要指示批示精神情况和对贯彻党章党规、执行大政方针等情况的政治监督要成为常态。要督促落实全面从严治党责任，推动党中央重大决策部署落实见效，把“两个维护”融入血脉、见诸行动。

第二，始终坚持用习近平新时代中国特色社会主义思想武装头脑。习近平新时代中国特色社会主义思想，是新时代中国共产党人的思想旗帜。党内存在的种种问题，根本原因在于理想信念动摇、初心信仰迷失，管党治党必须从固本培元、凝神聚魂抓起。必须不断学思践悟、融会贯通，持之以恒用习近平新时代中国特色社会主义思想武装头脑、教育人民、指导工作。要坚持思想建党和制度治党同向发力，把理想信念教育作为党的思想建设的首要任务，建立不忘初心、牢记使命的制度，推进学习教育制度化常态化，不断坚定同心共筑中国梦的理想信念。

第三，始终坚持以人民为中心的工作导向，以优良作风决胜全面建成小康社会、决战脱贫攻坚。作风建设关系我们党能否守住立党初心、实现执政使命。要坚持人民群众反对什么、痛恨什么，就坚决防范和纠正什么，及时回应人民群众关切，集中整治突出问题。要巩固拓展作风建设成效，推动化风成俗、成为习惯。要坚决贯彻中央八项规定精神，守

住重要节点，紧盯薄弱环节，防止老问题复燃、新问题萌发、小问题坐大。要通过清晰的制度导向，把干部干事创业的手脚从形式主义、官僚主义的桎梏、“套路”中解脱出来，形成求真务实、清正廉洁的新风正气。

第四，始终坚持制度建设，增强纪律约束力和制度执行力。没有严明纪律作保障，制度就是一纸空文。要完善全覆盖的制度执行监督机制，强化日常督查和专项检查，用严格执纪推动制度执行。要把制度执行情况纳入考核内容，推动干部严格按照制度履职尽责、善于运用制度谋事干事。要进一步完善工作机制，强化“两个责任”落实，加强制度执行力建设，强化对权力运行的制约和监督，把党中央确定的党风廉政建设和反腐败斗争各项工作任务抓到位、抓到底，以全面从严治党新成效推进国家治理体系和治理能力现代化。

第五，始终坚持推进党风廉政建设和反腐败工作，一体推进不敢腐、不能腐、不想腐。腐败是我们党面临的最大威胁，一体推进不敢腐、不能腐、不想腐，不仅是反腐败斗争的基本方针，也是新时代全面从严治党的重要方略。“不敢”是前提，要以严格的执纪执法增强制度刚性，让党员、干部从害怕被查处的“不敢”走向敬畏党和人民、敬畏党纪国法的“不敢”；“不能”是关键，要科学配置权力，加强重点领域监督机制改革和制度建设，推动形成不断完备的制度体系、严格有效的监督体系；“不想”是根本，要靠加强理想信念教育，靠提高党性觉悟，靠涵养廉洁文化，夯实不忘初心、牢记使命的思想根基。要清醒认识腐蚀和反腐蚀斗争的严峻性、复杂性，认识反腐败斗争的长期性、艰巨性，切实增强防范风险意识，提高治理腐败效能。

二、以高度的政治自觉，严格落实全面从严治党主体责任

中央办公厅印发了《党委（党组）落实全面从严治党主体责任规定》(以下简称《规定》)，明确了落实全面从严治党主体责任的遵循原则、责任内容、责任落实、监督追责等，要求全党必须保持战略定力，发扬斗争精神，不断深化党的自我革命，一以贯之、坚定不移全面从严治党。这是党中央健全全面从严治党责任制度的重要举措，我们一定要切实抓好《规定》的学习贯彻。

一要强化全面从严治党主体责任意识。《规定》总结党的十八大以来，以习近平同志为核心的党中央管党治党、全面从严治党的理论与实践，专门就落实全面从严治党主体责任作出规定、进行规范，明确要扭住责任制这个“牛鼻子”，抓住党委（党组）这个关键主体，不折不扣落实全面从严治党责任。地震系统各单位党委（党组）一定要深刻领会和准确把握，强化全面从严治党主体责任意识，切实肩负起全面从严治党的政治责任。

二要准确把握落实主体责任要求。《规定》明确的主体责任内容与新时代党的建设总要求一脉相承，主要包括党的政治建设、思想建设、组织建设、作风建设、纪律建设、制度建设及反腐败斗争等 11 个方面。《规定》明确，党委（党组）落实全面从严治党主体责任，要坚持紧紧围绕加强和改善党的全面领导，坚持全面从严治党各领域、各方面、各环节全覆盖，坚持真管真严、敢管敢严、长管长严，坚持全面从严治党过程和效果相统一。要坚持党建工作与业务工作同谋划、同部署、同推进、同考核，完善落实全面从严治党主体责任的考核制度，不折不扣落实全面从严治党各项要求。地震系统各单位党委（党组）

一定要严格落实主体责任各项要求，强化守土有责、守土担责、守土尽责的政治担当，引领带动本单位抓好全面从严治党。

三要层层落实各级主体责任。各单位党委（党组）领导班子成员应当强化责任担当，狠抓责任落实，在全面从严治党中发挥示范表率作用。党委（党组）书记要管好班子、带好队伍、抓好责任落实，切实履行全面从严治党第一责任人职责，做到重要工作亲自部署、重大问题亲自过问、重点环节亲自协调、重要案件亲自督办，支持、指导和督促班子成员履行全面从严治党责任，发现问题及时提醒纠正。班子成员对职责范围内的全面从严治党工作负重要领导责任，按照“一岗双责”要求，领导、检查、督促分管部门和单位全面从严治党工作，对分管部门和单位党员干部从严进行教育管理监督。党务、纪检、组织人事等机构要协助党委（党组）落实全面从严治党主体责任，切实发挥专责作用。

三、始终把政治建设摆在首位，深入推进地震系统全面从严治党工作

党的政治建设是党的根本性建设，决定党的建设方向和效果，必须以党的政治建设为统领，自觉增强“四个意识”、坚定“四个自信”、做到“两个维护”，深入推进地震系统全面从严治党工作。

一要深化理论武装，坚守初心使命。把坚定理想信念作为思想建设的重要任务。认真落实“不忘初心、牢记使命”制度，始终坚持用习近平新时代中国特色社会主义思想武装头脑、教育干部职工、指导工作实践、推动改革发展。要加强思想政治引领，紧跟党的理论创新步伐，围绕防震减灾事业改革发展中心任务，通过中心组学习、支部学习、讲党课等多种形式加强党员干部理想信念教育和忠诚教育，不断巩固深化主题教育成果。

二要强化政治建设，坚决做到“两个维护”。习近平总书记强调，中央和国家机关首先是政治机关，是践行“两个维护”的第一方阵，必须旗帜鲜明讲政治。地震系统要强化政治担当，把做到“两个维护”体现在坚决贯彻习近平总书记关于防灾减灾救灾重要论述和党中央重大决策部署的行动上，体现在履职尽责、做好本职工作的实效上，体现在日常工作和生活言行上，始终在思想上政治上行动上同以习近平同志为核心的党中央保持高度一致，做到对党绝对忠诚。

三要严肃党内政治生活，着力夯实组织基础。要树立大抓基层的鲜明导向，突出政治功能，严格执行《支部工作条例》《基层组织工作条例》等制度，切实解决地震系统存在的政治意识淡化、党的领导弱化、党建工作虚化、责任落实软化等问题，把负责、守责、尽责体现在每个党组织、每个岗位上。要分类指导机关、业务中心、研究所、基层台站党建工作，从基础工作、基础制度、基本能力建设抓起，推进标准化规范化建设，加强党支部书记队伍建设，开展述职评议考核，推动基层党组织全面进步、全面过硬。

四要抓实干部监督管理，规范权力运行。习近平总书记强调，对各级“一把手”来说，党组织自上而下的监督最有效。要加强对领导干部，特别是“一把手”的监督管理，群众反映多的要及时进行提醒谈话、约谈、批评教育，敲敲警钟，问题反映突出的，专项检查等就要及时跟进。要坚持党管干部原则，把党组织领导把关作用体现在选育管用各环节。坚持正确用人导向，树立选人用人良好风气。严格执行民主集中制和“三重一大”集体决

策，严格执行重大事项请示报告、个人有关事项报告、干部回避等制度，规范履职行为。

五要加强作风建设，优化发展环境。地震系统坚持以人民为中心的工作导向，就是要全力做好防震减灾各项工作，最大限度减轻地震灾害风险，保护人民群众生命财产安全。当前，新时代防震减灾事业现代化建设的蓝图已经绘就，关键是要保持战略定力，不等不靠，奋发有为，狠抓落实，严格落实“三个区分开来”，激励广大干部担当作为。越是吃劲的时候，越需要加强作风建设，要把中央八项规定精神作为铁的纪律坚决执行。要持续开展“作风建设月”活动，持续整治形式主义、官僚主义，努力创建“让党中央放心、让人民群众满意的模范机关”。

四、强化监督执纪问责，持续构建良好政治生态

良好的政治生态是新时代防震减灾事业现代化建设的根本保障，严明的纪律规矩是确保政治生态风清气正的底线和红线，我们必须坚持监督从严、执纪从严、问责从严，持续构建地震系统风清气正的良好政治生态。

一要强化党内监督，提高监督效能。党内监督是第一位监督，地震系统党风廉政建设存在的不少问题，源于党内监督不力。要压紧压实党委（党组）全面监督、纪检机构专责监督、党的工作部门职能监督、基层组织日常监督，与党员民主监督、群众监督融为一体，形成监督合力。要持续深化中央巡视整改，把握政治巡视内涵，加强内部巡视监督。要建立健全内控机制，强化廉政风险防控，结合巡视、审计等发现的突出问题，动态调整风险点和防控措施。要紧盯“关键少数”，使关键岗位、重点人员始终置身于监督之下履责用权。各级党组织和党员干部要积极参与监督，自觉主动接受监督。

二要严肃执纪问责，维护纪律权威。充分运用监督执纪“四种形态”提供的政策策略，严厉惩处违纪违规问题。紧盯党中央重大决策部署贯彻落实，紧盯事关防震减灾事业发展大局的重点领域、关键岗位、重大工程，着力查处党员领导干部违反政治纪律和政治规矩、利用手中权力谋取私利等问题，着力查处落实中央八项规定精神、选人用人进人、招标采购等方面的违规违纪行为，坚持越往后越严，让违纪违法者受到追究、付出代价。认真贯彻落实问责条例，坚决防止问不下去、问下不问上、问小不问大。坚持实事求是、依规依纪依法精准问责，防止问责泛化，把好问责的尺度、力度和温度，确保问责工作的政治性、精准性、实效性。

三要加强警示警醒，增强自觉自律。开展经常性纪律教育和警示提醒，用身边的事教育身边的人，做到“一人受处分、多人受教育，一个单位出问题，全系统受警示”，引导党员干部知敬畏、存戒惧、守底线。各级党员领导干部要在严格党内政治生活、严守纪律规矩上做表率，在自觉规范用权、落实决策部署上做表率。

四要健全正向激励，促进担当作为。完善干部考核评价机制，把年度考核、平时考核、专项考核结果与干部选拔任用、能上能下、评优评奖等挂钩。把项目安排、资金投入、绩效工资等向勇于改革、敢于创新、做出实绩的单位倾斜。落实“三个区分开来”，为负责者负责、为担当者担当、为干事者挡事。要在强化责任约束的同时，鼓励创新、宽容失误，正确把握失误的性质和影响，切实保护干部干事创业的积极性，对诬告、诽谤的严肃查处。

五、努力建设忠诚干净担当、敢于善于斗争的纪检监察干部队伍

建设高素质纪检监察干部队伍是推动纪检监察工作高质量发展的关键。地震系统广大纪检监察干部要带头加强党的政治建设，做忠诚干净担当、敢于善于斗争的战士。

一要准确把握纪检监察机构职责任务。纪检监察机构是管党治党的重要力量，根本职责使命是维护党中央权威和党的团结统一。监督是纪检监察机构的基本职责、第一职责，要持续深化转职能、转方式、转作风，紧盯贯彻执行党章党规党纪和宪法法律法规、党的路线方针政策和党中央决策部署情况，紧盯贯彻落实习近平总书记重要指示批示精神情况，靠前监督、主动监督。

二要提高纪检监察工作规范化水平。党中央制定监督执纪工作规则、批准监督执法工作规定，就是给纪检监察机构定制度、立规矩，必须不折不扣执行到位。纪检监察机构要依规依纪处置好每一个问题线索、办好每一起案件。要把实事求是作为新时代纪检监察工作高质量发展的生命线，客观公正处理问题，精准高效履职尽责。纪检监察干部要加强思想淬炼、政治历练、实践锻炼、专业训练，牢固树立法治意识、程序意识、证据意识，严格按照权限、规则、程序开展工作。

三要发扬斗争精神，增强斗争本领。纪检监察干部要守护初心使命，既要政治过硬，也要本领高强，严格监督执纪问责，在大是大非面前敢于亮剑，在不正之风面前敢于较真碰硬，不断在斗争一线中提高日常监督、执纪审查本领。要通过干部交流、挂职、参加巡视和专项工作等方式，培养骨干力量。要把纪检监察岗位作为培养锻炼干部的重要平台，选拔有潜力的优秀年轻干部到纪检监察岗位锻炼，对不敢为、不善为、不会为的纪检监察干部坚决予以调整。

（中国地震局办公室）

应急管理部党委委员，中国地震局党组书记、局长闵宜仁在中国地震局组织人事工作会议上的讲话（摘要）

（2020年9月24日）

一、深刻认识坚持新时代党的组织路线的重大意义，进一步增强贯彻新时代党的组织路线的政治自觉思想自觉行动自觉

习近平总书记在主持中央政治局第二十一次集体学习时发表的重要讲话，回顾总结党的组织路线的发展历程，深刻阐述坚持新时代党的组织路线的重大意义，为加强新时代党的组织建设指明了前进方向、提供了重要遵循。

一是要深刻认识组织建设是党的建设的重要基础。党的组织路线是指导组织建设的根本方针和准则，什么时候坚持正确组织路线，党的组织就蓬勃发展，党的事业就顺利推进；什么时候组织路线发生偏差，党的组织就遭到破坏，党的事业就出现挫折。习近平总书记强调，“组织路线对坚持党的领导、加强党的建设、做好党的组织工作具有十分重要的意义”。党近百年的奋斗历程深刻启示我们，正确的组织路线是我们党发展壮大的重要法宝，是党和国家事业胜利前进的坚强保证。

二是要深刻认识新时代党的组织路线是以习近平同志为核心的党中央在总结历史经验特别是党的十八大以来全面从严治党成功经验的基础上，对新时代党的组织路线进行了概括。党的十八大以来，党中央针对党的组织建设中存在的突出问题，坚定不移全面从严治党，在加强党的全面领导、健全党的组织体系、完善选人用人标准和工作机制、健全党内政治生活和组织生活制度等方面采取了一系列重大举措，推动党在革命性锻造中更加坚强。党的十九大之后，我们在总结历史经验特别是党的十八大以来全面从严治党成功经验的基础上，对新时代党的组织路线进行了概括，规定了组织建设的指导思想、方针原则、工作布局、目标任务、价值取向，是新时代党的建设和组织工作必须遵循的“纲”和“本”。

三是要深刻认识新时代党的组织路线是我们党理论创新和实践创新的又一重大成果，是对马克思主义党建学说的开创性贡献。新时代党的组织路线以“一个全面贯彻”为根本指针，以“两个坚持”为目标导向，突出一条根本原则，明确三个基本点，具有重大开创性意义和贡献。一是首次对党的组织路线作出明确概括，有利于全党准确理解掌握并遵循这条路线前进；二是实现了组织建设各要素的有机集成，把组织体系、干部队伍、人才队伍建设等关键内容都纳入其中，构成一个要素完备、内在统一的整体，有利于指导全党推进组织建设、全面提高组织建设效能；三是从顶层设计上完善了党的路线体系，为加强党的建设提供了更强大的武器，有利于更好地发挥党的思想优势、政治优势、组织优势、密切联系群众优势等核心优势。

四是要深刻认识贯彻落实好新时代党的组织路线对形成为夺取新时代中国特色社会主义新胜利而团结奋斗的强大力量具有重大而深远的意义。贯彻落实好新时代党的组织路线是从组织上把我们党建设得更加坚强有力，把广大党员、干部和各方面人才组织起来，把广大人民群众广泛凝聚起来，形成为夺取新时代中国特色社会主义新胜利而团结奋斗的强大力量的必然要求，必须增强贯彻落实的政治自觉、思想自觉和行动自觉。

二、深入领会和落实“五个抓好”基本要求

学习领会习近平总书记重要讲话精神，关键要准确把握“五个抓好”基本要求。

一是深入领会和落实“抓好坚持和完善党的领导、坚持和发展中国特色社会主义”的基本要求。要深刻认识党的组织路线是为党的政治路线服务的，加强组织建设根本目的是坚持和加强党的全面领导、为推进中国特色社会主义事业提供坚强保证。要深刻认识坚持党对一切工作的领导是我们党领导人民进行革命、建设、改革最可宝贵的经验，是进行伟大斗争、实现中华民族伟大复兴最根本的保证。要深刻认识坚持党的领导，最根本的是做到“两个维护”，要把“两个维护”贯彻到组织建设的全过程、各方面，教育引导各级党组织和广大党员、干部、人才坚决贯彻落实习近平总书记重要指示批示精神和党中央决策部署，确保全党集中统一、令行禁止。

二是深入领会和落实“抓好用党的科学理论武装全党”的基本要求。要深刻认识组织是“形”、思想是“魂”，加强党的组织建设既要“造形”、更要“铸魂”。坚持和加强马克思主义特别是习近平新时代中国特色社会主义思想的理论武装，共同把党的创新理论转化为推进新时代中国特色社会主义伟大事业的实践力量。要深刻认识加强党的组织建设必须坚持以党的科学理论为根本遵循。自觉用习近平新时代中国特色社会主义思想指导党的组织建设，使各项工作更好体现时代性、把握规律性、富于创造性。

三是深入领会和落实“抓好党的组织体系建设”的基本要求。要深刻认识严密的组织体系，是马克思主义政党的优势所在、力量所在。提出“以组织体系建设为重点”是新时代党的组织路线的重要创新和贡献，突出了组织的基础性地位和体系化建设要求。要深刻认识中央和国家机关是贯彻落实党中央决策部署的“最初一公里”，要认真贯彻执行党组工作条例和党的工作机关条例，把中央和国家机关建设成为讲政治、守纪律、负责任、有效率的模范机关。基层党组织是贯彻落实党中央决策部署的“最后一公里”，要坚持大抓基层的鲜明导向，把各领域基层党组织建设成为实现党的领导的坚强战斗堡垒。

四是深入领会和落实“抓好执政骨干队伍和人才队伍建设”的基本要求。要深刻认识“干部工作也好，人才工作也好，本质上都是用人问题”，坚持党管干部、党管人才原则，统筹做好选贤任能工作。要深刻认识“选干部、用人才既要重品德，也不能忽视才干”，坚持德才兼备、以德为先、任人唯贤，坚持事业为上、以事择人、人事相宜。要深刻认识提高治理能力是新时代干部队伍建设的重大任务，加强思想淬炼、政治历练、实践锻炼、专业训练，使广大干部政治素养、理论水平、专业能力、实践本领跟上时代发展步伐。要深刻认识“培养选拔年轻干部要优中选优、讲究质量”，要突出政治训练，强化实践磨炼，让干部经风雨、见世面、壮筋骨、长才干。要深刻认识“好干部是选拔出来的，也是培养和

管理出来的”，完善管思想、管工作、管作风、管纪律的从严管理机制，推动形成能者上、优者奖、庸者下、劣者汰的正确导向。要深刻认识集聚天下英才而用之关键是形成具有吸引力和国际竞争力的人才制度体系，进一步深化人才发展体制机制改革，实行更加积极、更加开放、更加有效的人才政策，充分激发人才创新创造活力。

五是深入领会和落实“抓好党的组织制度建设”的基本要求。要深刻认识民主集中制是我们党的根本组织制度和领导制度，是最大程度激发党的创造活力、维护党的团结统一的重要保证，要加强民主集中制的教育培训和监督检查，结合地震部门实际，把党内组织法规和党中央提出的要求具体化，建立健全包括组织设置、组织生活、组织运行、组织管理、组织监督等在内的完整组织制度体系，不断提高党的组织建设的制度化、规范化、科学化水平。

三、认真践行新时代党的组织路线，提高地震系统党的建设和组织人事工作水平

（一）要坚持目标导向，把准方向抓落实

要始终坚持组织路线服务政治路线这一根本原则。在地震系统加强党的组织建设，根本目的是坚持党对防震减灾工作的全面领导，为推进新时代防震减灾事业发展提供坚强保证。要紧紧围绕根本目的搞培训提素质、选干部配班子、建队伍聚人才、抓基层打基础，尤其是在坚持党管干部、党管人才，加强党的建设等重大原则问题上，必须旗帜鲜明、立场坚定。坚持党的领导的核心要义就是坚决做到“两个维护”。“两个维护”是具体的、实在的，首要任务是保障党的路线方针政策贯彻落实，保障习近平总书记重要指示批示和党中央重大决策部署贯彻落实，教育引导地震系统广大党员干部在思想上政治上行动上同以习近平同志为核心的党中央保持高度一致。要坚持把旗帜鲜明讲政治贯穿地震系统组织工作各方面和全过程，领导班子建设要突出政治要求，加强组织体系建设要突出政治功能，培养选拔干部要严把政治关，教育管理监督要突出政治监督，人才工作要注重政治引领和政治吸纳，发展党员要突出政治标准，切实把地震系统广大党员干部和各方面人才凝聚起来，汇聚起新时代防震减灾事业改革发展的强大力量。

（二）要坚持需求导向，围绕大局抓落实

在党中央、国务院坚强领导下，防震减灾事业走过了不平凡的发展历程。管理体制上，从中科院代管的国家局，到主管全国地震工作的职能部门，从国家科委管理的国家局，到国务院直属事业单位，再到应急管理部管理的事业单位；业务体系上，从以地震监测预报为主，发展到建立健全防震减灾三大工作体系，再到大力推进新时代防震减灾事业现代化建设；管理理念上，从探索震灾综合防御，发展到注重综合减灾，再到着力减轻地震灾害风险。围绕中心、服务大局，是组织人事工作的导向所在、职责所在。组织人事各项工作包括机构改革、业务布局，干部选拔、力量配备，人才建设、培训教育，收入分配、激励机制等，都要适应地震部门履行主责主业的新形势新要求，切实为事业改革发展提供组织保障。

（三）要坚持问题导向，攻坚克难抓落实

贯彻落实新时代党的组织路线，必须树立强烈的问题意识，对一些重点难点问题进行

深度剖析。当前地震系统还存在一些问题，在学习贯彻习近平总书记重要讲话和指示批示精神方面，知行合一、狠抓落实有差距；在服务事业发展大局方面，全面聚焦、服务保障有差距；在加强党的组织体系建设方面，政治功能和组织力不强；在“两支队伍”建设方面，存在班子配备不全、高端人才严重不足的突出问题；在执行组织人事政策制度方面，存在认识有差距、执行不到位的问题。

（四）要坚持结果导向，守正创新抓落实

第一，抓好政治建设这个根本。要以党的政治建设为统领，认真执行局党组《关于加强和维护党中央集中统一领导的实施意见》，严格执行《关于新形势下党内政治生活的若干准则》。要带头贯彻落实民主集中制，严格执行《中国共产党党组工作条例》和《中国共产党工作机关条例》，切实提高科学决策、民主决策、依法决策水平。

第二，抓好思想建设这个基础。要坚持不懈推进理论武装，深入学习贯彻习近平新时代中国特色社会主义思想，切实做到学思用贯通、知信行合一。要教育引导党员干部把不忘初心、牢记使命作为终身课题，切实拧紧理想信念“总开关”。

第三，抓好选人用人这个导向。要坚持党管干部原则不动摇，把加强党的领导、发挥把关作用贯穿选人用人全过程。要认真贯彻新时期好干部标准，鲜明树立事业为上的理念，建设具有专业能力、专业精神的干部人才队伍。要大力加强人才队伍建设，要深入实施地震人才工程，打造高水平人才培养体系，建立良好选才用才机制。

第四，抓好作风建设这个保障。要坚持以人民为中心的发展思想和工作导向，进一步破除形式主义、官僚主义，确保党中央重大决策部署和局党组要求落地见效。要善于统筹防震减灾全链条、全过程、全方位开展工作，逐步实现工作安排模式由会场型向现场型转变、工作推进模式由粗放型向精细型转变、工作考核模式由事后型向预控型转变。

第五，抓好纪律建设这个关键。各单位党委（党组）要始终把严明纪律规矩放在重要位置，从严管理监督干部，拿起批评教育的武器，防止干部的小病拖成大病。领导干部要从严约束自己，始终绷紧廉洁自律这根弦，始终保持清正廉洁的政治本色。

（中国地震局办公室）

应急管理部党委委员，中国地震局党组书记、局长闵宜仁在全国地震预警工作推进视频会上的讲话（摘要）

（2020 年 9 月 27 日）

这次会议的主要任务是：深入学习贯彻习近平总书记重要指示批示精神，深入分析建设地震预警体系、实施地震预警工程中存在的问题，对推进地震预警工作进行再动员、再部署。

一、提高政治站位，充分认识做好地震预警工作的重要性和紧迫性

一是做好地震预警工作是贯彻落实习近平总书记重要指示批示的具体行动。党的十八大以来，习近平总书记高度重视防震减灾工作，多次就做好防震减灾工作作出重要指示批示。地震系统干部职工必须坚定不移地深入贯彻习近平总书记重要指示批示精神，增强贯彻落实习近平总书记重要指示批示和党中央决策部署的执行力，坚决落实“两个坚持、三个转变”的要求，不断强化“防”的工作意识，更好地发挥地震预警“防”的作用，为经济社会发展和富民强国提供有力保障。

二是做好地震预警工作是始终坚持以人民为中心的发展思想的必然要求。习近平总书记多次强调指出，要始终把人民群众的生命安全放在第一位，牢固树立“人民至上、生命至上”的理念，充分体现了我们党以人民为中心的执政理念。防震减灾工作公益性突出，科技性专业性强、关联融合度高，不是中心但影响中心、不是大局但牵动大局。精准、高效、权威的地震监测预警是做好防震减灾工作的第一道防线，能够在破坏性地震发生时，减少人员伤亡和经济损失。我们要从保护人民群众生命财产安全的高度，强化责任和使命担当，以时不我待、只争朝夕的奋斗精神，科学谋划和推进地震预警工作，把人民群众对美好生活向往与防震减灾发展不平衡不充分的矛盾解决好，切实提升人民群众的安全感。

三是做好地震预警工作是理清防震减灾事业发展思路的关键之举。近一年来，习近平总书记反复强调“十四五”时期的重要性，并在多个方面进行规划和部署，要求深刻认识新时期我国社会主要矛盾发展变化带来的新特征新要求，增强机遇意识和风险意识。局党组已经提出把“夯实地震监测，加强预报预警”作为“十四五”时期防震减灾工作思路重点之一，把“服务立局”作为强化防震减灾管理的一个重要方向。我们要以地震预警工作为切入点，完善地震信息发布和服务体制机制，更好地发挥地震公共服务的引领作用，带动地震风险防范能力的不断提高。

二、认清形势，切实增强推进地震预警工作的责任感、使命感和紧迫感

2017年国家预警工程立项以来，各单位各部门付出了大量的心血和努力，地震预警工作取得了一系列值得肯定的成果。当前，我国正处于全面建成小康社会、实现“两个一百年”奋斗目标的关键时期。推进防震减灾和地震预警工作，对服务构建新发展格局、实现主动防灾、科学避灾、有效减灾具有重要作用，同时也要清醒认识面临的形势与挑战。

随着经济社会发展和城镇化进程加快，地震灾害潜在风险不断聚集，而人民群众对减轻地震灾害风险、实现安全发展的期望越来越高。地震灾害影响的“灾害链”特征和社会关联性特征，使防震减灾成为牵动面越来越广的社会公共事务。一旦发生强烈地震，可能会造成几万亿甚至十几万亿元的经济损失，对经济社会发展造成极其严重的损害。因此，需要加快推进地震预警工作，加强地震预警能力建设，早日发挥防范和化解灾害风险的作用，更好地满足富民强国的需要，保障经济社会发展基础更加稳固、更加坚实。

构建统一领导、权责一致、权威高效的国家应急能力体系，是党中央从中华民族长远发展的战略高度，着眼我国灾害事故多发频发的基本国情作出的重大决策。构建“全灾种、大应急”的工作格局，需要提高多灾种和灾害链综合监测、风险早期识别和预报预警能力。地震通常不是单一灾害事件，极易引发次生灾害，因此，地震预警也能有效防范次生灾害。要坚持以防为主、以人为本，坚持创新驱动，以构建中国特色地震预警服务体系为重点，着力提升地震预警能力，着力完善地震预警政策，更好地服务重大灾害风险识别、评估、监控、预警、处置的应急管理，有效减轻地震和次生灾害风险。

三、以国家预警工程建设为抓手，扎实推进地震预警各项工作

面对新形势、新挑战、新要求，我们要进一步提高政治站位和思想认识，迎难而上、勇于担当，强化工作措施，有力有序推进地震预警各项工作。

一是加强对地震预警工作的组织领导。加快推进地震预警体系建设，提升地震预警能力，既是党中央的要求，又是人民群众的期盼，我们必须作为一项重大的政治任务，全力推进。局党组研究决定，成立中国地震局地震预警工作推进领导小组。领导小组办公室设在监测预报司，领导小组下设项目实施组、政策研究组、监督评估组和业务发展组共4个专项工作组，同步谋划、同步部署、同步推进国家预警工程建设以及地震预警政策研究、成效评价、对外合作等工作，加快完善地震预警服务体系，开拓服务领域，提高决策服务、公众服务、行业服务、专项服务的能力和水平。局属各单位特别是各省局要强化组织领导，主要负责同志要靠前指挥，加大地震预警工作推进力度。

二是加快推进地震预警示范区能力建设。为及早在重点地区形成地震预警和信息服务能力，局党组同志包片负责，重点督导检查京津冀、四川局和云南局地震预警工作。监测司和项目法人要明确责任，加强对京津冀、四川和云南的实施协调与技术指导。上述地区相关省局和台网中心的主要负责同志要亲自上阵，把地震预警工作放在更加突出位置来抓，确保按期完成“先行先试”攻坚任务。河北局、北京局和天津局要加快研究区域协同措施，

完善联动机制，更好地服务京津冀协同发展。

三是强化国家预警工程实施管理。要坚持和完善项目双周调度机制，及时掌握进展情况，及时发现问题、解决问题。配强项目实施管理办公室和项目总工成员，强化实施协调与质量管理，同步推进地震预警工程与业务化建设。国家预警工程各建设单位要切实扛起主体责任，按照中国地震局文件精神，组建本单位地震预警工作团队，严格落实工程实施核心人员专职专班的要求，抓好站点建设、仪器设备、软件系统等关键环节，确保工程实施的质量和进度。

四是坚持深化开放合作。要加大与地方政府和相关部门合作，争取更多的支持；加大与企业合作，扩大地震预警信息开放与社会共享。要强化地震预警信息的归口管理、统一发布、快速传播、有效覆盖，完善行业监管，引导市场主体更加积极有序参与地震预警工程建设、站网运维、装备生产、信息播发等工作，推动地震预警体系建设健康发展。

五是加快地震预警信息发布政策制度建设。要做好将地震预警信息纳入《中华人民共和国防震减灾法》或相关法律法规修订的准备工作，推进地震预警部门规章制定。扩大地震预警地方立法覆盖范围，尤其是四川、河北、天津、北京等先行先试地区，在具备地震预警能力后争取及时出台地方政府规章。健全地震预警信息发布和传播的相关标准体系，促进地震预警信息发布规范化、标准化。

六是开展地震预警公共服务体系建设。要强化地震预警科普宣教和舆论引导，努力营造全社会共同关心、重视和支持地震预警工作的良好氛围。推进构建面向决策服务、公众服务、行业服务、专项服务的地震预警服务体系，在做好教育、交通、能源、矿山等重点行业应用的基础上，积极主动对接其他行业主管部门和市场主体，拓展行业应用和社会合作渠道，更好地发挥地震预警减灾实效。

七是加强监督检查确保责任落实。各单位各部门要严格抓好落实，既要完成好工程建设，也要跳出项目综合施策，从建设地震预警体系的全局视野统筹推进各项工作。要压实工作责任，各单位要高度重视，组织对习近平总书记重要指示批示精神进行再学习，对推进地震预警工作进行再部署，健全工作机制，层层传导压力，把各项任务细化分解到人并抓好落实。要加强监督检查，地震预警工作推进领导小组办公室要尽快完善制度，加强对工作部署贯彻落实情况的督查督办，加强对各单位推进地震预警工作成效的评估，作为年度考核的重要参考。要强化科技支撑，加大政策引导、项目带动、技术引领、管理保障的力度，充分发挥创新主体作用，切实解决好地震预警的关键技术问题，进一步提高地震预警的覆盖面、精准度和时效性。

（中国地震局办公室）

应急管理部党委委员，中国地震局党组书记、局长闵宜仁在地震系统科学家座谈会上的讲话（摘要）

（2020 年 9 月 25 日）

召开地震系统科学家座谈会，主要任务是学习贯彻习近平总书记在科学家座谈会上的重要讲话精神，听取院士专家对加快地震科技创新步伐驱动防震减灾事业发展的意见和建议。

一、提高政治站位，充分认识习近平总书记重要讲话的重大意义

习近平总书记的重要讲话全面总结了党的十八大以来我国科技事业取得的历史性成就、发生的历史性变革，深刻阐明了科技创新在全面建设社会主义现代化国家中的重大作用，对科技创新作出了重大战略部署，在我国发展新的历史关键点上给科技工作指明了方向、提供了理论指引和科学的方法论。习近平总书记敏锐把握国内外环境的深刻复杂变化和科技发展态势，对科技创新提出坚持“面向世界科技前沿、面向经济主战场、面向国家重大需求、面向人民生命健康”的要求，鼓励广大科学家和科技工作者不断向科学技术广度和深度进军，吹响了开启建设世界科技强国新征程的号角，极大鼓舞了广大科学家和科技工作者。习近平总书记的重要讲话，是“十四五”时期以及更长一个时期推动科技工作的行动指南和根本遵循。

二、把握新形势，切实增强加快地震科技创新发展步伐的使命感、责任感和紧迫感

习近平总书记的重要讲话全面、系统、深刻阐明了科技创新面临的新形势、新要求，对新时期科技创新的历史使命和前进方向作出了重大论断。要深刻理解科技创新在世界百年未有之大变局和中华民族伟大复兴战略全局中的历史使命；深刻理解“十四五”时期以及更长时期的发展对加快科技创新提出的迫切要求；深刻理解科技创新由“三个面向”到“四个面向”的丰富内涵；深刻理解科技创新在推动国内大循环、畅通国内国际双循环中的重要作用；深刻理解加快解决制约科技创新发展关键问题的紧迫性和责任感；深刻理解大力弘扬科学家精神的时代性和引领性。

地震科技创新要与国家创新战略同频共振、同步推进。要强化“两个坚持、三个转变”防灾减灾救灾新理念，准确把握防震减灾事业改革发展规律，切实夯实地震监测、加强预报预警，摸清风险底数、强化抗震设防，保障应急响应、增强公共服务，创新地震科技、推进现代化建设，坚持政治建局、制度治局、服务立局、科技兴局、人才强局。要进一步

强化使命担当，推动科技创新在新时代防震减灾发展全局中更好发挥战略支撑和引领作用。

三、深刻理解习近平总书记对科技工作提出的新要求，努力开创地震科技工作新局面

广大地震科技工作者长期以来，以为富民强国建设提供地震安全保障为己任，不畏艰难，长期攻关，涌现出了一大批优秀地震科学家，一批地震观测、工程抗震等核心关键技术难题得以攻克，一批新型仪器研发投入使用，一批技术方法列入国家标准。党的十九大以来，局党组高度重视地震科技创新工作，相继出台了《关于加快推进地震科技创新的意见》《地震科技体制改革顶层设计方案》等一系列文件，在实施地震科技创新工程、建设中国地震科学实验场、建立地震科学联合基金、深化地震科技体制改革和开展防震减灾国际合作等方面取得了较好进展和成效。但是，也要清醒认识到，地震监测智能化、地震短临预报与震后趋势分析、基于大数据的地震预警及其信息社会学研究、地震构造环境与孕育机理、多尺度震灾风险区划、大城市地震安全与灾害情景构建、非天然地震识别等仍是防震减灾工作"卡脖子"的技术难题。

我们要根据习近平总书记重要讲话精神，进一步丰富和完善地震科技创新工作部署，全面落实"四个面向"要求，对科技工作总体布局调整优化。要坚持需求导向和问题导向，加快科技创新步伐，改进创新理念、创新方法、创新手段，真正解决地震监测、预报预警、震灾防御和公共服务等地震部门履行核心职能方面的科技问题；整合优化科技资源配置，组建创新团队，推动重要领域关键核心技术攻关；持之以恒加强基础研究，从科技创新源头和根本上解决"卡脖子"问题；加强创新人才教育培养，造就一批具有国际水平的战略科技人才；深化科技体制改革，把科技队伍蕴藏的巨大创新潜能有效释放出来；加强国际科技合作，更加主动融入全球防震减灾创新网络。

四、强化使命担当，坚决把习近平总书记重要讲话精神落实到位

我们要把习近平总书记对科技工作的期望和重托转化为加快地震科技创新发展步伐的强大动力，乘势而上，肩负起新时期科技创新的光荣使命，勇于担当、积极作为，主动研究落实，制定具体措施，取得良好成效。局党组已经组织学习，并研究贯彻落实措施，结合这次座谈会大家提出的意见建议，近期我们重点要抓好以下几个方面工作：

一是坚持规划引领。紧盯国家防震减灾事业发展紧迫需要和长远需求，与科技部联合编制《防震减灾科技中长期规划（2021—2035 年）》，加强顶层设计，将科技创新覆盖防震减灾工作全链条、全过程、全方位。聚焦制约防震减灾关键科技问题，贯彻落实好《关于加强科技创新支撑新时代防震减灾事业现代化建设的实施意见》。

二是强化项目带动。面向地震预测预报、能源安全开发、城市空间安全，努力争取《中国地震科学实验场建设工程》国家重大科技基础设施项目。加快建立"透明地壳""解剖地震""韧性城乡"和"智慧服务"四大计划组织体系，大力推动四大计划纳入国家科技创新规划。瞄准地震科技基础研究前沿，主动参与"地球深部探测"计划实施。加强

“地震科学联合基金”立项和实施管理，全面推进地震科学基础研究。积极与国家自然科学基金委沟通，筹备召开以地震预报研究为重点的“香山会议”或“双清论坛”，凝练重大科技项目。

三是深化科技改革。建立健全国家级研究所、区域研究所、业务单位创新团队以及社会创新力量共同参与的开放式地震科技创新体系，加快科技创新步伐，推动科技创新驱动事业发展。切实贯彻落实六部委印发的《关于扩大高校和科研院所自主权的若干意见》等最新文件精神，正确处理好“放”与“管”的辩证关系，修订涉及科技有关管理办法，确保科研自主权在科研一线落实落地。完善研究所章程管理，优化治理结构。加强创新团队建设，开展创新团队绩效评价工作试点，提升竞争实力。

四是实施人才工程。科研机构要通过引进、培养等方式，抓好科研队伍、管理队伍和经营队伍建设，实行分类管理。深入实施地震人才工程，加强科研领军人才和学科带头人选拔培养。发挥地震英才国际培养项目对青年骨干人才的培养作用，支持更多年轻科研人员担任项目负责人、承担重点课题、在国际学术组织任职。

五是加强国际合作。编制《“十四五”防震减灾国际合作规划》《“一带一路”地震安全保障行动计划》等规划，完善“一带一路”地震减灾合作模式，拓展合作领域，推进我国技术、标准和规范示范应用，加大对海外重点工程和项目的地震安全服务。

各单位要把习近平总书记在科学家座谈会上的重要讲话与党的十八大以来对科技工作的一系列重要讲话、指示和批示结合起来，系统深入学习，全面贯彻落实。要结合中央巡视整改，将相关重要任务纳入督查台账，紧盯不放，一抓到底，推动相关任务落实落地，取得实效。

（中国地震局办公室）

中国地震局党组成员、副局长阴朝民在全国地震专用计量测试技术委员会成立大会暨第一次工作会议上的讲话（摘要）

（2020 年 9 月 23 日）

一、要充分认识地震计量体系建设的重要意义

（一）地震计量体系建设是落实党中央建设质量强国战略的具体行动

任何一个领域和事业的发展，离不开国家发展的大格局、大趋势。党的十八大以来，我国高度重视质量问题，2017 年 9 月 5 日，中共中央、国务院发布了《关于开展质量提升行动的指导意见》，强调以提高发展质量和效益为中心，将质量强国战略放在更加突出的位置，推进我国进入质量时代。当前，我国经济发展由高速增长阶段转向高质量发展阶段，特别强调突出“质量”二字。党的十九大报告明确提出，必须坚持质量第一、效益优先，以供给侧结构性改革为主线，推动经济发展质量变革、效率变革、动力变革。

党的十九届四中全会提出，要推进治理体系和治理能力现代化。我们要充分认识到，高质量发展是我们国家大的战略格局和发展背景，地震系统要积极围绕国家计量发展规划来推进地震计量体系建设，这是落实党中央建设质量强国的具体行动，是提升防震减灾工作必须要做的重要举措。

（二）地震计量体系的建设是实现防震减灾事业现代化的必然要求

我国是一个自然灾害频发、灾害严重的国家，这是我们的国情，立足于这样的国情，如何提高我国防灾减灾救灾的能力，已经上升为国家战略。党中央、国务院历来高度重视防灾减灾救灾工作，特别是党的十八大以来，习近平总书记对防灾减灾救灾和防震减灾工作作出系列重要批示指示。2016 年，在唐山大地震 40 周年之际，习近平总书记亲临唐山就防灾减灾救灾发表重要讲话，提出“两个坚持、三个转变”防灾减灾救灾工作方针。2018 年 10 月 10 日，习近平总书记主持召开中央财经委员会第三次会议，专题研究如何提高自然灾害防治能力，提出“建立高效科学的自然灾害防治体系，提高我国自然灾害防治能力”，要做到六个坚持，实施九项重点工程，要建立高效科学的自然灾害防治体系，提高全社会自然灾害防治能力，为保护人民群众生命财产安全和国家安全提供有力保障。

中国地震局党组认真贯彻落实党中央、国务院重大决策部署和习近平总书记的重要讲话精神，全面推动防震减灾事业现代化建设，出台了《大力推进新时代防震减灾事业现代化建设的意见》，印发了《新时代防震减灾事业现代化纲要（2019—2035 年）》，明确了防震减灾事业发展战略目标。作为防震减灾工作的核心和基础，监测预报领域出台了《地震监测预报业务体制改革顶层设计方案》和不同层面的监测体系发展规划，这些工作都以标

准化、规范化、信息化为基础开展的，可以说，地震计量体系的建设是实现防震减灾事业现代化的必然要求。

（三）地震计量体系建设是推进监测预报现代化的重要支撑

监测是防震减灾的工作基础，是地震监测预报预警、自然灾害防治和社会公共服务的基础支撑。监测的目的是获取连续、稳定、可靠的高质量观测数据，为地震科学研究和防震减灾服务，这就要求重点推进地震计量体系建设。

随着科学技术的发展，在推进监测预报业务体制改革的过程中，要把计量体系、标准体系以及高水平运行维护体系做好。高质量的数据靠什么？核心是两个环节：观测仪器和观测环境。在观测仪器方面，要实现观测仪器标准化、规范化，必须依靠高水平的计量检测。在观测环境方面，则需要加大研发力度，创新技术方法，提高抗干扰能力。“十四五”项目四大核心目标之一就是建立完备计量装备体系，未来我们要规划建立国家、省、中心站三级的地震计量标校业务体系。

地震观测专业性很强，仪器设备部署的环境涉及高温、高湿，部署的区域北到漠河、西到西藏；安装的条件涉及地面、井下，对观测仪器的适应性可靠性提出很高要求。我们要充分发挥地震计量委智库作用，确保地震计量体系建设，在推进监测预报现代化建设中发挥更加积极的支撑作用。要从防灾减灾救灾、防震减灾、监测预报这三个层面来认识地震计量体系建设的重大意义。

二、坚持“边建设、边应用”，地震计量体系建设成效显著

要推动计量体系建设规范化、标准化，立足现实，坚持应用导向，把地震计量体系的关键问题、核心问题进一步抓实、抓牢。

（一）强化创新驱动，地震计量基础更加扎实

地震计量体系的基础框架已搭建，编制了《地震计量发展规划》和《地震计量体系建设实施方案（2018—2020）》（3 年行动计划），明确了发展目标、重点任务和工作布局。这两个规划文件对我们任务的完成都起到了重要作用。2017 年至今，监测预报司会同一测中心等有关单位，持续推进国家地震计量体系建设，积极开展国家地震计量站筹建工作，在山东地震局马陵山观测站、天津地震局蓟州区）观测站等单位建成了一批检测实验室和具有行业特色的比测台站，计量检测机构从无到有渐成体系。

在开放合作方面，按照边建设、边应用、边完善原则，进一步加大开放合作力度，充分发挥系统内外现有计量工作资源，以地震计量委委员为纽带，强化与中国计量院、吉林大学、天津大学等科研院校交流合作，目前建成立了一些技术领先的计量检测实验室，地震计量基础更加扎实。

（二）健全制度体系，地震计量规范化水平显著提升

计量工作的核心是计量标准。地震计量体系建设必须依靠计量标准，进行标准化、规范化建设。目前中国地震局制定了一系列管理办法，2018 年年底，印发了《地震监测专业设备管理办法》及其相关细则，规范了地震监测业务设备的规划与技术要求、定型、使用、运行维护、运行质量评价、退出与报废等环节管理工作，为构建仪器装备全链条业务管理

体系奠定基础。

2019 年组织制定了测震和地球物理观测设备检测技术要求和定型测试技术规范 40 余项，基本覆盖了 90% 地震监测专业仪器装备。2019 年年底，印发了计量体系建设指导性文件《地震计量工作管理办法（试行）》，从地震计量工作实际需求出发，明确地震计量委、国家地震计量站等职责任务。2020 年，又组织编制了《地震计量检测机构检测能力评估技术规范》等一系列技术规范，提升了地震计量工作标准化、规范化水平。

（三）坚持应用导向，服务效能逐步体现

地震计量体系建设，既要为防震减灾领域服务，也要为社会其他领域服务。将加强地震监测专业设备管理作为推动监测预报业务现代化建设的重要抓手，坚持与保障重大项目建设相结合，统筹系统内外现有计量工作资源，累计完成测震、地球物理两大类 13 种观测物理量，21 种设备类型的定型检测工作，有力保障了地震监测专业设备质量，地震计量服务防震减灾基础支撑作用逐步体现。

但是，定型检测的标准规范不规范，指标的要求合理不合理，还需要不断完善和更新。地震计量委委员组成包括地震系统、测绘系统、气象系统、海洋系统、科研院所、高校、中央企业，融合了各个领域，在标准规范建设方面发挥了重要作用。地震观测技术发展、观测设备标准化都离不开计量检测，在 20 世纪 90 年代初，尤其是“八五”科技攻关时期，地震监测专业设备依托中国计量院进行规范检测，在地震观测技术发展过程中，地震计量发挥了关键作用。

三、要充分发挥地震计量委的重要作用

防震减灾具有科学性和社会性双重属性的特点，这一特性决定了防震减灾事业发展离不开计量和标准化工作。地震计量委和地震标准委是地震系统两个重要委员会。在国家市场监督管理总局全力支持下，我们一定要发挥好计量委的智库作用，进一步扩大开放，跟踪国内外的前沿动态，推动地震计量技术规范制定、计量标准装置研制等工作，建成高水平、高质量的地震计量体系。在这里我再强调几点。

（一）地震计量委要严把计量技术规程规范质量关

目前地震部门针对地震监测专业设备制定了一系列行业标准，主要是针对地震监测专业设备入网提出技术要求。现有的地震计量检测技术规范大多属于地震部门内部技术规范，尚未上升为行业标准，面向社会管理和公共服务的能力有所欠缺。标准是软科学。地震计量委一定要跟踪国际相关技术动态，做好计量技术规程规范与相关技术文件的协调衔接，抓住国家科技创新驱动的契机，在技术创新领域敢于争先。地震计量委要严把质量关，既注重数量，更注重质量和效益，推进技术规程规范编制与业务运行、行业管理同步，建立内容全面、层次分明、重点突出、科学实用的地震计量技术规制体系。

当前，地震观测系统建设都采取全球招标，涉及国际国内地震仪器生产厂家，这就要求测试技术规范等必须具有国际的代表性。鼓励先进，是我们整体的政策导向。定型检测技术指标分为 A 类指标（关键指标）、B 类指标（重要指标）和 C 类指标（一般指标）三类，这些指标的确定必须结合国际、国内相关标准，以开放的胸怀，确保定型检测工作客

观公正。

（二）地震计量委要协助推进国家地震计量体系建设

地震计量体系建设是一项系统工程，必须整体规划、协同推进，其重要支撑是地震计量委和国家地震计量站。地震计量委要准确把握国家和行业对地震计量工作发展的新要求，做好专业指导、技术咨询，充分发挥地震计量委智库作用。

地震计量体系建设，首先要做好框架设计，合理规划和布局全国地震计量体系，在此基础上再开展系统建设。其主要涉及技术体系和管理体系两方面。在技术体系方面，要以地震计量标校和地震监测专业设备计量需求为导向，完善地震计量技术规程规范和地震计量标准装置，要充分利用系统内外地震计量资源，实现地震计量体系全国“一盘棋”。在管理体系方面，要充分利用国家地震计量站筹建的契机，建立地震计量质量保障体系，规范业务流程，明确国家、省检测平台职责任务，提升地震计量工作的标准化、规范化水平。

（三）地震计量委要在技术创新引领方面发挥更大作用

计量要发展，必须依靠科技创新。地震计量委委员们来自不同部门、不同单位，都是在本领域学术造诣深、战略思维高，关心和热爱防震减灾事业发展的专家，需要大家集思广益，为地震观测技术发展建言献策，发挥技术创新引领作用。

地震监测站网建设经历了从无到有，从小到大，从弱到强三个阶段。核心的技术发展阶段从模拟到数字化，从数字化到网络化，现在需要从网络化到智能化。地震观测技术发展将对观测设备的研发生产起着重要的引领作用。地震计量委要抓住国家科技创新驱动的战略发展机遇，强化地震计量规范、标准装置的研究，力争在地震计量领域取得一批关键计量测试技术成果，引领支撑地震观测设备研发生产。

地震计量委是由国家市场监督管理总局统一规划组建、为计量管理提供技术支撑的技术组织。中国地震局作为地震计量委员会主要的依托单位和责任单位，将全力做好地震计量委的服务保障工作，一测中心作为地震计量委秘书处挂靠单位，要配齐配强秘书处力量，以更加开放的姿态充分利用社会资源，逐步把国家地震计量站建成具有鲜明行业特色，具有国际先进水平的计量校准检定机构。

（中国地震局办公室）

中国地震局党组成员、副局长王昆
在自然灾害防治重点工程协调调度会上的讲话（摘要）

（2020 年 7 月 10 日）

就各省开展自然灾害防治两项重点工程提出以下三条具体工作要求：

第一，一把手亲自抓，每月至少听取一次汇报，进行检查督促；重要事项，主要负责人要既挂帅又出征，坚决扛起政治责任。自然灾害防治九项重点工程是习近平总书记亲自谋划、亲自部署、亲自推动的重要任务，是推进防灾减灾救灾体制机制改革，提高自然灾害防治能力的具体行动。各单位党组要高度重视，把政治责任牢牢扛在肩上，一把手要每月至少听取一次汇报，重要事项亲自协调，亲自汇报，亲自推动，亲自落实，亲自解决推动过程中遇到的困难和问题。

第二，各地要根据总体工作方案要求，结合本地实际，编制地震灾害风险调查和重点隐患排查工程、地震易发区房屋设施加固工程的实施方案，制定时间表、路线图，把任务落实到具体责任单位。灾害风险调查和重点隐患排查工程涉及 6 个灾种，地震部门负责编制地震灾害风险调查和重点隐患排查的方案，重点把握好地震灾害风险调查和其他灾种风险调查之间的衔接和数据共享。地震易发区房屋设施加固工程实施范围为 7 度及以上区域，重点区域是 8 度区，涉及城镇住宅、学校、医院、农村民居、重要生命线工程、水库大坝、电力和电信设施等 11 类房屋设施。部分工程行业有专门的工作部署和资金渠道支持，地震局主要承担组织、协调、推动作用，要统筹资源，把方案做好做实。

第三，坚持“四条标准”，以工作实效体现“两个维护”。一是基本摸清风险底数。通过灾害风险调查和重点隐患排查工程，与其他相关部门实现无缝衔接和数据共享，基本摸清地震灾害风险底数，特别是承灾体抗震设防情况。二是高烈度区抗震加固取得明显进展。通过地震易发区房屋设施加固工程，强化资源统筹，推动各相关专项向地震易发区倾斜、向高烈度区倾斜，目标更加精准，成效更加明显。三是不求多、但求实，可核查、可追溯。实施方案要结合实际，合理安排任务。工作成果不能简单报一个数字，要建立数据库，上图入库，确保工程效果。工程实施过程中要强化项目监管，花好每一分钱，杜绝出现贪腐行为，确保工程优质廉洁。四是经得起历史和人民的检验。自然灾害防治重点工程要让老百姓真正受益，要经得起地震的检验，要对得起我们的工作和责任。

（中国地震局办公室）

2020 年发布 11 项标准

2020 年发布 1 项国家标准、8 项行业标准和 2 项地方标准。

（一）国家标准化管理委员会批准发布 1 项国家标准

GB/T 17742—2020《中国地震烈度表》（代替 GB/T 17742—2008）。

（二）中国地震局批准发布 8 项行业标准

（1）DB/T 8. 2—2020《地震台站建设规范　地形变台站　第 2 部分：钻孔地倾斜和地应变台站》（代替 DB/T 8. 2—2003）；

（2）DB/T 19—2020《地震台站建设规范　全球导航卫星系统基准站》（代替 DB/T 19—2006）；

（3）DB/T 22—2020《地震观测仪器进网技术要求　地震仪》（代替 DB/T 22—2007）；

（4）DB/T 32. 1—2020《地震观测仪器进网技术要求　地下流体观测仪　第 1 部分：压力式水位仪》（代替 DB/T 32. 1—2008）；

（5）DB/T 81—2020《活动断层探察　古地震槽探》；

（6）DB/T 82—2020《活动断层探察　野外地质调查》；

（7）DB/T 83—2020《活动断层探察　数据库检测》；

（8）DB/T 84—2020《卫星遥感地震应用数据库结构》。

（三）新增 2 项地方标准

（1）山东省地方标准：DB 37/T 4185—2020《防震减灾（地震）科普场馆展品（展项）及布展指南》；

（2）山东省地方标准：DB37/T 4294—2020《煤矿地震监测台网技术要求》。

内蒙古自治区人民政府令

（第 245 号）

《内蒙古自治区地震预警管理办法》已经 2020 年 1 月 21 日自治区人民政府第 2 次常务会议审议通过，现予公布，自 2020 年 4 月 1 日起施行。

自治区主席　布小林

2020 年 2 月 24 日

内蒙古自治区地震预警管理办法

第一章　总　　则

第一条　为了规范地震预警活动，减轻地震灾害损失，保障人民生命和财产安全，根据《中华人民共和国防震减灾法》《地震监测管理条例》等法律、法规，结合自治区实际，制定本办法。

第二条　在自治区行政区域内从事地震预警系统规划建设、信息发布和监督管理等活动，应当遵守本办法。

第三条　本办法所称地震预警，是指地震发生后，利用地震预警系统，向可能遭受地震破坏的区域提前发出警报信息。

第四条　地震预警工作应当遵循政府主导、部门协同、社会参与的原则。

第五条　旗县级以上人民政府应当加强对地震预警工作的领导，将地震预警工作纳入本级防震减灾规划。

地震预警工作所需经费按照事权与支出责任相适应的原则由旗县级以上人民政府分级承担。

第六条　旗县级以上人民政府负责管理地震工作的部门或者机构（以下简称地震工作管理部门）负责本行政区域内地震预警工作的监督管理。

旗县级以上人民政府发展和改革、财政、公安、自然资源、教育、广播电视、气象和通信等部门，应当按照各自职责做好地震预警相关工作。

第七条　自治区鼓励和支持社会力量依法参与地震预警系统建设，开展地震预警科技创新、产品研发和成果应用。

第二章　规划与建设

第八条　自治区地震工作管理部门会同同级人民政府有关部门，根据国家地震预警系统建设规划和相关要求，编制自治区地震预警系统建设规划。

第九条　自治区地震工作管理部门应当按照自治区地震预警系统建设规划，组织建设自治区地震预警系统。

第十条　大型水库、油田、矿山、石油化工、高速铁路、城市轨道交通等重大建设工程和可能发生严重次生灾害的建设工程的建设单位，应当建设地震紧急处置系统，安装地震预警信息自动接收和播发装置。

第十一条　重大建设工程和可能发生严重次生灾害的建设工程的建设单位，根据需要可以建设专用地震预警系统。建设单位应当将专用地震预警系统的建设情况报自治区地震工作管理部门备案，并向自治区地震预警系统实时传送地震监测信息。

专用地震预警系统的建设、运行、维护经费，由建设单位承担。

第十二条　社会力量参与地震预警系统建设，应当符合国家和自治区的相关规定。所建设的地震预警台站（点）符合国家有关技术标准的，可以纳入自治区地震预警系统。纳入自治区地震预警系统的地震预警台站（点）的管理单位，应当向自治区地震预警系统实时传送地震监测信息。

第十三条　地震重点监视防御区的学校、幼儿园、医院、车站、机场、体育场（馆）、商场、图书馆等人员密集场所，应当安装地震预警信息自动接收和播发装置。

第十四条　地震预警系统建成后，应当试运行一年以上，并按照国家有关规定验收合格，方可正式运行。

第三章　信息发布与处置

第十五条　地震预警信息由自治区人民政府统一发布。任何单位和个人不得以任何形式向社会发布地震预警信息。

第十六条　自治区人民政府应当通过广播、电视、互联网等媒体及时、准确地向公众播发地震预警信息。

第十七条　地震发生后，自治区地震预警系统预估地震烈度达到6度以上时，向相应的区域发布地震预警信息。

地震预警信息包括地震震中、震级、发震时间、预警时间、预估地震烈度等内容。

第十八条　已经发布的地震预警信息出现较大偏差时，应当及时通过原渠道进行更正。

第十九条　旗县级以上人民政府及其有关部门接收到地震预警信息后，应当按照地震应急预案，依法及时做好地震应急处置工作。

第二十条　重大建设工程、可能发生严重次生灾害的建设工程的管理单位和人员密集场所，接收到地震预警信息后，应当按照各自行业规定采取相应处置和避险措施。

第二十一条　对地震预警信息有需求的单位，可以向自治区地震工作管理部门订制地震预警信息服务。

第四章　宣传教育与演练

第二十二条　旗县级人民政府及其有关部门和苏木乡镇人民政府、街道办事处，应当组织开展地震预警知识的宣传普及活动和地震预警应急演练。

嘎查村民委员会、居民委员会应当根据所在地人民政府的要求，开展地震预警知识的宣传普及活动和地震预警应急演练。

第二十三条　机关、团体、企业、事业单位，应当加强对本单位人员地震预警知识的宣传教育，每年至少组织一次地震预警应急演练。

第二十四条　学校应当把地震预警知识教育纳入教学内容，培养学生的安全意识，每学期至少组织一次地震预警应急演练。

第二十五条　广播、电视、报刊、互联网等媒体，应当开展地震预警知识的公益宣传活动。

第二十六条　旗县级以上人民政府地震工作管理部门应当指导、协助、督促有关单位做好地震预警知识的宣传教育和地震预警应急演练工作。

第五章　设施和观测环境的保护

第二十七条　旗县级以上人民政府地震工作管理部门应当加强对地震预警设施和地震观测环境的保护工作，地震预警设施和地震观测环境遭受破坏的，应当及时组织修复。

第二十八条　地震预警系统运行管理单位和地震预警信息接收单位，应当加强对地震预警设施的管理和维护。

第二十九条　任何单位和个人不得侵占、毁损、拆除、擅自移动地震预警设施，不得危害地震观测环境。

第三十条　任何单位和个人对地震预警活动中的违法行为，有权进行举报。接到举报的单位应当依法及时处理。

第六章　法律责任

第三十一条　违反本办法规定的行为，《中华人民共和国防震减灾法》等有关法律、法规已经作出处罚规定的，从其规定。

第三十二条　违反本办法规定，擅自向社会发布地震预警信息，构成违反治安管理行为的，由公安机关依法给予处罚；构成犯罪的，依法追究刑事责任。

第三十三条　旗县级以上人民政府地震工作管理部门以及有关部门的工作人员，在地震预警工作中滥用职权、徇私舞弊、玩忽职守、谋取非法利益的，对直接负责的主管人员和其他直接责任人员依法给予处分；构成犯罪的，依法追究刑事责任。

第七章　附　　则

第三十四条　本办法自2020年4月1日起施行。

河南省人民政府令

（第 199 号）

《河南省地震预警管理办法》已经 2020 年 11 月 11 日省政府第 105 次常务会议通过，现予公布，自 2021 年 1 月 1 日起施行。

省长　尹　弘

2020 年 11 月 28 日

河南省地震预警管理办法

第一章　总　　则

第一条　为加强地震预警管理，有效发挥地震预警作用，减轻地震灾害损失，保障人民生命和财产安全，根据《中华人民共和国防震减灾法》《中华人民共和国突发事件应对法》《河南省防震减灾条例》等法律、法规，结合本省实际，制定本办法。

第二条　在本省行政区域内从事地震预警系统的规划与建设、地震预警信息发布与处置、宣传教育与应急演练、设施与观测环境保护以及其他相关活动，适用本办法。

第三条　本办法所称地震预警，是指地震发生后，通过地震预警系统向可能遭受地震破坏或者影响的区域提前发出警报信息。地震预警系统包括地震监测系统、通信传输系统、信息处理系统、信息服务系统。

第四条　地震预警工作应当遵循政府主导、部门协同、社会参与的原则，实行统一规划、统一管理、统一发布的工作机制。

第五条　县级以上人民政府应当加强对地震预警工作的领导，将地震预警工作纳入本级防震减灾规划；按照财政事权与支出责任划分相适应的原则，将所需经费列入同级财政预算。

县级以上人民政府地震工作主管部门负责本行政区域地震预警及其监督管理工作。

县级以上人民政府其他有关部门应当按照各自职责，依法做好地震预警相关工作。

第六条　县级以上人民政府及其地震工作主管部门应当加强地震预警工作人才队伍建设，推广应用地震预警先进技术，提高地震预警工作水平。

鼓励、支持公民、法人和其他组织开展地震预警科技创新、产品研发、成果应用和信息服务，依法参与地震预警系统建设，或者通过捐赠、志愿服务等形式参与地震预警工作。

第七条 地震预警系统建设与运行管理、地震预警信息发布等活动，应当遵守有关法律、法规和规章，符合国家、行业、地方标准以及相关技术要求。

第八条 对在地震预警工作中作出突出贡献的单位和个人，县级以上人民政府应当按照有关规定给予表彰和奖励。

第二章 地震预警系统规划与建设

第九条 省人民政府地震工作主管部门应当根据国家地震预警系统建设相关要求，结合本省实际，会同有关部门编制全省地震预警系统建设规划，报省人民政府批准后组织实施。

第十条 县级以上人民政府地震工作主管部门应当按照全省地震预警系统建设规划，组织建设本行政区域的地震预警系统。

第十一条 地震预警系统建设应当充分利用已有资源，避免重复建设。

有关单位建设的专用地震预警系统或者设施，符合地震预警系统建设规划和入网技术要求的，可以纳入全省地震预警系统。

第十二条 地震基本烈度7度以上地区的学校、医院、车站、机场等人员密集场所，应当安装地震预警信息自动接收和播发装置；鼓励其他地区的人员密集场所安装地震预警信息自动接收和播发装置。

核设施、大型水库、城市轨道交通、高速铁路、石油化工、供电、供气、通信等重大工程以及其他可能发生严重次生灾害的建设工程的建设单位或者管理单位，应当安装地震预警信息自动接收装置。

第十三条 地震预警系统建成后，应当经过一年以上的试运行；试运行结束后，经国家或者省人民政府地震工作主管部门组织评估，符合有关技术标准和条件的，方可正式运行。

第三章 地震预警信息发布与处置

第十四条 地震预警信息由省人民政府按照国家和本省有关标准通过全省地震预警系统向社会统一发布。其他任何单位和个人不得以任何形式发布地震预警信息或者编造、传播虚假地震预警信息。

因技术等原因误发地震预警信息或者已经发布的地震预警信息出现较大偏差时，应当及时通过原渠道予以撤销或者修正。

第十五条 省人民政府可以指定广播电视、互联网、移动通信等媒体按照有关规定播发面向公众的地震预警信息。

省人民政府指定的媒体应当在省人民政府地震工作主管部门和有关部门的指导和监督下，建立地震预警信息自动播发机制，做好地震预警信息播发工作，及时、准确、无偿地向社会公众播发地震预警信息。

其他有关媒体应当配合地震工作主管部门按照有关规定做好地震预警信息发布工作。

第十六条 对地震预警信息有特殊需求的单位，可以向省人民政府地震工作主管部门提出信息服务申请，省人民政府地震工作主管部门根据有关规定和标准提供地震预警信息服务。

第十七条 各级人民政府和有关部门，以及按照本办法规定安装地震预警信息自动接收或者播发装置的单位，应当建立应急处置机制，在收到地震预警信息后立即采取相应避险措施。

第四章 宣传教育与应急演练

第十八条 县级以上人民政府及其有关部门、乡镇人民政府、街道办事处应当组织开展地震预警知识宣传普及活动和必要的应急演练，提高公民应用地震预警信息进行避险的能力。

村（居）民委员会应当根据所在地人民政府的要求，结合各自实际情况，组织开展地震预警知识宣传普及活动和必要的应急演练。

第十九条 机关、团体、企业、事业等单位应当按照所在地人民政府的要求，结合各自实际，开展地震预警知识宣传教育和必要的应急演练。

学校、幼儿园应当把地震预警知识教育纳入教学内容。学校每年至少组织一次地震预警应急演练。

新闻媒体应当开展地震预警知识公益宣传。

第二十条 县级以上人民政府地震工作主管部门应当指导、协助、督促有关单位做好地震预警知识宣传教育和地震预警应急演练等工作。

第五章 地震预警设施与地震观测环境保护

第二十一条 县级以上人民政府应当加强对地震预警设施和地震观测环境的保护，建立保护工作机制，提高全社会的保护意识，协调解决保护工作中的重大问题。

第二十二条 地震预警系统的监测、通信传输、信息处理、信息服务等日常运行管理单位，以及预警信息接收单位，应当加强对地震预警系统及其设施的维护和管理，确保其正常运行。

第二十三条 县级以上人民政府地震工作主管部门应当对地震预警设施和地震观测环境维护、管理单位的保护工作进行指导、监督；定期对地震预警设施和地震观测环境进行检查，发现遭受破坏的，及时组织修复。

第二十四条 任何单位和个人不得侵占、损毁、拆除或者擅自移动地震监测、通信传输、信息处理、信息服务、信息接收播发等预警设施，不得危害地震观测环境。

第二十五条 任何单位和个人有权对危害、破坏地震预警设施和地震观测环境的行为进行举报。接到举报的单位应当依法及时处理。

第六章　法律责任

第二十六条　违反本办法规定，法律、法规已有法律责任规定的，从其规定。

第二十七条　县级以上人民政府地震工作主管部门和有关部门及其工作人员未依法履行职责，在地震预警工作中滥用职权、玩忽职守、徇私舞弊的，对直接负责的主管人员和其他直接责任人员依法给予处分；构成犯罪的，依法追究刑事责任。

第二十八条　违反本办法第十二条规定，未安装地震预警信息自动接收或者播发装置的，由县级以上人民政府地震工作主管部门责令限期改正；逾期未改正的，对直接负责的主管人员和其他直接责任人员，依法给予处分。

第二十九条　违反本办法第十四条规定，擅自发布地震预警信息或者编造、传播虚假地震预警信息，引发群众恐慌，扰乱社会秩序，构成违反治安管理行为的，由公安机关依法处罚；构成犯罪的，依法追究刑事责任。

第三十条　违反本办法第二十四条规定的，按照下列规定处理：

（一）侵占、损毁、拆除、擅自移动地震监测设施，或者危害地震观测环境的，由县级以上人民政府地震工作主管部门依照《中华人民共和国防震减灾法》有关规定予以处理；

（二）侵占、损毁、拆除、擅自移动地震预警通信传输、信息处理、信息服务和信息接收播发等相关设施的，由县级以上人民政府地震工作主管部门责令限期改正，逾期不改正的，对单位处 1 万元以上 5 万元以下罚款，对个人处 2 万元以下罚款；造成损失的，依法承担赔偿责任；构成违反治安管理行为的，由公安机关依法给予处罚；构成犯罪的，依法追究刑事责任。

第七章　附　　则

第三十一条　本办法自 2021 年 1 月 1 日起施行。

新疆维吾尔自治区人民政府令

（第217号）

《新疆维吾尔自治区地震预警管理办法》已经2020年11月12日自治区第十三届人民政府第102次常务会议讨论通过，现予公布，自2021年1月1日起施行。

自治区主席　雪克来提·扎克尔

2020年11月17日

新疆维吾尔自治区地震预警管理办法

第一章　总　　则

第一条　为了规范地震预警活动，减轻地震灾害损失，保障人民生命财产安全，根据《中华人民共和国防震减灾法》《中华人民共和国突发事件应对法》和国务院《地震监测管理条例》等法律、法规，结合自治区实际，制定本办法。

第二条　在自治区行政区域内从事地震预警系统规划、建设、信息发布、监督管理等活动，应当遵守本办法。

第三条　本办法所称地震预警，是指地震发生后，在破坏性地震波到达可能遭受破坏的区域之前，利用地震监测设施、设备及相关技术，向该区域提前发出警报信息。

第四条　地震预警工作应当遵循政府主导、部门协同、社会参与的原则，实行统一规划、统一管理、统一发布的工作机制。

第五条　县级以上人民政府应当加强对地震预警工作的领导，建立地震预警协调工作机制，统筹解决地震预警重大问题，提高地震预警能力，将地震预警系统规划建设、运行管理纳入本行政区域防震减灾规划，所需经费由本级政府防震减灾专项经费予以保障。

第六条　县级以上人民政府主管地震工作的部门或者机构（以下简称地震工作主管部门）负责本行政区域内地震预警工作的监督管理。

县级以上人民政府发展改革、教育、科技、公安、财政、水利、卫生健康、广播电视、通信等部门，应当按照各自职责做好地震预警相关工作。

第七条　鼓励和支持社会力量开展地震预警科技创新、产品研发、成果应用，并依法参与地震预警系统建设。

第八条 县级以上人民政府地震工作主管部门负责向社会公众普及地震预警知识，指导、协助、督促有关单位做好地震预警知识的宣传教育和地震应急避险、疏散演练。

机关、团体、企业、事业等单位，应当结合实际情况，开展地震预警应急演练和知识宣传。

村（居）民委员会应当根据所在地人民政府的要求，协助开展地震预警知识的宣传普及活动和地震预警应急演练。

报刊、广播、电视、互联网等媒体应当开展地震预警知识的公益宣传。

第二章 地震预警系统规划与建设

第九条 自治区地震工作主管部门应当会同有关部门，根据国家地震预警系统建设规划和技术要求，编制自治区地震预警系统建设规划，报自治区人民政府批准后组织实施。

第十条 自治区地震预警系统建设规划应当包括地震预警监测台站系统、通信网络系统、信息自动处理系统、信息发布与传播系统、技术支持和保障系统等内容。

第十一条 地震预警系统建设规划区域内的州、市（地）地震工作主管部门应当会同有关部门，根据自治区地震预警系统建设规划组织编制本行政区域的地震预警系统建设实施方案，报自治区地震工作主管部门批准后组织实施。

第十二条 自治区地震工作主管部门应当根据自治区地震预警系统建设规划，组织建设全区统一的地震预警系统，州、市（地）、县（市、区）地震工作主管部门协助做好地震预警系统建设的相关工作。

建设地震预警监测台网，应当充分利用已有的各类地震监测台站资源，避免重复建设。

第十三条 地震预警系统的建设、运行采用的软件和设备以及相关技术及应用，应当符合国家标准和行业标准。

第十四条 地震、铁路、石化、水利等部门和单位应当加强合作，推进高速铁路、石油化工、矿山、水库等重大工程的地震预警信息接收及处置系统建设。

重大工程的建设单位也可以根据需要建设专用地震预警系统。建设单位应当将专用地震预警系统的建设情况报自治区地震工作主管部门备案。

第十五条 社会力量建设的地震预警台站（点）以及相关单位建设的专用地震预警系统，符合国家预警建设规划和相关技术要求的，可以纳入自治区地震预警系统，实现信息共享。

第十六条 地震工作主管部门应当优先为地震重点监视防御区的学校、医院、车站、机场、体育场馆、影剧院、商业中心、博物馆、图书馆、旅游景区等人员密集场所，安装地震预警信息接收、播发装置，并为其建立应急处置机制提供服务。

地震预警信息接收、播发装置的运行、维护由使用单位负责。

第十七条 地震预警系统建成后，应当经过一年的试运行。试运行结束并经国家或者自治区地震工作主管部门验收合格，方可正式运行。

第三章　地震预警信息发布与处置

第十八条　地震预警信息由自治区人民政府授权自治区地震工作主管部门统一发布。

其他任何单位和个人不得以任何形式向社会发布地震预警信息。

第十九条　破坏性地震发生时，自治区地震工作主管部门应当向预估地震烈度6度以上区域发送地震预警信息。

地震预警信息发布的条件、范围、方式应当符合国家或者地方标准。地震预警信息内容应当包括地震震中、震级、发震时间、破坏性地震波到达时间、预估地震烈度等。

第二十条　地震预警信息应当由自治区人民政府确定的广播、电视、互联网、移动通信等媒体向公众播发。

被确定的媒体应当及时、准确、无偿地向社会播发地震预警信息。

第二十一条　对地震预警信息有特殊需求的单位，可以向自治区地震工作主管部门订制地震预警信息服务。

第二十二条　县级以上人民政府及相关部门接收到地震预警信息后，应当及时启动地震应急预案，按照职责做好地震灾害应急防范工作。

重大建设工程和其他可能产生严重次生灾害的建设工程的建设单位，接收到地震预警信息后，应当按照各自行业规定、技术规范和地震预警应急预案进行紧急处置。

地震重点监视防御区的学校、医院、车站、机场、体育场馆、影剧院、商业中心、博物馆、图书馆、旅游景区等人员密集场所的管理单位，接收到地震预警信息后，应当立即采取相应避险措施。

第二十三条　因技术等原因误发地震预警信息，自治区地震工作主管部门应当及时修正、更新；县级以上人民政府及相关部门应当及时采取措施消除影响。

第四章　保障措施

第二十四条　县级以上人民政府应当组织相关部门和单位为本行政区域内地震预警系统的建设、运行，提供必要的建设用地、通信、供电等保障。

第二十五条　自治区地震工作主管部门应当定期对地震预警系统运行情况进行监督检查。

地震预警系统建设规划区域内的县级人民政府应当加强对地震预警设施和地震预警观测环境的保护，地震预警设施和地震预警观测环境遭受破坏的，应当及时组织修复。

任何组织或者个人不得侵占、损毁、拆除、擅自移动地震预警设施或者危害地震预警观测环境。

第二十六条　地震预警信息接收播发装置确需迁移的，应当提前告知所在地县（市、区）地震工作主管部门，所在地县（市、区）地震工作主管部门逐级上报，由自治区地震工作主管部门负责组织迁移。

第五章　法律责任

第二十七条　违反本办法规定，擅自向社会发布地震预警信息，构成违反治安管理行为的，由公安机关依法给予处罚；构成犯罪的，依法追究刑事责任。

第二十八条　违反本办法规定，侵占、毁损、拆除、擅自移动地震预警设施或者危害地震预警观测环境的，由县级以上人民政府地震工作主管部门或者公安机关依照《中华人民共和国防震减灾法》有关规定予以处理。

第二十九条　县级以上人民政府地震工作主管部门以及相关部门的工作人员，在地震预警工作中滥用职权、玩忽职守、徇私舞弊的，对直接负责的主管人员和其他直接责任人员依法给予处分；构成犯罪的，依法追究刑事责任。

第三十条　违反本办法规定，应当承担法律责任的其他行为，依照有关法律法规执行。

第六章　附　　则

第三十一条　本办法自2021年1月1日起施行。

地震与地震灾害

主要收载全球7.0级及以上地震目录；中国大陆及沿海地区4.0级及以上地震目录；我国及全球地震活动综述、地震灾害情况简介；我国各地地震活动及破坏性地震震害等。

2020年全球$M \geq 7.0$地震目录

2020年，全球发生7.0级以上地震10次，其中7.0~7.9级10次，最大地震为美国阿拉斯加州以南海域7.8级地震。

2020年全球7.0级以上地震

序号	月	日	时:分:秒	纬度/°	经度/°	深度/km	震级 M	地　　点
1	01	29	03:10:22	19.46	-78.79	10	7.7	古巴南部海域
2	02	13	18:33:44	45.60	148.95	150	7.0	千岛群岛
3	03	25	10:49:19	48.93	157.74	30	7.5	千岛群岛
4	05	06	21:53:57	-6.93	130.07	110	7.2	印度尼西亚班达海
5	06	18	20:49:54	-33.35	-177.85	10	7.3	新西兰克马德克群岛以南海域
6	06	23	23:29:04	16.14	-95.75	10	7.4	墨西哥
7	07	17	10:50:22	-7.86	147.70	90	7.0	巴布亚新几内亚
8	07	22	14:12:41	55.05	-158.50	10	7.8	美国阿拉斯加州以南海域
9	08	19	06:29:21	-4.31	101.15	10	7.0	印度尼西亚苏门答腊岛南部海域
10	10	20	04:54:40	54.74	-159.75	40	7.5	美国阿拉斯加州以南海域

注：在经纬度中，正数值表示东经或北纬，负数值表示西经或南纬。

（中国地震台网中心）

2020 年中国及周边沿海地区 $M \geqslant 4.0$ 地震目录

2020 年，中国及周边沿海地区发生 4.0 级以上地震 155 次，其中 4.0～4.9 级 127 次，5.0～5.9 级 25 次，6.0～6.9 级 3 次，最大地震为西藏尼玛 6.6 级地震。

2020 年中国及周边海域 4.0 级以上地震

序号	月	日	时:分:秒	纬度/°N	经度/°E	深度/km	震级 M	地　　点
1	01	01	03:10:10.9	24.06	121.73	13	4.7	台湾花莲县海域
2	01	01	11:01:57.4	29.02	105.01	21	4.3	四川自贡市富顺县
3	01	06	14:53:56.7	23.40	120.29	10	4.6	台湾嘉义县
4	01	08	01:09:37.4	28.21	104.93	12	4.1	四川宜宾市兴文县
5	01	15	19:34:25.3	25.54	103.11	8	4.2	云南昆明市寻甸县
6	01	16	16:32:38.4	41.21	83.60	16	5.6	新疆阿克苏地区库车县
7	01	18	00:05:50.0	39.83	77.18	20	5.4	新疆喀什地区伽师县
8	01	19	02:00:12.8	31.65	93.37	8	4.2	西藏那曲市比如县
9	01	19	11:22:33.7	21.73	121.76	10	4.1	台湾台东县海域
10	01	19	21:27:55.4	39.83	77.21	16	6.4	新疆喀什地区伽师县
11	01	19	21:51:52.2	39.91	77.27	19	4.0	新疆克孜勒苏州阿图什市
12	01	19	22:23:01.2	39.89	77.46	14	5.2	新疆克孜勒苏州阿图什市
13	01	19	22:55:10.6	39.88	77.44	18	4.7	新疆克孜勒苏州阿图什市
14	01	19	23:49:30.9	39.89	77.47	16	4.3	新疆克孜勒苏州阿图什市
15	01	22	15:08:33.3	31.66	103.13	13	4.5	四川阿坝州理县
16	01	23	22:26:30.1	32.97	98.87	13	4.3	四川甘孜州石渠县
17	01	25	06:56:05.1	31.98	95.09	10	5.1	西藏昌都市丁青县
18	01	26	03:49:35.0	39.92	77.20	20	4.0	新疆克孜勒苏州阿图什市
19	01	29	07:39:29.4	27.16	126.60	10	5.3	东海海域
20	01	30	15:38:11.8	39.02	94.72	10	4.2	甘肃酒泉市阿克塞县
21	01	31	13:45:31.0	39.93	77.17	24	4.3	新疆克孜勒苏州阿图什市
22	01	31	14:09:39.3	24.86	122.05	10	4.2	台湾宜兰县附近海域
23	01	31	18:55:19.2	24.74	97.86	20	4.0	云南德宏州盈江县
24	02	01	17:43:58.3	28.89	95.72	10	4.4	西藏林芝市墨脱县
25	02	03	00:05:41.5	30.74	104.46	21	5.1	四川省成都市青白江区
26	02	04	01:02:56.9	23.59	121.56	24	4.6	台湾花莲县海域
27	02	14	01:49:19.0	24.22	122.14	29	4.5	台湾花莲县海域

续表

序号	月	日	时:分:秒	纬度/°N	经度/°E	深度/km	震级 *M*	地　　点
28	02	14	05:38:41.2	22.36	121.32	20	4.2	台湾台东县海域
29	02	15	19:00:07.5	23.95	121.49	10	5.4	台湾花莲县
30	02	15	19:05:01.2	23.86	121.53	10	4.7	台湾花莲县
31	02	16	03:20:13.4	23.82	121.63	11	4.5	台湾花莲县海域
32	02	16	04:28:19.9	29.48	104.50	10	4.4	四川自贡市荣县
33	02	18	17:07:16.5	36.47	116.64	10	4.1	山东济南市长清区
34	02	19	13:27:45.5	23.87	121.59	9	4.3	台湾花莲县
35	02	21	02:01:40.7	34.56	85.68	9	5.0	西藏阿里地区改则县
36	02	21	02:11:05.3	34.54	85.88	10	4.0	西藏阿里地区改则县
37	02	21	23:39:14.9	39.87	77.47	10	5.1	新疆喀什地区伽师县
38	02	25	19:14:02.7	24.42	121.45	15	4.9	台湾宜兰县
39	02	29	05:36:25.7	41.79	81.07	19	4.6	新疆阿克苏地区拜城县
40	03	08	06:58:16.2	36.91	75.81	10	4.0	新疆喀什地区塔什库尔干县
41	03	09	00:59:16.6	32.79	85.58	10	4.2	西藏阿里地区改则县
42	03	10	02:12:11.6	32.84	85.52	10	5.0	西藏阿里地区改则县
43	03	12	23:44:03.5	32.88	85.55	10	5.1	西藏阿里地区改则县
44	03	17	12:02:08.2	34.47	85.70	7	4.0	西藏阿里地区改则县
45	03	20	09:33:15.1	28.63	87.42	10	5.9	西藏日喀则市定日县
46	03	23	03:21:39.9	41.75	81.11	10	5.0	新疆阿克苏地区拜城县
47	03	24	22:39:42.7	38.08	94.78	10	4.0	青海海西州直辖区
48	03	30	16:20:59.9	40.14	111.85	14	4.0	内蒙古呼和浩特市和林格尔县
49	04	01	20:23:27.5	33.04	98.92	10	5.6	四川甘孜州石渠县
50	04	04	06:54:40.8	32.78	85.50	8	4.4	西藏阿里地区改则县
51	04	08	05:51:23.1	39.81	73.95	10	4.2	新疆克孜勒苏州乌恰县
52	04	09	03:59:54.4	39.26	89.47	17	4.0	新疆巴音郭楞州若羌县
53	04	09	07:49:18.9	24.27	121.95	24	4.4	台湾花莲县海域
54	04	12	19:36:39.2	24.03	122.29	24	4.2	台湾花莲县海域
55	04	14	12:10:33.0	40.77	83.24	20	4.4	新疆阿克苏地区沙雅县
56	04	14	12:11:54.1	40.73	83.20	15	4.5	新疆阿克苏地区沙雅县
57	04	16	06:29:48.2	40.81	83.21	10	4.7	新疆阿克苏地区沙雅县
58	04	23	17:04:40.9	28.42	104.84	8	4.1	四川宜宾市长宁县
59	04	29	20:57:15.8	39.54	77.27	22	4.1	新疆喀什地区伽师县
60	05	01	04:17:52.4	32.21	89.44	8	4.2	西藏那曲市双湖县
61	05	03	11:24:40.9	23.29	121.60	40	5.4	台湾台东县海域

续表

序号	月	日	时:分:秒	纬度/°N	经度/°E	深度/km	震级 M	地　　点
62	05	06	18:51:00.7	39.71	74.10	10	5.0	新疆克孜勒苏州乌恰县
63	05	07	19:47:07.0	41.41	80.81	12	4.5	新疆阿克苏地区温宿县
64	05	09	23:35:59.9	40.77	78.76	15	5.2	新疆阿克苏地区柯坪县
65	05	11	00:49:13.1	40.80	78.70	21	4.2	新疆阿克苏地区柯坪县
66	05	14	05:09:32.6	39.76	73.93	8	4.0	新疆克孜勒苏州乌恰县
67	05	18	21:47:59.9	27.18	103.16	8	5.0	云南昭通市巧家县
68	05	22	21:44:48.6	32.93	85.68	7	4.8	西藏阿里地区改则县
69	05	23	02:38:16.4	32.84	85.61	7	4.7	西藏阿里地区改则县
70	05	25	06:31:27.5	24.28	122.18	10	4.8	台湾宜兰县海域
71	05	29	03:34:23.0	23.63	120.80	26	4.2	台湾南投县
72	05	30	21:02:31.2	24.14	121.46	10	4.0	台湾花莲县
73	06	07	09:49:23.5	24.12	121.67	11	4.0	台湾花莲县海域
74	06	11	09:38:27.7	24.55	122.43	70	4.6	台湾宜兰县海域
75	06	12	21:03:39.6	28.19	104.73	8	4.0	四川宜宾市珙县
76	06	14	04:18:59.4	24.29	122.41	27	5.5	台湾宜兰县海域
77	06	26	04:29:38.4	35.60	82.34	8	4.6	新疆和田地区于田县
78	06	26	05:05:20.1	35.73	82.33	10	6.4	新疆和田地区于田县
79	06	26	05:17:06.0	35.73	82.41	8	4.7	新疆和田地区于田县
80	06	26	06:51:45.8	35.76	82.34	10	4.0	新疆和田地区于田县
81	06	26	07:07:53.9	35.72	82.39	10	4.2	新疆和田地区于田县
82	06	26	09:30:59.4	35.72	82.34	10	4.5	新疆和田地区于田县
83	06	27	07:27:45.2	23.07	120.86	10	4.4	台湾高雄市
84	06	27	15:11:27.2	23.99	122.63	20	4.1	台湾花莲县海域
85	06	29	20:52:47.8	24.30	122.34	60	4.7	台湾宜兰县海域
86	07	02	11:11:35.9	27.16	104.63	13	4.5	贵州毕节市赫章县
87	07	04	20:12:10.2	35.59	82.24	10	4.1	新疆和田地区于田县
88	07	07	05:23:03.5	44.64	93.05	10	4.2	新疆哈密市巴里坤县
89	07	08	10:39:59.7	26.02	103.13	14	4.2	云南昆明市东川区
90	07	09	11:24:22.9	24.17	121.74	18	4.3	台湾花莲县海域
91	07	12	06:38:25.2	39.78	118.44	10	5.1	河北唐山市古冶区
92	07	12	12:06:08.2	24.86	122.82	130	4.4	台湾宜兰县海域
93	07	12	13:21:56.1	22.89	102.53	11	4.4	云南红河州绿春县
94	07	12	15:03:26.5	33.59	102.92	8	4.0	四川阿坝州若尔盖县
95	07	13	09:28:02.7	44.42	80.82	15	5.0	新疆伊犁州霍城县

续表

序号	月	日	时:分:秒	纬度/°N	经度/°E	深度/km	震级 M	地点
96	07	14	21:18:12.7	37.71	87.66	20	4.1	新疆巴音郭楞州且末县
97	07	19	18:15:45.3	30.37	94.87	8	4.5	西藏林芝市波密县
98	07	20	07:36:36.3	30.34	94.87	8	4.0	西藏林芝市波密县
99	07	21	03:21:36.6	30.38	94.91	9	4.1	西藏林芝市波密县
100	07	21	14:18:46.2	30.34	94.83	7	4.1	西藏林芝市波密县
101	07	22	12:45:32.7	22.39	99.82	10	4.1	云南普洱市澜沧县
102	07	23	04:07:20.3	33.19	86.81	10	6.6	西藏那曲市尼玛县
103	07	23	06:28:33.8	33.24	86.91	7	4.3	西藏那曲市尼玛县
104	07	23	08:10:27.0	32.96	87.06	7	4.1	西藏那曲市尼玛县
105	07	23	18:50:08.7	33.16	86.86	10	4.8	西藏那曲市尼玛县
106	07	26	17:58:55.9	30.39	94.84	8	4.4	西藏林芝市波密县
107	07	26	20:52:27.5	24.27	122.48	50	5.5	台湾花莲县海域
108	07	31	19:20:09.7	33.06	86.89	8	4.3	西藏那曲市尼玛县
109	08	01	00:45:07.1	30.37	94.85	6	4.1	西藏林芝市波密县
110	08	02	07:47:48.2	39.92	77.30	20	4.6	新疆克孜勒苏州阿图什市
111	08	04	06:30:46.1	43.98	84.43	17	4.2	新疆塔城地区乌苏市
112	08	04	10:59:44.2	33.22	86.83	10	4.3	西藏那曲市尼玛县
113	08	05	19:18:47.5	31.91	90.49	8	4.0	西藏那曲市班戈县
114	08	08	08:35:09.4	43.23	87.67	20	4.8	新疆吐鲁番市托克逊县
115	08	08	16:43:58.3	30.33	94.93	7	4.4	西藏林芝市波密县
116	08	09	16:50:11.3	30.32	94.92	10	4.4	西藏林芝市波密县
117	08	11	09:01:06.7	24.73	121.91	64	4.2	台湾宜兰县海域
118	08	12	02:14:14.6	30.35	94.87	10	4.1	西藏林芝市波密县
119	08	12	23:58:06.2	29.95	95.06	6	4.4	西藏林芝市巴宜区
120	08	17	19:23:40.5	33.05	86.81	7	4.6	西藏那曲市尼玛县
121	08	19	11:13:32.5	23.25	120.35	13	4.3	台湾台南市
122	08	24	01:07:42.8	30.44	87.63	7	4.0	西藏那曲市尼玛县
123	08	26	08:48:51.9	35.77	82.39	10	4.3	新疆和田地区于田县
124	09	13	01:19:16.3	41.32	83.75	10	4.9	新疆阿克苏地区库车市
125	09	17	09:37:51.4	23.01	121.43	15	4.3	台湾台东县海域
126	09	18	16:24:01.0	26.21	105.41	10	4.0	贵州六盘水市六枝特区
127	09	19	04:55:50.9	43.84	81.95	15	4.6	新疆伊犁州伊宁县
128	09	21	07:54:47.0	22.42	121.67	6	4.4	台湾台东县海域
129	09	21	19:18:08.0	43.45	81.94	17	4.2	新疆伊犁州巩留县

续表

序号	月	日	时:分:秒	纬度/°N	经度/°E	深度/km	震级 M	地　点
130	09	29	04:50:53.2	22.29	121.10	13	5.0	台湾台东县海域
131	09	29	09:14:16.2	22.31	121.06	14	4.8	台湾台东县海域
132	09	30	12:37:18.5	24.85	122.14	116	5.0	台湾宜兰县海域
133	10	06	07:43:22.1	34.08	79.12	10	4.9	西藏阿里地区日土县
134	10	12	23:39:43.9	24.52	122.01	9	4.3	台湾宜兰县海域
135	10	17	23:03:14.0	23.33	120.35	12	4.9	台湾台南市
136	10	18	06:45:26.0	38.15	76.86	12	4.0	新疆喀什地区莎车县
137	10	21	12:04:47.4	31.84	104.17	17	4.6	四川绵阳市北川县
138	10	21	21:12:35.7	33.27	90.25	8	4.3	西藏那曲市安多县
139	10	22	11:03:37.9	31.83	104.18	20	4.7	四川绵阳市北川县
140	10	31	04:12:37.1	38.94	75.65	10	4.1	新疆克孜勒苏州阿克陶县
141	11	04	01:59:11.7	21.49	121.56	96	4.0	台湾屏东县海域
142	11	06	02:36:11.3	22.58	121.45	17	4.7	台湾台东县海域
143	11	06	09:40:15.7	23.13	122.16	15	4.9	台湾台东县海域
144	11	08	17:12:22.7	28.50	96.38	8	4.2	西藏林芝市察隅县
145	11	12	05:33:26.5	21.57	121.80	12	4.6	台湾台东县海域
146	11	13	03:18:12.4	28.17	104.73	6	4.1	四川宜宾市珙县
147	11	16	15:19:14.9	22.06	121.23	44	4.6	台湾台东县海域
148	11	17	04:14:26.5	21.65	121.02	34	4.2	台湾屏东县海域
149	11	29	21:42:14.2	24.14	122.28	32	4.4	台湾花莲县海域
150	12	10	13:29:36.7	23.44	121.66	18	4.7	台湾花莲县海域
151	12	10	21:19:58.1	24.74	121.99	80	5.8	台湾宜兰县海域
152	12	11	02:15:08.5	24.53	122.06	49	4.4	台湾宜兰县附近海域
153	12	11	21:05:11.9	42.71	82.95	10	4.1	新疆巴音郭楞州和静县
154	12	12	15:11:25.0	43.65	87.37	20	4.2	新疆乌鲁木齐市沙依巴克区
155	12	24	07:51:48.7	34.18	98.33	7	4.2	青海果洛州玛多县

（中国地震台网中心）

2020 年地震活动综述

一、2020 年中国地震活动概况

据中国地震台网测定，2020 年我国大陆地区共发生 5.0 级以上地震 20 次，低于年均 24 次的活动水平。2020 年我国大陆地区发生 6.0 级以上地震 3 次，分别为 1 月 19 日新疆伽师 6.4 级地震、6 月 26 日新疆于田 6.4 级地震和 7 月 23 日西藏尼玛 6.6 级地震，6.0 级以上地震频次略低于年均 4 次的活动水平。2020 年我国大陆 5.0 级以上地震活动频次与 2019 年（20 次）持平，主要分布在大陆西部地区。

大陆地区 5.0 级以上地震 20 次，台湾地区 5.0 级以上地震 7 次，东海 5.0 级以上地震 1 次。

2020 年地震活动有以下特点：

2020 年，我国大陆地区 5.0 级以上地震均发生在 1—7 月，7 月 23 日西藏尼玛 6.6 级地震后，大陆地区 5.0 级以上地震由活跃转为显著平静。地震分布上呈现出多震省份活动差异明显的特征，新疆和西藏地区中强地震活跃，四川和云南地区地震活动水平偏弱。此外，唐山老震区和汶川老震区出现起伏活动。

新疆地区中强地震活跃。2020 年新疆地区共发生 5.0 级以上地震 10 次，其中 6.0 级以上地震 2 次，分别为 1 月 19 日伽师 6.4 级和 6 月 26 日于田 6.4 级地震。与 2018 年和 2019 年相比，地震频次明显增多，强度显著增强。

西藏地区中强地震活跃。2020 年西藏地区共发生 5.0 级以上地震 6 次，其中 6.0 级以上地震 1 次，为 7 月 23 日尼玛 6.6 级地震，这是 2020 年我国大陆地区震级最大的地震。与 2019 年相比，地震频次明显增多，强度有所增强。

四川地区地震活动水平弱。2020 年四川地区共发生 5.0 级以上地震 2 次，分别为 2 月 3 日成都青白江 5.1 级和 4 月 1 日石渠 5.6 级地震。与 2019 年相比，地震活动水平偏低（2019 年 8 次，最大为长宁 6.0 级地震），尤其是川东南地区未发生 5.0 级以上地震。此外，2020 年 10 月 21—22 日北川先后发生 4.6 级和 4.7 级地震，位于 2008 年汶川 8.0 级地震老震区，该区域 9—10 月共发生 3.0 级以上地震 9 次，起伏活动明显。

云南地区 6.0 级、7.0 级地震平静突出。2020 年云南地区仅发生 1 次 5.0 级以上地震，为 5 月 18 日巧家 5.0 级地震，该地震打破了云南省内持续 618 天的 5.0 级以上地震平静。截至 2020 年底，云南省内 7.0 级以上地震平静近 25 年，为 1900 年以来最长平静时间，连续 6 年未发生 6.0 级以上地震。

华北地区 5.0 级地震长期平静被打破。2020 年 7 月 12 日河北唐山古冶 5.1 级地震，位于 1976 年唐山 7.8 级地震老震区，打破了华北地区自 2006 年 7 月 4 日文安 5.1 级地震之后长达 14 年的 5.0 级以上地震平静。

台湾地区 7.0 级地震平静异常显著。截至 2020 年底，台湾地区 7.0 级以上地震平静 14 年，为 1900 年以来的最长平静时间。2020 年台湾及近海未发生 6.0 级以上地震，地震活动强度偏低。

二、2020 年全球地震活动概况

据中国地震台网测定，2020 年全球发生 7.0 级以上地震 10 次，远低于全球 7.0 级以上地震年均 20 次的水平，频次显著偏低，且没有发生 8.0 级以上地震，最大地震为 7 月 22 日美国阿拉斯加州以南海域 7.8 级地震。2020 年全球 7.0 级以上地震频次与 2019 年（9 次）基本持平，主要分布在环太平洋地震带。

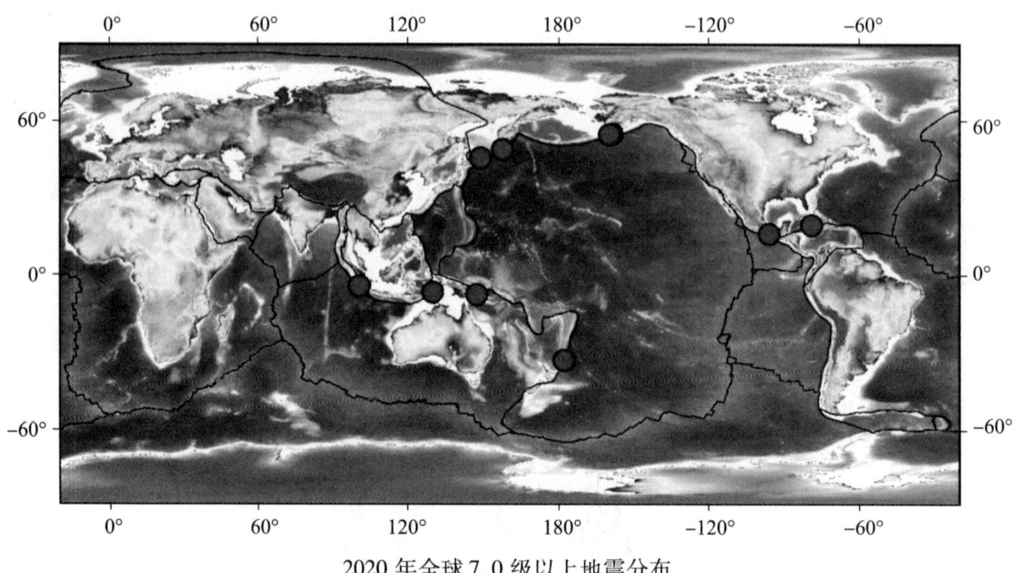

2020 年全球 7.0 级以上地震分布

2020 年全球 7.0 级以上地震活动有以下特点：

2020 年全球 7.0 级以上地震活动强度偏低，频次偏少。强度上，2020 年全球发生的最大地震为美国阿拉斯加州以南海域 7.8 级地震，连续 2 年没有发生 8.0 级以上地震，强度持续偏低。年频次上，2020 年全球发生 7.0 级以上地震 10 次，连续 2 年（2019 年 7.0 级以上地震 9 次）显著低于 1900 年以来年均 20 次的活动水平，频次持续偏低。

2020 年全球 7.0 级以上地震活动在时空上不均匀。空间上，7.0 级以上地震主要集中在澳大利亚板块东北区域和太平洋板块北部区域，北美板块南部区域发生 7.0 级以上地震 2 次；时间上，全球 7.0 级以上地震主要集中在 1—7 月，共发生 8 次；自 10 月 20 日美国阿拉斯加州以南海域 7.5 级地震之后，全球 7.0 级以上地震持续平静，整体呈现时间上不均匀性。

（中国地震台网中心）

2020年中国地震灾害情况综述

一、2020年中国地震情况

2020年，中国共发生5.0级及以上地震28次（大陆地区20次，台湾地区7次，东海海域1次）。其中5.0~5.9级地震25次，6.0~6.9级地震3次，最大地震为7月23日西藏那曲市尼玛县6.6级地震。

2020年中国5.0级及以上地震一览表

序号	日期	北京时间（时:分）	震级 M	纬度/°N	经度/°E	震源深度/km	震中位置
1	1月16日	16:32	5.6	41.21	83.60	16	新疆阿克苏地区库车县
2	1月18日	00:05	5.4	39.83	77.18	20	新疆喀什地区伽师县
3	1月19日	22:23	5.2	39.89	77.46	14	新疆克孜勒苏州阿图什市
4	1月19日	21:27	6.4	39.83	77.21	16	新疆喀什地区伽师县
5	1月25日	06:56	5.1	31.98	95.09	10	西藏昌都市丁青县
6	1月29日	07:39	5.3	27.16	126.60	10	东海海域
7	2月03日	00:05	5.1	30.74	104.46	21	四川省成都市青白江区
8	2月15日	19:00	5.4	23.95	121.49	10	台湾花莲县
9	2月21日	02:01	5.0	34.56	85.68	9	西藏阿里地区改则县
10	2月21日	23:39	5.1	39.87	77.47	10	新疆喀什地区伽师县
11	3月10日	02:12	5.0	32.84	85.52	10	西藏阿里地区改则县
12	3月12日	23:44	5.1	32.88	85.55	10	西藏阿里地区改则县
13	3月20日	09:33	5.9	28.63	87.42	10	西藏日喀则市定日县
14	3月23日	03:21	5.0	41.75	81.11	10	新疆阿克苏地区拜城县
15	4月01日	20:23	5.6	33.04	98.92	10	四川甘孜州石渠县
16	5月03日	11:24	5.4	23.29	121.60	40	台湾台东县海域
17	5月06日	18:51	5.0	39.71	74.10	10	新疆克孜勒苏州乌恰县
18	5月09日	23:35	5.2	40.77	78.76	15	新疆阿克苏地区柯坪县
19	5月18日	21:47	5.0	27.18	103.16	8	云南昭通市巧家县

续表

序号	日期	北京时间（时:分）	震级 M	纬度/°N	经度/°E	震源深度/km	震中位置
20	6月14日	04:18	5.5	24.29	122.41	27	台湾宜兰县海域
21	6月26日	05:05	6.4	35.73	82.33	10	新疆和田地区于田县
22	7月12日	06:38	5.1	39.78	118.44	10	河北唐山市古冶区
23	7月13日	09:28	5.0	44.42	80.82	15	新疆伊犁州霍城县
24	7月23日	04:07	6.6	33.19	86.81	10	西藏那曲市尼玛县
25	7月26日	20:52	5.5	24.27	122.48	50	台湾花莲县海域
26	9月29日	04:50	5.0	22.29	121.10	13	台湾台东县海域
27	9月30日	12:37	5.0	24.85	122.14	116	台湾宜兰县海域
28	12月10日	21:19	5.8	24.74	121.99	80	台湾宜兰县海域

二、2020年中国大陆地震灾害情况

2020年，中国大陆地区共发生11次破坏性地震事件，其中5次为地震灾害事件，造成5人死亡，30人受伤，直接经济损失约20.6亿元。其中，灾害损失最严重的地震为1月19日新疆伽师6.4级地震，造成1人死亡，2人受伤，直接经济损失16.2亿元。人员伤亡最严重的地震是云南巧家5.0级地震，造成4人死亡，28人受伤，直接经济损失约1.01亿元。

2020年中国大陆地区地震灾害损失一览表

序号	日期	北京时间（时:分）	震中位置	震级 M	人员伤亡		直接经济损失/亿元
					死亡	受伤	
1	1月16日	16:32	新疆阿克苏地区库车县	5.6	0	0	0.07
2	1月19日	21:27	新疆喀什地区伽师县	6.4	1	2	16.2
3	4月01日	20:23	四川甘孜州石渠县	5.6	0	0	1.7
4	5月18日	21:47	云南昭通市巧家县	5.0	4	28	1.01
5	6月26日	05:05	新疆和田地区于田县	6.4	0	0	0.17

三、2020年中国地震灾害主要特点

地震灾害总体偏轻。2020年共发生5次地震灾害事件，低于2000年以来平均水平。

地震灾害相对集中。5次地震灾害事件中有3次发生在新疆维吾尔自治区，共造成1人死亡，2人受伤，直接经济损失15.5亿元，分别占全年各项损失的20%，6.7%和84%。云南巧家县5.0级地震虽未造成巨大直接经济损失，但造成4人死亡，28人受伤，分别占全年人员死、伤的80%和93.3%。

地震次生灾害突出。在2020年的地震灾害中，次生灾害多发，如新疆伽师地震造成震区一座水库出现险情，当地政府紧急疏散安置受影响群众，巧家地震次生地质灾害造成2人死亡，数人受伤，震区交通等基础设施受损等，再次为各级政府敲响警钟，应对西部地区地震次生灾害引起足够的重视，才能从根本上做到减轻地震灾害。

2020年，我国台湾地区发生5.0级及以上地震7次，均未造成人员伤亡和财产损失。

四、2020年中国大陆主要地震及灾害特点

1. 新疆库车5.6级地震

2020年1月16日16时32分，新疆维吾尔自治区阿克苏地区库车市发生5.6级地震，震源深度16千米。地震未造成人员伤亡，直接经济损失712万元。本次地震震中位于新疆阿克苏地区库车市塔里木乡，极震区烈度为Ⅵ度（6度），Ⅵ度区面积813.6平方千米。

2. 新疆伽师6.4级地震

2020年1月19日21时27分，新疆维吾尔自治区喀什地区伽师县发生6.4级地震，震源深度16千米。地震造成1人死亡、2人受伤，直接经济损失16.2亿元。本次极震区烈度为Ⅷ度（8度），Ⅵ度区及以上总面积为7599平方千米。其中，Ⅷ度区面积为257平方千米，主要涉及伽师县西克尔库勒镇、古勒鲁克乡，共2个乡（镇）；Ⅶ度区面积为2397平方千米，Ⅵ度区面积4945平方千米。

3. 四川石渠5.6级地震

2020年4月01日20时23分，四川省甘孜藏族自治州石渠县发生5.6级地震，震源深度10千米。此次地震未造成人员伤亡，直接经济损失1.7亿元。

本次地震最高烈度为Ⅶ度（7度），主要涉及四川省甘孜藏族自治州石渠县、德格县、甘孜县和青海省果洛藏族自治州达日县，共计4个县。Ⅵ度区及以上面积为3500平方千米。其中，Ⅶ度区面积为360平方千米，主要涉及2个乡。Ⅵ度区面积为3140平方千米，主要涉及11个乡镇。此外，位于Ⅵ度区之外的色达县泥朵镇和其他个别乡镇也受到波及，零星房屋有破坏现象。

4. 云南巧家5.0级地震

2020年5月18日21时47分，云南省昭通市巧家县发生5.0级地震，震源深度8千米。地震造成4人死亡，28人受伤，直接经济损失1.01亿元。地震最高烈度为VI度，VI度区总面积约330平方千米，主要涉及巧家县小河镇、新店镇、红山乡、东坪镇、药山镇与鲁甸县乐红镇。

5. 新疆于田6.4级地震

2020年6月26日05时05分，新疆维吾尔自治区和田地区于田县发生6.4级地震，震源深度10千米。地震未造成人员伤亡，直接经济损失1700万元。于田县阿羌乡3.5千米道路出现塌方、1座40米中桥多处裂缝、1处自建木桥受损、1处1米涵洞严重受损、1处12米拱桥受损。

（中国地震局震害防御司）

2020 年全球重要地震事件的震害及影响

2020 年，全球发生 6.0 级及以上地震 89 次，其中 7.0 级及以上地震 10 次，主要分布在环太平洋地震带，最大地震为 7 月 22 日美国阿拉斯加以南海域 7.8 级地震。

2020 年，全球地震灾害造成至少 204 人死亡，3308 人受伤。其中，国外 6.0 级及以上地震共造成 182 人死亡，2913 人受伤。造成死亡人数最多的地震为 10 月 30 日发生在希腊佐泽卡尼索斯群岛的 6.9 级地震，共造成 118 人死亡。

2020 年国外 6.0 级及以上地震灾害一览表

序号	日期	北京时间（时:分）	震级 *M*	震源深度/km	震中位置	人员伤亡/人	
						死亡	受伤
1	1 月 07 日	16:24	6.5	10	波多黎各附近海域	3	8
2	1 月 25 日	01:55	6.8	10	土耳其	41	1631
3	6 月 23 日	23:29	7.4	10	墨西哥	10	23
4	7 月 17 日	10:50	7.0	90	巴布亚新几内亚	1	1
5	8 月 18 日	08:03	6.6	10	菲律宾	2	170
6	9 月 11 日	15:35	6.3	40	智利北部	0	1
7	10 月 30 日	19:51	6.9	10	希腊佐泽卡尼索斯群岛	118	1053
8	12 月 29 日	19:19	6.5	10	克罗地亚	7	26
合计						182	2913

注：数据来源于维基百科。

2020 年国外地震活动和人员伤亡有如下特点：

（1）2020 年全球 7.0 级以上地震频次相比 2010 年以来年均 18 次明显偏低。

（2）2020 年国外 7.0 级以上地震大多没有发生在陆地，所以未造成大量人员伤亡，总体来讲 2020 年全球地震灾害相比 2019 年偏轻。

（3）中震大灾仍引起关注。发生在希腊佐泽卡尼索斯群岛的 6.9 级地震，造成土耳其百余人死亡，千余人受伤，是一起较典型的中震大灾的地震事件。该地震震中并未发生在陆地，且离重灾区有一定距离，但是由于当地房屋设施抗震能力不足，导致大量人员伤亡和财产损失，再次表明提高房屋设施的抗震能力是减轻地震灾害损失的最直接、最有效手段。

2011—2020 年国外 6.0 级及以上地震灾害人员伤亡情况对比

年份	死亡/人	受伤/人
2011	2 万余	数万
2012	400 余	数千
2013	800 余	2000 余

续表

年份	死亡/人	受伤/人
2014	19	数百
2015	9529	近3万
2016	1143	2万余
2017	1126	1.5万余
2018	3068	约1.6万
2019	185	4000余
2020	182	2913

1. 波多黎各附近海域6.5级地震

北京时间1月07日16时24分（当地时间凌晨03时24分），波多黎各西南附近海域发生6.5级地震，震源深度10千米。地震造成3人死亡，8人受伤，数千人因担心余震袭击而走上街头。震中附近的一座主要发电设施因触发保护机制，从而造成部分地区供电中断。

2. 土耳其6.8级地震

北京时间1月25日01时55分（当地时间24日20时55分），土耳其埃拉齐格省的西弗莱斯发生6.8级地震，震源深度10千米。地震造成41人死亡，1631人受伤。距离震中较近的亚美尼亚、叙利亚和伊朗等国均有震感。

3. 墨西哥7.4级地震

北京时间6月23日23时29分（当地时间09时29分），墨西哥瓦哈卡州发生7.4级地震，震源深度10千米。地震造成10人死亡，23人受伤。据美国地质调查局估计，墨西哥和危地马拉约4900万人均有震感，其中有200万人震感强烈。墨西哥城震感强烈，数千人到室外躲避。距离震中最近的城市萨利纳克鲁斯因地震引发次生火灾，并有部分房屋建筑和基础设施破坏。

4. 巴布亚新几内亚7.0级地震

北京时间7月17日10时50分（当地时间14时50分），巴布亚新几内亚东部近海发生7.0级地震，震源深度90千米。地震造成1人死亡，1人受伤。巴布亚新几内亚首都莫尔兹比港有明显震感，但此次地震造成地面破坏较小。太平洋海啸预警中心在地震发生后发布了海啸预警。

5. 菲律宾6.6级地震

北京时间8月18日08时03分（当地时间08时03分），菲律宾中部地区发生6.6级地震，震源深度10千米。地震造成2人死亡，170人受伤。菲律宾马斯巴特省的多处房屋建筑和基础设施受损，其中包括作为疫情隔离中心的一处医院和一处综合体育场馆严重受损，导致约100名正在接受隔离的人员被迫转移至当地政府大楼。

6. 智利北部6.3级地震

北京时间9月11日15时35分（当地时间02时35分），智利北部托科皮利亚发生6.3级地震，震源深度40千米。地震造成1人受伤。由于当地建筑和基础设施抗震性能普遍较好，因此地震并未造成重大损失。

7. 10 月 30 日希腊佐泽卡尼索斯群岛 6. 9 级地震

北京时间 10 月 30 日 19 时 51 分（当地时间 13 时 51 分），希腊佐泽卡尼索斯群岛发生 6. 9 级地震，震源深度 10 千米。地震造成 118 人死亡，1053 人受伤。地震震中位于爱琴海，距离土耳其第三大城市伊兹密尔约 10 千米，该城市震后遭到海啸袭击，此次地震造成多处山体滑坡，多人被困倒塌建筑内。

8. 克罗地亚 6. 5 级地震

北京时间 12 月 29 日 19 时 19 分（当地时间 12 时 19 分），克罗地亚发生 6. 5 级地震，震源深度 10 千米。地震造成至少 7 人死亡，数 10 多人受伤，首都萨格勒布部分地区建筑受到严重破坏，全国各地以及邻国塞尔维亚和波斯尼亚均有震感。

（中国地震台网中心）

各地区地震活动

首都圈地区

1. 地震概况

据中国地震台网测定，2020 年首都圈地区共发生 1.0 级以上地震 226 次，其中 2.0~2.9 级地震 19 次，3.0~3.9 级地震 4 次，4.0~4.9 级地震 0 次，5.0~5.9 级地震 1 次。最大为 7 月 12 日河北唐山古冶 5.1 级地震，其次为 5 月 26 日北京门头沟 3.6 级地震。

2. 地震活动特征表现

（1）2020 年首都圈地区 1.0 级、2.0 级地震频次与 2019 年基本持平，3.0 级、4.0 级地震频次明显减弱，但发生 1 次 5.0 级以上地震，为 7 月 12 日河北唐山古冶 5.1 级地震，继 2019 年河北唐山丰南发生 4.5 级地震以来，唐山余震区的地震活动持续增强。

（2）首都圈地区 1.0 级以上地震活动的空间分布特征为：地震活动主要分布在晋冀蒙交界地区、北京地区和唐山老震区，3.0 级以下地震活动水平较 2019 年基本持平；3.0 级、4.0 级地震主要分布在中部地区，地震活动次数较 2019 年有所减少，5.0 级以上地震发生在唐山余震区，强度较 2019 年有所增强。

（中国地震台网中心）

北京市

1. 地震概况

据中国地震台网测定，2020 年 1 月 1 日至 12 月 31 日，北京行政区发生 0 级以上地震 94 次，其中 1.0~1.9 级地震 16 次，2.0~2.9 级地震 1 次，3.0~3.9 级地震 2 次；最大地震为 5 月 26 日发生在门头沟的 3.6 级地震。无 4.0 级以上地震。每个区均有地震记录，其中顺义区、门头沟区最多，各有 13 次。另外，2020 年 9 月 13 日 10 时 30 分在北京房山区周口店镇附近（39.71°N，115.88°E）发生 1.4 级地震（塌陷）1 次。

2. 地震活动特征表现

（1）地震活动强度高于 2019 年。相比 2019 年，地震活动频次从 117 次下降到 94 次，但是明显高于 1970 年以来 0.0 级以上地震 70 次的平均水平；2020 年北京地区显著的地震事件为 1 月 10 日房山 3.2 级地震和 5 月 26 日门头沟 3.6 级地震，门头沟 3.6 级（M_L 4.1）地震打破了北京地区 M_L 4.0 级地震长达 24 年的平静。

（2）地震空间分布。1.0 级以上地震主要分布在顺义、昌平、延庆、门头沟和房山，其中顺义最多，为 4 次，昌平、门头沟各 3 次，延庆、通州和房山各 2 次，怀柔、朝阳各 1 次；2.0 级以上地震 3 次，分别位于房山、昌平和门头沟，最大地震位于门头沟。

（3）2020 年北京未发生 2.0 级以上非天然地震。

（北京市地震局）

天津市

1. 地震概况

2020 年，天津市行政区范围内的 1.0

级以上地震次数为13次，其中1.0～1.9级地震13次，最大地震为6月15日静海区1.9级地震。

2. 地震活动特征表现

2020年，天津市行政区范围内地震数目比2019年（9次）略有增多，但地震活动强度有所降低，行政区内最大地震事件低于2.0级。地震的空间分布主要集中在北部蓟州、宝坻地区和东部宁河地区以及西南的静海地区。天津市内六区，在2020年11月8日和9日，先后发生了河北区1.7级和红桥区1.5级地震。

（天津市地震局）

河北省

1. 地震概况

据河北省测震台网测定，2020年河北省及京津地区共发生地震3127次，其中*M*1.0以下地震2918次、*M*1.0～1.9地震187次、*M*2.0～2.9地震20次、*M*3.0～3.9地震1次、*M*5.0以上地震1次。

2. 地震活动特征表现

（1）2020年河北省及京津地区$M \geqslant 2.0$地震活动频度是22次，与2019年相比，地震频度有所下降，唐山、张家口、邢台地区地震频度还是比较高，成丛性明显。

（2）地震强度大于2019年。最大地震为2020年7月12日6时38分河北唐山*M*5.1（39.77°N，118.464°E）地震，这是首都圈自2006年河北文安5.1级地震间隔14年后第一个大于5.0级地震。与2019年相比，2020年河北省地震活动强度有所上升。截至7月19日，本次唐山地震序列共记录余震104次，其中*M*1.0以下地震95次、*M*1.0～1.9地震8次、*M*2.0～2.9地震1次。地震序列持续时间较短，震级偏小，衰减较快。

（3）从空间分布特征看，河北地震活动主要集中在张家口—渤海地震带和河北平原地震带，大的空间格局没有改变。

（河北省地震局）

山西省

1. 地震概况

2020年山西省共发生0级以上地震777次，其中0.0～0.9级地震623次，1.0～1.9级地震126次，2.0～2.9级地震27次，3.0～3.9级地震1次，最大地震为2020年1月6日山西省晋中市祁县3.7级地震。

2. 地震活动特征表现

（1）2020年，山西地区地震主要分布在大同、忻定、太原、临汾和运城五大断陷盆地内，共发生0.0级以上地震664次，占全省地震总数的85.5%。2020年度M_L 3.0地震活动继续维持近年来的低水平活动，空间上集中分布于中部地区，南部和北部地区3.0级地震较为平静。

（2）近年来，山西地区地震活动均低于1970年以来的平均活动水平，2016年12月18日清徐4.3级地震后，全省已超过四年未发生4.0级以上地震。2020年发生的最大地震为1月6日山西祁县*M*3.7地震，与2019年相比，地震活动强度有所增强，但仍低于多年来的平均水平。

（3）2.0级以上地震在发震时间具有一定的丛集性，2020年全省共发生2.0级以上地震28次，其中第一季度和第四季度发生21次，占全年2.0级以上地震总次数的75%。

（山西省地震局）

内蒙古自治区

1. 地震概况

2020年，内蒙古自治区发生$M_L \geq 1.0$地震575次，其中$M_L 1.0 \sim 1.9$地震309次，$M_L 2.0 \sim 2.9$地震218次，$M_L 3.0 \sim 3.9$地震42次，$M_L 4.0 \sim 4.9$地震6次。最大地震是2020年3月30日16时20分和林格尔县（40°09′N，111°52′E）发生的$M_L 4.0$地震。以上地震次数统计均为可定位地震，2020年度未发生震群活动。

2. 地震活动特征表现

（1）$M_L \geq 3.0$地震活动频度、强度。2020年发生$M_L \geq 3.0$地震48次，2019年发生$M_L \geq 3.0$地震52次，2020年$M_L \geq 3.0$地震活动频度水平略低于2019年。2020年最大地震是和林格尔县$M_L 4.5$地震，2019年最大地震是5月12日阿拉善右旗$M_L 4.5$地震。2020年和2019年地震强度相当，均未发生中强以上地震。

（2）地震活动强度中部地区较强，东部、西部地区次之。2020年$M_L \geq 4.0$地震的6次，其中，发生在西部地区1次，东部地区2次、中部地区3次。最大地震位于中部地区和林格尔县，震级为$M_L 4.5$，次大地震位于中部地区包头市东部，震级为M_L 4.5。中等地震活动特征显示，中部地区地震相对较强，东部、西部地区强度次之。

（3）中小地震丛集、有序活动区。2020年度全部地震活动图像表现出3个丛集活动区：乌海至阿拉善地区，地震活动较为活跃、呈现密集分布特征，发生$M_L 4.0$以上地震1次；包头、呼和浩特至蒙晋交界地区，地震活动活跃，呈东西向条带分布状态，发生$M_L 4.0$以上地震3次，含2020年度最大和次大地震；锡林郭勒盟至呼伦贝尔市扎兰屯地区，地震活动呈北北东向条带分布状态，条带内发生2次$M_L 4.0$地震，显示地震活动较为活跃。

（内蒙古自治区地震局）

辽宁省

1. 地震概况

据中国地震台网中心小震目录库统计，2020年辽宁及邻区共发生$M \geq 2.0$地震48次，其中2.0～2.9级地震46次，3.0～3.9级地震2次，最大地震为2020年9月19日营口盖州3.1级。

2. 地震活动特征表现

（1）地震活动频次低强度弱，空间分布较分散。2020年辽宁及邻区共发生$M \geq 2.0$地震48次，明显弱于2008年以来的均值水平（71次/年），但相比2019年的38次，地震活动水平有所抬升。2020年辽宁地区发生3.0级地震2次，也明显低于2008年以来的均值水平（6～7次/年）。空间分布2.0级地震较分散，3.0级地震主要集中于营口盖州地区。自2017年12月19日岫岩3.4级地震之后，截止到2020年12月31日，辽宁地区$M \geq 3.4$地震平静已3年多，为2008年以来3.4级地震最长平静时段。

（2）盖州西海域震群起伏活动。盖州西海域地区于2013年12月—2015年12月曾发生过一次震群活动，据不完全统计，共记录小震539次，其中0.0～0.9级338次，1.0～1.9级159次，2.0～2.9级36次，3.0～3.9级6次，最大地震为2014年8月22日盖州3.7级。此后该地区地震活动相对平静，始终未发生3.0级以上地震。2020年8月开始该区小震开始活跃，再次发生显著的小震群活动，至2020年底，共发生小震约325次，其中0.0～0.9级221

次，1.0~1.9级84次，2.0~2.9级18次，3.0~3.9级2次，最大地震为2020年9月19日盖州3.1级。

（辽宁省地震局）

吉林省

1. 地震概况

根据吉林省地震台网测定，2020年1月1日—12月31日，吉林省共记录到2.0级以上地震43次，震级分布为：3.0~3.9（3次），2.0~2.9（40次），最大地震发生在松原宁江震区，为4月28日3.5级地震。

2. 地震活动特征表现

吉林省地处东北地区腹部，省内主要断裂带有北东向依兰—伊通断裂带的伊通—舒兰断裂段、敦化—密山断裂带敦化断裂段、北西走向的第二松花江断裂带，以及规模较小的一系列北西、北东向断裂。东部为珲春—汪清深源地震区和长白山天池火山地震活动区。上述断裂带交会处是历史中强地震及现代仪器记录小震的多发地点。按照吉林省内地震活动东多西少的特点，以伊通—舒兰断裂带为界，分别研究东西部地震活动特征。整体来看，西部地区地震频次少于东部地区，偶尔频次高峰期发生在4.0级及5.0级地震后。东部地区地震频次及强度变化相对稳定，仅在2008—2009年出现一次高峰期，2013年西部前郭震群后，东部地区频次相对有所降低，2016年后频次再次恢复以往趋势。

2020年吉林地区无中强地震发生，比较显著的地震事件主要有3次，分别为：4月28日吉林松原3.5级地震、9月13日吉林乾安3.0级地震、10月15日吉林桦甸3.0级地震。吉林地区2020年地震主要发生在吉林松原宁江震区、长岭地区、伊-舒断裂带两侧以及浑江断裂带。值得注意地区为：吉林长岭地区，自2018年底以来地震活动有所增强。吉林抚松地区，自2017年1月以来，地震活动显著增加。

长白山火山地震活动有所增加，全年共发生95次火山地震，最大震级为1.1级。

（吉林省地震局）

黑龙江省

1. 地震概况

2020年黑龙江省记录到$M1.0$及以上地震32次，其中$M1.0\sim1.9$地震28次，$M2.0\sim2.9$地震3次，$M3.0\sim3.9$地震0次，$M4.0\sim4.9$地震1次，最大地震是2月7日嫩江$M4.1$地震。

2. 地震活动特征表现

2020年黑龙江省地震活动以小震为主，其发生的时间分散，空间位置主要分布在嫩江断裂北段和依舒断裂的汤原—萝北段。

（黑龙江省地震局）

上海市

1. 地震概况

据上海地震台网测定，2020年上海行政区及周边海域记录到$M0.0$以上地震共7次，其中上海行政区陆域范围内有2次，近海海域有5次。上海行政区的2次分别为：2020年4月6日23时34分发生在上海青浦的$M0.0$地震和2020年7月30日21时01分发生在上海崇明的$M1.5$地震。海域地震中有4次发生在上海崇明海域，最大地震震级为$M2.2$，距崇明海岸最近距离约12千米，距上海市区约62千米。

2. 地震活动特征表现

（1）2020年上海行政区及周边海域共

发生7次0.0级以上地震，其频度较2019年有明显下降，但强度略高于2019年，地震活动水平总体略低于1970年以来的平均水平。

（2）2020年上海行政区及周边海域地震活动空间分布呈现北强南弱的态势，7月至8月集中在崇明及崇明海域共发生了5次地震。2019年11月26日在上海松江发生过一组小震（共5次），2020年该地区未记录到地震活动。

（3）自2014年7月10日上海浦东新区发生3.2级地震以来，近年来上海行政区及周边地区的地震活动明显减弱，上海行政区每年仍会发生数次小震，但主要以1.0~2.0级地震活动为主。

（上海市地震局）

江苏省

1. 地震概况

2020年江苏省及邻区（30.5°~36°N，116°~125°E）共发生M_L≥2.0地震135次，其中M_L3.0~3.9地震13次，M_L≥4.0地震1次。最大地震为9月8日山东青岛海域M_L4.0地震；江苏陆地未发生M_L≥4.0地震，共发生M_L3.0以上地震5次，最大地震为3月3日南京M_L3.4地震。总体而言，2020年江苏及邻区地震处于背景活动水平。

2. 地震活动特征表现

江苏陆地2020年共发生M_L≥2.0地震32次，其中M_L≥3.0地震5次，分别为3月3日南京鼓楼区M_L3.4、7月28日南京溧水区M_L3.0、8月21日苏州吴江区M_L3.0、9月24日淮安淮阴区M_L3.2和12月25日南京江宁区M_L3.3地震，其中4次发生在长江以南地区，有3次发生在茅山断裂带及其以西附近地区。江苏淮安地区小震自2018年3月活动以来，2020年活动频次显著降低，仅记录到小震活动36次（2019年169次），其中M_L2.0以上地震3次，最大地震为9月24日M_L3.2地震，该地震也是该地区2018年活动以来记录到的最大地震活动。

2020年近海海域共记录到M_L≥2.0地震46次，其中M_L3.0~3.9地震4次，M_L≥4.0地震1次，为9月8日山东青岛海域M_L4.0地震。2020年近海海域地震活动水平相对较弱，仅记录到3.0以上地震5次，低于2018年15次和2019年10次。

（江苏省地震局）

浙江省

1. 地震概况

2020年，浙江省域共发生M≥2.0地震2次，最大为2020年12月18日浙江海曙区M2.4地震。

2. 地震活动特征表现

浙江北部地区是浙江省地震活动的主体地区。浙江省2020年度2次M≥2.0以上地震均发生在该区域。2020年度最显著的地震为海曙震群，共发生M≥1.0以上地震5次，最大为12月18日M2.4地震。

（浙江省地震局）

安徽省

1. 地震概况

2020年，安徽省内共记录到地震675次。其中，M1.0以上地震60次；M2.0以上地震5次，最大为2020年2月4日安徽肥东M2.9地震，较为显著的是2月4日肥东M2.9和3月3日霍山M2.3地震。

2. 地震活动特征表现

与2019年度相比，2020年度安徽省地震活动水平不高。从空间上看，M2.0 以上地震主要分布在安徽霍山地区；从时间上看，M2.0 以上地震均发生在上半年，在2—3 月相对集中。

（安徽省地震局）

福建省及近海地区（含台湾地区）

1. 地震概况

根据福建省地震台网测定，2020 年福建及近海地区发生 $M_L \geq 2.0$ 地震 33 次，其中 $M_L 2.0 \sim 2.9$ 地震 29 次，$M_L 3.0 \sim 3.9$ 地震 4 次，最大地震为 11 月 14 日惠安海域 $M_L 3.5$ 地震；台湾海峡地区发生 $M_L \geq 2.0$ 地震 37 次，其中 $M_L 2.0 \sim 2.9$ 地震 28 次，$M_L 3.0 \sim 3.9$ 地震 8 次，$M_L 4.0 \sim 4.9$ 地震 1 次，最大地震为 3 月 13 日台湾海峡南部 $M_L 4.0$ 地震；台湾地区发生 $M_L \geq 3.0$ 地震 119 次，其中 $M_L 3.0 \sim 3.9$ 地震 61 次，$M_L 4.0 \sim 4.9$ 地震 38 次，$M_L 5.0 \sim 5.9$ 地震 19 次，$M_L 6.0 \sim 6.9$ 地震 1 次，最大地震为 12 月 10 日宜兰海域 $M_L 6.2$ 地震。

2. 地震活动特征表现

（1）2020 年福建及近海地区 $M_L \geq 2.0$ 地震活动频次水平较 2019 年略有下降，$M_L \geq 3.0$ 地震频次略有增强，发生最大地震为 11 月 14 日惠安海域 $M_L 3.5$ 地震，与 2019 年度强度水平大致相当。$M_L \geq 2.0$ 地震相对集中在闽东南及沿海地区，$M_L \geq 3.0$ 地震在闽东南近海海域更为集中。福建陆域地震活动水平低于近海海域地区，陆域仅发生 1 次 $M_L \geq 3.0$ 地震，为 12 月 12 日长泰 3.3 地震，$M_L \geq 2.0$ 在福建安溪相对集中分布。

（2）2020 年台湾海峡地区地震活动水平较 2019 年显著下降，其中，强度水平有所下降，频次水平下降显著。$M_L \geq 3.0$ 地震空间上主要集中分布在台湾海峡南部地区，其中以 2018 年 11 月 26 日台湾海峡 6.2 的余震区调整活动为主，余震区范围内发生 $M_L 3.0 \sim 3.9$ 地震 5 次，$M_L 4.0 \sim 4.9$ 地震 1 次，最大地震为 3 月 13 日海峡南部 $M_L 4.0$ 地震。

（3）2020 年台湾地区地震活动强度水平较 2019 年略有下降，频次水平基本持平。$M_L \geq 5.0$ 地震相对集中分布在台湾东部及近海地区。台湾地区 7.0 级以上地震持续平静超过 14 年。

（福建省地震局）

江西省

1. 地震概况

据江西省地震台网测定，2020 年，江西省境内共记录到地震 189 次，其中 1.0～1.9 级地震 25 次，2.0～2.9 级地震 5 次、3.0 级以上地震 1 次，最大地震为 8 月 12 日上犹 3.3 级地震。

2. 地震活动特征表现

（1）2020 年江西省地震活动较上年度有所增强，赣北的地震主要发生在九江和瑞昌地区，赣中的地震主要发生在萍乡—广丰断裂带，赣南的地震主要发生在安远、上犹和龙南等地。寻乌地区的地震活动有所减弱。

（2）2010 年以来，江西省内一个比较突出的地震现象是在江西中部的萍乡—新余—丰城一带出现 NEE 向的小震条带，这条地震条带展布在萍乡—广丰断裂带北侧。2020 年该断裂带小震继续活跃，但总体水平不高，震级在 3.0 级以下，发生 1.0～1.9 级地震 14 次，2.0～2.9 级地震 2 次，分别为 9 月 8 日丰城 2.3 级和 9 月 29 日丰城 2.1 级地震。

（3）2020 年，江西省发生的最大地震为 8 月 12 日上犹 3.3 级地震，该地震的发生打破了赣南地区2018年1月1日寻乌3.0级地震以来长达31个月的3.0级以上地震平静，也是上犹县1970年以来发生的最大地震。

（江西省地震局）

山东省及近海地区

1. 地震概况

2020年山东统计区内共记录到可定位地震301次，其中1.0~1.9级地震171次，2.0~2.9级地震108次，3.0~3.9级地震14次，4.0级地震1次。最大地震为2月18日山东长清4.6级地震，海域最大地震为12月14日烟台市蓬莱区海域3.8级。3.0级以上地震活动主要位于鲁西隆起区、胶东半岛两侧海域地区。

2. 地震活动特征表现

2月18日17时07分，山东省济南市长清区发生4.6级强有感地震，震源深度10千米，震中位于36.46°N，116.65°E，归德街道西南7千米处。此次地震是1970年有现代记录以来济南地区发生的最大地震，济南市区震感明显。该次地震后形成序列活动，截至2020年10月，共记录46次余震，其中1.0~2.0级地震20次，2.0~3.0级地震7次，3.0~4.0级地震3次。

2020年，山东省内陆鲁西隆起区3.0级地震活动持续2019年以来的活跃态势，为近10年来的最高活动水平。鲁西地区聊考断裂带2020年整体活动水平不高。菏泽老震区2020年地震活动较2019年有所减弱。2017—2019年3.0级地震活动出现增强趋势，但2020年最大地震为2.7级。1970年以来菏泽老震区共发生3.0级以上地震29次，1983年菏泽5.9级地震之后，该区3.0级地震年均频次远小于1，但2017—2019年连续3年均有1次3.0级地震活动。范县地区4.0级地震存在周期性成组活动特点。1998年以来特别是2002年以来范县地区小震活动集中增强，4.0级地震活动呈现周期成组活动，2012年以来小震活动出现减弱活动，2016年4.0级地震之后，3.0级以上地震活动平静。

沂沭断裂带地区2020年10月8日在莒县发生1次3.0级地震，地震活动水平持续处于2016年以来的相对较低水平。

胶东半岛及两侧海域地区4.0级地震活动水平减弱，2017年7月14日荣成海域4.2级地震后，该区4.0级地震平静时间近3.5年，达到1970年以来最长时间间隔。胶东半岛北部的渤海海域自2019年9月以来共发生3.0级以上地震8次，地震活动呈现时空丛集现象，对该区中等地震活动风险增强有一定指示意义。其中12月14日蓬莱海域3.8级地震发生后形成震群活动，并在2021年1月6日发生4.3级地震，打破胶东半岛及海域地区4.0级地震长时间平静。截至2021年1月31日，蓬莱镇群共记录到余震61次，其中1.0~1.9级22次，2.0~2.9级11次，3.0~3.9级3次，目前震群活动仍处于衰减过程中。

（山东省地震局）

河南省

1. 地震概况

2020年，河南地震台网共记录到河南省2.0级以上地震18次，未记录到3.0级以上地震，年度最大地震是3月8日河南尉氏2.7级地震。地震活动空间分布不均匀，主要分布在豫北的濮阳、中西部的汝州、偃师、平顶山、尉氏及豫南的桐柏、新蔡地区。

2. 地震活动特征表现

2020年2月以来河南省平顶山及附近地

区小震活跃，这些地震主要分布在平煤矿区附近，经过现场调研和技术手段分析认为，他们可能与平煤集团工业活动有关。

1970 年以来河南省平均每年发生 2.0 级以上地震 9.2 次；3.0 级以上地震 1～2 次；2020 年河南省 2.0 级以上地震 18 次，高于 1970 年以来年均值，地震频次明显增强，但强度有所减弱，全年未发生 3.0 级以上地震。

2020 年河南周边共发生 2.0 以上地震 23 次，最大地震为 2020 年 2 月 18 日山东济南长清区 4.1 级地震，仍维持外强内弱的特点，与历史地震活动规律一致。

（河南省地震局）

湖北省

1. 地震概况

据湖北省地震台网测定，2020 年湖北省境内共发生 *M*1.0 以上地震 67 次，其中 $1.0 \leqslant M \leqslant 1.9$ 地震 60 次，$2.0 \leqslant M \leqslant 2.9$ 地震 4 次，$3.0 \leqslant M \leqslant 3.9$ 地震 3 次，无 4.0 级以上地震，最大地震为 2020 年 10 月 11 日黄梅县 *M*3.2。

2. 地震活动特征表现

（1）2020 年湖北省地震活动水平较 2019 年有所减弱。2020 年度最大地震为 10 月 11 日黄梅县 *M*3.2 地震。地震主要分布在湖北西部地区的巴东、秭归以及应城、黄梅、荆门等地。

（2）三峡水库自 2019 年 9 月 10 日开始第 11 次试验性蓄水，2020 年期间地震频次和强度与 2019 年基本持平。三峡重点监视区的地震活动主要分布在巴东高桥断裂、秭归仙女山断裂等地区。

（湖北省地震局）

湖南省

1. 地震概况

2020 年，湖南省境内共发生 $M_L \geqslant 2.0$ 地震 8 次，其中最大地震为 2020 年 6 月 3 日发生在邵阳市邵东县的 $M_L3.3$ 地震。

2. 地震活动特征表现

（1）从空间分布来看，2020 年湖南省地震活动分布较零散，相对集中在湘中、湘东部地区。

（2）总体来看，2020 年度湖南省境内地震活动水平相对较低，地震频度、强度与 2019 年度相比均有所减弱。

（湖南省地震局）

广东省

1. 地震概况

2020 年 1 月 1 日—12 月 31 日广东省及邻近海域共发生 1.0 级以上地震 210 次，其中 1.0～1.9 级地震 172 次，2～2.9 级地震 34 次，3.0～3.9 级地震 4 次，最大地震为 1 月 20 日丰顺 3.7 级地震。

2. 地震活动特征表现

（1）2020 年广东省地震活动基本处于正常水平，总体水平低于 2019 年。2.0 级以上地震主要发生在丰顺—五华、粤东北和珠江口海域等地，东部地区地震活动强于西部地区。

（2）阳江、新丰江、南澳三个老震区地震频度和强度均处于正常水平，地震活动未出现明显变化。

（3）2020 年 1 月 5 日珠海海域发生 3.5 级地震，地震活动显著增强。序列结束后，地震活动恢复正常水平。

（4）2020 年 1 月 20 日丰顺发生省内

最大的3.7级地震，粤东北地区地震活动明显增强，表现为2.0～3.0级地震持续活动。

（广东省地震局）

广西壮族自治区及近海地区

1. 地震概况

2020年，广西壮族自治区地震台网共记录到广西及近海0.0级以上地震320次，其中2.0级以上地震9次，均在2.0～2.9级之间，无3.0级以上地震。最大地震为2020年2月19日广西大新2.6级地震。

2. 地震活动特征表现

（1）受2019年11月25日广西百色市靖西市5.2级地震影响，2020年度余震次数达到50次，排除余震序列后，广西及邻区地震活动水平降低，无论是地震频次或地震强度均明显低于2019年。

（2）地震主要分布在桂西及粤桂交界地区。

（广西壮族自治区地震局）

海南省及近海地区

1. 地震概况

2020年海南岛及近海（17.5°～20.5°N，108.0°～111.5°E）共发生1.0～1.9级地震5次，2.0～2.9级地震1次，岛陆年度最大地震为8月30日海南文昌2.9级（M_L3.5）地震。

2. 地震活动特征表现

（1）频度特征。2020年海南岛及近海地震活动频度低于2019年，但与年均水平持平。海南岛陆及近海M_L2.5以上地震活动，经历1994—1995年北部湾6.1级、6.2级地震后的减弱后，2012年开始增强活动，虽然2020年度频度低于2019年度，但近三年M_L2.5以上地震活动频度稍有增强，尤其是M_L3.5以上地震活动显著。

（2）强度特征。海南2020年度海南岛陆及近海强度低于2019年度（最大震级4.0级），1994—1995年北部湾6.1级、6.2级地震后，本区地震频度持续走低，直至2011年开始逐渐增强。虽然2020年度海南岛陆及近海强度低于2019年度，但近三年本区地震活动水平逐渐增强。

（3）2020年，海南岛及近海地震分布主要集中分布于海南岛北部地区，其中海域地震集中分布于北部湾海域，海南岛陆地震主要分布于文昌—琼海—三亚一带。最大的地震为2020年8月30日文昌M2.9地震。

（海南省地震局）

重庆市

1. 地震概况

据重庆市地震台网测定，2020年重庆市境内共发生2.0级以上地震15次，其中2.0～2.9级地震13次，3.0～3.9级地震2次，最大为11月16日重庆市万州区3.2级地震，其次为7月12日重庆市巫山县3.0级地震。

2. 地震活动特征表现

地震主要分布在荣昌区、綦江区、万州区和巫山县等地。2020年重庆市地震活动水平略高于2019年，未发生灾害性地震，维持历年正常的活动水平。

（重庆市地震局）

四川省

1. 地震概况

据四川省地震台网测定，2020 年在四川省内共记录 3.0 级以上地震 91 次。其中，3.0~3.9 级地震共 78 次；4.0~4.9 级地震共 11 次；5.0~5.9 级地震共 2 次。四川境内发生突出的 2 次 5.0 级以上地震，即 2 月 3 日青白江 5.1 级和 4 月 1 日石渠 5.6 级地震。四川境内 3.0 级地震以上地震主要分布在川滇菱形块体以东区域，呈现出川北地区增强、东南地区持续和西部地区平静的特征。

2. 地震活动特征表现

四川省 2020 年地震频次和强度略低于 2019 年。相比较 2019 年 5.0 级以上地震活动，2020 年度两次 5.0 级地震均发生在地震弱活动区。地震空间分布图像显示，四川境内地震活动主要集中 3 个区域（带）：一是四川省北部地区。先后发生了 1 月 23 日石渠 4.3 级、4 月 1 日石渠 5.6 级和 7 月 12 日若尔盖 4.0 级地震。二是龙门山断裂带。龙门山断裂带发生的显著地震主要是汶川余震，分别为 1 月 22 日理县 4.5 级、10 月 21 日北川 4.6 级和 10 月 22 日北川 4.7 级地震。三是川东南地区。发生的 4.0 级以上地震分别为 1 月 1 日富顺 4.3 级、1 月 8 日兴文 4.1 级、2 月 3 日青白江 5.1 级、4 月 23 日长宁 4.1 级、6 月 12 日珙县 4.0 级和 11 月 13 日珙县 4.1 级地震。

（四川省地震局）

贵州省

1. 地震概况

2020 年，贵州省境内共记录到地震 445 次，其中 2.0 级以上地震 20 次，3.0 级以上地震 4 次，4.0 级以上地震 2 次。最大地震为 7 月 2 日发生在赫章的 4.5 级地震。

2. 地震活动特征表现

（1）地震活动空间分布集中。西部地区地震活动强于东部地区，地震主要集中于赫章、盘州、威宁、六枝、息烽—开阳一带。

（2）地震活动时间分布不均匀。上半年贵州地震活动强度和频度较低，但下半年地震活动显著增强，2.0 级以上地震频次较高的月份为 2 月、7 月、9 月。

（3）地震频度与往年平均水平相当，强度略高于平均水平。

（贵州省地震局）

云南省

1. 地震概况

据云南地震台网测定，2020 年 1 月 1 日—12 月 31 日，云南省内共发生 $M \geq 2.0$ 地震 164 次，其中 2.0~2.9 级地震 135 次，3.0~3.9 级地震 23 次，4.0~4.9 级地震 5 次，5.0~5.9 级地震 1 次，无 $M \geq 6.0$ 地震发生，最大地震为 5 月 18 日昭通市巧家县 5.0 级地震。

2. 地震活动特征表现

（1）与 2019 年相比，2020 年 2.0 级地震频次降低、强度增强，2.0 级以上地震的主体活动区域为滇西、滇西南和滇东地区，滇南地区地震分布较少。

（2）5.0 级地震长期平静打破后又进入平静：5 月 18 日巧家 5.0 级地震打破了云南自 2018 年 9 月 8 日墨江 5.9 级地震以来长达 618 天的 5.0 级地震平静，之后继续平静。

（3）6.0 级地震持续平静：自 2014 年 10 月 7 日景谷 6.6 级地震以来云南 6.0 级

地震持续平静，至2019年12月31日已平静6.2年。

（云南省地震局）

西藏自治区

1. 地震概况

据西藏地震台网测定：2020年西藏自治区西藏地区（26.5°~36.5°N，77.0°~99.0°E）共记录到$M\geqslant3.0$以上地震116次，其中3.0~3.9级地震80次，4.0~4.9级地震30次，5.0~5.9级地震5次，6.0~6.9级地震1次，最大地震为2020年7月23日西藏尼玛6.6级地震。（说明：因西藏地区监测能力较弱，全区$M\geqslant2.0$地震记录不完整，因此西藏自治区地震统计按$M\geqslant3.0$。）

2. 地震活动特征表现

2020年西藏地震活动频度和强度均高于2019年，地震主要集中在1—7月，共发生了6次5.0级以上地震，分别为1月25日丁青5.1级地震、2月21日改则5.0级地震、3月10日改则5.0级地震、3月12日改则5.1级地震、3月20日定日5.9级地震和7月23日尼玛6.6级地震。7月19日—8月19日波密县发生了4.0级震群，共记录3.0级以上地震27次，全区8—12月地震活动显著平静。全区3.0级以上地震活动分布在西藏的东部、中南部和西部地区，主要集中在丁青、米林—波密、定日、改则—尼玛—双湖一带。

（西藏自治区地震局）

陕西省

1. 地震概况

2020年，陕西省地震监测台网共记录到陕西省内可定震中地震732次，其中1.0级以下地震683次，1.0~1.9级地震41次，2.0~2.9级地震8次，最大地震是5月18日宁陕2.5级地震、7月23日宁陕2.5级地震和12月15日榆阳2.5级地震。空间上主要分布于关中东部、关中西部和陕南中部。

2. 地震活动特征表现

（1）2020年陕西省地震活动的空间分布与2019年类似，地震频次较2019年大幅增多，最大地震活动水平与2019年基本持平。其中，关中东部的地震活动主要集中在与山西交界的韩城、合阳以及与河南交界的潼关等地，活动水平弱于2019年，最大地震是7月28日大荔1.6级地震；关中中部的地震活动较为分散，大致沿北东向分布，活动水平弱于2019年，最大地震是2月29日富平1.3级地震；关中西部地震活动沿北西向分布，活动水平与2019年基本持平，最大地震是6月18日凤翔2.1级地震；陕南的地震活动主要集中在中部地区，3月27日以来，宁陕—佛坪—周至交界地区发生小震群活动（定义为佛坪震群），截至12月31日，共记录到可定震中地震583次，最大是宁陕2次2.5级地震，经过现场调查分析，认为佛坪震群与当地工程活动密切相关；陕北的地震活动主要集中在府谷、榆阳等地，最大震级2.5级；

（2）时间上，全年的地震活动主要集中在3—9月，这几个月省内地震的月频次均超过了52次，5月为全年最高（129次），全年地震月频次最低的是2月（10次）。

（陕西省地震局）

甘肃省

1. 地震概况

2020年，甘肃省共发生2.0级以上地

震69次。其中，2.0~2.9级57次，3.0~3.9级11次，4.0~4.9级1次，最大地震为1月30日酒泉市阿克塞县4.2级。

2. 地震活动特征表现

2020年省内地震活动强度不高，主要呈现西强东弱的特点。空间上，2.0级以上地震分布特征不明显，3.0级以上地震中有8次集中分布于甘肃中西部地区，4次在甘肃东南部地区。时间上，8月发生2.0级以上地震最多，共10次；9月发生地震次数最少，共3次。另外，3.0级以上地震主要集中发生在上半年。

（甘肃省地震局）

青海省

1. 地震概况

2020年，青海省境内未发生5.0级以上地震。但境内共发生4次震群事件，其中乌兰县与都兰县交界区域发生3次震群，杂多县与治多县交界发生1次，分别为2月19日乌兰 M_L2.8、3月6日乌兰 M_L3.5、9月13日乌兰 M_L3.0与11月3日杂多治多 M_L3.4。乌兰震群主要分布在鄂拉山断裂，杂多—治多震群发生在玉树—风火山断裂与杂多—上拉秀断裂上。

2. 地震活动特征表现

据青海省地震台网测定，2020年青海及邻区（31°~40°N，88°~104°E）发生 $M_L \geq 2.0$ 以上地震1106次，其中2.0~2.9级地震957次、3.0~3.9级地震138次、4.0~4.9级地震9次、5.0~5.9级地震2次。最大地震为4月1日四川石渠5.6级地震，省内最大地震为12月24日玛多4.2级地震。2020年青海及邻区地震活动空间上主要分布在唐古拉地震带、柴达木盆地、甘青川交界区域、祁连地震带等区域，其中3.0级以上地震空间分布与上述地震的整体分布基本一致。

（青海省地震局）

宁夏回族自治区

1. 地震概况

2020年，宁夏及邻区（35°00′~40°00′N，104°00′~107°40′E）共发生2.0级以上地震23次，其中，2.0~2.9级地震20次，3.0~3.9级地震3次，最大地震为2020年6月12日青铜峡市3.4级地震。

2. 地震活动特征表现

（1）空间上主要集中在以往地震多发地区。比如宁夏石嘴山至内蒙古乌海一带、宁夏吴忠灵武至青铜峡地区、宁夏中卫至内蒙古阿拉善左旗一带、宁夏固原至同心地区和甘肃省平凉市庄浪县至华亭市一带。

（2）时间上分布不均匀，主要集中在1月、4—6月和11月，其他时间地震活动相对平静。

（3）吴忠灵武地区地震多发。2020年3月底至6月中旬，吴忠灵武至青铜峡地区持续发生7次2.0级以上地震，包括两次3.0级地震，即2020年4月5日吴忠市3.2级地震和6月12日青铜峡市3.4级地震。

（4）地震活动水平偏低。2020年，宁夏及邻区无4.0级地震发生，与2019年相比地震活动水平仍然偏低。

（宁夏回族自治区地震局）

新疆维吾尔自治区

1. 地震概况

2020年新疆境内共发生 $M \geq 2.0$ 地震

1021 次，其中 2.0 ~ 2.9 级地震 809 次，3.0 ~ 3.9 级地震 167 次，4.0 ~ 4.9 级地震 35 次，5.0 ~ 5.9 级地震 8 次，6.0 ~ 6.9 级地震 2 次。2020 年新疆境内发生的最大地震为 2020 年 1 月 19 日喀什地区伽师县 6.4 级地震和 2020 年 6 月 26 日和田地区于田县 6.4 级地震。

2. 地震活动特征表现

2020 年 1—7 月新疆境内连续发生 10 次 5.0 级以上地震，明显高于历史平均活动水平，时间上呈连发状态，空间上主要分布在库车—乌恰地区。2020 年新疆 3.0 级以上地震高于历史平均活动水平（年均 190 次），空间上主要分布于北天山地震带、南天山地震带、西昆仑地震带中北段和阿尔金地震带。

（新疆维吾尔自治区地震局）

重要地震与震害

2020 年 1 月 16 日 新疆库车 5.6 级地震

一、地震基本参数

发震时间：2020 年 1 月 16 日 16 时 32 分

微观震中：北纬 41.21°，东经 83.60°

宏观震中：新疆阿克苏地区库车市

震　　级：$M=5.6$

震源深度：16 千米

震中烈度：Ⅵ度

二、烈度分布与震害

2020 年 1 月 16 日 16 时 32 分，新疆维吾尔自治区阿克苏地区库车市发生 5.6 级地震，震源深度 16 千米。地震未造成人员伤亡，直接经济损失 712 万元。本次地震震中位于新疆阿克苏地区库车市塔里木乡，极震区烈度为Ⅵ度（6 度），Ⅵ度区面积 813.6 平方千米。烈度长轴呈近东西走向分布。Ⅵ度（6 度）区面积 813.6 平方千米，长轴 47 千米，短轴 23 千米，涉及塔里木乡阿合库勒村、阿恰勒村、草湖二村、草湖一村、胡杨社区、朗喀村、塔里木社区、羊场社区、阳光村、依坎库勒社区、英达里亚村及长兴村等 12 个村（社区）。

地震发生后，地方各级党委、政府及有关部门迅速行动，应急反应快速、组织指挥有序、救助措施有效、信息沟通及时，确保了当地居民的生产生活秩序。灾区农居房屋抗震能力普遍提高，震中安居富民房与农村安居房均未出现破坏，有效保护灾区群众生命财产安全，同时缓解了抗震救灾和转移安置压力。灾区场地位于塔里木盆地腹地，场地对地震动有显著的放大作用，易产生不均匀沉降，加重了建筑物震害。仅少数年代较早的抗震安居房出现破坏。

2020 年 1 月 19 日 新疆伽师 6.4 级地震

一、地震基本参数

发震时间：2020 年 1 月 19 日 21 时 27 分

微观震中：北纬 39.89°，东经 77.46°

宏观震中：新疆喀什地区伽师县

震　　级：$M=6.4$

震源深度：16 千米

震中烈度：Ⅷ度

二、烈度分布与震害

1 月 19 日 21 时 27 分，新疆维吾尔自治区喀什地区伽师县发生 6.4 级地震，震源深度 16 千米。地震造成 1 人死亡、2 人受伤，直接经济损失 152642 万元。本次极震区烈度为Ⅷ度（8 度），Ⅵ度（6 度）区及以上总面积为 7599 平方千米，等震线长轴呈东西走向，长轴 135 千米，短轴 71 千米。其中，Ⅷ度（8 度）区面积为 257 平方千米，长轴 33 千米，短轴 9 千米，主要涉及伽师县西克尔库勒镇、古勒鲁克乡，共 2 个乡（镇）；Ⅶ度（7 度）区面积为 2397 平方千米，长轴 86 千米，短轴 39 千米，主要涉及伽师县古勒鲁克乡、卧里托格拉克镇、玉代克力克乡、克孜勒苏乡，兵团第三师图木舒克市伽师总场，阿图什市格达良镇、哈拉峻乡，巴楚县三岔口镇，共 8 个乡（镇、场）；Ⅵ度（6 度）区面积 4945 平方千米，长轴135千米，短轴71千米，主要涉及伽师县克孜勒苏乡、和夏阿瓦提乡、铁日木乡、卧里托格拉克镇、玉代克力克乡、英买里乡，兵团第三师图木舒克市伽师总场、红旗农场，阿图什市格达良镇、哈拉峻乡，巴楚县三岔口镇、克拉克勤农场，共12个乡（镇、场）。

此次极震区烈度为Ⅷ度（8度），农村安居房设防烈度也为8度，在地震中安居房主要的承重构件未发生明显破坏，有效抵御了本次地震灾害，为保障人民群众生命财产安全以及震后转移安置、余震防范发挥了重要作用。本次地震为前—主—余型，前震为5.4级，主震为6.4级，最大余震为5.2级，对震中区产生多次震害影响，自建砖木结构房屋墙体为黏土砖砌筑，震害叠加效应显著。灾区场地条件相对较差，对地震波有显著的放大作用，易产生不均匀沉降，加重了建筑物震害。震中西克尔镇老旧预制板砖混单层房屋倒塌。

地方地震发生后，地方各级党委、政府高度重视，立即行动，组织人员赴11个村对受灾情况进行详细摸底排查并组织群众开展疏散演练，有效做好余震避险工作。

2020年4月1日
四川石渠5.6级地震

一、地震基本参数

发震时间：2020年4月1日20时23分

微观震中：北纬33.04°，东经98.92°

宏观震中：四川甘孜州石渠县

震　　级：$M=5.6$

震源深度：10千米

震中烈度：Ⅶ度

二、烈度分布与震害

2020年4月1日20时23分，四川省甘孜藏族自治州石渠县发生5.6级地震，震源深度10千米。此次地震未造成人员伤亡，直接经济损失19242.69万元。

此次地震最高烈度为Ⅶ度（7度），主要涉及四川省甘孜藏族自治州石渠县、德格县、甘孜县和青海省果洛藏族自治州达日县，共计4个县。Ⅵ度区及以上面积为3500平方千米。其中，Ⅶ度区面积为360平方千米，主要涉及2个乡。Ⅵ度区面积为3140平方千米，主要涉及11个乡镇。此外，位于Ⅵ度区之外的色达县泥朵镇和其他个别乡镇也受到波及，零星房屋有破坏现象。

此次地震轻钢结构民房的总体破坏情况较轻，填充墙体与柱、梁、基础等连接处普遍出现轻微裂缝，新型复合墙体的外墙涂层局部脱落也较为普遍，虽然不影响房屋使用安全，但破坏了房屋的整体观感。土（石）木结构民房的破坏相对较重，少数房屋墙体歪闪、局部垮塌，柱顶梁连接处位错，大多数房屋的墙体出现不同程度的裂缝。框架、砖混和轻钢结构的公用房屋在本次地震中基本无震害，只出现个别的墙体细微裂缝。少数砖混结构房屋也是受场地和地基的影响，出现墙体裂缝、门窗角开裂。相较于民房，公房在设计、施工过程中更加规范化，因此，总体破坏情况较轻。

2020年5月18日
云南巧家5.0级地震

一、地震基本参数

发震时间：2020年5月18日21时47分

微观震中：北纬27.18°，东经103.16°

宏观震中：云南昭通市巧家县

震　　级：$M=5.0$

震源深度：8千米

震中烈度：Ⅵ度

二、烈度分布与震害

2020年5月18日21时47分，云南省巧家县发生5.0级地震，震源深度8千米。地震造成4人死亡，28人受伤，直接经济损失10430万元。地震最高烈度为Ⅵ度，Ⅵ度区总面积约330平方千米，主要涉及巧家县小河镇、新店镇、红山乡、东坪镇、药山镇与鲁甸县乐红镇。

此次地震次生灾害突出，灾区地形起伏大，地质结构破碎，地质灾害隐患点量多面广，震中附近崩塌、滑坡比较常见，死亡人员中2人因滚石致死。近年来，云南省先后组织实施了农村民居地震安全工程等措施，提升了灾区房屋建筑抗震性能。灾区居住房屋80%以上为新建或加固改造过的砖混结构，地震中少数轻微破坏，多数基本完好，破坏较重的房屋是已改为生产用房的少数老旧房屋，死亡人员中2人因生产用房倒塌致死。

2020年6月26日
新疆于田6.4级地震

一、地震基本参数

发震时间：2020年6月26日05时05分

微观震中：北纬35.73°，东经82.33°

宏观震中：新疆和田地区于田县

震　　级：$M=6.4$

震源深度：10千米

震中烈度：Ⅷ度

二、烈度分布与震害

2020年6月26日05时05分，新疆维吾尔自治区和田地区于田县发生6.4级地震，震源深度10千米。地震未造成人员伤亡，直接经济损失1650万元。于田县阿羌乡3.5千米道路出现塌方、1座40米中桥多处裂缝、1处自建木桥受损、1处1米涵洞严重受损、1处12米拱桥受损。震区大部分区域内房屋抗震设防水平高，富民安居工程房屋和早期的抗震安居房屋基本完好，仅个别居民院内的自建砖木结构房屋出现轻微程度破坏。地方地震发生后，地方各级党委、政府高度重视，立即行动，组织人员赴11个村对受灾情况进行详细摸底排查并组织群众开展疏散演练，有效做好余震避险工作。

（中国地震台网中心）

防震减灾

主要收载防震减灾工作情况，记载地震监测预报预警、地震灾害风险防治、防震减灾公共服务与法治工作进展，以及重要会议和重要活动等。

2020 年防震减灾工作综述

2020 年，我国共发生 5.0 级及以上地震 28 次（大陆地区 20 次，台湾及海域地区 8 次）。其中 5.0~5.9 级地震 25 次，6.0~6.9 级地震 3 次，最大地震为 7 月 23 日西藏那曲市尼玛县 6.6 级地震。

一、地震监测预报预警能力不断提升

2020 年，大力推进国家地震烈度速报与预警工程，台站土建完工率 96.34%，32 个预警中心全部启动建设，完成 3000 余套专用信息终端安装，在京津冀、四川、云南等先行先试地区完成数据处理系统部署并初步形成地震预警能力。出台《中国测震站网规划（2020—2030 年）》和《中国地球物理站网（地壳形变、重力、地磁）规划（2020—2030 年）》，优化地震监测站网布局，完成 248 个地震监测站标准化改造，进一步提升地震监测能力，全年完成地震自动速报 363 次，正式速报 1063 次，国内地震自动速报平均用时约 2 分钟。着力健全地震长中短临预报工作机制，建立京津冀地区震情跟踪协同机制，进一步加强地震预报探索和实践。

二、地震灾害风险防治稳步推进

落实习近平总书记重要指示批示精神，编制特大城市地震风险防控工作方案。制定地震灾害风险调查和重点隐患排查工程、地震易发区房屋设施加固工程总体方案、实施专项方案，开展普查试点“大会战”，强化加固工程地方责任督导，加快推进工程实施。落实“放管服”改革要求，加强与各行业主管部门沟通，共同研究深化地震安全性评价制度改革，推动建立地震部门统一监管、行业部门专业管理和地方政府属地管理的一体化抗震设防要求管理工作机制。完成川藏铁路沿线地震区划和 32 个重点桥梁地震安全性评价。全国建设工程地震安全监管检查近 31 万项，抽查地震安全性评价报告 205 份，排查地震安全监测和健康诊断系统 68 项，完成 31 个省（自治区、直辖市）学校、医院及 9 大类工程专项数据复核，强化安全隐患整改落实。

三、科技创新和人才队伍建设加快推进

凝练重大工程项目，强化观测基础集成，扎实推进中国地震科学实验场建设。编制国家地震科技中长期规划，出台科技创新支撑现代化建设实施意见，开展局属重点实验室评估，新组建火山研究所和成都青藏高原地震研究所。制定“十四五”地震人才发展规划，高层次人才培养引进取得突破，入选国家千人计划、万人计划各 1 人，入选科技部重点领域创新团队 1 个。

四、改革和现代化建设迈出新步伐

2020 年，召开 5 次局党组改革领导小组会议和推进会，审议 19 项议题。编制全面深化改革工作思路和任务清单，做好督查、评估和宣传工作。科学编制“十四五”国家防震减灾规划，凝练业务发展思路，全力推进国家地震监测台（站）网改扩建工程、中国地震科学实验场、第六代地震灾害风险区划 3 个项目立项。批复预测所、震防中心现代化试点建设三年行动方案，总结推广试点经验，每季度开展督查，对山东省地震局、广东省地震局等 5 个单位现代化建设情况开展评估。

五、防震减灾公共服务取得新进展

大力推进地震预警服务能力建设，在四川石渠 5.6 级、云南巧家 5.0 级、河北古冶 5.1 级、台湾宜兰海域 5.8 级等地震发生后产出预警信息，并通过信息终端、手机 App 等方式向示范用户提供预警和报警信息服务。出台公共服务事项清单，确定 35 项公共服务事项和第一批 52 个服务产品。完成公共服务平台和标准框架编制，建成“互联网 + 监管”系统。北京市地震局、河南省地震局、四川省地震局、中国地震局地震预测研究所、中国地震局第二监测中心等单位积极开展公共服务试点。内蒙古、新疆、河南等省（区）出台地震预警政府规章。为陕西府谷、山东兰陵等 96 起非天然地震事件应急处置提供地震信息服务。开展“5・12”防灾减灾日、玉树地震 10 周年等 45 个重点时段科普活动，发布院士系列等科普精品，全年发放科普图书资料百万余份，各类活动参与公众超 2 亿人次，不断增强公众防震减灾意识，筑牢防震减灾人民防线。

（中国地震局办公室）

地震监测预报预警

2020 年地震监测预报预警工作综述

一、2020 年主要工作进展及成效

（一）震情监视跟踪与会商研判工作

2020 年，根据震情研判结果，中国地震局系统各单位共制定 390 项震情跟踪和应急准备强化工作措施，建立落实进度台账和每月督办机制，年度完成率达 97%，台网中心全年牵头完成近 30 次专题会商。印发《年度全国地震重点危险区震情监视跟踪和应急准备工作规则（试行）》《震情会商技术方法动态评价工作规则（试行）》《年度全国地震重点危险区确定技术规范》和《中国地震局重大震情评估通报制度》，建立西藏、北京及周边地区震情跟踪协同工作机制，震情会商机制更加完善。印发《北京 2022 年冬奥会和冬残奥会地震安全风险防范应对工作方案》和《新疆重特大地震监测预测和应对准备工作方案》，相关地区有关工作得到强化。圆满完成全国“两会”、党的十九届五中全会、高考等特殊时段共 15 次地震安保服务工作。2020 年中国大陆发生 5.0 级以上地震 20 次，其中 9 次在年度危险区及其边缘，包括 2 次 6.0 级以上地震；新疆伽师 6.4 级地震震后趋势判定取得减灾实效。

（二）台站改革和站网规划

印发《关于推进地震台站改革的指导意见》，着力优化国家中心业务布局，构建“国家—省—中心站——般监测站”四级业务架构，推动中心业务站转型升级；联合局人事教育司完成省级地震局中心站“三定”批复，印发《地震中心站改革重点任务分工与实施方案》《地震台站监测岗位分级分类培训大纲》，编制《中心站监测运维保障业务工作规定》，明确中心站职责和改革任务，构建“三级两类”培训体系。

深入研讨地震监测未来需求和发展方向，科学设计站网布局，印发中国测震站网和地球物理站网（地壳形变、重力、地磁）规划（2020—2030 年）；启动地下流体、地电和定点形变等站网规划编制，开展海洋地震观测站网规划预研，地震监测体系“短板”逐步补齐。

（三）地震预警工作

成立地震预警工作推进领导小组，实行局党组同志分片负责制，建立施行双周调度工作机制。10349 个一般站完成 8509 个台的设备安装，安装率超过 82%；3872 个基准站、基本站土建已完工，完工率超过 95%；11185 台专业设备和 5017 台智能电源完成采购；预警中心建设全面启动，国家中心已基本具备地震烈度速报与预警能力。

协同推进京津冀地震预警一体化；联合广电部门率先打通应急广播信息播发绿色通道，

川滇等地初步实现电视机顶盒、专用软件 APP 和本地主流媒体等多渠道信息推送，四川具备全省秒级预警能力，信息服务覆盖全部市州和85%的区县；云南在23个重点市县开展试点信息服务；福建布设1.6万台专用终端，实现对全省84个区县、1090个乡镇信息服务全覆盖。规范引导社会力量共同推进中国地震预警“一张网”建设，与成都高新减灾研究所签署备忘录，初步实现信息融合发布；积极推进与华为技术有限公司、腾讯计算机系统有限公司预警信息服务合作。

（四）2021—2030 年全国地震重点监视防御区确定

组织地震预测研究所等单位，借鉴国际自然灾害风险评估做法，吸纳系统内外30余家单位、140余位专家参与工作，以生命损失和直接经济损失为核心要素，创新性结合地震危险性、承载体暴露度和易损性，开展地震灾害损失预测。历时2年半，召开7次咨询论证会，征求各省级人民政府和各部委意见并修改完善，高质量完成2021—2030年全国地震重点监视防御区确定工作。

（五）国家地震监测台（站）网改扩建工程建议书完成编制

全面融入“全灾种、大应急”工作格局，以提高地震观测系统的自动化、智能化程度和技术装备的现代化水平，实现地震业务应用智能化、地震信息公共服务精准化为目标，配合局规划财务司、台网中心等10家单位，遵循“夯实监测基础，加强预报预警”的业务发展思路，从站网建设、数据分析处理、服务产品制作推送、数据质量管理等全业务链条，设计地震监测站网系统、震情业务分析台网系统、地震监测信息服务系统、数据质检与计量检测系统等建设内容，历时1年时间，经多轮修改完善及局科技委专家咨询，完成国家地震监测台（站）网改扩建工程项目建议书的编制工作。

（六）《中国地震局党组关于进一步加强地震监测预报工作的实施意见》完成编制

按照中国地震局党组部署和落实中央巡视反馈意见整改要求，编制完成《中国地震局党组关于进一步加强地震监测预报工作的实施意见》。该意见对标日益增长的地震灾害风险和政府社会公众需求，坚持新发展理念，立足防大震、抗大灾，研究提出未来3～5年地震预报业务发展目标。按照长中短临预报一体化发展思路，科学设置改革发展主要任务，健全国家、省、市县地震部门既有分工、又紧密结合的工作机制；坚持多路并进，发展完善相对独立的技术方法体系；坚持逐级指导，强化长中短临业务有机结合与衔接；围绕长期预报加强基础观测探测，针对年度危险区和短临预报，加强震情跟踪监测和群测群防工作。

（七）地震监测基础持续夯实

在青藏高原和北京周边新建22个地震台站，进一步强化薄弱区和冬奥核心赛区监测能力。完成军民融合工程重力基准项目建设任务，启动空间基准项目 GNSS 基准站改造工作。克服疫情影响，完成13902点（段）次流动地球物理场观测。完成809个市县观测数据接入国家台网。实施北京周边和年度危险区122套老旧设备更新升级，完成248个台站标准化改造。实施地震观测数据质量在线评价体系和地震监测站一体化监控平台建设。建立健全地震监测预报业务运行月报和特殊时段监控日报通报机制。

建立速报系统评估机制，持续优化地震速报系统，完成地震速报1032次，自动速报平均位置偏差小于10千米，平均震级偏差小于0.2级，5.0级以上地震震级偏差由0.35级减小到 0.15 级。开展自动编目业务化试用。

（八）地震计量和质量管理体系初步形成

全国地震专用计量测试技术委员会获国家市场监督管理总局批准，印发工作章程和秘书处工作细则，地震计量纳入法治化轨道。公开发布《地震监测专业设备定型测试技术规范和技术要求》和《地震检测机构评估技术规范》《地震计量标准装置目录》等 40 余项技术规范，初步形成定型检测技术规范体系。国家地震计量站成功封顶，新增 3 个检测实验室，形成 12 个具有行业特色的计量基础设施。印发地震计量标准装置溯源计划，实现地震计量标准装置全部溯源至国家计量最高基准。开展地震监测专业设备全生命周期运维管理系统建设，初步实现 8500 余套在网设备、备机备件、应急流动设备的统一管理。

（九）信息化支撑引领能力

印发《中国地震局网络安全管理办法》和《国家和省级预警中心建设指南》，网络安全管理、预警中心核心技术系统建设进一步规范。国家级地震云平台建设初具规模，云存储能力从 1.5PB 提升至 3.2PB，云计算能力从 1800 核 CPU 提升至 5432 核 CPU，为地震会商技术系统等 25 项业务系统提供云服务。完成省级地震局云视频终端安装部署，保障正式会议 675 次。编制《地震台站信息化建设行动方案》。

二、2020 年地球物理场流动观测

2020 年，地球物理场流动观测工作由中国地震局监测预报司统一组织管理，根据地球物理场年度观测方案完成。学科技术管理部负责任务分配、数据处理、分析、汇集等业务，其中湖北省地震局牵头负责流动重力观测、中国地震台网中心牵头负责流动 GNSS 观测、中国地震局地球物理研究所牵头负责流动地磁观测、中国地震局第一监测中心牵头负责流动水准和跨断层测量。

（一）区域水准测量

完成 1329.2 千米区域水准观测，其中陕西关中地区 2 条水准路线，共计 478.4 千米；华北平原 15 条水准路线，共计 850.8 千米。该项工作由中国地震局第一监测中心和中国地震局第二监测中心共同组成 6 个水准作业小组完成。

（二）跨断层水准和场地观测

跨断层形变场地流动观测由 19 个省级地震局（中心）实施，共包括 251 个水准场地、39 个基线测距场地。水准测量实施单位 19 个，全年观测 1677 场次、5225 段次；水平形变测量（短程测距、基线测距）实施单位 3 个，全年观测 468 场次、1392 段次。2020 年度跨断层形变定点观测有 20 个台站，由 10 家单位施测，其中辽宁局桃花吐、山东省地震局安丘、广东省地震局新丰江和中国地震局第一监测中心唐山为每日观测；北京市地震局房山为每周一、五观测；新疆维吾尔自治区地震局乌鲁木齐和陕西省地震局泾阳每 7 天观测；其他场地为每 5 天观测。

（三）流动 GNSS 观测

流动 GNSS 观测由中国大陆构造环境监测网络和地球物理场增项共同支持，测量区域覆盖川滇地震危险区、南北地震带、天山地震带以及部分青藏地区。2020 年流动 GNSS 观测

完成点位 714 个，数据记录项目齐全、正确，观测数据连续性良好，产出 RINEX 格式文件 5712 个，数据整体有效率为 98%。观测数据经解算处理产出地壳运动速度场、主应变率场、最大剪应变率场、面应变率场等数据产品，用于跟踪中国大陆重点构造区地壳变形动态特征，服务于地震趋势和危险性分析。该项工作由中国地震局第一监测中心、中国地震局第二监测中心、湖北省地震局等 9 家单位共同完成。

（四）流动重力观测

流动重力观测共完成相对重力联测 7088 段、绝对重力测量 162 点次。观测获取区域地表重力场动态变化图像，用于分析重力异常变化情况，为区域大陆动力学和强震中期危险地点预测研究提供依据。该项工作由湖北省地震局、中国地震局第一监测中心、中国地震局第二监测中心、中国地震局地球物理勘探中心、中国科学院测量与地球物理研究所、自然资源部第一大地测量队等系统内外 22 家单位共同完成。

（五）流动地磁观测

流动地磁观测共完成 1476 测点，覆盖中国大陆大部分地区，其中大华北 129 测点共观测 2 期，其余地区为 1347 测点，观测结果应用于地震危险区跟踪研判。该项工作由中国地震局地球物理研究所、中国地震局第一监测中心、河北省地震局、黑龙江省地震局、吉林省地震局、安徽省地震局、福建省地震局、云南省地震局、四川省地震局、甘肃省地震局、青海省地震局、内蒙古自治区地震局和新疆维吾尔自治区地震局等 13 家单位共同完成。

（中国地震局监测预报司）

2020 年中国地震地球物理台网运行

一、地球物理台网运行概况

中国地球物理台网由地壳形变、电磁、地下流体三大学科观测台网组成，涵盖了观测站、省级地球物理台网中心、学科台网中心和国家地球物理台网中心四级业务运行机构；其主要任务是规范产出连续、可靠的观测数据及数据产品，为地震预报和相关学科领域的科学研究提供数据服务。

中国地球物理台网以产出精细、科学、准确的地球物理参数为主要目标，结合成场成网的密集观测，固定与流动观测相结合，对 GNSS、重力、定点形变、地电、地磁、地下流体等地球物理场背景及精细变化进行监测，定期产出不同时空分辨率的地球物理参数。

（一）台网与仪器统计

2020 年全国有 35 个省级地球物理台网共 1040 个观测站向国家地球物理台网中心报送数据。其中国家、省级建设的观测站 726 个，市县级建设的观测站 314 个。

全国各省级台网向国家地球物理台网中心报送观测数据的仪器共 3340 套。其中数字化仪器 2900 套，人工/模拟仪器 440 套。

按观测学科统计：地壳形变观测台网承担着全国大陆地壳形变的监测任务，由 GNSS、重力和定点形变观测台网组成。其中 GNSS 观测站 260 个，观测仪器 260 套（占总数的 7.78%）；重力观测站 78 个，观测仪器 83 套（占总数的 2.49%）；定点形变观测站 274 个，观测仪器 604 套（占总数的 18.08%）。

电磁观测台网承担着全国大陆电磁场的监测任务，由地磁和地电观测台网组成。其中地磁观测站 167 个，观测仪器 413 套（占总数的 12.37%）；地电观测站 157 个，观测仪器 233 套（占总数的 6.98%）。

注：电磁极低频观测仪器列入了地电仪器统计。

地下流体观测台网承担着全国大陆地壳流体多个物理量和化学量观测的监测任务。地下流体观测站 489 个，观测仪器 1205 套（占总数的 36.08%）。

全国地震地球物理台网观测站、观测仪器基本情况统计见下表。

全国地震地球物理台网观测台站、观测仪器基本情况统计表

学科		观测站数	观测仪器数/套			
			数字化	人工/模拟	合计	
地壳形变	GNSS	260	260	0	260	3340
	重力	78	78	5	83	
	定点形变	274	579	25	604	
电磁	地磁	167	290	123	413	
	地电	157	233	0	233	
地下流体		489	947	258	1205	
辅助观测		477	508	34	542	

（二）台网运行指标统计

2020 年全国地球物理台网运行总体平稳。1—12 月，全国地球物理台网平均仪器运行率为 99.24% （2019 年为 99.23%），平均数据汇集率为 99.46% （2019 年为 99.37%），平均数据有效率为 98.85% （2019 年为 98.79%），总体运行质量比 2019 年有所提升。2020 年全国地球物理台网平均运行指标统计见下表。

2020 年全国地球物理台网平均运行指标统计表

序号	统计类别	2020 年仪器运行	2019 年仪器运行	备注
1	仪器数量/套	3340	3330	含 GNSS 观测仪器、陆态重力仪器数量
2	仪器运行率/%	99.24	99.23	
3	数据汇集率/%	99.46	99.37	
4	数据有效率/%	98.85	98.79	

二、地球物理台网重点工作

2020 年全国地球物理台网运行管理工作在中国地震局监测预报司的领导下，基于 2019 年的工作基础，继续以强化规范台网运行、台网产出和提高观测数据质量为目标，观测站、省级中心、学科台网中心和国家地球物理台网中心各环节工作协调配合，积极推进台网观测、台网运行、产出与服务、技术管理与项目实施等各方面的工作。

（一）全国地球物理台网运行管理工作

2020 年，全国地球物理台网运行工作继续按照现有运行质量监控思路，由国家地球物理台网中心负责监控全国省级台网的运行管理工作，各学科台网中心负责观测站数据质量的监控，省级中心负责本台网的运行质量和数据质量监控。

国家地球物理台网中心和各学科台网中心根据有关技术要求和相关规定等，每日对各省级台网的系统运行、仪器运行、数据汇集、数据质量等进行监控，并将监控中发现的问题以网站、电子邮件等形式反馈给相关省级台网；依据有关评比办法对全国各省级台网运行情况进行了评价，并将评价相关资料在网站发布，省级台网中心通过评价情况，查找和梳理运行中存在的问题并及时处置。同时各省级地震监测主管部门组织完善省级台网运行管理考评办法，明确奖励与惩罚措施，对观测站的系统运行、数据质量和台网产出与应用等工作进行定期检查与年度考评。

2020 年，继续推进台网质量监控体系的建设与完善，在台网运行质量监控方面取得了突出的成绩。

（二）地球物理台网监测数据异常跟踪分析工作

根据《关于全面开展地震前兆台网数据跟踪分析工作的通知》工作要求，地球物理台网数据跟踪分析工作于 2014 年纳入常态化。2020 年 1—12 月全国地球物理台网数据跟踪分析工作顺利开展，各台网观测技术人员开展资料分析处理，产出观测事件信息，取得了一定成绩。

2020 年 1—12 月，全国地球物理台网共对 2137 套仪器进行了数据分析，产出各类事件 31098 条。国家地球物理台网中心按时完成分析质量月评价，分析完整率平均达到 99% 以上。

随着数据跟踪分析工作的深入开展，逐步实现了地球物理台网日常工作的重心从观测为主向观测、应用并重，转变机制逐步建立；数据跟踪工作的稳步推进，更大限度地发挥了观测站监测人员的智慧和能力，进一步提升了地球物理台网的产出质量，提高了地球物理观测数据对地震监测预报的服务水平。

（三）全国地球物理市县站接入与数据服务

为了激发地震预测预报活力，实现“群策群防”的地震预报机制，提供坚实的地球物理观测数据支撑，地球物理台网部于 2020 年 5 月启动全国地球物理市县站接入工作。在各级领导支持下，克服各种困难和技术问题，于 10 月底前完成各省局已有市县站接入工作。此次共计接入 21 个省局、616 个观测站、1165 套仪器（含具有历史数据的已停测仪器），显著提升了地球物理观测资源覆盖度，推进了各类地球物理观测新资源整合和共享。

目前市县数据已提供预报人员和部分省局相关用户使用，在地震监测预报等领域开始发挥重要作用，有效提高了地球物理站网观测效能。

（四）地球物理观测地震应急产品产出

2020 年针对国内发生的 196 次较大或有影响地震，地球物理台网部地震应急产品产出软件自动产出地震简报共 327 份（本年度有 131 个地震产出 2 份简报）。

根据需要，地球物理台网部组织人员对地球物理台网应急快报软件进行了改进：增加微信机器人功能，可将地震简报发到相关微信群；增加地球物理台网最近半年数据时序图件（每天定时更新）；调整快报模板，使用数字高程图，增加地图美观感；应急报告格式从 word 文档改为 pdf 格式；在应急服务器上增加 HTTP 服务，邮件内容只发送简报文件地址；修正软件 BUG；增加了可自动提醒运维人员值班等功能。

（五）观测站网技术性维护与年度巡检

全年共协调解决流动 GNSS 站 H383 等 5 个站点被破坏重建事宜，1 个观测站重建后由流动站升级为连续站。完成湖南洪江等 5 个连续重力站巡检维护工作，对问题硬件进行更新替换，升级工控机新采数软件；同时组织重力站网监控平台优化对接，就发现问题进行了讨论改进，保障数据产出。完成地球物理台网部至公共服务部之间的 GNSS 数据推送任务，搭建服务器之间无密传输平台，实现数据自动推送任务。

协助观测站提出合理的改造方案，跟踪改造技术过程，对比分析仪器更新前后观测资料质量动态；对京津冀水温观测进行效能分析；组织学科和省局骨干力量对地电阻率井下观测现状进行评估，为井下观测技术指导意见提供支撑。组织学科专家和省局台站骨干力量对氡源标定技术研讨与实验。

组织调动全国 6 大区域保障站和 5 部委（共建单位）的 30 余名技术专家，分赴全国 14 个省份，从故障修复、隐患排查和环境整饬等方面，对观测系统、供电系统、通信系统、避雷接地和观测信号质量等进行了全面细致的巡检，有效地保障地球物理台网更稳定、高效、安全运行。

（六）全国地球物理观测资源共享与应用

为充分发挥地球物理观测数据效益，方便地震系统尤其是地震预报人员使用地球物理观测数据，地球物理台网部与公共服务部联合，于 2020 年启动全国地球物理数据在系统内共享工作。地球物理台网部主要负责数据汇集与技术系统的搭建与维护，开发数据共享交换软件，定期将数据从国家地球物理台网中心数据库交换至服务库。软件平台提供监控与日志相关功能，保障系统正常运行。截至 12 月底，系统内已正式共享 29 家单位。该项目的成功开展，极大地推进了数据的应用和监测预报业务发展。

继续加强与系统外资源的对接，分别与气象、测绘、科学院、高校等部委或单位开展 GNSS、重力等观测与研究。目前通过外部委及省地震局开展数据共享，已经形成了含陆态网络共计 1900 + 个 GNSS 基准站的大网络，其中共享四川、云南、浙江、山东、陕西、天津、安徽、重庆、湖南、江西、湖北等地震省局 272 站；共享四川、甘肃、广西、山东、吉林等测绘省域 305 站；共享中国气象局 1065 站。地震和测绘的共享站点已全部实现数据实时共享传输，气象局站点目前采用定期数据拷贝的方式进行共享。GNSS 数据资源的共享，进一步加密了站网密度，扩大了监测范围，提升了监测能力，提高了资源利用率，为每月、年中、全年的地震趋势预测提供高分率的数据产品和资料。

（七）全国地球物理台网年度评价与培训工作

2020 年 5 月 20—28 日，地球物理台网部组织 17 个省局的技术骨干、国家地球物理台网中心技术人员共计 30 余人，对 2019 年度全国地球物理台网观测资料进行了质量检查、评价，主要对全国台网涉及系统运行、台网观测质量和台网产出与应用三大方面的相关资料进行了检查和评价（期间各小组召开视频会进行问题讨论），生成了各类检查文档，对评价工作中各台网出现的问题进行了详细记录。经过大家 8 天的共同努力，2019 年度全国地球物理台网观测资料质量评价工作圆满完成。

组织全国 GNSS 观测站线上提交年度运行报告、线上打分、线上反馈，帮助观测站人员线上了解问题，实现帮扶整改。同时借助年度站网运行评价的机会，对观测站存在的问题进行总结交流与技术培训。培训以提高台网运行质量、丰富地球物理台网产品产出，提升台网监测效能为目标，进一步规范了站网运管流程，提升了运维人员的技术水平，学员收获良多。此举增强了地球物理台网监测工作者事业信心，为更好服务地球物理台网打下坚实基础。

在疫情的影响下，邀请系统内外电磁专家举办了 13 期线上讲座，报告对象面向地震行业内外电磁同行，报告内容包括电磁台网观测技术、数据分析处理方法、产品产出与应用等方面。针对热点方向与五刊联盟的台网中心中国地震英文期刊合办，积极宣传推广，受众面超过千人，加强了地震行业电磁学科科技成果在行业内外的交流，提升中国地球物理台网在行业内外的影响力。

（八）完成 GNSS、地电站网数据产品发布平台研发

推动地球物理站网产品产出业务化发展，研发 GNSS、地电站网数据产品发布平台，实现全网 GNSS、地电观测资源的全自动、准实时在线处理与产品发布，与全流程一体化监控平台、GNSS 数据资源共享与信息发布平台一起，实现 GNSS 站网前、中、后端的全链条服务。平台自正式发布上线以来，累计访问量达 2400 余次，已收到并授权 14 家局属单位的产品使用申请，相关结果已服务于中心、河北、四川等省局年度地震趋势会商。重力、地下流体专业数据处理软件平台经过调研、技术论证、产品细分、软件研发评估、功能分析等过程，现已完成公开招标程序，正式启动研发工作。

完成累计 4500 个以上 GNSS 站网观测数据的精密解算与分析，实现了全网历史观测数据（1998—2020）在 ITRF2014 参考框架下的再处理与再分析，为 GNSS 站网地震监测预报效能的发展奠定基础。同时，积极推动 GNSS 数据服务于地震预测预报，主动对接预报部需求，依托 GNSS 数据产品发布平台定期（每月或加密会商时）提供 119 条跨断层基线时间序列、64 个重点区域块体应变时间序列和全国及分片区应变率场等产品，产品得到了片区会商专家的一致好评。

（九）完成全国地球物理场 GNSS 和重力流动观测任务

组织 11 个测量单位完成年度流动 GNSS 观测任务共 714 个点位，观测区域基本覆盖川滇地区、南北地震带、天山地震带以及部分青藏地区等地震危险区，观测完成率 98. 3%，数据整体有效率高达 98%，最终形成观测手薄 714 本，仪器检测报告 197 本，资料光盘 17 张，观测站点环境及天线高量取照片 5790 张，重绘点之记 117 个，各类技术报告 52 部。整理完成的标准观测数据及时通过地震信息网 FTP 实现共享，产出覆盖观测区域的年度地壳

运动速度场、主应变率、最大剪应变率、面膨胀率等数据产品，实现相关的形变背景场分析，跟踪中国大陆主要地震危险区应变背景和形变场特征。重力方面，陆态网络流动相对重力151个点位和绝对重力95个点位观测，数据有效率95%以上。流动GNSS和流动重力产出相应产品成果为2020年度的地震趋势和危险性进行判定和分析提供支撑服务。

（十）完成《中国震情跟踪站网（地电、地下流体、定点形变）规划（2020—2030年）》初稿编纂

完成《中国震情跟踪站网（地电、地下流体、定点形变）规划（2020—2030年）》初稿编纂，在全国范围建设分布较为均匀的地球物理观测监测站，实现对我国大陆及周边岩石圈构造运动的整体监测，获取速度场、重力场地磁场变化背景场图像，为大震长期危险性分析提供数据支撑，提供统一基准。震情跟踪站网强化对地震重点监视区及活动地块边界带构造相关变化信息监测，为强震中短期预报等提供科学数据支撑。

（十一）拓展地球物理观测，助力“一带一路”战略

2020年，在“一带一路”建设倡议下，项目始终坚持共商、共建、共享原则，在中国地震局、商务部经合局及驻老（老挝）领使馆经商处领导下，中老双方在保持经常性沟通的基础上，加强双方防震减灾领域援助合作，帮助老挝增强地震监测能力。

在梳理2019年度观测站基础设施建设意见、建议基础上，完成了15个新建地震观测站土建整改及后期维护工作。为保障援老台网数据传输质量，组织专家对援老台网通信链路进行优化升级，完成15个新建观测站、1个国家观测站（琅勃拉邦站）、1个共享观测站及数据中心国际国内线路改造，通信延迟由最大300毫秒降低至20毫秒。

为切实增强老方地震监测能力建设，加强了对老方地震监测理论和实践经验交流及技术培训力度，2020年度派出4名专家赴老挝开展现场工作。为提升技术培训质量，增强技术援助效果，组织专家编写完成援老挝台网基础设施建设、设备安装、观测流程、数据质量评价、数据处理、台网日常维护等方面资料14份，提交给老方使用。截至12月底已完成现场观测站培训8次。

开发完成援老挝台网数据自动处理系统1套，部署至老挝国家地震信息中心，实时产出GNSS形变、大气水汽含量及电离层变化等数据产品。

（十二）地震台网全流程一体化监控平台促进地球物理站网运行管理自动化

地震台网全流程一体化监控平台不断完善提升，实现了测震台网和地球物理台网全部观测站的观测手段数据流监视和9省份（年度任务）全部监控信息接入和监视；优化了监控平台的界面、功能模块、UI和数据库的设计、运维告警策略、手机APP、资产管理，数据质量评估等模块；增强了平台配置，新增标准台站可自动配置监控；增加了全平台统计分析功能，提升用户信息需求；同时实现了与EQIM信息对接，自动生成地震震区一定范围内站点运行情况统计，提供地震应急产品；完成31个省级地震局地震台站运行监控技术参数汇集、统计，其中视频信息能够完全接入且已经完成接入132个站点（有人值守台48个，无人值守台84个），接入率98%。另外，完成200余套监控设备采购，以提升台站信息化水平。该平台已作为北京等省市地震局（站）日常站网监控的有效平台。

（中国地震台网中心）

各省、自治区、直辖市，中国地震局直属单位地震预测预报预警工作

北京市

1. 震情跟踪工作情况

2020年1月，向全市地震系统印发《北京市2020年度震情跟踪工作与应急准备工作方案》，围绕年度监测台网运行维护、震情应急值班、异常落实上报、震情分析会商、通信网络维护、重大活动和节假日期间震情保障等工作任务进行统一部署和安排，并在职责划分、人员组织方面提出更加明确的要求。

全年召开震情会商会176次，落实地震异常14项，发布地震速报11次；地震快报编目4000余个；转发国内外地震110余次。

结合自然灾害监测预警信息化工程，形成《北京地震风险监测台网建设项目》建议书，纳入《“十四五”时期防震减灾专项规划》。

牵头组织开展京津冀震情监视跟踪任务，制定京津冀震情监视跟踪工作方案和技术方案，形成京津冀震情趋势研判联动机制，组织召开京津冀每周、震后和重大活动安保震情会商，完成2000年以来京津冀地区4.0级以上地震震例总结，不断完善预测指标体系，对唐山古冶5.1级地震做出较好预判。

制定重大活动地震安保专项实施方案，完成全国“两会”、国庆中秋“两节”和党的十九届五中全会地震安保服务任务。安保期间应急启动及震情信息报送下限下调至1.5级，做到有震感必有报告。

2. 台网运行管理

实行北京市地震局监测预报业务运行月通报制度，结合监测预报司监测预报通报制度对业务系统运行状况通报进行动态检查督导，及时解决存在问题。

2020年，前兆台网运行总体良好，测震台网运行率平均为99.14%，前兆台网数据汇集率达99%以上，数据有效率达99%以上；国家地震行业网北京节点运行率达100%，北京地震行业网节点（21个）连通率达99%以上。北京地区1.0级以上地震超快速报信息产出时间达到30秒左右，全年平均速报用时优于上一年度。

3. 台网建设情况

北京延庆地区地震监测能力提升工程已向市发改委申请立项，完成京津冀预警先行先试主体攻坚任务；完成冬奥保晋冀蒙监测能力提升项目，通州台、平谷台深井地电改造项目；完成综合业务大厅主体改造任务；完成房山台优化改造、延庆五里营台水井改造、张庄水化室改造和地球物理台网仪器更新改造等项目。

北京市地震局参与了多规合一平台全市新建项目筛查，核实是否影响全市地震监测设

施和监测环境，全年核定项目500余项。

4. 监测预报基础研究与应用

北京市地震局开发一套能自动检测地震事件，按照地震编目的要求，自动识别标注初至震相、初动方向、后续震相、最大振幅等信息，使用这些信息进行地震参数测定，自动截取地震事件提交数据库，最终自动完成地震编目的系统。

5. 地震速报预警信息服务

预警项目及先行先试工程取得新进展。完成33个新建及改造基准站土建工程，完成64台预警终端安装，24个一般站安装完成率100%。完成80个基本站仪器安装前检测与安装技术培训；中心机房即将竣工。

正式提供超快速报服务。北京：$M \geqslant 1.0$ 地震，超快速报25次，平均用时31秒；北京周边（100千米范围内）：$M \geqslant 1.0$ 地震，超快速报24次，平均用时39秒。

（北京市地震局）

天津市

1. 震情跟踪工作情况

2020年，天津市地震局制定京津冀一体化震情跟踪实施方案，全面做好震情监视、地震应急、异常联合核实等工作，持续开展华北北部构造协作区震情联席会商工作。

地震分析预报在日常工作基础上，产出各类震情会商报告118份，其中月会商报告12份，周会商报告53份。完成33次异常现场核实工作，包括10次流体学科异常核实，15次电磁学科异常核实，7次形变学科异常核实，1次宏观异常核实。其中有1次现场核实工作是与北京市地震局、河北省地震局联合，对北京延庆地电场异常进行现场核实，共提交24份异常核实报告。2020年度开展多期次地震安全保障服务工作，覆盖全国“两会”、高考和中考、7—9月防汛期间以及国庆中秋“两节”和党的十九届五中全会期间等地震安全保障服务工作。

根据实发应急地震情况，2020年度共开展4次震后应急会商，分别是2020年1月9日北京房山 $M3.2$ 地震、4月26日天津静海 $M2.0$ 地震、5月26日北京门头沟 $M3.6$ 地震和7月12日唐山古冶 $M5.1$ 地震。

2. 台网运行管理

测震台网整体运行稳定，地震速报、地震编目、超快地震速报、烈度速报等各项台网功能及技术系统运转正常，数据产出及时可靠，31个测震台站年平均数据运行连续率99.32%。天津测震台网执行地震速报责任区内速报任务8次，其中 $M3.0$ 以上地震4次、$M5.0$ 地震1次，无漏报、错报情况出现。完成地震编目责任区内地震目录编制200条，其中正式报地震163条，产出地震震相17128个，编报地震观测月报12期。

自动烈度速报系统响应1次，对2020年7月12日河北唐山市古冶区 $M5.0$ 地震震后6分钟产出自动仪器烈度分布图。

完成宝坻台井下宽频带地震计配置与更新、蔡家堡台观测室维修、安康测震台地震计提井等台网更改造任务。对80个烈度计观测站点设备安装方位角进行精确测量。处理专业设备故障4台次，有效利用备用设备在故障发生24小时内保障台站观测的快速恢复。

地震超快速报系统运行稳定、产出及时可靠。2020年系统对天津及周边的12次地震进行处理和信息发布，首台触发震后10秒内，首报时间均在20秒内。对EEW地震预警和超快速报系统进行两次功能升级，对地名搜索功能进行升级，系统支持在线和离线两种方式，参考地名信息更加准确可靠，同时对信息推送功能存在的问题进行解决，可支持多终端的信息并发推送；实现对JEEW超快速报系统产出信息推送，利用地震预警终端管理平台实现对该系统产出信息的短信发送，截至目前共推送地震信息32条。

3. 台网建设情况

国家地震烈度速报与预警工程天津子项目完成3个新建基准站建设、31个基准站观测环境改造等土建工程任务；完成新建基准站、改造基准站、改造基本站的机柜、蓄电池、摄像头等通用设备安装及调试；完成50套紧急地震预警信息服务终端的安装调试及试运行；完成专业设备一期采购的167台套设备及113套路由交换机到货验收及专业设备二期采购。开展了预警工程天津子项目台站集成和光纤通信信道租赁的招投标工作。完成预警中心改造项目招标工作，并进入实际建设阶段，按照《国家和省级预警中心建设指南》要求，完成数据存储计算平台全部通用设备采购和供货，网络通信分系统完成全部通用设备采购和部分设备供货。

完成大沽测震台迁建工程勘选工作，对深井钻探、观测室建设、通信线路布设等台站建设要素进行实地调研与方案设计。增强自动烈度速报系统工作站内存硬件配置、完成JEEW超快速报系统JOPENS6.0软件版本升级。

4. 监测预报基础研究与应用

2020年，分析预报基础研究工作主要完成国家自然科学基金“起伏地表下高精度地震波多震相联合层析成像及其应用”项目的验收；完成中国地震局地震科技星火计划“应用有限元法研究华北北部地壳2020年的多点应力集中现象”项目的验收，在天津分区评为优秀。国家自然科学基金“2014年云南盈江地震前震序列与成核过程研究”项目、中国地震局地震科技星火计划“2016年河北开平地震序列发震过程与机理研究”项目、安全天津与城市可持续发展科技重大专项“地震风险预警技术及服务产品研发与应用”项目进展顺利。

完成中国地震局震情跟踪项目6项：“基于‘混合’模型分析华北地区地震活动性特征”“基于地热异常区水文地质化学特征的地震观测井研究”“基于微水试验确定徐庄子井含水层参数”“前兆数据自动回溯分析的技术研发”“前震自动识别算法升级－序列衰减参数实时自动计算”“震后短期强余震概率预测及撑起地震危险性评估”并顺利通过验收。

5. 地震速报预警信息服务

2020年，天津测震台网执行地震速报责任区内速报任务16次。地震超快速报系统完成13次地震超快速报响应，推送超快速报信息9360条。超快速报短信发送平台，完成与天津市突发公共事件预警信息发布平台的对接，实现了地震速报信息通过突发公共事件预警信息平台由电视媒体向社会公众发布。完成京津冀地震预警信息的融合发布，地震预警信息通过紧急地震信息服务终端实现推送和发布，并与市应急管理局综合应急管理平台实现对接，能够快速获取地震速报信息、预警信息、历史地震信息。

（天津市地震局）

河北省

1. 震情跟踪工作情况

（1）2020 年 2 月，组织制定《河北省 2020 年度震情监视跟踪和应急准备工作方案》，共制定 42 条强化措施，并在 7 月份根据新增地震重点危险区的情况，对方案进行修订，增加强化措施 6 条，截至 12 月 15 日，48 条强化措施全部完成。

（2）严格执行会商制度和异常零报告制度。按时进行周震情跟踪和月会商，2020 年共组织召开会商会 200 余次。5 月 28 日召开 2020 年河北省年中地震趋势会商会，11 月 3 日召开 2021 年地震趋势会商会，并与中国科学院空天信息创新研究院、中国地质科学院水文地质环境地质研究所、河北地质大学、核工业航测中心、河北省应急管理厅等开展跨系统多部门震情会商。健全完善联合会商机制，河北地震台和各中心台每月以视频形式联合召开会商会，共同讨论地震观测数据跟踪分析与震情动态。在 2 月 23 日平山 3.0 级，2 月 28 日唐山 2.1 级，4 月 13 日任丘 3.2 级，5 月 26 日滦州 2.0 级，6 月 4 日古冶 2.1 级，7 月 12 日唐山 5.1 级、唐山 2.2 级、唐山 2.0 级，10 月 21 日古冶 2.0 级，11 月 5 日滦州 2.0 级，11 月 18 日丰南 2.0 级地震后及时组织开展震后趋势会商。

（3）深化会商机制改革。在继续做好《河北省地震局震情会商制度改革》的基础上，加强对市县地震部门的调研指导，提升市县地震部门和台站的震情会商作用。组织开展到张家口阳原、怀来等台开展形变、电磁、流体异常核实及资料分析等方面的培训指导；加强省、市地震观测数据的共享与交换，通过“河北地震分析预报平台”，及时将会商资料、异常核实报告等信息成果与市县地震部门共享；对已纳入全省地震监测运行台网的市县业务进行技术培训与数据质量监控、数据质量评估。

（4）充分利用协作机制，对重点地区进行震情联防。严格落实北京圈地区震情跟踪会商机制、晋冀蒙交界协作区联合会商机制、中国地震台网中心和京津地震局紧急震情联合视频会商机制等。2020 年，已联合开展京津冀联合会商 60 余次、晋冀蒙联合会商 30 余次。

与辽宁省地震局、山东省地震局和天津市地震局建立协作工作机制，动态跟踪郯庐地震带中段构造协作区震情变化趋势，组织相关人员参加郯庐地震带中段构造协作区震情研讨工作会议 2 次。

（5）严格执行地震预测意见处置机制，妥善处置涉及河北的地震预测意见 10 次。2020 年，共向中国地震局监测预报司提交异常核实报告 15 份、测震学异常分析报告 7 份。2020 年，河北省各市地震局和中心台共提交异常核实报告 25 份。

2. 台网运行管理

切实加强仪器巡检和维护维修，确保观测数据连续可靠，每月通报台网运维情况，督促解决存在的问题，台网总体运行率达98%。组织河北地震台和各中心台对全省台站进行全面巡检，“两会”、国庆中秋“两节”和党的十九届五中全会等地震安保期间多次开展巡检，并对发现问题进行及时梳理，制定解决方案。组织举办河北省观测资料质量工作培训，加快各学科和台站骨干技术力量的培养。2019年度全国观测资料评比中河北省地震局获得前三名47项，位列全国第二，同比2019年增加10项。

3. 台网建设情况

推进地震台站升级改造。组织完成台站标准化改造、后土桥地震台优化改造项目、台站灾损恢复等项目，2020年共完成改造台站44个。组织完成无极、武安、丰宁地震台搬迁及仪器安装工作，顺利进入试运行阶段。

开展落后台站帮扶计划，成立帮扶专家组，对张家口地震台、阳原地震台、后郝窑地震台等台站开展集中帮扶工作。

落实经费10万元，在张家口地区增上9口水位观测井，完成安装；根据《冬奥会保障晋冀蒙交界地区监测能力提升项目》，完成张家口阳原地电阻率升级改造工作；完成崇礼台6套新上观测仪器的验收并正式接入运行。

4. 监测预报基础研究与应用

结合多分量、痕量氢等新建观测系统，加强对新技术新方法的研究应用，多分量和痕量氢观测数据已纳入各类会商，为震情判定提供依据。张家口地区4个痕量氢观测站和28个多分量地震监测台网运行正常，1—11月运行率92. 86%。

5. 地震速报预警信息服务

累计召开国家预警项目河北子项目领导小组会5次，局长专题会6次，工作推进会20余次，有针对性地解决项目实施中的困难和问题。截至12月31日，项目79个基准站、145个基本站、566个一般站全部建设完成，省级预警中心核心机房建设完成并投入使用，347套预警发布终端全部安装到位。牵头京津冀“先行先试”工作，完成“地震预警信息发布机制”，部署完成京津冀预警信息融合平台，同时拓宽推进预警信息对外发布渠道，与河北省广电公司签署合作框架协议，编制完成河北省地震预警信息播发（预警广播）试点实施方案，并以唐山市作为试点实现实验室内电视广播机顶盒的预警信息发布。与帝嘉公司合作，实现部分预警终端信息的发布。

（河北省地震局）

山西省

1. 震情跟踪工作情况

2020年继续做好全省震情监视跟踪工作。制定印发《山西省2020年度震情监视跟踪和应急准备工作方案》《山西省地震局关于贯彻落实〈年度全国地震重点危险区震情监视跟踪和应急准备工作规则（试行）〉的实施方案》《关于全力做好我省2020年下半年及稍长时间震情监视跟踪和应急准备工作的通知》和《关于加强2020年下半年及稍长时间震情会商研判工作的通知》，规范、加强年度震情监视跟踪和应急准备工作。强化震情 24 小时值班制度，制定“震情值班岗位职责”和“震情值班工作流程”。全年共开展 7 次异常现场核实，编写异常核实报告及补充报告 7 份，编写测震、地球物理异常分析报告、补充报告和取消报告共计 24 份，召开周例会和各类会商 130 次。

圆满完成地震安全服务保障任务。制定《山西省地震局 2020 年全国“两会”地震安全保障服务实施方案》和《山西省地震局党的十九届五中全会和 2020 年国庆中秋“两节”地震安全保障服务实施方案》，先后完成“两会”、高考、党的十九届五中全会、国庆中秋“两节”地震安保服务各项工作，切实加强监测预报、风险防范、应急准备、新闻宣传、信息值守、后勤保障等各项工作。高考期间开展加密会商，与教育部门沟通，主动提供震情服务。

持续强化区域联防协作工作。制定《晋冀蒙协作区震情监视跟踪协同工作制度》，印发《晋冀蒙交界协作区 2020 年度震情监视跟踪和应急准备工作方案》和《晋冀蒙交界协作区的震情跟踪技术方案》。全年召开陕晋豫协作区会商会 2 次、晋冀蒙协作区会商会 3 次。每周牵头召开晋冀蒙三省联合视频专题会商，参加京津冀协作区地震视频会商。开展晋冀蒙协作区震例梳理总结。

不断深化会商机制改革。修订《山西省地震局预测预报工作评比细则》，每月进行情况通报并要求及时整改；修订《山西省地震局党组工作规则》，建立局党组定期研究监测预报预警工作的机制。积极开展跨部门震情联合会商，邀请太原理工大学、山西财经大学专家参加年中会商；邀请中国矿业大学、山西省水文水资源勘测总站专家参与年度会商。

2. 台网运行管理

山西地震台网运行平稳。数字测震台网运行台站 57 个，总体运行率为 99. 51%；地球物理台网运行台站 39 个，数据汇集率为 100%，数据有效率为 98. 83%；地震信息网络运行节点 21 个，网络综合运行率为 99. 9%；陆态 GNSS 观测网络直属和托管基准站 5 个，数据连续率为 99. 66%，有效率为 96. 88%；强震动台网运行台站 56 个，总体运行率为 100%。

不断加强制度建设。修订《非天然地震事件信息专报实施流程》，印发《关于规范非天然地震事件信息报送流程的补充通知》，出台《山西省地震局地震中心站业务人员轮训计划》，制定《山西省地震局地震中心站改革重点任务清单》，签署《山西省消防救援总队
山西省地震局　联动战略合作框架协议》。

加强监测预报人才培养。自办监测预报业务类培训班 4 个，邀请国内地震专家 6 人次做学术报告，外派多名技术骨干和业务人员参加中国地震局组织举办的各类培训班，外派 3 名业务骨干前往地球所、地壳所交流学习。14 名业务人员参加局内交流学习。

持续做好地震监测设施和观测环境保护。及时回复征询意见函两件，一是山西省公路局临汾分局、中国铁路设计集团有限公司征求国道 108 线襄汾—曲沃—侯马过境改线工程对环境影响的意见函；二是中国铁路建设有限公司征求呼和浩特至南宁铁路通道集宁大同段沿线施工对环境干扰的函。指导大同中心地震台、运城市防震减灾中心妥善处置神池测震子台受新建输电线路施工干扰和万荣县磁电台受输气管道项目干扰事件，特别是针对大同神池测震子台事件，联合公共服务处开展现场调查和执法工作。

继续推进太原台部分测项和长治老顶山地震台迁建工作。《太原台迁建勘选工作报告》

通过专家技术论证，签订《台站迁建三方补偿协议》，认定了27580800元的迁建补偿费，土地费用另算。长治台迁建启动资金到账长治市发改局，发改局将协助山西省地震局落实项目选址堪选等工作。

不断深化地震台站改革。“三定”方案获中国地震局批复，改革组建山西地震台，设立太原、大同、忻州、临汾、运城5个地震监测中心站，制定印发《地震中心站改革重点任务清单》，推动地震中心站业务从地震监测预报向地震灾害防治、应急响应、公共服务等领域拓展。

完成2019年度全省地震监测预报质量检查评比工作，组织参加2019年度全国地震监测预报观测资料质量评估，获得28项前三名。

3. 台网建设情况

组织完成“国家地震烈度速报与预警工程山西子项目”年度建设任务。全年不断强化项目管理、细化责任分工、协调解决问题、开展督促检查，组织召开项目领导组会、交流座谈会、现场检查工作会10余次，每月向台网中心报送经费执行情况及任务完成进度，为项目的顺利推进奠定良好基础。主要工作有：一是完成台站建设土建工程；二是推进台站设备采购；三是开展中心建设；四是完成终端建设。

组织完成“冬奥会保障晋冀蒙监测能力提升项目”年度建设任务；完成“一带一路”地震监测台网项目年度任务；完成“子午工程”二期建设项目年度任务；完成地球物理台网升级改造项目；持续推进“一县一台”建设，完成13个新建地球物理台站及临汾襄汾水位水温台站升级改造的技术验收，山西南部水化和形变观测组网基本形成。

4. 监测预报基础研究与应用

持续推进监测预报基础研究与应用，大力开展监测预报业务现代化建设。

在预测预报研究方面，推进GNSS空间对地观测技术业务应用，针对山西地区及邻区的GNSS站点数据在月会商中进行每月跟踪分析；完成山西地区地震会商基础数据库建设，形成以构造分区、断层分区和震型分区为基础的信息化产品；推进地震预测由经验预测向概率预测转变，构建完成山西地区地震预测指标与效能评价体系，引入基于指标系统的地震综合概率预测技术并成功实现业务应用；研发建设山西省地震局地震会商技术系统，实现数据自动跟踪，会商报告产品自动产出，并在7个专业台站和3个地市防震减灾中心进行列装试用。

在地震监测能力提升方面，改进基于物联网的台站智能电源，推广应用于13个地震监测台站；初步研制完成地球物理台网数据在线评估软件，实现人工评估向自动化评估转变；在大同、朔州地区布设5个短周期流动台站，提高该区域的非天然地震监测能力；搭建山西自动速报系统，建设成适用于本省的地震速报系统。

在信息化建设方面，完成视频会商系统各功能集成，实现无线手持设备操控；完成区域中心核心路由器更新换代，全网线路升级改造为PTN传输模式并扩容至30M；完成应急指挥网与政务外网融合接入；完成年度等保测评，购置防火墙，提升互联网边界防御能力，完成服务器系统漏洞修复工作；完成信息化提升专项任务，通过对地震数据中心进行虚拟化改造，构建地震云平台，实现信息化基础设施资源集约共享、安全可控、统管统分；完成统一OA平台建设任务；上线企业微信并提供地震信息服务，在企业微信上开发“地震信息”“本省地震”“山西自动速报”3 个应用。

5. 地震速报预警信息服务

速报天然地震省内 4 次、省外 4 次，速报非天然地震省内 7 次、省外 2 次；测震台网产出地震目录 3900 多条，分析地震震相 100761 多条，产出连续及事件波形数据 2TB，计算上传震源机制解 3 次，震源新参数 38 次。

继续推进数据共享服务系统建设。搭建两套存储平台，集中存储山西省地震局产出的所有地震监测数据，为地球物理、测震和台站综合监控等业务提供数据存储和共享服务。建设数据备份系统，备份测震和地球物理监测数据，解决数据的完整、有效保存等问题。上线山西省地震局网强 IT 综合管理系统，实现对山西省地震局服务器、网络设备、数据库、台站通信链路和其他应用的监控管理。

（山西省地震局）

内蒙古自治区

1. 震情跟踪工作情况

2020 年，内蒙古自治区地震局及时处置 3 月 30 日和林格尔 4.0 级地震、10 月 16 日包头 3.8 级地震等突发震情。组织召开紧急会商 13 期，向中国地震局、自治区党委政府报送《地震值班信息》11 期，向内蒙古自治区党委政府震情跟踪工作专报 13 期。及时开展异常现场核实工作，密切跟踪震情发展、科学研判，积极推进会商制度改革。组织制定了《内蒙古自治区 2020 年度震情监视跟踪和应急准备工作方案》，成立震情监视跟踪和应急准备工作小组，下设组织协调、监测运维、震情跟踪、风险防范、应急准备、新闻宣传 6 个工作组，各负其责，共同开展震情跟踪工作。全年圆满完成“全国两会”、高考、党的十九届五中全会和国庆中秋“两节”等重大活动、特殊时段的地震安全保障工作。参与 2020 年中国地震局重点工作任务“地震分析会商平台建设”，按照相关要求提交所承担的研究任务，并提交相关研究报告。完成 2020 年中国地震局震情跟踪定向工作任务 3 项，研究成果在震情跟踪和年中、年度会商工作中得到应用。

2. 台网运行管理

（1）维护地震监测台网，确保监测系统正常运转。做好内蒙古自治区 48 个测震台站及 47 个强震动台站运行维护工作。48 个测震台站 63 套仪器设备运行率均高于 98%。完成测震台网 12 期运行月报。测震台网年度运行率为 99.11%，强震动台网正常运行率为 95.31%。共速报地震 35 次，最大速报地震为 2020 年 6 月 4 日蒙古 *M*5.9 地震，内蒙古自治区最大地震分别发生在内蒙古阿拉善左旗与呼和浩特市和林格尔县，震级均为 *M*4.0。处理事件 1201 条（其中，地震 1148 条，爆破 43 条，塌陷 10 条）；向内蒙古自治区党委、政府、应急管理厅报送 9 次 3.0 级以上天然地震震情信息及 8 次非天然地震信息；推送地震速报及各类短信息 4 万余条。部署完成震后余震序列匹配定位系统一套，并应用于 2020 年 3 月 30 日和林格尔地震余震序列分析。完成流动测震学科组举办的东北片区流动测震演练的组织承办工作。编写《内蒙古自治区地震局非天然地震事件信息报送实施细则（试行）》，细化非天然地震。完成22个台站节点93套前兆仪器的数据汇集、质量监控等运行管理工作。维修12套仪器，维护和升级各级前兆节点服务器21套次，完成6套仪器的更新升级，全年汇集率和数据有效率均在99%以上，在全国34家区域地震前兆台网运行管理月评价成绩保持在前11名。数据跟踪完成内蒙古自治区73套主观测仪器分析工作，全年分析率为100%，审核率为100%，分析事件数近5500条。"冬奥会保障晋冀蒙监测能力项目"完成宝昌台、和林格尔台的建设进入试运行。完成"内蒙古中部地区震情监测提升项目"建设工作。

（2）加强网络维护。2020年1—10月内蒙古地震信息系统骨干网运行率为99.998%；参加中国地震局评比的17个节点运行情况基本良好，全年17信息节点网络运行率为99.884%。2020年度地震信息网络系统内未发生重大信息安全事件。组织参加了中国地震局地震信息网安全演练，安全演练中内蒙古自治区地震局地震信息网络系统未出现安全漏洞。

（3）提升重点地区监测能力。申请内蒙古自治区经费投入加强监测能力。争取到内蒙古自治区投入的200万元来购置测震、重力、地磁、跨断层水准等专业设备，加强了呼和浩特市周边地区震情跟踪监测工作。

3. 台网建设情况

（1）一般站建设情况。截至2020年12月29日，265个一般站完成257个设备安装工作，上线台站164个。

（2）基准站、基本站建设情况。基准站、基本站建设8个征地手续、106个租地手续全部办理完成；新建基准站13个、改造基准站48个、新建基本站101个的土建工程全部完工。完成全部台站通用设备（机柜、蓄电池组、摄像头、防雷设备）采购安装工作。

（3）预警中心建设情况。已完成预警中心土建工程主体建设并验收通过。基准站、基本站通信共150条链路租用服务招标工作完成，核心路由器、台站接入路由器、VPN路由器安装完成。64个预警终端设备已全部安装完成。

（4）与蒙古完成确定了10个台站点位和1个数据中心的具体点位。

4. 监测预报基础研究与应用

（1）依托科研课题推动监测预报基础研究。2020年局长基金共立项课题21项，成功申请科技课题16项（其中，自治区自然科学基金项目1项、中国地震局星火计划项目4项、震情跟踪专项3项、三结合项目4项、中国地震局专项4项），资助额度共124.73万元。2020年9月，内蒙古自治区地震局与山西省地震局、河北省地震局联合验收地震科技星火计划项目课题，内蒙古自治区地震局验收1项，并获得联合验收组专家评审优秀；2020年10月，完成了2020年度局长基金课题结题验收，共验收课题16项，产出成果SCI收录论文2篇，中文核心收录3篇，科技核心收录10篇。完成了三结合课题的验收，同时开展了2021年度局长基金课题申报工作。

（2）地震科技体制改革。印发了《内蒙古自治区地震局关于加快推进地震科技创新的实施意见》。依托内蒙古自治区重大专项实施，从各业务部门抽调科研骨干人员，建立4个内蒙古自治区地震科研创新团队，培养科研带头人。设立地震科技创新工程专项，培养发掘科技创新人才，进一步加强科技创新团队建设。遴选测震、地电、地磁、形变、流体、预报、信息、流动测量共 8 个学科领军人才任组长，建立科研学科组。

（3）地震科技成果应用。印发了《内蒙古自治区防震减灾优秀成果奖励办法》及《内蒙古自治区防震减灾优秀成果奖评审标准》的通知。以呼和浩特市卓资山境内大苏计露天钼矿为应用示范，首次开展为期 10 个月的矿山安全性微震监测，搭建集“监测系统、分析软件、定位软件、后台处理软件”于一体的微震定位可视化软件平台，监测了山体稳定性、监控了开采进度及违规开采程度，探测了即将开采的钼矿体。发表论文 13 篇，研发专利 2 项，软著 2 项，起草了微震监测技术规程草案，验收结果为优秀。

5. 地震速报预警信息服务

2020 年 10 月 16 日 21 时 44 分，内蒙古自治区包头市九原区 3.8 级地震发生后，内蒙古自治区地震局通过官方微博和微信发布地震速报信息，并依托微博平台实时发布了关于地震来了怎么办、地震来时的标准求生姿势、地震发生时如何第一时间科学避震、防震避险常识、震中历史地震、震情通告等科普及震情信息 8 条，阅读量 25 万。通过官方新媒体平台及网络实时关注舆情动态，及时回应社会和公众关注的问题，通过微信公众号发布《每遇震事儿谣言多》的地震科普文章。

（内蒙古自治区地震局）

辽宁省

1. 震情跟踪工作情况

（1）地震危险区和构造协作区震情研判。组建专家团队，定期沟通会商成果，建立异常核实装备共享库，持续开展地下流体和无人机等装备实用化培训；加强危险区和构造区协作单位在地球物理观测数据、测震台站波形数据等资源的交流和共享；建立协作区联席会商机制，按月组织协作区震情会商；持续完善郯庐地震带中段构造区跟踪技术方案，优化短临预测指标体系，严密跟踪危险区震情变化发展。

（2）震情会商。执行宏微观异常零报告制度，强化异常现场核实工作，对年度会商确定的异常实行专人负责；在各类例行会商中广泛邀请系统内外专家参与，于每个季度增加一次中长期趋势判定，有效提升会商工作科学性；按时组织召开全省年中会商会和年度趋势会商会，全年组织召开各类会商会累计 126 次，上报各类会商意见及监视报告 100 余件，准确把握全省震情形势发展。

（3）地震安全保障服务。在“两会”、国庆中秋“两节”、党的十九届五中全会、高考和节假日期间组织召开震情会商会，上传会商意见 42 份、零报告 42 份。向省政府报告震情信息服务，针对显著地震和异常及时召开紧急和震后趋势会商，针对辽宁及周边地区 2020 年发生的 9 次显著地震以及辽宁相邻省份发生的 7 月 12 日唐山古冶 5.1 级地震进行紧急应急会商并及时给出震后趋势判定意见。

2. 台网运行管理

进一步完善台站（网）运行维护保障机制、加大运维保障力度，确保省内台网、通信系统和实时监控平台正常运转。2020 年，除完成强震动台网中心硬件设备（PC 机、工作站、服务器等）、软件平台（强震动台站数据处理系统、数据监控系统、数据接收系统）日常运维工作外，完成全省 35 个国家级台站 24 次远程巡检及巡检资料收集、汇总；完成全省 94 个强震动台站现场巡检和维修任务。全省测震台网和前兆台网运行率分别达到 99.6% 和 99.13%。

3. 台网建设情况

新建 5 个 GNSS 站点数据入网和 4 个钻孔形变观测手段；完成营口地震台、辽阳石洞沟地震台、西丰地震台测震设备更新升级；大连台水化综合观测楼年内完成主体工程建设，建成后有利于提高辽南地区地下流体观测水平；“一带一路”地震监测台网建设项目完成 84 个科学台阵台址勘选和场地测试工作。

4. 监测预报基础研究与应用

（1）显著震情研判。开展辽宁地区数字地震学资料，包括速度结构结果、精定位结果、震源机制、视应力、应力降等结果的汇总整理工作，研究辽宁地区主要地震活动的物理模型特征，以此判定辽宁不同区域的地震孕育模型；开展辽宁盖州震群、营海岫老震区和敖汉震群等显著震情的发震机理和介质性质变化的深入分析，对显著震群地震活动进行重新定位、速度结构及介质的演化研究、应力状态研究等，为震情跟踪分析提供坚实工作基础；结合辽宁地区预测预报指标体系的构建成果，根据不同异常时间、空间、强度的指示意义及 R 值评分，开展辽宁地区地震风险概率预测模型的研究与应用工作，可给出未来 6 个月至 1 年辽宁地区的地震风险概率。

（2）完善辽宁地区地震预测预报指标体系，并强化应用。明确地震学科和区域预测预报指标所采用资料范围和基本算法，完善各个指标异常的判定标准，明确异常判据指标，明确预测规则和预报效能通过震例总结不断完善预测指标体系；开展预测指标效能的定量评价，并按照评价结果将预测指标进行分级，针对高质量异常指标有重点的动态跟踪分析。强化预测指标体系在震情会商中的应用，提升震情研判的科学性；组织专人收集地球物理场观测资料，强化成果产出，及时应用于震情会商研判。

（3）地震分析会商技术系统建设。2020 年，辽宁省地震局按照《地震监测预报业务体制改革顶层设计方案》中关于“建立全国一体化地震分析会商技术平台”的部署要求，展开包括本省在内的 9 家负责单位的业务流程本地化和上线工作。5 月参与地震分析会商技术系统启动视频会，6—10 月分别参与了列装单位 B/S 系统列装视频培训会、前兆学科标准模板培训、测震学科标准模板培训、震后趋势判定流程培训、B/S 环境资源配置培训和第二监测中心组织的地震分析会商技术系统建设技术培训，并组织召开地震会商技术系统列装和 BS 界面构建研讨会，同时参与编写《地震分析会商技术系统开发规范》相关标准工作。其中，前兆数据库省地震局管理台站数据已全部实现云端化存储，并已实现地球物理观测各学科观测报告和测震学科震情报告的自动生成、定时推送；完成地球物理观测各学科数据预处理模块本地流程开发，完成标准化地震目录数据库建立，完成测震学科地震序列分析和相关参数、b 值、G_L值、AMR 等本地流程开发；完成会商技术平台 B/S 界面开发与部署工作；依托地震分析会商技术系统平台，形成震后趋势快速判定工作机制，自动产出快速判定意见和背景资料，提升了震后紧急会商时效。

5. **地震速报预警信息服务**

国家地震烈度速报与预警工程辽宁子项目建设主要开展了71个新建台站土建工程、一般站、预警中心改建工程建设，预警终端建设和通用设备招标采购等工作。14个地级市新建台站施工工作年内全部完成；一般站建设所需830套地震烈度仪已全部到货并完成验收，完成鲅鱼圈、红酒坊等19个台站安装工作；预警中心改建工程年内完成；178套预警终端安装完成率约为90.45%。举办预警项目培训班1次；辽宁省地震局与省教育厅联合印发《关于开展国家地震烈度速报与预警工程辽宁子项目预警信息发布终端建设工作的通知》。

（辽宁省地震局）

吉林省

1. **震情跟踪工作情况**

印发《吉林省地震局2020年度震情监视跟踪和应急准备工作方案》和《2020年松原震情监视跟踪和应急准备工作方案》，编制吉林省《震后趋势会商工作方案》《震后趋势会商技术方案》及震后应急会商处置工作流程及相关模板。组织召开周会商52次，月会商12次，紧急会商3次，专题会商3次，联合视频会商4次，年中会商会1次，年度会商会1次，形成年中、年度地震趋势会商意见。共完成宏微观零报告110期。制定《吉林省地震局非天然地震事件信息报送实施细则（试行）》《关于开展非天然地震事件基础信息调查工作的通知》，与吉林煤监局联合印发《吉林煤矿安监局　吉林省地震局关于建立冲击地压矿井地震信息共享机制的通知》，形成非天然地震事件共享机制。编制《非天然地震事件周报》29期，《非天然地震事件月报》7期。参加全国地震观测资料评比，吉林省有6个测项获得全国观测资料评比前三名。

2. **台网运行管理**

制定《关于开展地震监测业务运行情况月报告制度》，开展运行月考核。吉林省测震台网、强震台网、前兆台网、信息网络运行率达到98%以上。每月提交数据跟踪分析月报和地球物理台网运行月报。地震发生后按时提交编目目录和观测报告，及时填写报送登记表。实现地震监测专业设备扫码在线管理，并纳入统一管理。吉林地震台和各台站建立48小时修复运维工作机制，印发《关于健全地震监测设备运维保障机制的通知》，2020年完成24台套故障设备修复，故障修复率100%。印发《关于开展无人值守台标准化设计的通知》，开展无人值守台站标准化设计。

3. **台网建设情况**

吉林子项目正在按项目法人进度推进项目执行，完成30个基准站改建、设备采购。完成29个基本站的土建、设备采购任务。完成30个一般站设备和通用设备的购置。全部完成吉林预警中心土建任务。完成10个信息服务终端安装地点的确认工作及供货安装调试工作。推进一带一路项目建设。完成5个综合台和1个重力台地质勘察，14个综合台GNSS测试和5个新建综合台测震台基背景噪声测试，并形成勘选和测试报告，报地球所备案。

在松原地区建立6个测震台组成的测震台网，实时传输数据至吉林省地震台。利用吉林省财政预算资金更新老旧设备，购置18台套测震设备、3台套GNSS设备、3台套流体设备。长白山横山子台光纤线路开通并投入使用。

4. 监测预报基础研究与应用

（1）业务体系现代化建设。完成自动编目（福建局研发测试版）和非天然地震分析处理（台网中心研发测试版）等技术系统部署，并开始运行。制定《2020年吉林省地震局地震预测指标汇总》，印发《吉林省地震局震情短临跟踪技术方案》，安装基于预测意见和预测指标体系的地震风险概率预测技术软件，并开展前期应用测试。建立省级测震、地震物理和通用设备备机备件库。印发《关于健全地震监测设备运维保障机制的通知》，建立地震监测设备使用维护登记流程。实现吉林省地震局10个有人值守地震台监控设备的购置和安装，实现远程视频监控。

（2）加强局校、局所科技合作。与吉林大学联合申请的“长白山火山综合地球物理教育部野外科学观测研究站”获得教育部批准并揭牌。与中国地震局地质研究所联合申请吉林长白山火山国家野外科学观测研究站，并获得批复。与吉林大学联合举办“推进局校合作共建中国地震局火山研究所工作研讨会”和“长白山火山野外科学观测研究站工作研讨会”，就推进局校合作、中国地震局火山研究所建设、吉林大学长白山火山综合地球物理教育部野外科学观测研究站建设等工作进行研讨。依托中国地震局火山研究所，发挥“小机构、大平台”作用，加强火山监测评估和科学研究。与吉林大学共同开展中国地震局火山研究所实验室建设、长白山火山监测预警系统研究等合作。编报《火山周报》80期，《火山月报》9期，《火山专报》43期，其中被应急管理部《风险监测信息》采用13期。

（3）推进信息化建设。组织管理和专业技术人员参加网络安全和信息化技能培训，组建工作团队负责地震烈度速报与预警工程、一带一路监测台网等重点项目的信息化建设。

（吉林省地震局）

黑龙江省

1. 震情跟踪工作情况

2020年，黑龙江省地震局重点开展流动重力、流动地磁以及流动构造地球化学观测。流动重力测量完成黑龙江省2020年6个绝对重力点（鹤岗、宾县、漠河、绥阳、抚远、北安）、3个连续重力站（鹤岗、牡丹江、漠河）以及108个流动重力测点（120个测段）观测任务，产出“陆态网2010—2015年东北地区重力场变化图像”和“常规2016—2020年重力场变化图像”。流动地磁测量完成黑龙江省及邻区40个测点的野外流动地磁观测任务和初步数据处理工作，产出包括40个测点的原始观测记录簿、标准数据集、通化处理后的地磁场总强度F、水平强度H、北南强度X、东西强度Y、垂直强度Z、磁偏角D、磁倾角I等值线图。流动构造地球化学测量完成黑龙江省21个跨断层剖面的野外观测，全年观测一期（局部三期），约350个测点。产出包括：测点位置、原始记录簿和工作影像资料、测点的土性特征和地貌特征、观测数据、数据分析和趋势意见等。

2. 台网运行管理

按照中国地震局对台站改革相关文件要求，黑龙江省地震局继续开展地震监测台站改革工作，地震中心站“三定”规定获中国地震局批复。黑龙江局继续加强中心站统一规划与总体布局，强化地震监测、仪器运维、数据质量控制等原有职能，拓展地震灾害风险防治、应急响应、科普宣传等公共服务职能。2019 年全国地震监测预报工作质量评估结果显示，绥化地震台地电阻率在全国排名为一等，鹤岗地震台 GNSS 基准站观测、连续重力观测在全国排名为二等，加格达奇测震观测和五大连池地震火山监测站的水温观测在全国排名为三等。

3. 台网建设情况

测震台网方面，黑龙江省地震局对 2020 年度速报地震进行新震级国标试运行对比分析工作。开展速报常态化演练，将实战与演练相结合，除实战震情速报、非天然地震事件专报与多次响应外，开展内部地震速报技能演练 2 次，以练备战，注重总结分析存在的问题和不足。地球物理台网方面，对全省台网中 6 个区域台站数据库表空间进行扩展、完成地球物理数据冷备份、信息共享、软件平台维护及 2020 年全年度地球物理台网数据库导出、备份等工作。强震动台网方面，对各个子台每半月远程通信检查，完成台网所有子台巡检及标定等工作。测震台网流动观测继续对吉林松原震区及绥滨小震群区域开展持续监测。“一带一路”地震台网监测项目正式启动，分为小孔径台阵、次生台阵、综合台升级改造、科学台阵、重力台、数据传输系统等共计 6 个子项目。截至 2020 年 12 月完成各建设台站勘选、基本情况报告编写、部分征租地及仪器设备采购统招分签、预付款支付等前期工作。

4. 地震速报预警信息服务

黑龙江省地震局共完成天然地震速报 3 次、非天然地震速报 3 次，均在速报规定时间内完成。地震烈度速报与预警项目完成全部土建工程，于 11 月验收合格。完成预警项目所有专业及辅助设备采购招标工作，截至 12 月部分设备到位，其中一般站分项所涉及的 66 个子台站设备全部到货，65 个子台完成安装调试工作，数据上传至黑龙江地震台和台网中心。

（黑龙江省地震局）

上海市

1. 震情跟踪工作情况

2020 年，上海市地震局制定《2020 年上海市地震局震情监视跟踪和应急准备工作实施方案》并成立工作领导小组和工作协调组，按照职责分工和任务要求，认真落实工作方案，严格执行预报岗位 24 小时震情值班制度、会商制度和异常零报告制度，确保震情监视、跟踪研判等各项任务要求落实到位。

严格执行震情趋势会商制度，加强震情趋势研判。按时进行周、月震情趋势会商，

2020 年共开展周、月会商 64 次。做好年中、年度地震趋势会商，2020 年 5 月 26 日召开 2020 年度上海市年中地震趋势会商会，11 月 3 日召开 2021 年度上海市年度地震趋势会商会，均形成相关地震趋势会商意见并及时报送。

强化地震安全保障服务工作，加强重大活动和特殊时段期间震情监视跟踪。做好 2020 年元旦春节“两节”、全国“两会”、高考、党的十九届五中全会、国庆中秋“两节”“第三届中国国际进口博览会”等期间地震安全保障服务工作，开展专题会商和加密会商，做好异常核实、趋势研判等各项震情监视跟踪工作。

2. 台网运行管理

强化台网维护工作，保障运维稳定。2020 年，继续明确岗位职责、规范故障处理流程，做好台站各类仪器的标定、维修和日常巡检工作。重大活动和特殊时段期间全面开展排查站网基础设施，落实仪器巡检、值班值守等运维管理工作，保障台网运维稳定。全年测震台网和地球物理台网分别完成巡检 50 余次和 70 余次，重点完成查山台电源改造，青浦金泽台地电场线路改造和电极更换，增加实时高清摄像头，丰富远程异常核实手段，提高台网运维质量。

开展演练评比工作，提升数据质量。2020 年，根据各学科组要求开展地震活动性、电磁、流体和形变等学科的观测资料评比。每月开展监测预报技能评比，包括地震速报评比、遥测室与信息室工作评比和月会商报告评比，增强业务人员技能水平，提升观测资料质量。

3. 台网建设情况

通过科学评估和不断优化上海监测站网布局，结合国家地震烈度速报与预警工程项目上海子项目、“一带一路”地震监测台网等重点项目实施，逐步实现上海监测站网科学合理分布，提高薄弱地区和弱小地震的监测速报能力。

推进国家地震烈度速报与预警工程项目上海子项目建设。2020 年完成 14 个基准站和 9 个基本站的土建施工和自验收，8 个一般站的新建和设备安装调试接近收尾。

推进“一带一路”地震监测台网上海子项目建设。做好奉贤海湾地震观测台站的整修工作，开展前期地勘工作。

强化流动台网建设。2020 年 4 月，布设 6 个流动台站，组建流动台网，与固定台网共同监视地震事件，提升流动监测能力。

推进台站标准化、智能化建设。完成崇明地磁台阵建设，新建 2 个电磁台，架设 4 套电磁仪器，对崇明台内电磁观测环境进行维修改造，并把 2 个新建台站的观测资料正式并入国家地球物理台网数据库，项目于 2020 年 11 月通过验收。推进上海市“九五”“十五”期间强震台站智能化改造，现完成 18 个强震台中的 12 个台站的设备安装并运行任务。扎实推进佘山数字地震台阵升级改造，现完成观测子台观测环境改造、观测子台数据传输系统设备采购、台站电源系统改造。

4. 监测预报基础研究与应用

积极开展监测预报基础研究与应用，加强监测预报业务能力。地震监测预报科研三结合课题《佘山地震基准台形变典型干扰特征量化研究》进展顺利，主要完成佘山地震基准台降雨、气压、海洋风暴等典型扰动事件的汇集和分析解算工作，得到量化分析结果以及其扰动特征分析结果，为日常会商及异常核实提供科学、快捷的干扰背景资料，已顺利通过验收。新增地下水化学分析法，通过对流体观测点及测点附近地表水水样采集送检、数据初步分析工作，完成水化组分背景调查并给出结果，得出上海市各观测井及周边地表水的水化学类型，并结合水位水温动态、现场核实案例对各观测井周边的干扰有了更深刻的认识，有效提升异常核实工作能力。加强与南方科技大学合作，强化非天然地震事件研究，布设100台短周期检波器，利用地震学方法开展地下结构研究，为监测地震提供更加准确的地下结构模型。

5. 地震速报预警信息服务

加强速报演练，执行速报任务。2020年，根据速报工作特点和规律，完善速报演练流程，按照真实发生地震的流程开展速报演练，共计17次。全年共处理地震事件610条目，其中上海及周边地区86条目，执行速报任务2次，分别是2020年8月21日09时53分02.7秒江苏苏州市吴中区2.3级地震和2020年4月20日00时30分00.0秒上海普陀区1.7级地震（爆破）。

丰富速报信息，拓宽速报平台。依托地震速报自动化产出1期项目建设，实现长三角地区地震四要素，震中附近历史地震、震中附近市、县分布，根据震级估算烈度等信息的快速产出。同时，增设微博、微信公众号、网页和邮件等速报发布平台。

推进预警工程，夯实预警基础。继续做好地震速报与国家突发事件预警信息发布系统对接工作，争取到上海市应急管理局、上海市气象局、申能集团、上海市国际旅游度假区管委会等10家外单位支持，落实10个地震紧急信息服务终端的安装事宜，为提高地震信息服务的时效性与针对性、提升地震预警服务能力奠定坚实基础。

（上海市地震局）

江苏省

1. 震情跟踪工作情况

2020年，制定《江苏省2020年震情监视跟踪和应急准备工作实施方案》，围绕年度注意地区开展地震短临跟踪、分析预报及应急处置工作。严格执行宏微观异常零报告制度及地震异常落实与上报工作规范要求，确保各类异常信息不遗漏，全年完成异常核实报告15篇，上传零异常报告115份，处置预测意见1份。加强震情会商研判，会商结论和震情趋势判断意见基本符合实际情况。有效处置南京2次有感地震事件，完成紧急会商报告10份，震后地震趋势判定准确。印发地震安全保障服务实施方案，加强特殊时段的安保工作，汇总填报安保汇报31份。

2. 台网运行管理

根据中国地震台网中心测震台网业务运行评价系统统计的结果显示：2020年度江苏省测震台网40个参评台站的实时运行率为99.03%。江苏省测震台网统计结果显示：2020年度江苏省测震台网的归档数据完整率为98.74%。

截至2020年底，江苏地球物理台网在运行的台站共计34个（含暂停观测的江浦台和大丰台），其中国家级台站 8 个，省属级台站 7 个，市县级台站 19 个；形变台站 13 个，流体台站 17 个，地电台站 5 个，地磁台站 14 个。2020 年 12 月 31 日在运行的仪器共计 117 套。在运行台站、观测仪器运行基本正常，数据稳定性较高，运行率为 99.87%，观测资料的数据连续率为 99.89%，数据有效率为 99.63%，年产出数据量约 19317MB。

3. 台网建设情况

2020 年，江苏省地震局完成地震重点监视防御区监测技术系统升级项目，更新句容苏 16 井水位仪水温仪，新增句容苏 16 井测氡仪、常熟台摆式倾斜仪；完成华东片区地球物理台网设备更新升级项目，更新南京台地电场仪，新增高邮台 OVERHAUSER 质子磁力仪。溧阳抗干扰项目，新增溧阳台 OVERHAUSER 质子磁力仪 1 套，上沛观测站水位仪、水温仪、气象三要素仪各 1 套，验收通过后接入地球物理台网库。国家烈度速报与预警工程完成东台、大丰、射阳、滨海等 8 个基准站的设备安装，完成所有 54 个一般站的设备安装。

根据国家地球物理台网管理要求，2020 年，江苏地球物理台网将地方库共享给国家台网中心，合计共享 12 个台站、24 套仪器观测数据，主要为流体和地磁学科仪器。

在《江苏省前兆台站数据管理与系统维护评比办法》的基础上，对原评比办法进行修订，制发《江苏省地球物理台站数据管理与系统维护评比办法（修订）》《江苏省地球物理台站数据管理与系统维护技术要求》。

4. 监测预报基础研究与应用

依托仪器研发专项、地震星火和局长基金重点项目，开展地磁观测仪器的研发工作，创新地磁观测新方法，开展地磁观测技术的实用化研究。对江苏省分量应变仪 3 个钻孔 10 组钻孔岩芯试件进行单轴压缩试验，分析应力——应变曲线和变形特性，获取钻孔岩芯试件抗压强度和弹性模量，增加钻孔岩芯定量化的力学特性资料；基于江苏省数字化地震台网的宽频带记录，对中强地震的 P 波谱震级进行测定，并基于 P 波谱震级对地震的辐射能量进行估算；探讨不同数字滤波方法对地电场观测中城市轨道交通干扰的抑制效果。自主研发地震事件类型智能识别软件系统，上线新功能，向全国测震台网开放服务接口，提供时间类型在线判定服务，事件类型自动识别的准确率达到 90% 以上。基于电、磁大数据融合分析的地震智能监测系统关键技术研发省重点研发项目的实施，在江苏地区率先实现多源数据、多台站时空上数据的综合分析，丰富与发展了地震监测、预测理论体系。

5. 地震速报预警信息服务

江苏省测震台网共分析处理本省陆地及邻区地震事件 244 条。地震速报和震情信息发布及时准确，对江苏省陆地和毗邻地区共发生 13 次有影响地震事件，自动震情信息均在一分钟内产出自动结果并发送。全年累计完成 8 个速报地震，平均用时 6 分 14 秒；完成 207 个地震编目，记录到江苏及邻区地震 244 个。

按照中国地震台网中心统一建设步骤完成预警中心监控展示大厅、预警机房装修改造、监控显示系统、模块化机房安装部署等工作。创新性应用省大数据中心信息化资源部署地震信息服务平台。

（江苏省地震局）

浙江省

1. 震情跟踪工作情况

2020 年，浙江省省域共发生 $M \geqslant 2.0$ 地震 2 次，最大为 2020 年 12 月 18 日浙江海曙区 $M2.4$ 地震。地震活动特点是浙江省北部地区是本省地震活动的主体地区，2 次 2.0 级以上地震均发生在该区域。圆满完成“新冠疫情”“两会”、高考、国庆中秋“两节”和党的十九届五中全会等 5 次地震安保工作。进一步深化会商机制改革，积极融入省减灾委自然灾害风险形势会商研判，应急管理厅例行参加年月震情会商会，服务全省综合减灾，全年各类会商 121 次。建立异常核实工作机制，全年落实 4 起。进一步深化水库地震发生机制机理研究，不断提高水库地震预报研判水平。加强监测管理，发布《浙江省地震监测预报工作白皮书》（2020 年度）。推进非天然地震监测和爆破备案制度落实，服务安全生产监管，台州市、嘉兴市、衢州市、金华市地震部门联合当地公安部门制定爆破备案规定，正式开展爆破备案工作，全年 138 起。

2. 台网运行管理

通过集成部署在台站的硬件设备和台站监控信息化管理软件平台，实现所有台站状态远程监控、自动查障及控制。通过台站设备运行状态、台站环境信息采集系统积累台站设备故障数据，为实现快速、精确智能判断台站故障提供可靠依据。逐步培养、调动社会力量参与地震台站运维。加大执法力度，巡查基层地震台站，保护地震台站建设与观测环境，全年 160 多次。推进湖州地震台测震搬迁及形变异地校测项目补偿经费落实。建立地震监测预报业务每月评估机制，速报完成率达到 100%，全国参评台网（站）运行率达到 98% 以上。

3. 台网建设情况

国家地震烈度速报与预警工程项目所有 114 个站点的土建工程完成验收，预警中心改造工作土建完成验收，2020 年投资 300 万资金执行率 100%。“一带一路”地震监测台网项目扎实推进，桃花岛综合台、嵊山岛综合台建设项目完成土地征地前期工作。部分条件成熟的台站完成土建招标并开工建设。完成浙南地震台网迁建一期工程建设，完成浙江省台网中心改造，落实 600 万省级专项资金，用于专业设备配备更新。

（浙江省地震局）

安徽省

1. 震情跟踪工作情况

2020 年，制定《安徽省 2020 年度震情跟踪工作方案》，与全省 16 个市级地震部门签订震情监视跟踪联动责任书。实施郯庐断裂带中南段及大别山构造块体联防工作机制，牵头制定块体震情跟踪联防工作方案，全年组织 7 次省际区域联动会商。继续加大会商开放力度，年中、年度会商会邀请安徽省应急管理厅、中国科学技术大学等单位专家共同参与。与中国科学技术大学地球和空间科学学院开展战略合作，推进震情跟踪新技术研究。

成立安徽省地震局重大活动地震安全保障服务工作领导小组，强化三级联动震情监视跟踪，圆满完成党的十九届五中全会、全国“两会”、国庆中秋“两节”和“疫情防控特殊时期”等重要时段的地震安全保障工作。

全年共开展异常核实53次，组织日常和加密会商95次，较好地把握了震情发展趋势。累计向安徽省委省政府报送地震及处置信息6次，通过官方微信微博发布地震初报和终报信息516条。

2. 台网运行管理

2020年，安徽省地震局累计购置39套专业设备、58套通用设备，用于更新升级市县台站设备。增上明光市地震台气象三要素，调拨六安市流动测震仪，更换合肥形变台电磁波、紫蓬山地震台钻孔体积式应变数采仪，马鞍山和县香泉台水温仪，阜阳阜南县地震台水位仪、水温仪，铜陵枞阳县500米和1000米水温仪等设备。加强对安徽省监测设备和信息网络巡检维护。部署网络监控软件，实时掌握各类信息节点网络运行情况，做好市县台站信息节点信道维护。累计开展仪器维修和信息网络维护共计150余次，监测台网运行率达98%以上，信息网络运行率达99%以上，确保监测和网络系统正常运转。

正式运行“地震台网智慧服务平台”软件系统，实现地震初报、终报信息自动接收、自动筛选、自动发布，实现地震信息按时、按需、分区域发布，为应急决策、应急响应提供保障；实现震情报送传真的自动生成，震中位置EQIM地图显示、震后 $M-T$ 图、震中区域附近历史地震信息3D深度分布图等各类应急图件的快速产出，为震后处置工作提供有力支撑。截至2020年12月31日，“地震台网智慧信息服务平台”共聚合各类地震信息共2508条，其中安徽省内1.0级以上地震信息45条，2.0级以上地震信息12条。发布地震短信34.72万条，主网页更新震情信息42条，向安徽省委、省政府速报传真地震信息6次。每半月通报一次安徽省台站运行情况，组织安徽省地震观测资料质量评比，全面梳理市县台站设备运行情况。

做好台站观测环境保护工作。制止1起企业违规钻井破坏庐江地震台观测环境事件。与中国能源建设集团、中铁上海设计院等单位协调配合，就白鹤滩－浙江±800千伏特高压直流输电工程（安徽段）线路路径等征求意见作出函复。

3. 台网建设情况

作为中国地震局无人值守台标准化试点单位，安徽省地震局严格按照《中国地震局地震台站标准化规范设计图册（修订稿）》要求，对20个无人值守地震监测台站在防震加固、综合布线、标识标牌等方面开展标准化改造，项目总投资78.8万元，其中中央财政投入资金60.5万元，安徽省地震局配套资金18.3万元。2020年12月，项目通过中国地震局组织的验收，获得高度评价，认为具备全国性推广和引领示范作用。

稳步推进安徽省“十三五”防震减灾2个重点项目建设进程。“安徽省GNSS地震前兆观测网”建设项目已建成20个GNSS观测墩和10个观测室主体，16个台站完成装修工程；“大别山监测预报实验场及郯庐断裂带探测”项目中，地震科学台阵子项目16个台站完成观测室主体结构建设和测震观测井钻探工程；电磁综合观测子项目磁通门台阵15个观测室完成主体结构施工；皖南区域监测预报中心600平方米观测用房完成主体结构验收，装修工程进入收尾阶段，庐江地震台400平方米业务用房完成基础验收和3层主体结构浇筑；蒙城GNSS基准站改造项目进行了设计和造价。

深入推进安徽省地震台站改革，获中国地震局批复，设立合肥、黄山、蚌埠、金寨、蒙城5个地震监测中心站。

4. 监测预报基础研究与应用

（1）地球物理场综合测量。2020年，流动地球物理场观测涉及流动重力、流动地磁、跨断层水准等相关工作。其中，流动重力完成安徽省及周边地区两期278个测点、312个测段的观测任务；流动地磁全年完成安徽、江苏及周边地区观测测点50个；跨断层水准完成郯庐断裂带及大别山地震预报试验场4期共20场次观测任务。

（2）化学流动观测。构造地球化学观测工作已在郯庐断裂带、皖中西部地区、金寨震群和阜阳地震震区积累多期测量资料。2020年，安徽省地震局在郯庐断裂带明光、肥东、庐江、桐城剖面开展1期野外流动观测工作，在明光石门口剖面采集了碎裂岩样品，开展了粒径分布与氢气逸出成因研究；在霍山地区重要断裂开展深部氢气定点连续观测，捕捉到霍山地区小震活动前深部氢气浓度异常变化，开展深部氢气对断层活动响应特征研究。此项工作为安徽省及邻区震情跟踪提供了判定依据，也为霍山地区地震活动形势研判提供了新的观测手段。

（3）信息化系统建设及服务。加强对市县地震部门技术指导工作，完成阜阳市地震背景图绘制，完成马鞍山市、阜阳市、六安市地震应急快速响应系统开发，与池州市、亳州市、滁州市签订地震应急快速响应系统开发协议。加大信息化产品研究力度，完成应急指挥系统运维日报周报自动产出及上传系统的研发，完成会商技术系统全国B/S系统V1.0版的设计开发和基于该系统2项安徽特色系统列装工作，主要包括华东4.0级地震平静模块及霍山地震窗模块。

5. 地震速报预警信息服务

根据中国地震局统一部署，国家地震烈度速报与预警工程安徽子项目完成新建基本站和改建基准站的土建任务。基本站场地测试项目野外作业取样完成，实验室工作完成超过50%。一般站建设完成设备安装及数据接入调试。完成基准站、基本站部分专用设备和通用设备，数据中心部分通用设备，技术保障中心全部专业设备和部分通用设备的采购工作。10个紧急地震信息服务终端I型终端全部完成安装及试运行。

（安徽省地震局）

福建省

1. 震情跟踪工作情况

2020年，根据中国地震局有关要求，结合福建省2020年度地震趋势会商会结论，制定《2020年度福建省震情监视跟踪和应急准备工作方案》和《福建省地震局2020年度震情监视跟踪技术方案》，切实加强福建省震情跟踪工作，完成全国“两会”“高考”“汛期”“公务员考试”及党的十九届五中全会及福建省“两会”“5·18”“6·18”“9·8”等重要时段的震情保障工作。

（1）强化地震监测管理。加强对测震台网、强震台网、地球物理台网、GNSS台网、烈度计网及地震信息网络、地震速报与预警系统等信息系统的运维管理，强化数据质量监控。全年共处理3.0级以上地震92次，发布83次。其中最大地震为12月10日台湾宜兰海域5.8级地震，预警系统在震后50秒发出第1报预警信息，为福建省沿海城市提供40秒以上的预警时间。

（2）加强异常核实和震情研判。全年组织完成周会商45次、月会商12次，召开5次针对台湾地区显著地震活动应紧急会商，召开加密会商共35次，召开10次临时会商，处置民间地震预报意见，及时上报各类会商意见（45份）和异常零报告（45份），全年共完成异常核实7次；完成中国地震局监测预报司下达的福建局4项年度震情定向跟踪工作任务。

2. 台网运行管理

福建地球物理台网在运行37个观测台站140套地球物理观测仪器，共计354个测项分量。福建地球物理台网仪器总体运行状况良好，平均运行率达到98.92%，地球物理台网获全国地震监测预报工作质量统评产出与应用第一名，技术管理系列第三名，获福建省地震局防震减灾优秀成果奖二等奖。测震台网平均实时运行率为99.3%，获得测震数据2813GB。保持区域中心上连中国地震局台网中心核心网运行率99.9%，区域中心局域网运行率99.9%。按时提交测震台网年报、月报、强震动台网年报、水库地震台网年报。

3. 台网建设情况

福建地球物理台网新增入网台站1个，新增入网仪器8套，仪器更新10套。完成上杭城关、永定城关台站搬迁工作，实施福州城门台搬迁任务，对5个无人值守台站进行修缮改造。

完成国家地震烈度速报与预警工程相关建设任务，基准站土建工程完工71个，52个新建基本站土建工程全部完工，187个信息发布终端完成安装，相关设备采购根据中国地震台网中心统一部署和项目进度有序推进中。

4. 监测预报基础研究与应用

加强物理预测创新团队研究工作，利用台湾岛上12个台站初步形成台湾地区部分显著构造的面波波速变化监测，并逐步完善技术方法；利用模板匹配技术，研发一套技术系统，在显著地震发生后，自动实现余震检测与定位。

研发地震监测预警产品共享与服务平台，对地震监测预警全链条产品进行服务，包括地震预警、地震速报、烈度速报、震源机制、地震编目、事件波形等监测预警产品，并根据地震事件的应急响应时间来集中展示，同时集成了台网运维管理、数据质量监管等信息产品，提升了中心的地震监测预警信息服务能力。

推进新技术在非天然地震自动识别中的应用，完成非天然地震自动识别模块在线运行，实现天然地震、爆破、塌陷等事件类型的自动识别，及其在福建台网日常化应用。积极开展人工智能—区域自动地震编目系统研发，实现人工智能震相拾取算法的实时运行，离线测试海峡 6.2 级序列，自动处理可定位地震数量超过人工编目 2 倍。

5. 地震速报预警信息服务

继续加强地震预警信息接收终端建设的督促检查和指导，进一步扩大地震预警信息发布专用终端覆盖率，全省已建成地震预警信息发布终端 17276 处，占三年规划任务数的 93.89%。

进一步拓宽地震预警信息发布渠道，主动做好与外单位、行业的数据对接与技术支持。在前期与省预警发布中心、第三方转发工作的基础上，新增与国家应急广播、省应急厅、省广播电视局和省预警信息发布中心的突发处置系统、福建移动机顶盒等单位及发布渠道的数据对接。

全省预警手机 APP 下载数 8.4 万余次。中国地震预警网（福建中心）2020 年累计发布地震速报消息 1114 条，发布地震预警信息 20 条。

（福建省地震局）

江西省

1. 震情跟踪工作情况

2020 年，强化震情监视跟踪。加强组织领导，完善工作措施，落实工作责任，强化异常核实和震情跟踪研判，扎实开展震情监视跟踪工作。建立党组书记参加月会商、党组听取震情趋势汇报、部署震情监视跟踪工作机制，强化对全省震情形势的组织领导和动态把握。及时妥善应对 8 月 12 日上犹 3.3 级地震，震后趋势意见准确。制定方案，顺利完成“两会”“双节”“2020 世界 VR 大会”及党的十九届五中全会等重要活动、重大时段地震安保工作。

强化会商机制改革。加强日常震情会商，引进地震风险概率预测新技术，制订《江西省地震预测指标体系》，召开年中、年度会商会议，加强震情趋势研判。强化震情滚动会商，切实做好异常核实和跟踪工作，对赣鄂皖交界地区的中强地震危险、赣南的多次显著地震活动密切跟踪。开展分级分片会商，建立东南沿海构造协作区联合会商机制，提升震情研判的科学性。强化地震事件分析，加强监测运维机制建设与管理。制定《江西省非天然地震事件专报实施细则》，规范非天然地震事件监测业务，开展滑坡、矿山塌陷、爆炸等非天然地震事件监测预测预警工作，年内未记录到非天然地震事件。

2. 台网运行管理

江西省地震局加强台网运维保障、提升台网监测效能，测震、前兆测台网连续、可靠运行。地震监测台网平均运行率达 99.9%，全年台网系统平均运行率达 99.9%。布设安源矿区地震监测和科学探测密集台阵，提升矿区地震精细化监测服务水平。在地球物理台网方面，加强台网运维管理，监测台网运行汇集率达到 99% 以上，数据有效率达到 97% 以上。制定《江西省地球物理台网备件库建设实施方案》和《江西地球物理台网备件库运行细则》，确保仪器有效管护和及时更新。

3. 台网建设情况

编制监测站网专项规划。根据中国地震局站网规划，编制《江西省地球物理站网规划（2020—2030）》《江西测震站网规划（2020—2030）》。完成上饶地震台监测站房改扩建项目，为加快推进军民融合项目-中国地震局“一带一路”项目监测台站建设项目实施，编制并印发《“一带一路”地震监测台网项目江西分项目管理细则》，推进并完成“一带一路”项目萍乡安源地震台基础土建工程。强化台站标准化建设，完成修水、上饶、宜春、婺源、万载等5个台站标准化改造。完成柘林台建设、启动赣州地震中心监测站搬迁工作。

4. 监测预报基础研究与应用

加强基础研究和应用研究。加强地震科技星火项目、三结合课题及“一站一中心”基金课题的申报，全年完成3项科技星火项目，9项三结合课题、3项国家自然基金和16项“一站一中心”课题申报工作，完成2项星火课题、5项三结合课题和1项创新团队课题验收。2020年7月与中国地震局地震预测研究所签订科技交流与合作框架协议，加强科技交流与合作。推荐3人申报地震预测开放基金项目。开展2020年度江西省地震局防震减灾优秀成果奖评审，“地震氡观测仪检测平台及其关键技术应用研究”“江西测震台网系统运行成果”等7项成果获2020年度江西省地震局防震减灾优秀成果奖，其中一等奖3项、二等奖3项、三等奖1项。

预测研究更加开放。开展分级分片会商，宜春市、上饶市分别主办首届赣西区域、赣东北区域地震趋势研究工作交流会，建立东南沿海构造协作区联合会商机制、郯庐断裂带中南段构造块体联合会商机制，广泛邀请各方力量共同研判震情趋势，有力提升区域地震趋势研究工作水平。

5. 地震速报预警信息服务

强化震情速报服务，全年速报地震17次，共面向政府、社会公众发送震情短信12万余条，其中12322防震减灾公益号发送6万余条，一信通短信服务系统发送6万余条。

国家地震烈度速报与预警工程江西子项目顺利推进，完成25个基准站、53个新建基本站土建与预警中心改造、预警终端安装等任务，加快推进52个一般站设备安装，项目累计完成投资1011.08万元。预计2022年形成服务能力，可快速产出区县级烈度速报结果，为全省核电、高铁和相关行业提供服务。

（江西省地震局）

山东省

1. 震情跟踪工作情况

（1）2020年，明确预报工作职责，强化工作任务落实。根据全国地震趋势判定意见，制定山东省地震局2020年度震情跟踪工作方案，成立震情跟踪工作领导小组。实行鲁东、鲁西地区震情联防工作组机制，及时分析观测资料、动态跟踪监视震情活动，综合研判震情趋势发展。围绕强化台网运行维护、实施加密观测、完善数据异常核实、推进滚动会商等方面，对具体工作任务进行细化、实化。

（2）强化数据跟踪分析，做好异常核实。严格执行数据跟踪分析、登记和上报制度，每天处理分析各类观测资料，出现突出异常立即报告。跟踪分析年度重点前兆异常，动态跟踪分析年度会商提出的观测异常变化，及时核实新出现的异常变化。2020 年电话、网络落实地球物理测项变化达 100 多项，并指导各市、县地震管理部门、地震台开展异常核实分析工作。全年异常核实 5 项，其中测震学科异常分析 2 项、形变学科异常现场核实 2 项、流体学科异常现场核实 1 项。

（3）完善预测指标体系建设，开展预测指标的效能评估工作。根据 2020 年度新出现的异常干扰等数据变化，对震例库、异常库、干扰库和指标体系进行持续更新；重点对长清 4.1 级地震前测震异常图像进行回顾总结。结合山东地区震情发展，对前兆学科电磁、形变以及流体学科多项典型干扰梳理总结。对山东地区中短期指标进行核实修订，对山东内陆 3.0 级地震增强、胶东半岛 4.0 级地震平静等新出现异常的预测效能进行分析研究，并重新提炼相应的预测指标，组织人员对山东地区地球物理前兆观测和测震学指标的预报效能进行评估，给出预报效能 R 值。

（4）提升会商系统自动化水平。作为中国地震局监测预报司组织的基于 Datist 平台地震会商技术系统第二批列装单位，参加两次视频培训，申请到用于流程开发运行的平台服务器，测震综合学科流程正在测试完善，实现前兆学科周月会商图件报告的网页和企业微信端自动推送。依托山东省地震局重点研发项目基于 Python 开发“地震应急会商系统”，应用于日常震后应急会商，保障 30 分钟向省政府、中国地震台网中心提供首次震后会商意见的时效性。

（5）加强震情研判，准确把握震情趋势发展。完成月会商 12 次、周会商 52 次，紧急会商 26 次，加密会商 45 次，协作区、构造块体联合会商 6 次，社会意见处置 2 次，参加省应急厅组织的自然灾害趋势分析研讨会 5 次。

（6）圆满完成全国“两会”党的十九届五中全会等重大活动和“春节”、国庆中秋“两节”等特殊时段的地震安全保障服务工作。

2. 台网运行管理

山东省地震监测台网运行坚持分级分类管理，明确监测台网日常运行维护“属地”责任，以省地震监测预警中心、省信息服务中心、各市应急管理局（地震监测中心）（简称“市级地震部门”）和省地震局直属地震台站作为全省地震监测台网运行维护工作的实施主体，建立省、市、地震台站“工作分工、各负其责、协同配合”的台网运维三方联动机制，保障各级台网安全、可靠、连续、稳定运行。

2020 年，全省测震台网运行率为 99.4%，地球物理台网运行率为 99.59%，数据有效率 99.13%。完成各类地震监测站网的运行维护、数据处理及地震速报等工作建立台站评估指标体系，对全省 800 多个地震监测点的观测环境、台站建设、数据质量等内容进行全面评估，提出优化方案并予以落实。

3. 台网建设情况

山东地震局承担“国家地震烈度速报与预警工程”山东子项目、“一带一路”地震监测台网建设项目山东分项、省“十三五”防震减灾重点项目等重大项目的建设任务。

2020 年，预警项目完成 79 个新建基准基本站、85 个改造基本站的建设任务，497 套地震计等专业设备的采购任务，确定 302 所地震示范学校，并与济南轨道交通签署合作协议；省级地震预警中心改造基本完成，完成 1230 个一般站、302 所预警示范学校预警终端安装等建设任务，初步实现地震烈度速报能力。“一带一路”地震监测台网建设项目确定 4 个岛礁台台址，开展 5 个综合观测台和 9 个小孔径台阵子台的工程招标、地质勘查等任务。提前完成省“十三五”防震减灾重点项目——监测预测效能提升工程，新建 5 个 GNSS 基准站、更新改造 7 个电磁台、10 个形变台、25 个流体台，新建 1 个 400 米深井综合观测台站建设等任务，对鲁西北等地震监测手段空白区域进行重点填补，流动重力观测实现成网成场，在全省范围内实现专业地震监测设施的“全覆盖”。

4. 监测预报基础研究与应用

积极探索先进计算理念和技术在地震预报业务工作的应用。开展地震概率预测研究，注重地震预测方法研究和推广应用。持续开展现代化会商技术系统研制，提高预报的时效性和实效性。利用与中国地震局地震预测研究所开展技术合作的平台，深入开展预测技术方法研究，提高日常分析预测能力，力争在省内发生破坏性地震前作出有一定减灾实效的短临预测。2020 年开展震情跟踪课题 4 项、山东省自然基金 1 项、山东省重点研发计划 2 项、省局科研项目 2 项、山东省防震减灾社会服务能力提升工程 1 项，发表科研论文 6 篇。

5. 地震速报预警信息服务

山东台网 2020 年记录到天然地震 337 次，其中 2.0 级以下地震 224 次，2.0~2.9 级地震 97 次，3.0~3.9 级地震 15 次，4.0 级及以上地震 1 次，最大为 2 月 18 日济南长清 4.1 级地震。记录非天然地震 561 次，其中塌陷 64 次，爆破 497 次，最大为 5 月 31 日临沂兰陵 3.0 级塌陷。

（山东省地震局）

河南省

1. 震情跟踪工作情况

一是制定并实施《2020 年度河南省震情监视跟踪和应急准备工作方案》，安排全省震情监视跟踪工作。二是制定并实施《河南省地震趋势会商工作暂行规定》，优化会商内容、形式、参加范围等。三是制定印发《河南省市县震情会商质量考核工作方案》并严格执行，规范和完善震情会商工作和成果产出等工作。四是科学处置平顶山小震活动事件。主动与有关部门联系，加强震情监视跟踪，并组织专家开展实地调研，组织加密观测，提高该地区监测能力。五是组织召开晋陕豫交界区震情跟踪视频研讨会，专题汇报非天然地震有关科研成果。

2. 台网运行管理

一是台网运行平稳高效。全年测震台网运行率为 99.76%，地球物理台网汇集率为 100%，数据有效率为 99.61%。全年上报各台网运行月报、运行通报、震情跟踪专报 84 份。

按要求完成地震速报 2 次，完成河南及邻区地震编目 441 条，远震编目 5364 条。二是监测质量监督管理体系初见成效。严格执行质量管理办法和错情责任划分办法，印发台网运行通报 10 期、监测质量错情通报 3 期，提升监测质量管理规范化、科学化水平。三是积极关注“一县一台”运行情况，督促各省辖市地震机构加大运维保障力度。四是监测质量评比取得佳绩。河南省 2019 年监测预报质量评比共有 11 项进入前三名，其中一等奖 1 项：省级测震台网系统运行，连续 11 年保持全国前两名；二等奖 3 项：省级地球物理台网观测质量、地电阻率（浚县地震台）、信息服务；三等奖 7 项：洞体应变（信阳地震台）、水位（兰考豫 11 井）、水温（杞县豫 14 井）、年度地震趋势研究报告、异常核实分析报告（测震学科）、市县节点综合评估（安阳市地震局）、台站节点综合评估（洛阳地震台）。

3. 台网建设情况

一是扎实推进台站观测环境保护工作。卢氏地震台观测功能恢复工作，邀请专家进行实地查看和勘选。洛阳地震台地磁台观测功能恢复初步设计已经完成，正在修改完善，先后召开 3 次协调会并印发会议纪要，均按要求提交相关材料，与有关单位初步达成共识，安排前期工作经费，建立沟通协调机制。荥阳形变台观测功能恢复建设已经通过总体验收。二是推进地震台站标准化和动环监控工作。依据《地震台站标准化规范设计图册》和实施方案，完成 13 个地震台站的标准化改造和 3 个无人值守的地震台站开展智能电源动环监控系统的安装部署工作。

4. 监测预报基础研究与应用

一是强化异常核实工作。全年进行现场异常核实工作 6 次，指导异常核实 2 次，向中国地震局上报异常报告表和异常核实报告 13 份。开展对平顶山矿区、丹江库区、小浪底库区震情跟踪工作。二是有序推进震情研判。全年开展各类会商累计 99 次，其中周月会商 54 次、年中年度会商 2 次、安保专题会商 3 次、加密会商 34 次，紧急会商 3 次、晋陕豫交界区联合会商 2 次、大别山块体震情跟踪会商会 4 次。每月预报中心向局党组做震情形势汇报，局领导对近期震情跟踪工作做出指示。三是科学处置地震预测意见。2 次地震应急 30 分内产出快速研判意见，100 分钟内产出震后趋势意见，6 月 27 日林州地震窗开窗，立即开展现场核实工作，当天召开应急会商会。按要求处置地震预测意见。产出的会商意见上报中国地震局、省委、省政府、省应急管理厅单位。四是开展河南地震会商技术系统建设工作。参加全国会商技术系统建设并参与测震学异常自动识别模块研发，组织全国会商分析系统建设集中工作和研讨会 2 次，推动测震自动识别模块在全国会商技术系统中上线使用，并完成河南省会商技术系统列装，实现自动产出河南震后趋势研判报告、周、月会商报告、震情形势分析报告，并多次在河南地区地震应急中起到较好作用。五是强化重大活动地震安全保障工作，在“两会”、高考、国庆中秋“两节”和党的十九届五中全会安保期间，24 小时加强值班职守，保证各个业务系统正常运行。加强震情跟踪工作，安保期间召开专题会商 3 次、加密会商 34 次。2019 年度地震趋势研究报告获得二类局第三名，测震学科异常核实报告获得三等奖。

5. 地震速报预警信息服务

一是建立信息共享机制。与河南煤矿安全监察局联合印发《河南省建立冲击地压矿井地震信息共享机制实施办法》，建立矿区地震信息共享工作机制。二是制定本省非天然地震事件信息报送制度，规范工作流程，将河南煤矿安全监察局、河南省应急管理厅、煤矿企业相关领导和技术骨干纳入 10639728 短信平台速报信息发送范围。2020 年 8 月以来向应急、煤监等部门发送 1.0 级以上震情信息 63 次，为矿区安全生产保驾护航。三是初步形成河南省地震烈度速报能力，完成 300 个一般预警站点位复勘和设备安装，231 个地震台站数据已正常接入省预警中心，同步上传中国地震台网中心。

（河南省地震局）

湖北省

1. 震情跟踪工作情况

（1）2020 年共召开周会商 52 次，月会商 12 次，应急会商 5 次，组织专家参加台网中心每月召开的全国地震趋势和危险区滚动会商 12 次，湖北省 2020 年自然灾害风险研判会商 12 次，每季度与安徽、河南联合开展大别山块体会商会 3 次。5 月 16 日，10 月 28 日，分别组织召开湖北省 2020 年中会商会和 2021 年度地震趋势会商会，并组织预报评审委员会对 2021 年会商意见进行评审。

（2）以“震情第一”的理念推进全省预报工作，服务全国预报工作。修订《湖北省地震局震情会商技术方案（试行）》，制定 2020 年重力、GNSS 学科《全国 7.0 级地震强化跟踪和危险区震情监视跟踪工作方案》。

（3）推进市县地震部门震情会商工作。印发《湖北省 2020 年度震情跟踪方案》，对各市州尤其是危险区市州的震情工作提出要求；印发《湖北省地震局关于规范宏观异常零报告制度的通知》，规范宏观异常零报告制度，逐步提高会商研判水平和实效。

（4）做好地震安全保障服务工作，提高社会服务能力。做好疫情期间震情工作，顺利完成汛期震情跟踪工作，按时参加汛期震情会商和应急视频会议系统点名，加强值班值守，加强地震台站和地震信息平台设备巡检，在重点地区三峡库区布设流动台，进行加密观测；做好全省“两会”，全国“两会”、高考、国庆中秋“两节”以及党的十九届五中全会地震安全保障工作，制定了工作方案，强化台网运行维护、震情值班和地震舆情监控，加密会商。

2. 台网运行管理

每个季度对市县地震台站及信息节点运行情况进行检查通报，组织开展全省各台站 2019 年地震观测资料评比，下拨 12 个市县地震台运维经费，确保台站安全稳定运行；组织开展监测设备运维管理工作现状调研、测震及强震台站基本信息的调研；批复建设远安地震台；与省煤监局省应急厅沟通联合发文推动建立矿井地震信息共享机制；做好台站观测环境保护，反馈白鹤滩—浙江特高压直流输电线路路径对电磁观测环境的影响，调查地震监测设施受破坏和观测环境受干扰情况；做好长江三峡和丹江水库诱发地震监测系统项目管理。

3. 台网建设情况

印发《湖北省测震与地球物理站网规划（2021—2030）》和《湖北省地震烈度速报与

预警工程（二期）推进方案》，规划未来10湖北省测震及地球物理站网布局；完成九宫山地震台优化改造项目，不断推进恩施台地磁项目迁建。

4. 监测预报基础研究与应用

组织申报8项三结合课题；不断推进湖北省地震观测与预警仪器测试基地建设，完善湖北省地震观测与地震预警仪器测试基地项目建议书，推进立项工作。报送湖北省地震局“天地图”使用情况及意见建议。

5. 地震烈度速报信息服务

调整完善地震烈度速报与预警工程实施专班，切实加强项目实施的组织协调；完成国家预警项目53个基本站主体工程及内部装修，完成国家预警项目53个一般站初选点位复勘工作。

（湖北省地震局）

湖南省

1. 震情跟踪工作情况

2020年，印发《2020年度震情监视跟踪工作方案》，部署全年震情监视跟踪工作，明确任务要求，突出重点环节，强化落实措施。严格执行异常零报告、周月会商等工作制度，落实分析预报、地震速报、信息网络、应急指挥、新闻宣传等24小时业务值班要求。制定工作细化方案，开展疫情防控、全国“两会”期间的地震安全保障服务，部署高考、国庆中秋“两节”等重要时段的地震安保服务工作。根据《湖南省地震局震情会商制度改革实施方案》，组织编制《湖南省地震局震情会商和短临跟踪技术方案》。

开展2020年5月6日长沙市莲花镇白蚁聚集等宏观异常现象现场核实工作，处置6月3日邵东2.8级有感地震震情，向省委、省政府、省应急厅提供有感地震震情信息。组织召开2020年年中、2021年年度全省地震趋势会商会。完成2019年全省监测预报资料质量评比，组织报送参加全国质量评比资料。组织承担2020年华南片区地震应急流动台网观测演练，举办2020年全省地震监测预报业务综合培训班暨学术报告会。

2. 台网运行管理

全年测震台网运行率99.5%及以上，全年地球物理台网数据汇集率在99%及以上，全年地球物理台网数据有效率达99%以上。每月提交数据跟踪分析月报和地物台网运行月报、地震编目目录和观测报告。制定湖南省地震局非天然地震事件信息报送制度。按照中国地震局统一部署，地震监测专业设备纳入扫码系统，实现统一在线管理。完成邵阳DI仪更新。自筹资金完成邵阳台磁力仪更新。完成张家界台标准化改造任务。配合做好湖南境内的流动观测任务、台站标定工作等。

3. 台网建设情况

推进地震台站建设。建成衡阳地倾斜、怀化地倾斜与测震、澧县测震3个台站，完成常德地倾斜与强震、鼎城深井地球物理综合观测2个台站基本建设，完成通道测震、永顺地倾斜、绥宁地下流体3个台站台址勘选，确定岳阳公田跨断层短水准测线迁建线路定址。推进重点专项建设。确定“一带一路”测震台网改造项目实施内容，制定年度建设实施计划。完成邵阳台“子午二期”工程建设方案设计和施工招标。推进重点项目立项。完成“十三五”规划重点项目“湖南省地震预警台网建设与地震监测台网优化工程”可研报告编制与评审。

4. 地震速报预警信息服务

2020年，湖南测震台网共发布省内速报信息4条，EQIM平台速报2条，依托“湖南省震情信息发布服务”平台，通过手机短信发布震情信息47000余条，向湖南省地震局门户网站推送震情信息4条。

强化地震预警能力建设。加快实施国家地震烈度速报与预警工程湖南子项目，2020年召开预警项目实施领导小组会议4次，研究决定重要事项，审议通过年度任务、经费预算和采购计划；2020年3月10日对项目管理和技术团队调整，成立预警中心建设（台网中心改造）项目实施管理组；2020年9月28日印发《湖南省地震局关于增补地震烈度速报与预警工程项目管理机构和技术团队成员的通知》，对湖南局项目管理实施团队人员进行增补。

完成62个基本站和预警中心土建工程，52个一般站仪器设备和10个预警信息发布终端安装；实现一般站通信信道联通和观测数据汇集；通信网络与信息安全系统完成技术设计与预算编制；通信系统核心路由交换设备和全部台站仪器设备完成采购招标。全年完成投资581.83万元，经费预算执行率100%。推进“湖南省地震预警台网建设与地震监测台网优化工程”立项工作，完成项目可行性研究报告编制并通过省发改委委托第三方组织的报告评审，省政府领导已批准同意项目立项和经费投资计划，进入项目立项批复程序。协助湖南省应急管理厅委托的第三方湖南省邮电勘察设计院，编制完成“湖南省自然灾害监测预警信息化工程可研报告（地震分册）”。

（湖南省地震局）

广东省

1. 震情跟踪工作情况

2020年，印发《广东省2020年地震重点危险区震情监视跟踪和应急准备工作实施办法（试行）》。编制《广东省地震局2020年度震情监视跟踪技术方案》，召开专题会议进行任务部署，建立工作台账并按时填报中国地震局。同时，指导各市局（特别是危险区涉及的地级市）编制工作方案，将湛江市和茂名市地震局纳入省局月度会商视频连线单位，推动重点地区的市局全面参与震情监视跟踪。建立东南沿海协作区周报制度，按时报送震情监视跟踪任务落实情况报告。认真组织全省月会商会，完成1—12月月会商，按时提交会商报告。顺利召开2020年中地震趋势会商会、2021年度地震趋势会商会，并依据中国地震局要求，邀请中山大学等单位参与地震趋势会商，提高地震预测预报的社会参与度。

认真做好重点危险区震情跟踪工作。按异常落实规范开展现场调查工作，2020年度先后组织分析预报、仪器维护、台站观测人员核实异常 9 项，并撰写报告 7 份，其中测震学科 3 份，地球物理观测 3 份，宏观异常报告 1 份。

2. 台网运行管理

（1）测震台网运行管理。①广东省测震台网：2020 年度广东测震台网继续保持连续可靠的运行，观测波形数据实时运行率达到 98.26%，数据完整性达到 98.31%；共记录分析地震事件 4340 个，按规定速报 7 次发生在广东省台网监控责任区内的地震事件；上报新震源参数 87 条和震源机制 7 条。在软硬件系统运行情况方面，台网机房环境支撑系统没有出现停机故障，系统运行良好。2016—2019 年连续 4 年获得中国地震局业务工作质量地震编目全国评比第一名；2019 年地震速报获三等奖。②国家地震速报灾备中心：2020 年度系统上报自动 EQIM 7658 条记录，上报人工 EQIM41 条地震记录，自动速报综合触发平台合成自动速报结果 AU443 个地震。台网值班人员分析处理 710 条发生在全球范围内的地震。该系统还与中国地震局中心在“两会”，中秋、国庆“两节”和党的十九届五中全会等特殊时段形成 24 小时双活热备状态，为特殊时段地震安全服务提供保障。③珠江三角洲地震预警台网：2020 年度珠江三角洲地震预警台网系统触发粤东地区 EEW 共 1440 条，值班人员分析处理入库地震共 370 条，其中有 93 个地震发布超快速报。④中国—东盟地震海啸监测系统：2020 年初搭建中国—东盟地震海啸监测系统，目前能及时产出南海及东盟地区 M4.0 以上地震的自动速报信息；2020 年，系统共计对 1270 个地震进行自动速报。

（2）地震地球物理台网运行管理。2020 年广东地震地球物理台网在运行仪器共计 69 套，测项分量共计 153 个。全网仪器运行率为 99.01%，数据汇集率为 98.36%，连续率为 98.25%，完整率为 97.42%。

（3）台站运行维护情况。完成全省无人台站的日常检查、维护和协调管理工作，全年出台维护和勘选 760 多次（含台站），测震台站运行率达 98.50%，强震运行率为 99.99%，地球物理观测运行率为 98.03%；每月完成标定与台网月报编写工作。

加强地球物理观测台网管理，将广东地球物理观测台网列为国家备份中心。10 月，按要求将现有各类地球物理观测台站数据接入台网中心，实现观测数据共享，提高地球物理观测数据质量和应用价值。

3. 台网建设情况

对接国家地震台网规划，启动广东省地震监测台网建设方案的编制工作。转发《测震站网规划》《地球物理站网规划》等至各地市，组织地市开展规划解读。2020 年 11 月 10 日，印发《广东省地震局关于成立地震监测站网规划编写工作组的通知》，启动省监测台网建设方案的编制工作，统计现有省、市、县各级地震监测站点，收集整理相关数据，摸清家底，对照目标，找出差距。

（1）国家地震烈度速报与预警工程广东子项目。①基准站和基本站建设：272 个基准、基本站已全部落实建设用地，租地手续完成率为 100%。台站土建开工率为 100%，土建完工率为 97.79%。截至 2020 年 12 月 31 日，新建基准站 26 个，开工 26 个，完工 25 个；改建基准站 45 个，开工 45 个，完工 43 个。新建基本站 176 个，开工 176 个，完工 173 个；改建基本站 25 个，完工 25 个。②一般站建设：截至 2020 年 12 月 31 日，与中国铁塔股份有限公司广东省分公司签订合同，已支付首期合同款 619.488 万元，占比 60%。完成 900 个一般站设点位复勘确认，完成900个站点设备安装，完工率达100%；完成777个站点数据接入，数接入据率为86.33%。

（2）现代化试点省项目—综合地震台站建设：完成粤港澳大湾区与粤西地震监测能力提升工程项目论证和40个台站勘选。完成在粤西茂名化州文楼镇、播杨镇2个流动台布设。完成信宜北界深井观测建设和设备安装。

（3）台站优化改造项目建设：完成2020年度肇庆台优化改造项目；完成汕头台业务楼内部装修工程。

（4）水库地震试验场建设：2020年9月11日，局党组会议审议通过“水库地震监测与预测实验场—大容量气枪主动源探测系统”实施方案。完成短周期流动地震仪20台套购置；完成GNSS观测站3个土建；完成流动重力测点建设20个和两期观测；完成2台流动重力观测仪招标采购。

（5）“一带一路”地震观测台网项目建设：已确定3个综合台的改造方案，基本落实5个岛礁台用地，9月完成南澎岛实地踏勘工作，确定台站场址；编制2021年采购计划，按中国局要求落实综合台和海岛台的地勘报告。

4. 监测预报基础研究与应用

承担广东省社会发展科技协同创新中心平台重点任务1项；与深圳防灾减灾技术研究院合作参与国家地震烈度速报与预警工程项目——技术规程与定制软件，完成4项技术规程及参与5项核心软件研发。完成行业标准《地震波形数据通道编码规则》《地震烈度速报与预警台站数据通信协议》报批稿。

完成2项“监测、预报、科研”三结合课题和2项震情跟踪课题。申报9项2021年度“监测、预报、科研”三结合课题和2项“震情跟踪课题”。

5. 地震速报预警信息服务

珠三角预警台网已经实现“三网融合（测震台网、强震动观测台网、简易烈度计网）”，共有607个台站观测数据用于地震的产出，其中测震台站326个，强震台站118个，烈度台站220个。珠江三角洲地震预警台网系统触发粤东地区EEW共1440条，值班人员分析处理入库地震共370条，其中有93个地震发布超快速报，平均用时13.6秒。

（广东省地震局）

广西壮族自治区

1. 震情跟踪工作情况

2020年，广西壮族自治区地震局强化责任落实，全力推进震情跟踪工作，制定并印发《2020年度广西震情监视跟踪和应急准备工作方案》和《2020年度广西强化震情监视跟踪工作方案和技术方案》，成立桂东南和桂西北震情联防工作组。在全区地震局长会议上，进行震情跟踪工作统一安排部署，通报2020年度广西地震趋势判定意见及风险评估结果，宣贯《2020年度广西强化震情监视跟踪工作方案和技术方案》。年度震情监视工作专项检查组先后赴地震重点危险区各市县参加防震减灾领导小组会议，开展震情跟踪工作检查和现场指导。各市地震局依据自治区的方案要求，制定本级震情跟踪细化方案，确保全区震情跟踪工作落实到位。持续强化各类震情会商，参加全国危险区月滚动会商，全力做好全年24小时震情值班，以及“春节”、高考、党的十九届五中全会、“中国—东盟博览会”等特殊时段的震情监视跟踪工作。作为牵头单位完成东南沿海地震带构造协作区震情跟踪工作方案编制和年度震情跟踪工作；完成广西年度危险区震情监视跟踪工作，核实14次前兆异常并按时提交异常核实报告；完成全区年度地震趋势研究任务。在华南地区地震预测指标体系的基础上，综合历年课题研究成果和震例总结的新认识，初步建立了广西地区地震综合预测指标体系。

2. 台网运行管理

广西测震站网和地球物理站网运行平稳，全年完成地震日报（含爆破）1203次、速报辖区2.0级以上地震10次、共产出测震连续波形数据2.95TB。全年主要维修维护南宁、钦州、东兴、涠洲岛、斜阳岛、昭平等测震台站，巡检维护玉林、陆川、陆屋等19个强震动台，主要维修桂平、田东、北海地下流体、靖西GNSS观测站等地球物理台站。2020年28个国家参评测震台平均运行率达到96.27%，19个国家参评强震动台平均运行率达到99.35%，地球物理台网数据有效率达到98.99%、数据汇集率达到99.78%。积极探索台站运维分片区管理模式，健全台站抢修工作制度，明确任务和责任，全力做到24小时维修维护，定期对观测点设备工作情况进行检查，及时排除隐患和故障。梳理和完善广西测震站网运行管理规章制度并上墙。2020年9月22—25日，在广西百色市那坡县开展全区市县测震应急流动联动演练；11月24—27日在广西南宁市开展区直机关第五届职工岗位技能大赛个人综合项目比赛，12月7—9日在广西桂平市开展区直机关第五届职工岗位技能大赛团体综合项目比赛，通过模拟演练和技能竞赛，不断提升地震应急处理能力。

3. 台网建设情况

广西地震背景场观测网络项目完成鱼峰测震基准站，柳州杨柳、融水GNSS基准站，鹿寨、柳南、融安地下流体台站等6个台站设备安装工作。5月完成合山矿区地震监测台网4个台站设备安装和数据接入，6月通过验收。9月完成大藤峡地震监测台网9个地震监测台站的土建、设备采购及设备安装调试以及大藤峡水利枢纽地震监测台网中心建设。大藤峡地震监测台网台站数据已接入广西测震台网中心，运行正常。为保障大藤峡大坝蓄水过程的安全和地震观测基础资料收集，2月在库区临时架设7个流动台（贵港东龙、桂平石龙、武宣马鞍山、桂平金田、桂平西山、平南国安、武宣二塘）。国家地震烈度速报与预警工程广西子项目完成37个一般站台站设备安装。截至2020年底，广西在运行测震台站487个，其中测震台59个、基准站55个、基本站262个、一般站111个。全区地震监测能力达到1.5级，其中龙滩、岩滩水库区和南丹大厂矿区地震监测能力达到0.5级。广西地球物理台网在运行台站（点）共计43个，包括综合台3个（邕宁台、北海涠洲岛、柳州杨柳台）、地下流体观测站12个，GNSS基准站9个，地壳形变台站6个，地磁台站1个，跨断层测量场地5个，CO_2观测点7个。

4. 监测预报基础研究与应用

广西壮族自治区地震局获中国地震局监测预报司资助震情跟踪课题2项、中国地震局地震预测研究所资助地震预测开放基金项目 1 项和广西壮族自治区地震局资助震情跟踪课题 5 项。此外，为加深对 2019 年 10 月 12 日北流 5.2 级和 11 月 25 日靖西 5.2 级地震孕震机理的认识，广西壮族自治区地震局自筹经费开展“北流 5.2 级和靖西 5.2 级地震震区地震灾害风险分析”专项研究。全年按期推进“红水河流域水库地震特征的精细研究——以天峨至大化段为例”“桂西北地区近期重力与地壳形变综合分析与研究”两项省部级课题和 7 项厅局级课题，在核心及以上期刊发表论文 18 篇，其中 EI 收录 1 篇，在《华北地震科学》刊出“广西北流 5.2 级地震科学研究专辑”和“广西靖西 5.2 级地震科学研究专辑”。依托“北流 5.2 级和靖西 5.2 级地震震区地震灾害风险分析”项目开展“钦—杭结合带南段及 2019 年北流 5.2 级地震区深部结构大地电磁三维探测”专题研究，预期获得桂东南地区三维壳幔电性结构特征，钦—杭结合带南段的构造单元边界、主要断裂带深部几何结构形态、介质物性差异等，揭示 1936 年灵山 6¾级地震和 2019 年北流 5.2 级地震震区地壳精细电性结构和深浅构造关系。依托“基于 GIS 的广西地区震情分析与应急决策系统研发”研发的广西中强地震震后趋势快速研判系统为震情应急提供科技支撑。

5. 地震速报预警信息服务

2020 年，广西壮族自治区地震局通过地震速报信息共享平台为龙滩、岩滩、大化电站和南丹大厂矿区、防城港核电站、中国铁路南宁局集团、广西消防救援总队等重点行业单位提供实时地震速报信息服务。通过广西壮族自治区地震局官网、广西防震减灾微信公众号等向社会民众提供实时地震速报信息服务。通过手机短信、微信工作群向广西地震系统提供速报信息服务，全年发送自动速报信息 447 次、正式速报信息 1146 次。同时在国家地震烈度速报与预警工程广西子项目建设中，在南宁等市的地震机构和应急管理部门安装部署了 10 个紧急地震信息服务终端，并提供紧急信息服务。将国内外重大地震信息编写成《防震减灾要情》，向自治区党委、政府和自治区应急厅等部门报送 61 期，为政府地震应急处置提供服务。

（广西壮族自治区地震局）

海南省

1. 震情跟踪工作情况

2020 年，密切跟踪震情，科学判定地震趋势，全面落实会商机制改革。不断完善震情会商制度，切实提高震情会商时效性和科学性。坚持地震活动每周跟踪与分析，坚持每周汇报前兆台网运行和全省各类监测仪器运维情况，前兆数据跟踪分析等各方面信息，不断提高对地震活动、前兆观测等异常的认识，提高决策的可信度。

“两会”、高考、国庆中秋“两节”、党的十九届五中全会等特殊时段，海南省地震局通过加密会商，密切跟踪资料的动态发展变化、及时对震情做出判定，较好地完成特殊时段的震情保障工作。

海南省地震局对 4 项地球物理场观测数据异常以及 2 项宏观异常进行核实，并撰写翔实的异常核实报告，经过详尽的调查核实分析，有 2 项异常确认为前兆异常，其他为干扰，非地球物理场异常。

2. 台网运行管理

海南省地震局坚持测震、前兆、信息学科定期通报机制，对仪器设备进行检查、更新和维护维修；开展预报效能评估，实施专业台站分级分类管理；通过重点检查，不断强化行业信息网络和核心业务系统运行管理，保障观测数据及时、准确产出和汇集。完成全省 16 个温泉观测点 2 次泉水取样与送检工作；完成海南四口井水位上升异常和东部台水位持续上升异常的核实工作；积极推进行业标准《地震监测台网运行监控技术要求》第 5 部分台网参数的编写工作；全年维修维护仪器 60 余次，包括台站网络调试、远程重启、仪器维修保养等；完成各类报告报表 60 份；产出跟踪分析事件 517 条。

3. 台网建设情况

加强地震速报预警项目建设。完成西流台观测井清洗抽沙和观测井房改造工作；完成区域中心主库服务器的更新及系统升级工作。

4. 监测预报基础研究与应用

海南省地震局加强科技工作管理，提升监测预报基础研究与应用能力，鼓励科技人员申请各类科研课题，并在国内各类刊物上发表科技论文 13 篇。开展“琼粤桂地区地壳三维速度结构的双差层析成像研究”“琼粤桂交界地区 S 波 Q 值成像研究”“重力仪一次项格值系数改正对海南重力场变化影响研究”等震情跟踪任务，一方面获取琼粤桂地区上地壳速度结构、地壳 S 波衰减结构特征等成果；另一方面，提高重力场变化特征分析的可靠性和科学性，进一步夯实海南地震预测预报研究基础，提高地震预测和震后趋势判定的准确性，同时为深部地球物理探测研究提供可靠的基础资料。

完成三结合课题“基于卷积神经网络的急始磁暴识别方法基础研究”，利用人工智能领域的深度学习技术，测试构建磁暴非磁暴快速识别的卷积网络模型。并依托中国地震局星火计划项目开展地球化学观测，探究水文地球化学变化与区域地震活动的关系，逐步建立海南岛陆地球化学背景和灵敏指标。一系列科研工作的开展，为琼粤桂地区，特别是海口及江东自贸新区地震减灾工作提供重要参考信息。

5. 地震速报预警信息服务

完成新建、改造基准站、基本站的土建及验收工作；预警中心机房建设完成招标及开工工作；一般站完成安装 71 个站点，上线调试 68 个；与中国移动海南分公司签订 22 个新建站点的光纤安装合同；完成 4 个市县的市级服务发布平台自采设备供货以及平台的场地勘察工作；完成一期统招分签的设备的供货。

其中，紧急地震信息服务终端 40 套已全部安装完成，通过声、光、电相结合的形式，进行地震速报和多元化综合预警信息的发布；同时通过视频、图片等形式进行灾前、灾中、灾后应急知识科普宣传。

（海南省地震局）

重庆市

1. 震情跟踪工作情况

2020 年，切实加强震情监视与短临跟踪组织管理工作。重庆市地震局分别于 2020 年 5 月、11 月组织召开 2020 年年中及 2021 年年度重庆市地震趋势会商会。全年共召开各类会商会 116 次，在元旦、春节、高考、中考期间均进行临时加密会商；完成异常核实报告 5 篇。全年台网运行率、数据完整率均优于 99%，远高于 95% 的行业标准。印发《重庆市地震局地震监测预报业务体制改革方案》，强化措施完善地震监测预报业务体制。制定并印发《重庆市地震局强化震情监视跟踪和应急准备工作方案》，从强化监测预报预警、做好应急准备等几个方面加以贯彻实施，每周向重庆市委报送一周震情信息。

做好特殊时段地震安全保障工作。在春节、全国“两会”、高考和“汛期”、党的十九届五中全会和国庆中秋“两节”等重要时段，按照中国地震局和重庆市委市政府安排部署，组织开展震情保障服务。印发保障期间重庆市地震安全保障服务工作方案，每日审核上报安保信息，及时总结并上报台网中心，圆满完成重庆市各项特殊时段地震安全保障服务工作。

2. 台网建设情况

开展涪陵页岩气地震监测台网建设。设计并建成涪陵页岩气地震监测台网，在页岩气田开采区监测能力达到 0. 5 级，实时数据传至重庆地震台网中心。

3. 监测预报基础研究与应用

全面深化地震科技体制改革。印发实施《重庆市地震局科技体制改革方案》，明确重庆市地震科技创新的努力方向和力量布局，进一步激发科技创新活力，提升重庆市防震减灾科技贡献力。加强对外科技合作，与航天科工集团三院 304 所等开展科技交流。

积极推动防震减灾科技进步。加强对科研项目申报、实施到结题的全过程管理与服务，努力营造良好科研氛围。2020 年度，重庆市地震局共有在研星火课题 2 项，三结合课题 4 项，震情跟踪课题 4 项，重庆市地震局科研课题 6 项。组织开展“三结合课题”和重庆市地震局 2020 年科研课题结题以及 2021 年科研课题申报工作，重庆市地震局 2020 年科研课题全部通过验收。

研究制定科技成果转化管理办法。起草《重庆市地震局科技成果转化管理办法》，通过重庆市地震局党组全面深化改革领导小组审议，即将提交党组会审议，大力推动科技成果转化为现实生产力，提高科技人员从事科技成果转化的积极性，提升科技创新能力。

充分发挥科技委科技支撑作用。为适应重庆市地震局事业发展，加强科学技术对中心业务的促进和支撑作用，编制《重庆市地震局科技委章程》，在机构改革后明确 1 名专职科技委主任，并完成科技委换届工作，计划吸纳系统内外专家学者，进一步增强科技委职能作用的发挥。

4. 地震速报预警信息服务

推进国家地震烈度速报和预警项目重庆子项目实施。加强项目管理，定期研究解决项目推进中存在的问题，2020 年，有 1 个新建基准站、26 个改造基准站和 19 个新建基本站的土建施工已完工，并通过初步验收；19个一般站的设备安装也基本完成。组织完成预警终端安装和临时预警中心方案设计，并已接入四川省地震预警网络信号。

开展重庆市地震烈度速报和预警工程项目前期工作。积极推动重庆市地震烈度速报和预警工程项目实施，编制项目管理机构方案，组织成立技术团队，目前完成所有台站勘界工作、11个区县的林地占用审查工作、6个区县7个基准站的征地费用预缴工作，合川、南川、荣昌等区县已进入正式征地程序；压覆矿评估、地灾评估和社会风险评估正在抓紧实施；初步设计完成，工程概算已提交审查，施工图设计即将完成。

组织实施2020年度重庆台优改项目，在克服疫情不利影响情况下，推动项目招标，如期开工，每周督查施工监管情况，积极组织项目施工，于2020年10月完成竣工验收。

（重庆市地震局）

四川省

1. 震情跟踪工作情况

（1）2020年新增入网台站60个。新建10个断层气，弥补甘青川监测空白。择优接入成都21个站，建成川滇9个磁扰动台阵，开展凉山州3个深井建设，指导泸州15个企业台，成都、眉山8个台实施，新建西昌安哈地电、映秀水化台。20个水库台网分批纳入省网，重危区监测强化。

（2）实施5个震情跟踪方案，梳理完善南北带中段强震预测指标体系，开展跨断层和地球化学加密观测。第三代云服务智能会商技术系统上线，震情会商时效大幅提升。处置预测卡12张、异常核实21起，召开会商专题研讨188次，邀请高校院所专家39人次参与，指导全国地震预测AI算法大赛，充分体现“开放、吸收”。青白江5.1级、石渠5.6级、巧家5.0级等地震后，迅速给出“原震区发生更大地震可能性不大”的震后趋势判定意见，为疫情背景下社会稳定提供坚实保障。

（3）依法行政取得新进展，会同法规处、雅安市开展水库台网联合执法检查。推进成都、盐源、美姑、松潘等环境保护。完成冕宁、长宁、青川等16个台优改、灾损恢复和标准化建设。完成152台强震通信升级和9个前兆台13套设备更新。完成冕宁地电深井建设和燕子沟地震台总验收。实现台站远程故障运维监控，实践自主、半包、全托等三种模式，社会化运维取得新进展。

（4）深入推进业务体制机制改革，牵头7个中心站筹建，参与事业单位改革组建。编制完成“十四五”站网规划。规范宏观观测管理，建立12家省级单位、25位专家库。邀请武大地大等专家把脉四川GNSS业务发展。“子午工程”“一带一路”项目顺利推进。协助自然灾害研究院、地球所、预测所在川西建设10口深井、4个化学站、6个形变综合台，同中科院共建“大气电场项目”。与自贡市政府启动自贡中心站建设。

（5）探索应用地震概率技术方法，每月向四川省委省政府报送全省震情概率。与应急、能源部门建立川南地震专题会商机制，服务能源战略。针对绵阳老井“发烧”、大英县不明异响等，及时回应公众关切。完成5次重要地震安保服务，省考试院、武警来函致谢。与测绘局达成信息共享机制。举办两轮台站工作培训班，使四川省地震骨干凝聚力和业务能力得到提升。

2. 台网运行管理

（1）地球物理台网。2020年，四川地球物理台网（国家台网）观测台站51个，按学科划分为电磁学科台站18个，形变学科台站16个，地下流体学科台站32个，合计195套仪器。日常工作为仪器运行维护，数据监控，数据预处理及入库、数据检查和数据交换，数据跟踪分析等工作，每日数据量约为300M。完成台网数据中心服务器，数据库及软件维护，按时报送台网运行月报，年报，数据跟踪分析月报，年报。全年平均连续率97.15%，有效率（完整率）为96.17%，完成各类报告30余份。

（2）测震台网。四川测震台网有测震台站60个，其中国家台7个，区域台53个。中心共汇集381个测震台站，其中：四川测震台网台站60个，市县台站63个，水库台站19个，川南企业台站46个，巧家、西昌台站43个，邻省台站150个。四川省地震监测能力达到2.0级，重点监视防御区和人口密集地区监测能力达到1.5级，部分地区可达0.5级。共享台站的加密，使四川及周边50km内的速报能力明显提高，2分钟内完成自动速报，10分钟内完成人工速报。

测震台网平均运行率为98.04%。共发送地震AU短信152条，接收19.76万人/次；地震短信正式报209条，接收27.17万人/次，累计发布地震短信193.31万条。

3. 台网建设情况

（1）地球物理台网建设。2020年，四川地球物理台网（国家台网）观测台站51个，其中国家和省级台站28个，市县级台站23个。电磁学科台站18个，观测仪器43套，形变学科台站16个，观测仪器43套。流体台站25个，观测仪器77套。另有辅助观测仪器32套，共计195套。

（2）测震台网。四川测震台网有测震台站60个，其中：国家台7个，区域台53个。台站观测仪器均为宽频带速度计，数据采集器有北京港震仪器设备有限公司生产的EDAS－24GN设备7套，EDAS－24IP设备53套。通信网络：30个台站采用SDH通信，30个台站采用CDMA无线网络通信，数据实时汇集到四川测震台网中心（以下简称中心）。中心通过SDH通信经行业网从国家测震台网中心下载四川市县、水库、企业及邻省等共享台站数据进行分析和处理。

4. 监测预报基础研究与应用

2020年，四川省地震局围绕监测预报开展大量基础研究，申报并承担相关科研项目40余项，其中包括自然科学基金项目“青藏高原东边缘岷山块体及邻区地壳深部结构特征研究”等2项，星火计划“大地电磁和地震体波走时联合反演九寨沟震源区壳幔结构”等7项，震情跟踪定向工作任务“基于地磁全时段与深夜时段数据的极化方法分析和震例研究”等5项，三结合课题“利用模板匹配技术自动识别大岗山水库库区爆破事件”等5项，四川省科技专项“川东南地震密集区孕震环境和发震机理研究”等7项，局所合作“南北地震带中段中强地震震源参数研究”等3项，局地震科技专项“基于时频分析的形变资料特征分析研究”等11项。完成研究项目25项，以第一作者（含通讯作者）发表相关论文共计55篇，其中SCI论文3篇，EI论文3篇，核心期刊论文19篇。获得软件著作权9项。诸多成果应用于多个省地震局、市（州）以及中石油西南油气田分公司等相关企事业单位的监测能力提升、震情跟踪研判和日常会商等业务工作中。

5. 地震速报预警信息服务

（1）地震速报。2020年共速报地震159次，其中$M<3.0$地震46次，$M3.0\sim3.9$地震96次，$M4.0\sim4.9$地震14次，$M5.0\sim5.9$地震3次。人工初报平均用时6.8分钟。

分析产出地震目录39268条，计算省内274次地震的震源参数和34次地震的震源机制解；产出地震月报目录和观测报告12期；向《四川地震》提交省内$M_L\geqslant3.0$地震目录4期；产出川南地震目录9期。

加强对非天然地震事件的监测。制定四川台网非天然地震信息报送实施细则，核实多次非天然地震事件，根据有关要求开展非天然地震的信息专报工作。

在2019年度全国省级测震台网地震监测预报质量评比中，四川台网获得速报单项评比第二名、编目单项评比第二名的成绩。

（2）地震预警。一是在项目建设方面，四川作为全国项目“先行先试”省份，总投资逾2亿元，建设观测站点1419个、省市县三级信息中心180个，预警终端548台，历时两年艰难建设，初步形成千万级用户服务能力，将率先打通电视、广播和新媒体发布“最后一公里”，实现地震烈度速报和预警信息服务。二是在应急服务方面，四川边建设、边服务、边改进，对接国家应急广播、省广电、四川日报、蚂蚁金服等信息平台和水库、能源、司法等重点行业开展试点播发。全年发布3.0级以上地震预警185次，其中：4.0级以上地震预警15次。青白江5.1级、石渠5.6级震后秒级预警，有效支撑应急处置。三是在制度管理方面，编制《紧急地震信息发布规则》、规范预警信息发布管理。地震预警地方立法列入司法厅2021年立法计划意见征求、地方标准报省市场监督局审批。“中国地震预警网”建设初步在川实现融合落地。

（四川省地震局）

贵州省

1. 震情跟踪工作情况

2020年，印发实施《贵州省2020年度震情监视跟踪和应急准备工作实施方案》，优化震情会商机制，完善长、中、短、临逐级指导和滚动评价的地震预报业务体系，密切监视跟踪震情发展。组织召开周会商53次，月会商12次，震后应急会商5次。协同南北地震带南段和中段构造协作区开展震情跟踪工作。推行开放式会商，在做好疫情防控的同时组织召开贵州省2020年下半年地震趋势会商会和贵州省2021年度地震趋势会商会，邀请贵州大学、贵州省气象局、贵州省地调院、中国电建贵阳研究院等系统外专家学者参加会商，提出贵州省2020年下半年地震趋势意见和贵州省2021年度地震趋势意见并报告贵州省人民政府。

2. 台网运行管理

依托地方政府管理优势，与桐梓县应急管理局等 6 家单位签订台站管理协议，指导台站运维管理，进一步压实地方防震减灾工作主体责任。2020 年贵州省地震局将晴隆、盘州市（原盘县）、石阡、桐梓 4 个测震二类基准站接入全国站网运行考核，贵州省地震局参加考核台站增加到 18 个。将赫章县自建测震二类基准站观测数据接入贵州地震台测震网。印发《关于接入水库地震监测台网数据的通知》，积极协调贵州省水投集团、乌江水电开发公司等，将水库地震监测数据接入贵州地震台，将乌江流域、光照、董菁、黔中、夹岩、三板溪等水库地震监测台网地震监测数据接入贵州地震台监测网。派出技术人员 20 余人次及时赴现场维护台站运行。2020 年贵州测震台网运行率稳定保持在 98% 以上。

3. 台网建设情况

国家地震烈度速报与预警工程贵州子项目持续推进。2020 年，预警中心配套土建工程完成验收，完成改造 18 个基准站，完成新建 44 个基本站土建，完成 44 个一般站设备安装调试，完成 106 个台站通用设备和专业设备招标采购工作；完成预警中心通信网络系统和数据处理系统设备联调联试；完成 9 家单位预警信息服务终端安装。贵州省地震测震能力提升工程项目有序推进。年初完成 24 个站点的选址；6 月完成测绘、调规、土地预审和规划选址；8 月贵州省发展改革委批复项目可研并下达 2650 万项目投资计划；11 月完成《贵州省地震监测能力提升工程项目初步设计》编制并于 2021 年 1 月获贵州省发改委批复。

4. 监测预报基础研究与应用

运用基于预测指标体系的地震风险概率预报技术，推进地震分析会商技术系统列装应用，开展地震分析会商技术系统试用，推进地震基本业务体系建设。与四川大学、东华理工大学、广东省地震局等单位开展对特大桥梁、超高层建筑等工程震动研究，建立非天然地震事件监测处置业务流程。组织完成贵州省地震局自立科研项目“基于 DEM 的垭都—紫云断裂带构造地貌特征分析”和“贵州地震活动性研究”课题验收。

5. 地震速报预警信息服务

完成 2020 年 1 月 29 日 21 时 37 分贵州六盘水市盘州市 2.6 级左右小震群、5 月 18 日 21 时 47 分云南昭通市巧家县 5.0 级、7 月 2 日 11 时 11 分贵州毕节市赫章县 4.5 级、9 月 18 日 16 时 24 分贵州六盘水市六枝特区 4.0 级和 10 月 29 日 4 时 52 分贵州毕节市威宁县 3.2 级地震的速报工作，及时产出地震速报信息，面向社会公众提供震情信息速报服务。印发实施《2020 年全国“两会”贵州省地震安全保障服务实施方案》《6 月、7 月特殊时段地震安全保障服务实施方案》《2020 年高考时段贵州省地震安全保障服务实施方案》和《2020 年国庆中秋两节及党的十九届五中全会贵州省地震安全保障服务实施方案》。开展专题会商 5 次和加密会商 69 次，并及时将会商意见报告省人民政府；完成零异常报告 111 次；异常核实报告 2 次。圆满完成全国“两会”，国庆中秋“两节”，党的十九届五中全会等特殊时段地震安保服务工作。

（贵州省地震局）

云南省

1. 震情跟踪工作情况

2020 年，云南省地震局成立震情监视跟踪工作领导小组，局领导带队到重点危险区通报震情。制定《2020 年云南省震情监视跟踪和应急准备实施方案》《南北地震带南段构造协作区 2020 年震情监视跟踪工作方案》等，明确 59 条可检查考核的工作措施，建立台账，压实责任。

定岗定人跟踪分析云南省 500 余项地球物理观测资料，每日列表登记异常变化。动态管理云南省 1669 个宏观测报点，严格执行每日宏微观异常零报告制度，及时组织开展异常现场核实。巧家地震后，邀请专家对云南重点危险区地球物理观测进行全面核查。加强与中国地震台网中心、有关研究所、周边省级地震局的资料交换与共享，协同强化南北带南段构造协作区及藏中、藏南地区震情趋势跟踪研判。

云南省地震局组织各类周、月、专题等会商 138 次，参加联合视频会商 58 次。报送会商意见 66 份、云南宏微观异常零报告文字和图件 289 份、云南宏微观异常核实报告 46 份。完成重大预测意见处置 6 次。完成异常分析报告、地震序列分析报告、异常震例总结、零异常报告等 289 份。派出 100 多人次开展 27 次（形变 9 次、流体 18 次）现场异常核实工作，提交异常核实报告 46 份。做好重大活动地震安保工作。

2. 台网运行管理

云南省地震局做好云南数字地震台网、强震台网系统运维保障、技术支撑和数据处理工作。云南省测震台网运行率 99. 17%；强震动台网平均运行率 96. 68%；信息节点连通率 99. 936%；地震预警示范台网运行率 95. 4%。2020 年，处理触发地震事件 326 次，编目地震 26218 个。产出 M3. 0 以上地震震源参数 97 个，M3. 5 以上地震震源机制 11 个。发送地震短信息 29. 2 万余条。

3. 台网建设情况

云南省地震局实施 19 个台站综合保障技术系统改造、老旧设备更新和台站标准化建设。持续推进巧家、华坪、景洪等地震台（站）观测环境保护工作，推进云县地震台整体迁建的燕子岩综合观测站和石屏综合观测站建设。加强观测仪器设备运维管理。完成 GNSS、地磁、重力、跨断层野外流动监测年度任务。

4. 监测预报基础研究与应用

云南省地震局组织开展 534 个在网测项监测预报效益评估，完成《云南台网在网测项效能评估报告》，为全国监测预报效益评估指标体系构建提供重要参考。试点开展“人工智能地震监测分析系统完善与应用”，引进基于预测指标体系的地震风险概率预测技术。完成 3 期地震监测预报业务培训。

5. 地震速报预警信息服务

云南省地震局集中骨干力量组建攻坚团队加快项目攻坚，起草地方标准《地震预警信息发布标准》，组织开展 4 期预警信息发布培训。9 月 25 日，成功举行地震预警信息发布演练，云南省有关州市县及抗震救灾指挥部成员单位参加，副省长和良辉出席并充分肯定演练成效。目前，云南预警台站土建已全部完工，1110 个一般站已进入试运行，746 个预警终端全部安装完成，24 个重点县区已开始试运行。

（云南省地震局）

西藏自治区

1. 震情跟踪工作情况

2020 年，西藏自治区地震局党组高度重视震情，严密部署，在日常监测预报工作方面做到：一是监测预报部门加强地震的监测和地球物理观测资料的分析处理。二是强化震情监视跟踪，加密各类地震趋势会商会，显著地震发生后，及时开展震后趋势科学研判，并与中国地震台网中心和周边省局开展联合会商。三是加强值班值守，强化信息服务，监测预报部门在执行 24 小时震情值班的基础上，进一步强化震情监视，确保地震事件及时处理，有关信息及时报送。四是 7 月 15 日，西藏自治区地震局党组书记哈辉带队一行 5 人，前往那曲、昌都两市涉及的地震危险区开展了调研。五是及时处置丁青 5.1 级地震、改则 5.0 和 5.1 级地震、定日 5.9 级地震、尼玛 6.6 级地震、波密震群等多次地震。并根据震情监视跟踪与应急准备方案，完成 2020 年重点时段的地震安全保障工作，同时也多次派出技术人员深入一线，开展地震监测基础设施的巡检与维护工作。六是中国地震局党组高度重视西藏地震区震情监视跟踪工作，部署由四川局负责藏东（昌都）和藏东南（林芝）地区、云南局负责藏中（拉萨）和藏南（日喀则、山南）地区、青海局负责藏北（那曲）地区、新疆局负责藏西（阿里）地区的震情监视工作，台网中心负责组织会商研判，预测所负责震情监视跟踪和震情异常核实工作。各单位组织人员赴藏对接落实近期震情监视跟踪，针对波密震群现场开展震情监视跟踪和震情异常核实等工作，对该区域地震形势作出研判。

2. 台网运行管理

为了加强台网运行管理，西藏自治区地震局制定各项规章制度，包括西藏地震速报技术管理办法、地震编目管理办法、地球物理台网运行管理办法、地球物理台网评比办法、台网和台站值班制度等。对现有人员进行合理分工，各项工作都安排专人负责。加强震情值班值守工作，中心每天安排两人值班，负责地震速报、编目、地球物理台网资料报送等工作。每年按时开展台站观测资料质量评比工作，提高台站观测资料的质量及处理。成立仪器维修保障组，台站断记后及时派人维修，全年测震台网运行率达 96% 以上，地球物理台网运行率达 98.5% 以上。

3. 台网建设情况

（1）全力推进国家地震烈度速报与预警工程项目西藏子项目的各项工作任务。完成部分新建基准站和 24 个改造基准站任务，完成 35 个基本站建设任务和 146 个一般站复查工作，完成 30 个接收终端的安装。完成预警中心机房改造和省级中心机房改造，系统集成完成招标及合同签订。

（2）继续开展提升青藏高原监测能力项目 2020 年建设任务，按照项目实施方案，2020

年完成阿索站、洞措站、巴嘎站、察布站、门士站、雄巴站、昂仁站、萨嘎站、易贡站、吉达站、吉中站、同卡站、拉西站、嘎塔站14个台站的建设，加上2019年完成的多玛台、加查台、扎仁台、娘热台4个站点，目前该项目共完成18个台站的建设，并完成全部台站的数据接入。

（3）组织完成“拉萨地震台办公区维修改造”“狮泉河地震台地磁房及通信线路维修改造”和“那曲地震台维修改造”项目，改善台站的观测环境以及台站职工的生活环境。

4. 监测预报基础研究与应用

西藏自治区地震局加强对全区各项观测资料的处理分析，密切跟踪资料动态变化，出现异常立即上报。3月份完成阿里措勤县水位和革吉县水位宏观异常现场核实工作，并上报异常核实报告。对西藏地区5.0级以上地震进行了跟踪和目录整理。对西藏地区地震前兆典型异常库和前兆典型干扰库进行进一步检验。两项2019年度震情跟踪定向工作任务结题——“2017年米林6.9级地震发震机制研究”和“西藏谢通门地震窗”。完成西藏区域内6次5.0级以上地震和波密震群7个异常跟踪分析报告；完成米林地震震例总结的修改完善；开展西藏地区地震预测指标的研究工作，并完成2项预测指标的建立，对新的指标体系进行进一步清理、完善，运用于2020年各类会商中。

全力配合中国地震局地壳应力研究所实现在藏东南地区的地球化学观测，积极协助中国地震局地质研究所、中国地震局地球物理研究所、第一监测中心和四川省地震局等单位在西藏开展地震科学研究。

（西藏自治区地震局）

陕西省

1. 震情跟踪工作情况

2020年，制定并实施《陕西省2020年震情跟踪与应急准备工作方案》，修订《陕西省地震局震情会商技术方案》，2020年年召开会商会114次，落实各类地震异常19次，处置社会地震预测意见7件，完成重大活动、重要时段地震安全保障服务。

加强非天然地震信息服务，与省煤监局建立冲击地压矿井地震信息共享机制，处置榆林府谷、榆林榆阳2次2.6塌陷地震事件，应对佛坪—周至—宁陕三县交界密集小震群，推进非天然地震事件自动速报技术系统建设。

2. 台网运行管理

陕西省地震台网平均运行率为99.3%，处理地震事件2233个，速报地震13个，编目地震2774个，向省委、省政府提供震情信息55期。完成跨断层水准、流动重力测量和10个省级地震监测宏观观测点核查。

3. 台网建设情况

完成安康中心台、西安台定点形变观测场地建设任务，推进主动源探测项目等重点项目实施，完成西安、乾陵、宝鸡、渭南、榆林5个中心地震台所辖的鄠邑甘河、临潼仁宗、杨凌五泉、泾阳口镇等15个地震监测站的标准化改造任务。完成宝鸡中心台、商洛中心台2020年度灾损恢复项目。

4. 监测预报基础研究与应用

组织开展构造地球化学流动观测与跟踪分析以及基于库仑应力扰动的鄂尔多斯周缘强震发生概率研究、陇县—宝鸡断裂带断层气 CO_2 碳溯源分析、鄂尔多斯地块西南缘S波分裂特征分析等11项震情研判专题研究，加强了应力张量非均匀性、震源机制解等数字地震学方法以及图像信息学（PI）算法、基于概率增益综合预测模型的Kcv值等统计学方法的应用研究，提升地震会商科学水平。

5. 地震速报与预警信息服务

国家地震烈度速报与预警工程陕西子工程台站土建完工率达到97.8%，485个一般站的仪器安装、数据接入工作全部完成，完成预警中心装修改造，9个市级信息服务平台建设完成8个，142个预警终端设备安装全部完成并通过验收。陕西省地震烈度速报与预警工程2个新建基准站、7个改造基准站完成台址勘选测试、土地租用和施工方案编制，515个一般站烈度仪安装全部完成，112个预警终端完成招标。

（陕西省地震局）

甘肃省

1. 震情跟踪工作情况

2020年，甘肃省各级地震部门认真落实应急管理部、中国地震局和省委、省政府震情跟踪部署，局党组多次召开专题会议研究部署震情跟踪措施；编制完成《2020年甘肃省震情监视跟踪和应急准备工作方案》等工作方案，印发《甘肃省地震局震情值班岗位职责和震情应急处置工作流程》，明确24小时震情值班人员的工作任务、工作职责及发震情处置的工作流程；组织召开2020年全省震情监视跟踪和应急准备工作部署会2次，建立甘肃省地震局震情监视跟踪与应急准备工作措施台账，部署市州地震部门和中心地震台站震情监视跟踪工作，采取多种方式加强检查指导；召开南北地震带北段构造协作区震情监视跟踪工作会议4次；2020年，向甘肃省政府等报送震情通报12次，向中国地震局监测预报司、中国地震台网中心报送《2020年甘肃省震情监视跟踪和应急准备工作总结》、动态更新进度台账，督促相关部门按照年度计划推进工作；与青海省地震局每周定期交换各自辖区内地球物理观测资料，并进行线上交流交换意见，开展18次异常现场核实；开发显著地震事件震后趋势判定快速产出系统，能在10分钟之内产出初步的震后快速判定意见；完成会商技术系统v1.0版的列装的验收；组织编写地震风险概率预测软件，获得局科发基金和震情跟踪工作的支持；将风险概率预测产出结果初步应用于2021年度甘肃地震危险区和南北带北段地震重点危险区划定，为危险区判定提供定量化科学依据；对省内发生的10次3.0级以上地震作出较准确的震后趋势判定；完善区域协作、专家指导、市州会商、局台会商等机制，协调构造协作区有关单位、相关学科专家、市州地震部门、地震台站召开专题会商会。

2. 台网运行管理

加强地震台网运行管理。实施监测预报业务运行情况月通报制度，持续做好台网运维业务下沉后的技术支持保障工作，完成对全省台站的全面业务巡检工作，2020 年，测震台网平均运行率为 99.39%，地球物理观测数据连续率为 99.69%，数据有效率为 99.32%，汇集率为 99.56%。组织召开 2019 年度地震观测质量验收评估会，完成全局地震监测资料质量验收工作；组织全省地震监测资料（2019 年度）参加全国评估，共获得前三名 38 项，位列全国监测名次数量第三名；举办地震观测资料检评与提升培训班，根据 2019 年度全国地震监测观测资料评估结果，监测中心和各中心台就各台十年尺度资料评估情况进行了认真剖析和讨论。

夯实地震监测基础。启动自动编目工作，部署非天然地震分析处理、中小地震矩震级计算等技术应用系统，组织开展甘肃及边邻地区滑坡、矿山塌陷、爆炸等非天然地震事件监测业务工作；与甘肃煤矿安全监察局签署战略合作协议，切实做好全省煤矿冲击地压灾害防治与防震减灾综合信息服务工作；组织完成敦煌莫高窟地震监测系统等专用台网建设和运维，推动酒泉卫星发射基地地震监测台网建设、电磁卫星地面对比观测系统仪器的维护工作；组织开展地震信息化试点建设任务，推进《甘肃省地震局防震减灾业务信息化建设项目》实施，中国地震局评估组完成对甘肃省地震局信息化行动方案（2018—2020）实施情况的评估；完成 2020 年度甘肃省地震局地震台网专业设备更新升级项目，配合应急管理处完成大震应急救灾物资储备项目子项目三相关工作。

加强地震台站队伍建设。组织完成 2020 年台站人员培训工作，30 人次参加了中国地震局及直属单位举办的各类培训班；监测中心举办 4 次业务培训班；市县地震部门参加预报中心组织的业务培训 30 人次。制定《甘肃省地震局地震监测人员轮训计划》，健全完善监测预报创新团队建设，鼓励青年骨干积极申报各类项目，协调推进地震监测、震情监视跟踪和信息化科技创新工作。

积极开展观测环境保护工作。依法开展地震监测设施和地震观测环境保护工作。实施通渭深井地电阻率迁建项目，开展天水深井地电、嘉峪关测震台、临夏测震台、刘家峡应力站、环县毛井综合台和环县基准站观测环境保护工作。

3. 台网建设情况

开展技术系统和观测环境升级改造。完成地震台站标准化建设任务和台站综合观测技术保障系统改造项目，对 13 个台站进行综合观测技术保障系统改造，对 10 个无人值守台站进行标准化台站改造。

4. 监测预报基础研究和应用

强化震情跟踪与研判：加强全省震情监视跟踪工作组织与协调，健全省、市、县地震部门和地震台站紧密结合的震情跟踪工作机制，制定《甘肃省震情监视跟踪和应急准备工作实施方案》；建立南北地震带北段构造协作区震情监视跟踪工作机制，制定《南北地震带北段构造协作区震情跟踪工作方案》；深化会商机制改革，进一步完善测震和地球物理学科强震短临预报指标体系，细化《全国震情会商技术方案》。完成 2020 年全国“两会”、党的十九届五中全会及国庆中秋“两节”特殊时期的地震安全保障服务工作。

协调推进重大项目实施：全力推进“国家地震烈度速报与预警工程甘肃子项目”建设，

完成预警项目一般站安装调试运行，初步形成烈度速报能力。台站土建完成100%，完成设备采购；办结91个新建基准站征地手续；完成100个新建基准站租地，主体完工新建基准站107个、基本站100个，改建基准站57个。为切实增强做好地震预警工作的主动性、紧迫性和责任感，进一步加强对地震预警工作的组织领导和统筹协调，成立甘肃省地震局地震预警工作推进领导小组。

强化市县地震核心业务。优化市县地震台网建设，争取资金97万元，支持市县地震监测项目；在洪涝灾害期间，积极筹措经费65万元，下拨给陇南、甘南等市县地震部门用于灾害抢险；组织市县地震部门100余人次参加了监测预报业务各类培训。

5. 地震速报预警信息服务

完善地震预警信息企业微信自动推送软件、地震预警信息短信发布平台，安装部署了200套预警发布终端，并通过验收，进行地震预警发布服务试验，与社会企业签订技术合作协议，联合开发新型综合预警信息发布终端。

（甘肃省地震局）

青海省

1. 震情跟踪工作情况

2020年，青海省地震局制定系列震情监视跟踪工作实施方案和《青海省地震局非天然地震事件信息报送工作细则》，又与青海省煤矿安全监察局、青海省应急厅联合印发《青海省煤矿非天然地震信息共享办法》，还与甘肃省地震局建立南北地震带北段联合会商和异常核实工作制度，并同海北藏族自治州地震局等市（州）局制定年度全省震情跟踪和应急准备工作方案。青海省地震局主动服务政府决策，及时向省委省政府报送会商意见、震情信息等30余份。全年按要求及时开展月会商12次、周会商53次、全省年中会商1次、年度会商1次、临时会商10次、紧急会商5次，青藏高原内部构造协作区会商4次、年中会商1次、年度会商1次。海东市地震局、黄南州地震局等积极协助开展异常核实工作18次，提取异常10项，并撰写前兆异常核实报告10份。编写基于指标体系的地震风险概率预测分析软件并投入使用。在全国“两会”、高考、青洽会、汛期、国庆中秋“两节”、党的十九届五中全会等重要时段做好地震安保服务，又对夏河5.7级、尼玛6.6级地震进行震情跟踪。省地震局日常分析预报获三类局第一名，编写的《2020年度地震趋势研究报告》获三类局第三名，测震学科和电磁学科异常核实报告分获第三名。

2. 台网运行管理

青海省地震局为确保测震台网正常运行，产出高质量观测数据，全年接入中国地震台网中心的测震台站数量达到43个，测震仪器数47套，测震台网运行率达到99.35%；接入中国地震台网中心的地球物理台站数量为24个，仪器数量为104套，地球台网数据汇集率达到99.14%，数据有效率达到97.56%。全年提交数据跟踪分析月报和地球物理台网运行月报各12份，无迟报漏报数据跟踪分析月报和地球物理台网运行月报情况；无地震速报超限5%以上的情况，提交观测报告12份；无迟报漏报编目目录和观测报告的情况。同时，完成地震监测专业设备管理系统部署，现有110个台站信息已录入统一管理系统平台；完成中国地震局年度设备更新升级任务，共安装仪器21套；完成野外流动地磁58个点的观测并完成数据处理，并按时提交数据，保障地震监测台网设备稳定运行。

3. 地震速报预警信息服务

青海省地震局推进国家预警工程建设，完成年度任务。新建、改造基准站和基本站建设除牛鼻子梁站外全部完成，并先后分3次组织土建竣工验收。完成68个终端安装和调试。一般站运行率大于95%的共有328个。预警中心基本建设完成，按照功能划分中心机房、监控区、信息展示区、分析处理区、前兆处理区。其他智能电源、设备采购按照法人单位要求完成。

（青海省地震局）

宁夏回族自治区

1. 震情跟踪工作情况

（1）年度监测预报工作概述。2020年，宁夏回族自治区地震局加强全区监测预报工作与科研管理，着力提升地震监测预报观测资料质量，切实解决台站实际难题，积极推进地震烈度速报与预警项目，加强台站优化改造和仪器更新工作，为地震监测创造有利条件。紧紧围绕震情，制定《宁夏回族自治区地震局2020年震情监视跟踪和应急准备工作方案》和《强化全区震情监视跟踪和应急准备工作方案》，切实加强全区震情跟踪工作。积极推动科研与科技创新工作，为监测预报预警提供动力和支撑。

（2）年度震情跟踪与判定。牢固树立“震情第一”的观念，严格执行《宁夏回族自治区2020年度震情跟踪和应急准备工作方案》及强化工作方案，认真履行震情值班和震情跟踪制度。与震情跟踪协作区甘肃省地震局、陕西省地震局、内蒙古自治区地震局、青海省地震局等加强业务联系，互通震情信息，及时掌握震情趋势发展状况。进一步完善震情短临跟踪技术方案，制定宁蒙、宁甘协作区震情跟踪协同工作制度。圆满完成全国“两会”、习近平总书记视察宁夏及党的十九届五中全会等重大活动和重要时段地震安全保障服务工作。

组织召开2020年年中及2021年度宁夏回族自治区地震趋势会商会，研讨震情形势，形成地震趋势会商意见。参加2020年年中、年度南北地震带北段构造协作区及南北地震带震情监视跟踪会商会，强化南北地震带北段构造协作区震情监视跟踪和研判工作。加大显著地震事件处置力度，组织对西吉苏堡井、平罗136井等地球物理观测异常进行核实和深入分析，并提交异常核实报告。

加大新方法、新技术在地震危险区短临跟踪中的应用力度，动态跟踪分析热红外亮温和长波辐射等异常，强化热红外资料分析方法的深入研究，提升了震情研判的科学性和准确度。进一步推广应用新一代地震会商分析平台系统，完善市地震局和地震台站视频会商系统。依据震情跟踪方案，对自治区各级地震部门和台站开展和落实情况进行督导和检查，提高震情跟踪工作质量。

2. 台网运行管理

宁夏回族自治区地震台站和台网运行规范有效，宁夏回族自治区地震局对分布在宁夏回族自治区境内的观测台站、仪器设备进行定期或不定期巡检，确保宁夏回族自治区地震监测台网的连续可靠运行。2020 年，测震台网运行率为 99. 60%，地球物理台网数据汇集率为 99. 70%，数据有效率为 99. 72%。在 2019 年度地震监测预报工作质量全国统评中，银川基准台获 GNSS 基准站二等奖、地电场观测获三等奖和氢气观测获三等奖，盐池地震台获国家测震台站系统运行三等奖。圆满完成 2020 年跨断层水准测量、流动地球化学和相对地磁等野外观测任务与电磁卫星接收站和 INSAR 角反射仪器的运维和管理等工作，持续加强测震及强震学科、电磁学科、形变学科、流体学科管理。

3. 台网建设情况

召开自治区监测预报、地震台长工作（视频）会议，强化监测预报、台站建设等工作。组织对自治区观测手段的观测效能进行研究评估后，经中国地震局流体学科组和中国地震台网中心同意，将海原郑旗和红羊测点的气氡仪办理永久停测手续。新增固原双井子流体台的 4 套地球化学观测仪器与灵武上桥的 2 套地球化学仪器均已纳入正常运维系统，观测数据已应用于宁夏回族自治区地震局震情跟踪工作。

宁夏回族自治区地震局大力推进银川小口子综合观测楼重建项目，完成项目验收；积极推进北塔地磁台迁建项目，与银川市政府沟通协调框架协议签署及地震专业仪器设备采购事宜；高质量完成海原甘盐池流体台优化改造项目和盐池地震台标准化改造工程；大力推进子午工程项目建设，完成场地勘选、初步地形测绘、布局设计及生物多样性报告编制等工作；积极申报宁夏回族自治区地震监测预警工程建设项目；主动申请 2021 年银川地磁台等项目和受灾专项资金，改善台站观测仪器设备、观测环境和生活环境，提高观测数据质量，银川地磁台优化改造项目获批 67 万元资助。

4. 监测预报基础研究与应用

2020 年宁夏回族自治区地震局立项完成局基金课题 24 项，在研其他各类科研项目 45 项，横向合作科研课题在研 4 项。发表第一作者学术论文 34 篇，其中 SCI1 篇，核心期刊 5 篇。获软件著作权 32 项，获实用新型专利 1 项。组织完成 2020 年宁夏回族自治区防震减灾优秀成果奖评审工作，共评出一等奖 1 项、二等奖 5 项、三等奖 5 项。印发并落实《宁夏回族自治区地震局科研项目管理办法》《宁夏回族自治区地震局科技创新团队考核实施细则（试行）》《宁夏回族自治区地震局科技转化实施细则（试行）》，积极推进与高校科研合作事宜，与中山大学、宁夏大学等单位签订合作框架协议。

5. 地震速报预警信息服务

国家地震烈度速报与预警工程宁夏回族自治区子项目于 2018 年正式实施，该项目的建成将显著增加宁夏回族自治区测震台网和强震动台网的密度，提升全区地震监测能力，将实现以县级行政区划为单元的地震烈度速报，向政府应急决策部门、重要工程和社会公众发布地震预警信息，提高政府和社会公众的地震应急避险反应效能，减少地震损失和人员伤亡，从总体上提升自治区防震减灾综合能力。

宁夏回族自治区地震局建立党组每月听取项目进展情况的工作机制。2020 年 4 月，整合全局资源，调整成立以张新基局长为组长，金延龙副局长、李根起副局长为副组长的项目领导小组，以监测预报处为依托的项目管理办公室，调整工程实施团队，下设项目实施组、财务管理与设备采购组、档案管理组及审计组，明确了工作职责和责任分工，切实把项目建设各环节工作做扎实。宁夏回族自治区地震局党组每月听取项目建设情况汇报，分管局领导每半月听取汇报，部署工作，提出要求，为项目建设把准方向，提供组织保障。

在宁夏回族自治区地震局不懈努力下，项目建设取得明显进展。完成 51 个新建台站土建工程、72 个地震预警信息发布终端和 270 个一般站安装工作，完成预警中心建设并进入试运行。完成第一期专业仪器设备的采购及部分设备安装工作。

（宁夏回族自治区地震局）

新疆维吾尔自治区

1. 震情跟踪工作情况

2020 年，召开各类会商 171 次，其中周会商 34 次，月会商 10 次，加密及紧急会商 81 次，参加中国台网中心滚动会商 43 次，年中会商会一次，年度会商会 1 次，新疆、西藏协作区会议 2 次。处置地震预测意见 12 份。

完成年度震情跟踪和应急准备工作方案编制并督促落实。及时开展异常核实 45 次，提交异常核实报告 64 份。开展重大震情通报工作，执行 24 小时震情双值班和紧急研判工作制度。全面推进会商技术系统在周月会商、震后应急会商中的应用，实施滚动会商机制，推进预测指标体系应用于震情会商。

2. 台网运行管理

全年完成各台网年度观测、运维保障工作任务，包含了年度的各项流动观测、定点观测任务以及台站的维护保障。对全疆 11 个有人值守台站远程视频监控，全疆测震台网、地球物理台网、强震动台网、流动监测台网，共运行 395 套仪器，全年运行率为 98.76%，开展阿克苏地区库车县的测震流动监测工作。全年共速报地震 211 次，其中速报新疆境内地震 194 次，编目地震共 21855 条。

非天然地震分析处理工作已纳入日常工作，制定了《新疆地震局非天然地震事件信息报送制度》，与自治区煤监局建立非天然地震事件沟通联络机制。

流动地球物理观测方面，完成一期南疆流动重力测量、全国综合地球物理场 GNSS 观测，完成 2 期 12 个一等跨断层流动水准测量。完成 3 个基线场地观测、乌鲁木齐“首府圈综合监测网”（GPS、重力）观测和北疆流动重力测量。开展与乌鲁木齐城市勘察测绘院 117 个 CORS 站的数据共享。完成南北天山地区全部流动地磁矢量测点的野外观测。完成观测数据的通化处理、模型计算，报告编写。完成柯坪块体周边两期流动地球化学观测，开展泥火山宏观观测。并将结果应用于日常会商。

3. 台网建设情况

2020 年，开展“一带一路”地震监测台网建设项目，按要求开展统招分签工作，组织开展综合站与超导重力仪台站地质勘查。

地震台站综合观测技术保障系统项目从2017年开始实施到2020年，完成对温泉地震台、巴仑台地震台、乌什地震台等31个台站的35个地网的新建及改造。完成库米什观测站、乌恰沟观测站、马场观测站等25个台站标准化外观改造。

完成青藏高原能力提升项目3个新建站点的土建施工和仪器设备的安装架设、1个改造站点的仪器设备更新，完成14个台站仪器更新升级改造。

开展16个地震监测站综合观测技术保障系统改造项目和8个监测站点的地网及台站标准化建设，安装2个台站的防雷设备，开展温泉、木垒、巴里坤、新源、喀什、库尔勒、和田等台站灾损恢复项目。更新、更换地震重点监视防御区地震监测技术系统升级项目的仪器以及配套与辅助设施建设。

将乌鲁木齐中心地震台呼图壁地磁台作为省级比测台站，印发了《关于成立省级磁通门经纬仪（DI仪）比测台站的通知》。新疆维吾尔自治区局有两位专家承担全国地磁DI仪器比测工作。

完成巴里坤地震台双墩子监测站受G575、G7高速公路建设观测环境破坏执法，签署地震监测台站迁建协议。

4. 监测预报基础研究与应用

继续开展与预测所合作项目——新疆北天山重点地区地质构造与地震危险性综合研究，与地壳所合作项目——新疆北天山地震构造带地球化学特征与震情强化跟踪技术研究。推动前兆异常识别方法研究、优化数字地震学资料的震例库，完善震源机制和地震序列库。充分利用援疆项目产出数据产品，推进新技术、新方法的应用。完成2020年7项三结合课题的申报及中期检查，完成2020年5项震情跟踪课题申报；完成2021年三结合课题、震情跟踪课题的申报。

5. 地震速报预警情况

国家地震烈度速报与预警工程项目——新疆子项目由186个基准站、321个基本站、480个一般站组成，建设内容包括台站观测系统、通信网络系统、数据处理系统、紧急地震信息服务系统、技术保障系统。建设总建筑面积3949.4平方米，购置设备7341台（套），其中专业设备2124套，通用设备5217套，项目投资共1.64亿元，项目建成后在新疆天山中段重点区形成完善的地震预警能力完善的破坏性地震预警能力，在重点区之外形成基于县级实测值的烈度速报能力。

截至2020年底，累计完成投资8120万元。完成预警分中心装修、综合布线以及设备安装工作，新疆地震预警分中心投入试运行。完成30个新建基准站、169个新建基本站和480个一般站建设。完成78个改建基本站、152个改建基本站建设任务。完成专业设备和通用设备采购、供货及验收工作。完成69个新建基本站、2个新建基准站、14个改建基本站、11个改建基准站设备安装，开通了507条通信链路。

（新疆维吾尔自治区地震局）

中国地震局工程力学研究所

2020年，加快推进国家技术支持与保障中心建设，积极为国家地震烈度速报与预警工程建设提供科技支撑，参与组建项目实施管理办公室，李山有研究员任副总工，马强研究员任项目执行总工，参与“现行先试”中期检查，参与整体中期检查与督导。完成了首都圈地震预警示范系统运行及全国地震预警示范系统管理与技术支撑工作。积极开展地震烈度速报和预警标准相关研究工作，组织开展中国灾害防御协会团体标准申报工作，完善《地震预警参数测定》《地震预警场地校正技术规范》团体标准草案，推进立项工作进程，支撑地震烈度速报和预警标准体系建设。参与全球重大地震事件应对基础信息平台建设，收集整理了《世界住房百科全书》（WHE）中“一带一路”地区的不同结构类型建筑物数据。

积极开展强震动观测数据处理和共享服务，回收和处理全国强震动观测数据，集中回收和处理2019年度全国强震动观测数据900余组，开展数据共享50余人次，共享数据量约20GB，为广州大学、中国地震局地球物理研究所等多家科研院所的科研人员提供了强震动数据服务，有效服务了相关科学研究。

（中国地震局工程力学研究所）

中国地震台网中心

1. 台网运行管理

测震台网。31个省级测震台网实时运行率平均为98.29%，其中运行率在99%及以上的有11个台网，运行率为95.00%~98.99%的有19个台网。

观测室环境改造、观测环境被占用、天气影响造成部分测项遭遇雷击、观测山洞受损存在滑坡地质灾害风险、城市发展快速造成观测环境干扰大等众多原因影响，造成2020年全国范围内台站申请停测总计7次。

2020年，接收统一编目快报目录125472条，产出目录776907条；接收2019年11月至2020年10月统一编目正式报目录140687条、震相3429328条，产出目录111309条、震相3397165条。

2020年，共存储产出全国测震台网miniSEED格式连续波形数据约13.66 TB，存储产出强震动实时台miniSEED数据约3.02 TB，并完成数据备份。

完成全国$M \geqslant 3.0$地震事件波形数据截取，共577个事件，约4.5 GB。完成全国$M \geqslant 4.0$和京区$M \geqslant 3.0$地震的强震动记录的汇集、处理和归档，共19次地震的768组三分量记录，约113 MB。

完成2019年度全国台网（站）质量评估工作，包括国家测震台站资料分析和运行质量评估、全国省级测震台网系统运行、地震速报和地震编目评估，以及强震动台网观测记录质量和运行维护质量的评估。

完成了测震波形数据质量在线评估指标体系和强震波形数据评价指标体系的编制。根据在线评估的要求，已对测震台网的系统运维和地震编目质量评价，强震台网的运行和产出质量评价，以及国家台站系统运维和资料分析质量评价规则进行了修订。

2. 台网建设情况

测震台网。2020 年，新增青藏高原能力提升台站 16 个，全国可实时汇集和交换的测震台站数量达到 1141 个，包括国家台站 166 个和区域台站 975 个。仪器方面，2020 年在网运行的超宽带地震仪 16 台、甚宽带地震仪 230 台、宽频带地震仪 757 台、短周期地震仪 138 台，数采 1141 台。

强震动台网。目前，全国共有强震动台站 2301 个，其中实时强震动台站共计 665 个。在网运行的加速度计共计 8 种，其中 SLJ－100、ES－T 和 TDA－30M 三种主要设备的占有量超过 90%。数据采集器的种类超过 16 种。

（中国地震台网中心）

中国地震局地球物理勘探中心

1. 震情跟踪工作情况

中国地震地球物理勘探中心高度重视震情监视跟踪工作，专门成立 2020 年度震情监视跟踪工作领导小组，制定《2020 年度震情跟踪工作方案》，及时部署安排 2020 年度震情跟踪工作，成立震情跟踪小组，牢记“宁可千日无震，不可一日不防”，紧密跟踪测区的重力场演化趋势。2020 年 3 月 30 日，内蒙古和林格尔发生 4.0 级地震，中国地震地球物理勘探中心及时与内蒙古自治区地震局沟通，实时跟踪晋冀蒙交界区最新重力场变化趋势，综合研判给出预测意见。

2020 年初，受新冠肺炎疫情影响，流动重力复测工作无法按计划正常开展，中国地震地球物理勘探中心密切关注测区震情发展趋势，在疫情防控常态化后，及时组织开展 2020 年度流动重力野外观测。认真做好月会商、年中会商、年度会商及全国“两会”，国庆中秋“两节”和党的十九届五中全会期间加密震情会商工作。加强监测、预报、科研紧密结合，严格实行野外流动重力测量与震情跟踪分析准同步进行，及时上报经核实后的重力场异常变化。

2. 台网运行管理

在做好常态化疫情防控的同时圆满完成北京、天津、河北、山西、内蒙古、安徽、河南、湖北、陕西、甘肃和宁夏等 11 个省（自治区、直辖市）地震重力两期流动复测任务，全年共完成 535 个重力测点、671 个测段、124 个闭合环的野外观测，并及时对野外观测中对变化较大的测点、测段立即进行异常核实，对被破坏的测点选建新点，进行新老测点联测，确保流动重力观测资料的连续性。

3. 台网建设情况

对测网中 7 个观测环境较差的测点进行优化，发现 3 个测点将被破坏，均已新建临时点，并将临时点与老点进行四程联测，发现 1 个原测点被破坏，新建临时点进行了观测，已将这 11 个测点全部纳入 2021 年度测网维护计划。

4. 监测预报基础研究与应用

承担中国地震局地震监测运维项目和中国地震局震情跟踪课题“结合深部构造分析山西重力场变化及危险区”等观测、研究项目，全年在核心期刊上共发表文章 4 篇。

通过重力资料对 2020 年地震趋势跟踪分析，参加陕晋豫交界区震情联防会商、河南省地震局与中国地震局重力学科组年中、年度地震趋势会商，向中国地震局监测预报司提交年中、年度会商报告各 1 份，在 Apnet 网上提交相关会商意见报告，上报流动观测资料异常零报告 52 次。

（中国地震局地球物理勘探中心）

中国地震局第一监测中心

1. 震情跟踪工作情况

2020 年，中国地震局第一监测中心强化各项震情监视跟踪工作，完成首都圈地区跨断层场地监测、流动 GNSS 联测等 9 项监测任务，其中区域精密水准测量 850 千米，GNSS 观测 115 个测点，重力观测 254 个测段，流动地磁观测 292 个测点。完成首都圈地区跨断层场地监测的日常监测跟踪、北京灵山国家重力基线场地维护等工作，做好学科管理及技术指导工作，保证了区域精密水准和跨断层监测系统的正常运行。

修订震情会商改革实施方案，完善会商工作流程和机制。积极发挥震情会商制度改革成效，强化震情跟踪专项任务科技支撑作用，全年完成地震应急会商、临时会商、重要会商和节假日会商、月会商和年中年度会商等各项工作，参加了构造协作区季度、年中、年度会商，以及大形势、形变学科、重力学科等会商。

2. 监测预报基础研究与应用

2020 年，地震计量体系建设工作稳步有序推进。国家地震计量站基建项目顺利通过竣工验收。9 月召开了全国地震专用计量测试技术委员会成立大会暨第一次工作会议，印发了《全国地震专用计量测试技术委员会工作章程》《全国地震专用计量测试技术委员会秘书处工作细则》《地震监测专业设备定型技术要求》等 7 项规制。持续建立地震计量工作质量控制体系，编制完成《地震监测专业设备定型检测工作规定（试行）》《地震计量工作质量管理手册》，起草了《全国地震计量发展规划（2020—2025）》，制定了《2020 年地震计量检测标准装置量值溯源实施计划》《2020 年定型技术要求和测试大纲制修订计划》，完成低频振动台和应变仪检测实验室（体积式、四分量）、测震仪器数据采集器、水位仪和水温仪计量标准建标等技术方案编制；建成了应变仪检测实验室，分量式钻孔应变仪和体积式钻孔应变仪检测装置通过专家验收并投入运行，低频振动计量标准实验室建设工作按计划推进。组织完成 3 批次 100 个型号设备的定型检测工作，开展了预警工程项目、青藏高原监测能力提升项目和“一带一路”地震监测台网项目的地震数据采集器采购验收测试工作。举办了“中国地震局第三期计量知识培训班”。

地震监测专业设备方面，组织开展全国地震监测专业设备升级改造项目，调研摸清全国地震监测专业设备运维管理工作现状，编制了《地震监测专业设备运维保障业务行动方案（2020—2022）》《地震监测专业设备入网列装管理细则》及“国家级备机备件库调度运行及备机购置项目”实施方案；完成“全国地震监测专业设备全生命周期运维管理系统（一期）”开发与部署，初步完成国家级备机备件库临时库房建设。

地震应急工作方面，编写了《中国地震局重特大地震应急流动观测方案》，组织完成华北、东北、西北、西南、中南和华东6片区2020年流动测震台网演练和评比工作。

2020年共申报各类科研课题75项，获批9项，包括天津市自然基金1项，地震科技星火计划项目2项及震情跟踪6项。全年发表论文54篇，其中，SCI 7篇，EI 5篇，核心期刊30余篇。2020年荣获中国测绘学会青年科技人才奖1项，天津市优秀测绘工程奖三等奖1项，天津市测绘学会青年优秀科技论文奖一等奖2项、二等奖3项、三等奖5项。

（中国地震局第一监测中心）

中国地震局第二监测中心

1. 震情跟踪工作情况

2020年，完成区域精密水准478km，GNSS流动观测126点，流动相对重力观测543测段，绝对重力观测25点，跨断层场地观测181处次，测距101条边。完成西北保障站6个基准站巡检。

2. 监测预报基础研究与应用

应用流动重力、GPS观测资料以及流动水准跨断层观测资料开展地震预测研究。开展同震形变、震间形变、地质灾害InSAR形变监测应用研究。完成青藏高原地区16个条带的SAR数据预处理和InSAR形变场产出，实现青藏高原地区InSAR形变监测全覆盖。

获国家自然基金课题2项，陕西省自然基金课题1项，地震星火计划课题2项。发表论文59篇。其中，SCI 14篇，EI 7篇，核心20篇。

（中国地震局第二监测中心）

台站风貌

内蒙古自治区绰尔地震台

内蒙古自治区绰尔地震台隶属牙克石市政府管辖，地震监测测震观测纳入国家区域台管理，业务直属内蒙古自治区地震局和呼伦贝尔市地震局指导，主要开展测震观测、地下流体观测手段。

1979 年 9 月 10 日，内蒙古自治区地震局与呼伦贝尔盟（今呼伦贝尔市）地震局联合勘选、测试台址，确定绰尔地震台建设方案。1980 年 7—9 月，内蒙古自治区地震局投资，完成修缮记录和办公室（80 平方米），新建 20 平方米观测室。

1. 台站概况

地理位置。绰尔地震台位于大兴安岭腹地内蒙古自治区牙克石市塔尔气镇。地理坐标为北纬 47°57′，东经 121°07′；海拔高度 790 米。

台基情况。绰尔地震台台址位于大兴安岭山脉腹地，地处海拉尔盆地内，区域内主要断裂有大兴安岭主脊断裂、绰尔河断裂、雅鲁河断裂。台基岩性为花岗岩。

人才队伍。绰尔地震台现有在职人员 4 人，均具备专科以上学历，中级职称 2 人，担负着测震观测和牙克石市地震宏观水位观测站工作。

2. 观测手段

1980 年安装 DD－1 型短周期地震仪进行观测。1985 年 10 月采用 DJ－1J 型钟授时服务。2006 年，国家“十五”项目进行数字化地震观测网络建设，按照国家区域地震台仪器配置安装 BBVS－60 型数字化宽频带地震仪，观测数据通过光纤实时传输方式，接入自治区数字地震遥测台网运行。2007 年通过中国地震局验收，投入正式运行。

2011 年 6 月按照内蒙古自治区地震局及呼伦贝尔市地震局增加观测手段的要求和布局，建立了牙克石市地震宏观水位观测站，2012 年 2 月正式投入运行，进行观测。

3. 荣誉成果

1995 年被牙克石林管局命名为“推进科技进步先进集体”单位。1987—1990 年在全区地方台测震图纸质量评比中均获得第二名，1991—1995 年在全区地方台测震图纸质量评比中连续 5 年获得第一名，1996 年被自治区地震局评为科技进步四等奖，在 1998—2000 年全区地方台测震图纸质量评比中又连续“三连冠”。2001—2005 年在全区地方台测震图纸质量评比中又连续五年获得第一名。1997 年该台被自治区地震局评为“全区地震系统先进集体”。2000 年被呼盟公署评为“全盟防震减灾先进集体”，被呼盟地震局评为全盟地震观测综合质量评比一等奖。2000 年被自治区地震局评为“全区地震系统先进集体”，2018 年被自治区地震局评为“全区市县防震减灾先进集体”称号。2014—

2016 年连续三年获得自治区地震局观测资料评比区域项目前三名。

（中国地震台网中心）

山东省大山地震台

山东省大山地震台始建于 1976 年，是唐山大地震之后国家为加强京津唐、华北平原及环渤海地区的震情监视而建立的专业性台站。大山地震台属山东省地震监测台网的综合性台站，观测项目齐全，包括测震、电磁、形变、流体等观测手段。大山地震台现有在职职工 4 人，临时聘用 1 人。

先后被有关部门确立为“中国石油大学（华东）教学实习基地”“山东省防震减灾科普教育基地”“山东省三星级科普教育基地”“国家防震减灾科普教育基地”“山东省教师实践教育基地”“滨州市关心下一代法制教育基地”。

1. 台站概况

大山地震台位于山东省无棣县境内，北纬 38°00′、东经 117°67′，为华北平原新生沉降相对隆起部位，隆起以北是黄骅新生代坳陷，以南是济阳坳陷，隆起与坳陷之间为断层接触，台站测震摆房和 GPS 观测室位于碣石山（大山）上，所在位置是第四纪中更新世残留的火山口，为鲁北平原唯一的岩石出露处。台基为玄武岩，致密坚硬；电磁及流体观测位于山下平原地处，台站周围无明显干扰源，环境较好。

2. 观测手段

大山地震台是具有测震、强震、流体观测、形变观测、电磁观测及信息节点的综合地震观测台站，代管广饶鲁 03 井。现有观测仪器 12 台套（含 03 井）。测震观测包括首都圈遥测地震计 1 套。强震观测包括 BBAS－2 三分向加速度计 1 套，MH－100 地震烈度仪 1 套；流体观测包括水位水温仪综合观测仪 1 套；形变观测有 GPS 观测仪 1 台，气象三要素观测仪 1 套；电磁学科有 ZD9A－Ⅱ地电场仪、FHD－2B 质子磁力仪、GM－4 磁通门、电离层斜测、极低频探地各 1 套，合计 5 套。鲁 03 井水位仪、水温仪，FHD 大核旋、地电场的观测数据为无线传输方式，接入大山地震台服务器。其余均为 SHD 光纤传输。

3. 荣誉成果

建台 40 多年来，台上所有观测资料在全国、全省台站观测资料质量评比中均保持了优异成绩，有 60 多项次在国家及山东省评比中获得了名次；获山东省地震局防震减灾优秀成果二、三等奖多次。大山地震台作为“地震监测预报先进集体”“地震系统先进集体”“地震台站工作先进集体”“文明台站”先后多次受到滨州市人民政府、滨州市地震局、山东省地震局、中国地震局等的表彰奖励。

（中国地震台网中心）

广东省肇庆地震台

广东省肇庆地震台是中国地震局地磁观测台网的重要台站，隶属广东省地震局，其前身为广州地磁台，始建于1956年，是新中国成立后在我国南方最早建立的地磁台，是我国著名的“老八台”之一，曾获国际地球观测百年纪念银质奖章。自1994年起，广州地磁台因受广州地铁和华南快速干线等市政建设的影响，地磁观测环境受到严重的干扰，需进行异地迁址重建。1996年3月开始了地磁台新址的勘选，2001年11月完成项目建设，2001年12月开始记录，2003年12月通过验收。

1. 人才队伍

目前，肇庆地震台共有在职人员4人，均具备本科以上学历。其中，初级职称1人，中级职称2人，高级职称1人。担负着日常地磁观测数据预处理、地磁绝对观测、数据异常跟踪分析、震情值班、数据报送等任务。

2. 观测手段

肇庆地震台的观测环境良好，地磁观测项目齐全。台站有绝对观测室、相对记录室、矢量磁力仪室等，拥有各类地磁观测仪器10多台（套）。相对记录仪记录磁偏角 D、水平强度 H、垂直强度 Z 相对变化的分钟值和秒数据。台站还安装有一套GSM-19FD dIdD质子矢量磁力仪，能实时对地磁场磁偏角、磁倾角的相对变化和磁场总强度进行连续的观测。

3. 荣誉成果

加入国际实时地磁观测台网。2003年6月，国际实时地磁观测台网（INTERMAGNET）运行委员会批准肇庆地震台加入该组织。目前，中国地磁台网中的兰州、肇庆、长春、乌鲁木齐台是其成员台。

加入“子午工程”项目。2006年，肇庆地震台加入由中国科学院牵头，中国地震局以及信息产业部等七个部委参与的国家重大科学工程“东半球空间环境地基综合监测子午链”地磁（电）观测项目，是重要的地基观测站之一，荣获中国科学院空间中心授予的“子午工程联合测试工作”先进集体、优秀运行单元等称号。

完成香港和澳门地磁测量任务。于2002年、2008年、2010年、2015年、2020年多次高质量完成澳门和香港特别行政区的地磁测量项目，加强了粤港澳地区的科技合作，对广东省地震局地震科技“走出去”和服务社会起到积极推动作用。

观测资料质量较好。2004年至今肇庆地震台地磁观测资料在中国地震局观测资料质量评比中取得7次前三名的好成绩，多次在省内地磁资料评比中获得第一名。

荣获防震减灾优秀成果奖。“广东省肇庆地震台的建设及运行成果”于2009年度荣获广东省地震局防震减灾优秀成果一等奖、中国地震局防震减灾优秀成果二等奖。

（中国地震台网中心）

四川省成都地震基准台

四川省成都地震基准台隶属于四川省地震局，是中国地震局最早建立的国家级Ⅰ类基准台。成都地震基准台处于龙门山地震断裂带的前山断裂，地理位置特殊，地震监测位置重要。目前，成都地震基准台承担松潘、崇州、江油、马尔康等地震台的管理工作，负责辖区内的震情监视、分析预报、资料收集、上报、交换等工作，参与辖区内破坏性地震现场考察；承担所辖台站观测质量评比、台站优化改造和仪器设备的维护与维修工作。成都地震基准台测震资料用于中国台网全球地震定位，测震、地磁观测手段均参与国际资料交换。

1. 台站概况

地理位置。该台站位于成都市郫都区唐昌镇的走石山，地理坐标为北纬30°54′，东经103°45′，海拔高度653.3米。台站处于龙门山构造带前沿的成都凹陷盆地内，距最近的安县—灌县断裂约20千米，距东面的龙泉山断裂约60千米。台址所处的走石山是白垩系砾岩经风化剥蚀后形成，基岩很不完整，发育多层溶洞，部分已被风化黄土所充填。台址周围均为第四系冲积物所覆盖的农田。

人才队伍。成都地震基准台现有职工37人，其中本科以上学历为25人，占比约67.5%；中级及以上职称19人，占比约51.4%；高级职称5人，占比约13.5%。在测震、地磁、地电、重力等观测项目上都有较强的技术力量。

2. 观测手段

成都地震基准台本部具有测震、地磁、地电、重力四个手段。①测震观测。1999年，测震观测进行数字化台站改造，成为中国地震局最早建立的48个数字台之一。成都地震基准台在运行的地震计为JCZ-1T，搭配的数采为EDAS-24GN。②地磁观测。成都地磁台创建于1971年，是国家级Ⅰ类基准台。现在运行的设备有：GM3磁通门磁力仪、FHD-1分量质子旋进磁力仪、CTM-DI磁通门经纬仪、G856质子磁力仪、Mingeo-DI磁通门经纬仪、FHDZ-M15地磁组合观测系统（FGE+Overhauser）、GM-4磁通门磁力仪、质子矢量磁力仪FHD-2，以及磁通门磁力仪FGM01。③地电观测。成都地震基准台地电观测有地电阻率和大地电场两个项目。现有仪器地电阻率观测ZD8M，大地电场观测ZD9A-Ⅱ。④重力观测。仪器型号为GS-15 213号，德国ASKIA制造，1989年9月，由国家地震局地质研究所固体潮组对仪器进行了全面改造，目前观测精度为1μg。

3. 荣誉成果

成都地震基准台多学科观测资料在全国质量评比中成绩显著，2002—2015年观测资料在国家局评比中共取得前三名50项次，其中获第一名8项次。2015年以来，台站参与中国局“三结合”课题3项，测震青年专项1项，局科技专项5项以及自然科学基金协作项目1项，软件著作权1项。

（中国地震台网中心）

云南省丽江地震台

云南省地震局丽江地震台分为两个观测区域，即坐落于丽江古城区黑龙潭公园北侧的地震台（主要观测项目为形变、重力、电磁）和坐落于玉龙县白沙镇文海行政村的丽江地磁基准台（主要观测项目为地磁）。丽江地震台始建于1970年，属于国家基本台。自建台以来经多次升级改造，1982年8月进行了改造扩建工作。2019—2020年丽江地震台进行了新一轮的台站优化改造。丽江基准地磁台建成于2015年，场址位于玉龙雪山西侧的一个小湖泊旁，地处丽江拉市海野生动物保护实验区内。

丽江地震台原为直属科级地震台，现有在职人员10人，其中高级工程师1人，平均年龄34岁。

1. 台站概况

丽江地震台台址建在中三叠系白云质灰岩上，所有仪器都放置于坑道内，仪器墩为天然原岩。洞内温差几乎为零，恒温在16.5℃左右。台站周围2km范围内无工厂、发电站及高压线等，山洞内岩体完整、坚硬，岩性单一，具备良好的观测条件和观测环境。丽江地磁基准台的区域磁场环境、背景噪声、磁场梯度等指标满足地磁台站观测技术规范要求，观测条件优异。

2. 观测手段

丽江地震台现有测震、电磁、形变、流体四个学科的观测，包括合作项目超导重力仪、AETA综合观测仪、舒曼谐振前兆观测仪、电磁辐射仪等25套仪器。地磁基准台是全国地磁比测台站，建有零磁空间实验室。其主要开展地磁绝对、相对观测及地磁仪器定型检测，观测项目有：地磁绝对观测 F、D、H、Z，地磁相对观测 H、D、Z。

3. 荣誉成果

丽江地震台历来高度重视地震观测资料质量，确保观测数据连续、可靠、稳定，通过实施2020年台站优化改造项目进一步提升观测环境。自1987年以来，丽江地震台在全国和全省地震监测质量评比中获前三名40项；主持或参与省部级、厅局级科研项目8项；累计发表科研论文26篇。

（中国地震台网中心）

地震灾害风险防治

2020 年地震灾害防御工作综述

一、总体工作情况

2020 年，地震灾害防御工作以习近平新时代中国特色社会主义思想和党的十九大精神为指引，学习贯彻习近平总书记关于防灾减灾救灾的系列重要论述和关于提高我国自然灾害防治能力的重要讲话精神，认真贯彻落实国务院防震减灾工作联席会议、全国地震局长会议精神，贯彻落实局党组重大决策部署，进一步增强灾害风险防治和综合减灾理念，完成 2020 年度地震灾害防御各项工作。在推进自然灾害防治两项重点工程、强化抗震设防监管，推进地震安评改革、积极服务国家战略和社会发展等方面取得突出进展。

二、加快推进自然灾害防治两项重点工程

自然灾害防治九项重点工程是习近平总书记亲自部署、亲自推动的政治工程、民心工程。中国地震局牵头的两项工程，均在稳步推进中。

中国地震局党组每月听取工程进展情况汇报，研究部署推进工作；分管局领导每周主持召开协调调度会，组织召开 5 次地震系统专题推进工作会、17 次协调调度会议，通报工程进展，交流经验，研究解决遇到的问题；组建自然灾害防治重点工程工作专班，全力加快推进工程实施，取得良好进展。

（一）在地震灾害风险调查和重点隐患排查工程方面

一是强化督促指导，编制工作方案。按照国务院普查工作部署，完成全国总体方案、试点“大会战”方案、普查实施方案等，并印发 2020 年度工作方案；指导 31 个省份完成本地实施方案。二是切实做好工程实施准备。组织举办普查业务、地方任务、活动断层探测、房屋建筑抽样详查等 4 个培训班。编制完成 10 项技术规范、3 本培训教材供各省使用。组织开展风险普查软件及数据库设计与研发。三是推进“大会战”和地震灾害专项试点。指导北京市房山区、山东省岚山区开展普查试点“大会战”，完成两地地震灾害致灾调查和评估、房屋建筑抽样详查工作和地震灾害隐患评估工作。完成 4 项地震灾害专项试点资料收集，完成 2 项 1:25 万地震构造图野外工作和 2 项 1:5 万断层填图野外工作。四是做好 2021—2022 年地震灾害风险普查中央本级工作任务经费预算申报。组织做好编制预算文本、第三方机构评审、项目咨询会、赴财政部预算评审中心对接等工作。五是全面启动全国 86 个试点市县普查工作，推进市县任务落实。在自然灾害六灾种调查方面，地震灾害风险调

查工程在完成进度质量检查数据整合上稳居前列。

（二）在地震易发区房屋设施加固工程方面

一是完善加固工程协调机制。成立加固工程协调工作组，召开1次协调工作组会议，3次协调调度会。8月20日加固工程协调工作组召开扩大会议，应急管理部党委委员，中国地震局党组书记、局长闵宜仁出席并做重要讲话，从统筹协调、精准实施、督促检查和政策创新等方面作出部署安排。多地成立工程协调议事机构，各部门合力推进工程实施。二是印发加固工程总体方案。召开专题调度会，建立周通报制度，督促指导各地编制实施方案。目前，全国28个省（自治区、直辖市）已印发实施方案。三是建立工程技术支撑体系。成立技术专家组，印发《地震易发区房屋设施加固工程技术指南》。按照应急管理部党委书记黄明视察中国地震局要求，针对城乡住宅，特别是农村民居的“小补、中修、大改”加固技术，编制并刊印《农村房屋抗震实用手册》，组织编写加固技术案例选编。住建部印发《村镇建筑抗震鉴定与加固技术标准》等三项规范指南。加固工程信息采集和管理系统完成架构设计，实现APP采集端和PC端统计分析功能的开发。四是加强工程实施情况督导调研。国务院抗震救灾指挥部办公室印发《关于进一步加快实施地震易发区房屋设施加固工程的通知》。组织7个协调工作组分赴8省市，下沉一线，履行督促检查责任。

三、强化抗震设防监管，推进地震安评改革

地震安评改革工作按照国办职转办提出“保留审批、压减范围”改革新思路，形成关于深化地震安评改革的意义，广泛征求13个行业部门和8个省级人民政府意见，进一步明确了改革路径，通过建立统一的地震安全性评价范围、保留事前审批、强化事中事后监管、完善责任体系，构建符合“放管服”改革要求和重大工程建设需求的“综合监管、行业监管、属地监管”一体化地震安全性评价工作机制。同步做好“四公开、一审批”及事中事后监管相关工作，组织召开事中事后监管体系建设研讨会，形成《建设工程抗震设防要求监管思路》《建设工程抗震设防要求监管清单》，抓紧开展事中事后监管体系构建研究工作。

开展全国建设工程地震安全监管检查。国务院领导高度重视“大检查”工作，王勇国务委员先后3次批示提出要求。局党组多次研究推动工作，分管局领导26次主持协调调度，制定《指导督查方案》，压实各地责任，派出7次工作组督查指导。3月27日联合多部门召开动员部署视频会议后，各地结合实际主动作为，广泛动员，及时部署，上下形成合力推进工作。全国共检查建设工程近31万项，其中重大工程4688项、高层建筑6407项、学校231447项、医院22194项、一般工程45120项。抽查安评报告205份，其中核电、大型水电等报告做到全覆盖。地震安全检测和健康诊断系统共排查68项。完成浙江、广东、重庆地区核电、特大桥地震安全监测设施专项调研和31个省份学校、医院及9大类工程专项数据复核。“大检查”工作作为年度常态化工作纳入自然灾害综合督查检查，并将工作报告上报。

四、扎实推进震害防御基本业务

一是组织实施四川、河南活动断层探测工程。完成凉山、晋中等15个城市实施方案论

证，完成驻马店等3个城市项目总验收。组织开展全国城市活动断层探测项目数据入库清理工作。二是组织开展第六代区划预研究，开展风险区划图试编，进一步明确工作思路，推动区划工作分级分类管理，以“宽频带、多概率、高精度、陆海一体”为主要目标，编制地震动参数区划图、危险图、风险图、防治区划图，构建“1+3”地震区划业务体系，以全国地震动参数区划图为主干，增加全国地震灾害风险区划、省级地震灾害风险区划、市（县）地震灾害风险区划的地震区划业务体系。三是组织基于遥感影像和经验估计的区域房屋抗震设防能力初判工作。开展初判方法研究，在京津冀及全国试点实施。四是组织开展地震灾害风险防治业务平台建设，完成设计和立项工作。房屋设施抗震设防信息采集和管理系统、活断层探测数据信息管理系统投入使用。

五、服务国家战略和重大工程，做好地震安全保障

一是指导编制《雄安新区地震安全专项规划实施意见》，提出地震区域性地震安评、地震风险评估和震害预测等4个重点工程，雄安区域性地震安评项目已经落地。二是完成川藏铁路沿线地震区划和重点桥梁场地地震安全性评价。开展川藏铁路特大桥复杂场地地形效应、南水北调中线重点场地地震动输入研究。参与江西奉新抽水蓄能电站、以及陆丰、廉江、白龙、昌江、徐大堡等核电等6项专题审查。三是深化与中再集团、中核集团合作，签订战略合作协议，就地震巨灾保险模型研发、核工业地震安全保障开展联合攻关。四是参与中央重大活动地震安保3次。在2020年全国“两会”，中秋、国庆“双节”和党的十九届五中全会期间，较好完成地震安保风险防范和地震现场工作任务。

（中国地震局震害防御司）

2020年地震应急响应保障工作综述

2020年，我国大陆地区共发生5.0级以上地震20次，最大为7月23日西藏尼玛6.6级地震。其中，发生破坏性地震9次，灾害性地震事件5次，地震灾害共造成5人死亡、30人受伤。中国地震局扎实开展地震现场应急准备，完善响应机制，提升服务支撑能力，高效有序地开展了地震现场应急处置工作。

一、贯彻落实党中央、国务院领导指示批示

党中央、国务院领导同志高度重视抗震救灾工作，2020年多次作出重要指示批示。云南巧家5.0级地震、河北唐山5.1级地震发生后，李克强总理两次作出重要批示，孙春兰副总理、刘鹤副总理、王勇国务委员等作出重要批示。新疆库车5.6级、新疆伽师6.4级、四川成都青白江5.1级、西藏日喀则5.9级、四川石渠5.6级、北京门头沟3.6级、新疆于田6.4级、西藏尼玛6.6级等地震发生后，王勇国务委员分别作出重要批示。

中国地震局党组坚决贯彻党中央、国务院领导指示批示精神，按照应急管理部要求，震后第一时间指挥部署，高效组织开展灾情调查、快速评估、趋势会商、烈度评定、新闻宣传和舆情引导等工作，为应急管理部和相关省级党委政府开展抗震救灾工作提供有力服务保障，为开展抢险救援、救助灾区群众、稳定社会秩序作出积极贡献。

二、稳步推进地震应急预案体系建设

强化疫情防控期间应急准备部署要求，制定印发《中国地震局疫情防控期间地震应急响应主要任务及工作流程》《中国地震局疫情防控期间重特大地震应对方案》，主要围绕疫情期间地震现场监测、趋势判定、灾害调查、新闻宣传等各项应急工作作出规定，保障疫情防控期间地震应急响应安全高效有序。

三、全力做好应急响应准备

组织开展区域应急演练、应急流动观测演练、应急桌面推演等 30 余次，进一步完善应急响应工作流程；局领导率队完成云南、四川、新疆、甘肃等 4 个重点地区重特大地震应急准备督查检查。印发《中国地震局地震应急信息服务工作方案》，上线地震应急信息服务平台，提供 6 个方面 27 类权威、及时、可靠的地震应急信息服务；组织编制《大震应急救援服务产品清单》，探索与应急管理部建立信息服务共享机制。

四、高效开展地震现场工作

历次地震发生后，中国地震局迅即开展应急响应，了解震情灾情，指挥调度发震省级地震局与周边省局力量，与地方应急管理部门积极协作，联合开展应急行动。全年共开展地震应急处置 72 次。组织派出局机关人员和专家参加应急管理部地震工作组 2 次 3 人，组织派出省级地震现场工作队赴现场开展应急处置 24 次，共计派出 374 人。

发震省局根据应急响应级别，迅速组织现场工作队赶赴震区，开展灾情收集、流动观测、烈度评定、灾害评估、科普宣传等工作，指导协助地方政府开展抢险救援、灾民安置等工作，震后 2~3 天内完成地震灾害调查和烈度图编制工作，全年共完成 10 次烈度分布图编制。

五、夯实片区应急协作联动基础

西北、西南、中南、华东、华北、东北 6 个地震应急协作联动片区充分利用疫情期间有限条件，开展实战拉动演练、桌面推演、交流研讨等活动，有效促进片区间各单位完善协作联动机制、增强实战能力。同时，要求应急协作联动片区在做好疫情防控的基础上，严格按照中国地震局统一指令开展协作联动，进一步细化完善各联动方案，编制预设力量，每月更新全国地震应急现场工作力量。

选择河北、安徽、山东、四川、云南 5 个省级地震局作为试点开展工作，积极推动省局与省应急、消防、电力和通信等部门、企业之间建立快速有效的灾情信息共享机制。组织震防中心开发完善了地震灾情信息管理与报送系统和报灾 APP，该系统在安徽、青海、甘肃、重庆、天津、西藏、河北、广东等省级地震局测试使用的基础上，推广全国范围试用，现有系统注册报灾员 4554 人。

（中国地震局震害防御司）

各省、自治区、直辖市，中国地震局直属单位地震灾害风险防治工作

北京市

1. 抗震设防要求

2020年，强化建设工程事前审查与事后监管，严把建设工程抗震设防要求关，严控城市抗震新增风险。依托“多规合一”等审查机制，全年审查土地储备项目和建设工程237个。做到地震重大工程地震安全性评价“应做必做”，要求1个建设工程开展地震安全性评价，通过后续监管，安评工作已落实完毕。

2020年11月25—27日，联合市规划和自然资源委员会及相关单位开展2020年度施工图抽审工作，抽审了22个居住项目和21个公建类项目，总体抗震设防情况较好。

2. 地震安全性评价

对2016年1月—2020年6月24日的9654个建设工程、2009年后建设的1524个学校和81家医院的信息进行了梳理核查。编制《北京市地震安全监管检查工作报告》。按中国地震局工作部署，开展学校、医院的抗震设防复核工作，对大检查中存疑的308个学校和33个医院建设工程进行逐一核实，发现1例不合格情况，编制《北京市建设工程地震安全监管检查复核工作报告》。

3. 震害预测

按照《全国灾害综合风险普查总体方案》和《国家减灾委员会办公室关于开展全国灾害综合风险普查试点“大会战”工作的通知》，北京市房山区作为“大会战”地区，先期开展普查试点工作。配套编制《北京市地震灾害风险普查房山试点实施方案》按计划开展并完成普查试点工作。

（北京市地震局）

天津市

1. 抗震设防要求

2020年，完成全市建设工程地震安全监管检查。天津市政府召开了检查工作部署视频会，市政府副秘书长许颖悟主持会议并讲话。市地震局印发《关于开展全市建设工程地震安全监管检查工作的函》及检查工作实施方案，牵头组织19个行业部门和16个区政府开展检查，共检查3394个建设项目。市地震局、市住房城乡建设委组织14家审图机构，对

检查资料进行复核，向中国地震局和天津市政府报送了检查工作总结和整改措施，检查结果通报天津市各区政府。市地震局、市住房城乡建设委向2个问题工程所在区下发了整改通知。将抗震设防要求和地震安全性评价纳入“多规合一”项目征询阶段，对20多个项目给出抗震设防要求意见。

2. 地震安全性评价

完成地震安全性评价结果审定政务服务15项。陈塘科技商务区完成区域性地震安全性评价，对汉港公路、津汉公路等重大建设工程开展地震安全性评价服务。制订印发《天津市区域地震安全性评价管理办法》，规范区域性地震安全性评价管理。向社会公开征集地震安全性评价评审专家，组建评审专家库。

3. 震害预测

大力推进地震灾害风险普查工作。市地震局、市应急局印发《天津市地震灾害风险普查实施方案》，部署全市风险普查工作。启动建筑工程抗震隐患识别与地震灾害风险评估、河西务断层探测、建筑结构健康诊断等工程。推进滨海新区地震灾害风险普查全国试点工作，落实试点经费91.3万元。完成宝坻区建（构）筑物抗震性能调查评估服务项目验收。

推进易发区房屋设施加固工程。市减灾委办公室、市防震减灾领导小组办公室联合印发《天津市地震易发区房屋设施加固工程实施方案》，组建加固协调工作组和技术专家组，建立了工作机制。召开了3次协调会议，举办了房屋设施加固业务培训。截至2020年底，全市16个区、7个行业部门制订了抗震加固方案。

组织开展全市地震工程地质条件调查。依托现代化试点项目投资120万元，完成全市地震工程地质条件调查并通过验收。共计完成23个补充地震钻孔勘探、55个点地脉动测试的全部野外工作和260个点地震反应分析计算。编制了天津市场地类别分区图和天津市唐山地震震害分区图。

在全国率先完成天津全境遥感预估房屋震害风险初判工作。制定《天津市地震局关于开展基于遥感影像和经验估计的区域房屋震害风险初判试点工作的工作方案》，组建了基于遥感影像和经验估计的建筑物抗震性能评估试点项目管理组和实施组。完成基于遥感影像和经验估计的区域房屋抗震能力初判项目并通过验收，累计完成天津市146万栋，建筑面积9.7亿平方米的房屋抗震性能判别工作。

活动断层探测。完成河西务断裂浅层人工地震4条测线总长12.2千米的野外数据采集、处理及解译工作，编制完成《1:25万区域地震构造图》和《1:5万河西务断裂分布图》，并完成项目验收。开展跨宝坻断裂浅层人工地震探测工作，完成3条测线总长10.5千米的野外数据采集、处理及解译工作，炮线长度10千米。编制完成《1:5万宝坻断裂分布图》，并完成项目验收。起草完成《天津市地震活动断层探测规划》，在“十四五”规划草案中将断裂探测纳入规划内容。

地震应急准备。完善市地震预案体系，增强应急联动可操作性，牵头编制《天津市抗震救灾地震监测和灾害评估保障计划》，明确市抗震救灾指挥部成员单位间的分工与协作机制。根据市、局两级机构改革职能调整，优化响应机制与流程，完成《天津市地震局地震应急响应预案》初稿意见征集。为防范疫情期间地震突发事件，编制《天津市地震局新型冠状病毒感染肺炎疫情防控期间地震应急响应预案》。

主动服务应急管理部门，强化地震应急辅助决策能力，组织编制《天津市2020年地震灾害预评估和应急处置要点报告》。不断提升信息服务能力，与市委信息处、市应急管理局主动对接，印发《关于进一步加强和规范地震应急响应信息报送工作的通知》《关于规范地震应急响应级别建议的通知》，全年报送国内外17次地震共25期信息。不断加强对全市应急体系的技术支撑，完成地震行业网和市应急局应急骨干信息网络的平行对接，具备了应急信息资源共享、双向视频互联互通、在线实时指挥调度等能力。

推动建立全市地震应急演练常态化机制，实现市级、行业、基层演练全覆盖，与市应急局共同开展全市地震桌面应急演练。结合防疫工作实际，开展2次分模块应急响应演练，确保疫情期间应急处置能力不减。组织现场队队员开展拓展训练与业务培训，持续做好应急车辆、装备维护。定期开展应急通信检查，不断提升全局应急意识。

有力处置2020年4月13日河北任丘3.2级地震、4月26日天津静海2.0级地震、5月26日北京门头沟3.6级地震和7月12日河北唐山古冶5.1级地震，第一时间为市委市政府及相关部门提供信息服务，开展舆情监控，维护社会秩序稳定，视情况派出现场工作队开展震情灾情调查。

（天津市地震局）

河北省

1. 抗震设防要求

2020年，牵头组织全省建设工程地震安全监管检查。以联席会议办公室名义，推动13个（地级）市政府、雄安新区管委会和省住建厅等10个省直行业部门，共对151项重大工程，14463所学校、1019所医院、23项超限高建筑，以及513处一般建筑抗震设防情况进行自查，两次组织对数据核实确认，联合省教育厅等5个省直部门对张家口6个工程开展现场检查。形成检查报告经省政府领导批示后，以联席会议办公室名义要求各市组织整改。

2. 地震安全性评价

牵头制定并会同河北省政务服务办公室、住建厅、自然资源厅和应急厅联合印发《河北省区域性地震安全性评价管理办法》，在全省大力推进区域性地震安全性评价工作。将雄安新区、大兴机场临空经济区等9个园区区评工作列入全省工程建设项目审批制度改革试点，发挥示范带动作用。2020年全省区评项目共14个，政府投资近3000万元，截至2020年年底组织完成评审5个，组织评审4个，稳步推进现场工作5个。组织编制《区评技术细则》，进一步完善技术标准。依法加强事中事后监管，开展地震安评从业条件核查，并将核查通过的34家单位在局门户网站公布。建立了由110名专家组成的河北省地震安全性评价技术审查专家库，提升安评报告审查质量。在推进区评工作的同时，加强对单体安评项目的管理，会同省灾协共组织对45个安评报告进行专家技术审查。

3. 震害预测

牵头组织开展重点地区地震灾害损失预评估，组织了预评估市县培训班，邀请专家进行了视频讲解和现场指导，会同应急中心全面推进。经过大量的现场工作，完成张家口、邢台2个市34个县（市、区）的现场工作；完成唐山市基础数据收集和室内计算，因受新冠肺炎疫情影响，尚未开展预评估现场调研。根据工作安排，计划于2021年6月底前全面完成河北省13个设区市和雄安新区预评估工作。

牵头组织基于遥感技术和经验估计的房屋抗震设防快速评估。省地震局开展全省地震系统初判工作专题部署，编制专项工作方案，组织专题技术培训班，并加强专家指导。组织各市地震主管部门成立工作专班抓紧推进工作开展。张家口、唐山、邢台3个试点市已于2020年底率先完成初判工作，三市共完成房屋判别12374736栋，处理遥感影像地域面积61256.8平方千米，形成房屋抗震能力初步评估图和评估报告，相关成果上报中国地震局震害防御司。

开展地震灾害风险调查和重点隐患排查试点工作。一是积极部署推动。召开专门会议研究部署，并对加快普查工作进度提出要求。结合机构人员变动情况，省地震局及时调整地震灾害风险普查工作专班人员组成，强化专业技术力量，加强对市县普查工作的指导。加强同省普查办沟通协调，推荐1名直属单位负责同志担任省普查办副主任并参加了应急管理部和中国地震局培训。二是加快试点工作。牵头编制《河北省地震灾害风险普查工作实施方案》及预算，加强对平山、涞水、滦州3个国家级试点县工作的指导，细化方案、落实预算、按计划推进3个试点县普查工作，同时加强同中国地震局震害防御司及相关支撑单位汇报沟通，及时了解国家层面要求，沟通反映工作中的有关问题。

4. 活动断层探测

为认真贯彻省委书记王东峰“7·27”在唐山重要讲话精神，根据唐山市委、市政府主要领导部署，唐山市应急管理局向市政府呈报了《关于滦县—乐亭断裂和卢龙—滦县断裂有关情况的报告》和《关于实施滦县—乐亭和卢龙—滦县活动断裂实测工程的请示》。10月16日，唐山市政府采购中心对唐山市滦县—乐亭、卢龙—滦县断裂活动性鉴定及定位项目组织了招标，河北省工程地震勘察研究院中标。经过两个月的紧张施工和资料处理、报告编写，成果报告于12月17日通过中国地震灾害防御中心组织的专家评审，12月29日通过唐山市委、市政府审定并正式提交唐山市人民政府。

2020年邯郸市“邯东断裂综合定位与地震危险性评价”项目完成全部野外工作。浅层人工地震勘探共完成17条测线总长度40千米，跨断层钻孔探测完成3个场地20个钻孔，总进尺2640米。项目牵头单位中国地震应急搜救中心于12月8日组织有关专家完成“浅层人工地震勘探”专题验收，12月18日组织完项目野外工作验收。

按照《关于开展城市活动断层探测项目数据入库清理工作的通知》通知要求，分类整理项目承担单位补充数据清单，向地质所、地球所、地壳所、搜救中心、震防中心等项目承担单位逐一对接收集，明确专人加强跟进和沟通联系。9月17日，震害防御司组织召开专题督办会后，进一步加大工作力度，成立了河北省地震局活断层数据清理工作专班，全力开展清理入库工作。于10月14日将最新收集和按照要求转换后的数据材料提交给活断层数据中心（中国地震灾害防御中心），具体包括：全省各市活断层探测与地震危险性评价分项目技术报告（总报告）；1:1万地震构造图（唐山邯郸邢台保定张家口承德沧州）；1:5万活动断层分布图（唐山石家庄秦皇岛邯郸邢台保定张家口承德沧州廊坊衡水）；1:25万区域地震构造图（唐山石家庄秦皇岛邯郸邢台保定张家口承德沧州廊坊衡水）；省内市级钻孔报告、地震勘探报告、遥感解译报告、活断层分布图编图报告、活断层地震报告、地震危害性评价报告、地震构造图说明书、各类震害预测与评估报告等，以及测点钻孔、排钻、探槽等物探原始数据与图件。

5. 地震应急保障

（1）完善地震应急响应机制。落实《河北省应急管理厅 河北省地震局关于建立抗震救灾和防震减灾协调联动工作机制的通知》相关要求，配合完成《河北省地震应急预案》修订和省抗震救灾指挥部组成人员及职责调整。编制印发《河北省抗震救灾辅助决策工作细则》，进一步落实省地震局牵头的职责任务，完善应急工作机制。

（2）修订地震应急预案，开展应急演练。于 2020 年 11 月 2 日率先修订印发《河北省地震局地震应急预案》，对应急响应组织体系、指挥部工作分组、职责分工、各时段主要任务及工作流程进行了细化。强化各层级地震应急演练，4 月 14 日开展全局地震应急演练，模拟启动地震应急二级响应背景下开展信息报送、震情监视、会商研判、灾情收集、应急宣传和后勤保障等各项应急处置工作。5—6 月，组织各中心台开展地震应急演练。9 月 7 日，针对强化冬奥会地震应急准备和提升抗震救灾水平，配合省应急管理厅联合张家口市举行了河北省 2020 年抗震救灾综合实战演练。11 月底印发通知，对做好部门、工作组和全局性地震应急演练进行安排，推动做好地震应急准备工作。

（3）提升应急保障能力。组织向各市地震局、雄安新区应急管理局部署视频会议系统，实现各市地震部门视频会议全覆盖。利用“十三五”项目正在建设地震应急快速评估子系统和应急信息收集处理子系统。对地震应急基础数据库行政区划、经济、交通等数据进行了更新。完成地震现场装备库电子信息化系统建设，升级地震应急信息汇聚平台各项功能。实施大震应急救灾物资储备项目，补充采购了一批地震应急通信、灾害调查评估和工作防护等装备物资。

（4）妥善处置地震事件。唐山古冶 5.1 级地震后，河北省委书记王东峰到震中村庄查看灾情并慰问群众，省长许勤等省领导到省地震局指挥调度抗震救灾。牵头京津冀地震部门有序开展协同联动，联合会商研判震情趋势，共同完成现场震害调查和地震烈度图发布，及时发布相关信息，科学开展防震减灾宣传，有效维护了社会生产生活秩序。妥善处置和应对 2020 年 2 月 23 日河北平山 3.0 级、4 月 13 日河北任丘 3.2 级等显著地震事件，震后及时收集了解震情灾情并报送震情和应急处置工作信息。按照局党组要求起草《进一步强化全省地震监测和预警预报工作方案》报送省委省政府。

（河北省地震局）

山西省

1. 抗震设防要求

（1）开展全国建设工程地震安全监管检查。2020 年 2 月，印发《关于开展建设工程地震安全监管检查的函》，要求山西省住建、交通、水利、应急、能源、铁路、教育、卫健等部门全面收集各行业相关领域的建设工程开展地震安全性评价情况及学校、医院抗震设防要求执行情况等，完成摸底自查。

6月，省地震局副局长郭君杰带队，山西地震局、山西省住建厅、山西省教育厅、山西省卫健委等部门组成检查组，对晋中市榆次区、平遥县、吕梁市离石区、交城县和太原市的25个建设工程的地震安全监管工作进行实地检查。

7月，中国地震局第四督查组对忻州市、朔州市7个建设工程进行实地检查。10月底，省地震局对临汾、运城两市共20个建设工程地震安全监管情况进行实地检查。

（2）加强对市县住建、审批部门的监管和培训。2020年10月，省地震局与省行政审批服务管理局共同举办地震安全性评价暨建设工程抗震设防要求监管工作培训研讨会，组织各市住建局、审批局相关业务负责人深入学习，指导各市规范开展地震安全性评价强制性评估和建设工程抗震设防要求的监管工作。

2. 地震安全性评价

（1）将区域性地震安全性评价纳入政府统一服务事项。2020年，山西转型综合改革示范区潇河产业园区等18个经济技术开发区或产业集聚区的区域性地震安全性评价事项已纳入当地政府统一服务事项和“承诺制＋标准地”区域评价事项，并开展区域性地震安全性评价工作。

（2）构建区域性地震安全性评价制度框架。2020年2—6月，省地震局相继制定印发《开展地震安全性评价单位信息登记、项目备案的公告》等6个配套管理办法，构建全省区域性地震安全性评价工作的制度框架。8月，省地震局与省商务厅联合印发《关于分类开展区域性地震安全性评价工作的通知》，建立区域性地震安全性评价分类管理制度。11月，印发《山西省地震安全性评价强制性评估和抗震设防要求监管工作实施方案（试行）》，构建了多部门联合监管体系。

各市也积极推进区域性地震安全性评价工作的制度建设，确保规范开展区域性地震安全性评价工作。

（3）加强区域性地震安全性评价业务指导与技术审查。为指导全省市县规范开展区域性地震安全性评价管理工作，3月，省地震局印发《关于加强区域性地震安全性评价管理工作的通知》，督促各市住建部门加强对本辖区各类开发区、工业园区、产业集聚区及其他有条件的区域的区域性地震安全性评价工作的监督管理。10月，省地震局与省行政审批服务管理局共同举办地震安全性评价暨建设工程抗震设防要求监管工作培训研讨会，组织各市住建局、审批局相关业务负责人深入学习，指导各市规范开展监管工作。

2020年，省地震局组织专家相继对山西综改区的潇河产业园区等8个区域性地震安全性评价项目报告及数据库进行技术审查，为全省工程建设项目审批制度改革、“承诺制＋标准地”改革提供技术服务与保障。

（4）积极推进“四公开一备案”机制建设和“双随机一公开”抽查检查．充分利用“互联网＋监管”平台，3次公布26个地震安全性评价从业单位登记信息和18个区域性地震安全性评价项目备案信息。

积极开展地震安全性评价和抗震设防要求“双随机一公开”抽查检查，相继对山西转型综合改革示范区潇河产业园区等15个区域地震安全性评价项目现场工作进行抽查，并将抽查结果录入“互联网+监管”平台。

忻州市、太原市、临汾市等各市住建部门也积极履行监管职责。

（5）初步建立地震安全性评价办理事项流程和监管环节。在省工程建设项目审批制度改革领导小组办公室和省行政审批服务管理局的大力指导下，地震安全性评价作为一项办理事项拟纳入全省一体化在线政务服务平台工程建设项目审批管理子平台和投资项目在线审批监管子平台相关阶段办理。领导小组办公室已在审批管理子平台项目前期策划生成阶段为省地震局和市县行政审批管理部门增设办理事项，加强事前监管；同时还在子平台为省地震局、市县住建部门增设办理事项，由自然资源部门在工程建设许可并联审批阶段，征求省地震局、市县住建部门对本行政层级建设工程设计方案的审查意见，以便审查重大建设工程地震安全性评价结果、区域性地震安全性评价结果是否在建设工程设计方案中得到使用，加强事中监管。省行政审批服务管理局已在全省一体化在线政务平台投资项目在线审批监管子平台的综合窗口为省地震局、市县住建部门增设阅读项目信息的账户，省地震局、市县住建部门可针对本行政层级投资项目落实地震安全性评价和抗震设防要求加强监管。

3. 震害预测

完成阳泉震害预测建筑物普查数据并入库，编写震害预测系统方案及论证，系统开展招标工作，年底完成建筑物及生命线工程震害预测，地震次生灾害、人员伤亡与经济损失估计，防震减灾对策建议、地震灾害预测信息管理系统建设等专题验收。

4. 活动断层探测

完成大同市区活动断层探测与地震危险性评价（一期御东片区）工程公开招标、实施方案论证和项目相关专题的验收。

忻州市城市活断层探测项目投入中国地震局补贴40万元，主要开展对系舟山山前断裂的探测及古地震事件研究。

4—5月，提交《晋中市活动断层探测和地震危险性评价实施技术方案》并通过专家组论证。10—12月，晋中市活动断层探测和地震危险性评价项目“遥感图像处理与活动构造解译专题”“浅层地震控制性探测专题”通过验收。

8—12月，完成运城市中心城区地震活动断层探测项目招标，提交《运城市中心城区活动断层探测与地震危险性评价项目实施方案》并通过专家组论证。

12月11日，山西省地震工程勘察研究院负责研发的山西省震害防御基础数据管理服务系统通过验收。

5. 地震应急保障

不断加强地震应急准备工作。针对疫情防控和机构改革，及时调整地震应急预案响应职责，印发《山西省地震局疫情防控期间地震应急响应工作方案》《关于调整地震应急响应职责和响应流程的通知》。配合省抗震救灾指挥部办公室深入地震重点危险区3市7县开展地震防范和应急准备专项督查。组织开展全省防震减灾系统地震应急演练，配合省应急厅组织开展2020年省抗震救灾指挥部桌面实战综合地震应急演练，21家省直单位和大同市政府参加演练，省委常委、常务副省长胡玉亭同志参加并担任指挥长。对48个区县的地震灾害预评估报告进行分析评价，其中36个区县的报告通过评审。完成年度地震重点危险区的灾害预评估工作，现场调研与考察浑源县、广灵县、灵丘县、新荣区、阳高县5个县22个调研点。对危险区3市18县的遥感图像进行房屋单体解析工作，总计解译房屋100万栋，汇总编制18个县区基本资料图册。完成《2020年度山西地震危险区地震灾害预评估和应急处置要点报告》，牵头汇总形成《2020年度山西省地震局晋冀蒙地震危险区预评估实地调查报告》，通过中国地震局评审。

妥善应对3次3.0级及以上有感地震事件。地震发生后，省地震局、震中市级地震部门均迅速启动地震应急响应，相关应急人员快速到岗，按照预案要求快速收集灾情、加强震情监测和会商、密切关注并妥善处置舆情，有效维护了社会生产生活秩序。持续强化地震应急条件保障建设。完成98万元大震应急救灾物资储备项目设备采购，为应对大震、有效开展应急工作提供硬件支持。与省应急厅、省消防总队、山西煤监局等单位建立合作联动机制。完善地震应急指挥技术系统的自动触发功能，研发地震应急专用软件。在2019年度全国地震应急指挥技术系统运维质量考评中，获3项前三名。

（山西省地震局）

内蒙古自治区

1. 抗震设防要求

（1）开展内蒙古自治区建设工程地震安全监管检查工作。2020年，联合内蒙古自治区应急厅、教育厅、住建厅、卫健委、交通厅等多家单位组成2个督查组，赴内蒙古自治区4个盟市开展建设工程地震安全监管检查实地督查工作，形成《关于内蒙古自治区建设工程地震安全监管检查自查情况的工作报告》，通过对内蒙古自治区2009年以来的重大工程、学校、医院等开展的普查，及时发现问题，提出工作建议。

（2）工程建设项目审批事项报备工作。通过内蒙古自治区发改委投资项目在线审批平台开展建设工程地震安全性评价结果审定及抗震设防要求确定行政审批，向内蒙古自治区工程建设项目审批制度改革工作领导小组办公室备案涉及建设项目审批事项2个：地震安全性评价，影响地震观测环境的新建、扩建、改建建设工程的审批。初步提交了审批流程图、审批要件清单和制式申报表格。

2. 地震安全性评价

（1）地震安全性评价制度建设。更新内蒙古自治区地震安全性评价技术审查专家库，开展内蒙古自治区地震安全性评价从业单位备案工作，并通过内蒙古自治区地震局官网公布相关信息。制定《关于加强内蒙古自治区地震安全性评价管理工作的通知》《内蒙古自治区地震安全性评价从业单位管理办法（试行）》《内蒙古地震安全性评价技术审查专家库管理办法（试行）》等地震安全性评价管理相关规章制度。

（2）推动区域性地震安评工作。与内蒙古自治区自然资源厅共同推动区域性地震安全性评价工作，起草《内蒙古自治区区域性地震安全性评价管理办法》。

（3）完成地震安全评价从业单位备案公开和专家库更新。印发《内蒙古自治区地震局关于公示地震安全性评价从业单位信息的通知》，对安评从业单位资格条件、备案公示程序、备案材料予以明确要求，对北京防灾科技有限公司等 9 家单位进行了资格审查和备案公开。更新了内蒙古自治区地震安全性评价技术审查专家库成员名单，经过遴选，最终确定 46 人为内蒙古自治区地震安全性评价技术审查专家库成员。推进自然灾害防治重点工程。2020 年 6 月，内蒙古自治区地震局与住建厅联合签订《提升全区地震灾害防治工作框架协议》。将内蒙古自治区地震灾害风险调查和重点隐患排查工程项目纳入内蒙古自治区防震减灾“十四五”规划。按时编制完成《内蒙古自治区地震灾害风险调查和重点隐患排查工程实施方案》和《内蒙古自治区地震灾害风险普查试点工作实施方案》。将地震活动断层探察和城市活动断层探测工作纳入内蒙古自治区防震减灾“十四五”规划和地震灾害风险普查工程。

3. 地震灾害风险防治

开展 3 个试点旗的地震灾害风险普查工作，成立地震灾害风险普查试点任务项目实施组，与 3 个试点旗应急管理局进行工作对接，先后下发《内蒙古自治区关于地震灾害风险普查试点工作的通知》和《内蒙古自治区关于地震灾害风险普查试点工作资料收集的通知》等有关通知，全力推进风险普查试点工作。完成加固工程试点内蒙古自治区锡林郭勒盟西乌珠穆沁旗有关基于遥感影像和经验估计的区域房屋震害风险初判工作。

4. 地震应急保障

（1）应急准备工作。编制印发《内蒙古自治区地震局 2020 年度地震现场工作方案》和《内蒙古自治区地震局 2020 年春节期间地震应急工作方案》，并根据干部职工轮岗情况，及时调整应急指挥机构和现场工作队员，印发《关于调整内蒙古自治区地震局应急指挥机构的通知》。协助内蒙古自治区应急管理厅修订印发《内蒙古自治区地震应急预案》，印发《内蒙古自治区地震应急预案》《内蒙古自治区地震应急救援协同工作方案》。与内蒙古自治区应急管理厅联合对通辽、赤峰、呼和浩特、乌兰察布、乌海、阿拉善盟开展防震减灾应急准备工作督查检查，重点对应急预案管理体系、应急救援力量建设、应急物资储备、政府主体责任落实等情况进行专项督查检查，并对当地政府的防震减灾应急准备工作提出工作建议和意见，检查后形成《关于 2020 年度防震减灾应急准备检查有关情况的报告》。与辽宁省地震局共同开展辽蒙交界地区地震灾害损失预评估工作，与山西、河北省地震局共同开展晋冀蒙交界地区地震灾害损失预评估工作并提出应急处置要点。

（2）地震应急响应。妥善处置 2020 年 3 月 30 日和林格尔县大红城乡境内的 4.0 级地震。派出现场工作队，第一时间到达震感强烈的五良太乡，指导和林格尔相关部门完成地震应急响应，形成《内蒙古地震局关于和林格尔 4.0 级地震应急处置工作情况的报告》。地震发生后，内蒙古自治区主席布小林视察和林格尔县受灾情况。

（3）应急条件建设保障。与辽宁省地震局联合印发《辽宁内蒙古协作区地震应急联动工作方案》，与山西省地震局共同印发《关于印发晋冀蒙协作区震情监视跟踪协同工作制度的函》，建立震情监视跟踪协同工作制度。

（4）地震应急行动。2020 年 6 月 16 日，与辽宁省应急管理厅联合在赤峰市巴林左旗开展内蒙古自治区地震应急演练。2020 年 11 月 3 日，开展东北三省一区地震流动观测应急演练。

（内蒙古自治区地震局）

辽宁省

1. 抗震设防要求

（1）开展全省建设工程地震安全监管检查。2020 年，辽宁省地震局协调辽宁省政府办公厅联合印发《辽宁省建设工程地震安全监管检查工作方案》，统一部署各市开展自查工作。与省发改委、住建厅、教育厅、卫健委等部门成立联合检查组，对自查工作进行抽检。利用三个月时间，共检查各类建设工程 2753 项，单体建筑 3702 栋，全面摸清省内重大工程、超限高层、学校、医院建设工程抗震设防风险底数，为推进灾害风险调查和隐患排查、地震易发区房屋设施加固工程奠定基础。全面了解市县抗震设防监管体系建设情况，针对薄弱环节给予协调指导。

（2）落实自然灾害防治重要部署。2020 年成立自然灾害风险防治领导小组和实施组，明确职责、责任部门和工作协调机制；组建地震灾害风险综合防治科研团队；印发地震灾害风险调查和重点隐患排查工程工作机制。与省发改委、住建厅联合印发《辽宁省地震易发区房屋设施加固工程实施方案》，建立由省发改委、住建厅、财政厅等 18 个行业部门参与的协调机制，统筹协同推进加固工程实施。年内完成试点县区房屋设施抗震能力调查、评估和鉴定。

（3）抗震设防培训和调研。举办市县地震灾害风险防范能力培训班，将抗震设防有关标准纳入培训内容，指导地方政府对标准的执行进行检查，更好履行抗震设防监管职责；以问卷形式对各市抗震设防情况及重点标准实施情况进行调研，完成调研报告，提出针对性建议，与省住建厅等相关部门协调沟通，严格抗震设防要求管理，做到有法可依、有标准可循。

2. 地震安全性评价

重置辽宁省地震安全性评价在建设工程审批流程中的重要环节和形式，实现事前告知提醒；制定地震安全性评价事中事后监管细则，明确监管责任，规范监管流程和标准；出台《辽宁省区域性地震安全性评价管理办法》，成为辽宁省首部规范区域评估的规范性文件，与省发改委、营商局共同召开《辽宁省区域性地震安全性评价管理办法》颁布新闻发布会，为各市县地方政府解读政策，提供服务，以推动区域性地震安全性评价的落地落实；组建辽宁省地震安全性评价技术审查专家库，充实各领域专家力量，组织对安评报告进行严格审核，提高地震安全性评价报告评审质量，杜绝安评报告抄袭问题。

3. 活动断层探测

辽宁省地震局将辽宁省重大活断层探察与城市活断层精细探测作为重点内容，纳入辽宁省防震减灾“十四五”规划中，为全面摸清辽宁省地质构造情况，防范化解重特大地震风险打好基础。辽宁省地震灾害防御中心对《密山—敦化断裂辽宁段（浑河断裂）的调查和研究》项目进入收尾工作，完成目标断裂的活动性鉴定、活动性分段和地震危险性评价工作；建设“密山—敦化断裂辽宁段（浑河断裂）活动性鉴定”数据库，编制完成 1:5 万断裂精细结构和地震构造图；开展依兰—伊通断裂辽宁段的区域活动构造探察和海城河断裂探察的前期准备工作。

4. 地震应急保障

（1）地震应急准备。省应急厅、省地震局、省水利厅组成联合督导组，对年度重点危险区所辖7个市的应急准备情况进行现场督导检查，提出应急准备和应急处置意见建议，将辽宁省地震应急准备工作任务落实到基层；调整省抗震救灾指挥部和省防震减灾工作领导小组成员；建立辽宁省市县地震应急联络网；印发《辽宁省地震局　辽宁省应急管理厅防震减灾职责分工与协同联动机制》；与辽宁煤矿安全监察局联合印发《辽宁省煤矿地震（矿震）信息共享实施办法》；与省消防总队签署《辽宁省地震灾害消防救援应急保障联动机制》；与沈阳铁路监督管理局签署《地震应急信息共享合作协议》；与省应急厅、省自然资源厅、省地矿集团联合制定《地震和地质灾害应急救援队伍建设合作框架协议》；加强区域联动，召开辽宁、内蒙古协作区地震应急工作联席会议，并联合印发《辽宁、内蒙古协作区地震应急联动工作方案》；制定《辽宁省地震局疫情防控期间应急演练方案》《辽宁省地震局疫情防控期间地震应急响应主要任务及工作流程》。

（2）地震应急演练和响应。2020年9月29—30日，辽宁省地震局应急现场工作队与省消防救援总队在铁岭市联合开展“战保2020”地震救援跨区域战勤保障演练，此次演练是首次开展的“全要素、全过程、无预演、跨部门、跨区域”战勤保障实战演练；会同省应急厅、省消防总队、省委卫健委、省核应急办等单位分别开展联动演练4次；参加或组织地震系统联动演练2次、本局应急演练8次。2020年度共完成25次地震应急响应工作，报送重要情况报告39期。组织参加中国地震局、工力所承办的地震现场工作培训、地震专家云课堂等，全年累计培训200余人次。

（3）地震应急条件保障建设。2020年，辽宁省地震局大震应急救灾物资储备项目预算1018万元，其中自行采购144万元，其余为中国地震局统招分签；对辽宁省地震应急快速评估与辅助决策系统升级改造，使评估结果更加准确，辅助决策应急产品更加实用；与省应急厅实现视频会议互联；对地震应急基础数据库进行更新，其中对辽宁省行政区划、人口、经济、房屋、交通、重点监视防御区、地震目录、学校、医院、生命线工程、疏散场地、危险源、三网一员、地方政府联络等20类数据中的10万余条数据进行核实，对其中3万余条数据进行更新及空间化，并完成数据自检测试、数据库保存、备份、归档等工作；2020年度完成阜新市、辽阳市、盘锦市、铁岭市、朝阳市5市24区县的综合国情数据库更新工作，主要包含地理位置、行政区划、地形地貌、水系水库、气候特征、人口民族、社会经济、建筑特征、交通概况、学校教育、医疗卫生、重要目标、避难场所、地质构造、历史地震、区域特征、地方联络等。

（辽宁省地震局）

吉林省

1. 抗震设防要求

地震灾害风险防治体制改革。2020年，以吉林省防震抗震减灾工作领导小组名义印发

《关于进一步加强防震减灾工作的意见》，就推进吉林省地震灾害综合防范能力建设提出工作要求。与吉林省住建厅联合印发《吉林省高烈度区农房抗震鉴定与加固技术导则》，配合吉林省住建部门编制《吉林省农房建设图集》，对农村民房抗震鉴定内容、抗震加固措施等进行明确。与吉林省自然资源厅、吉林省发改委、吉林省住建厅等多部门联合印发《吉林省工程建设项目审批告知承诺制管理办法》《吉林省工程建设项目立项用地规划许可阶段并联审批管理办法》《吉林省工程建设项目工程建设许可阶段并联审批办法》《吉林省房屋建设和市政基础设施工程“多测合一”改革工作的实施意见》（试行）。印发《吉林省建设工程地震安全性评价报告审定工作管理办法》。以吉林省防震抗震减灾工作领导小组印发《关于开展全省建设工程地震安全监管检查的通知》，对 2016 年以来公共与民用建筑按照《中国地震动参数区划图》执行情况进行检查。通过吉林省“互联网 + 监管”—“双随机、一公开”平台，开展抗震设防要求执行情况检查。

地震易发区房屋设施加固工程进展。吉林省减灾委办公室、应急、发改、地震部门联合印发《吉林省地震易发区房屋设施加固工程实施方案》《关于组建吉林省地震易发区房屋设施加固工程协调工作组的通知》，建立工作协调机制，组建咨询专家组。吉林省防震抗震减灾工作领导小组办公室印发《关于进一步加快推进地震易发区房屋设施加固工程实施的通知》，转发国震办函〔2020〕22 号文及加固技术指南，提出具体贯彻落实要求。松原、长春、吉林、四平、辽源、白城、延边等涉及高烈度地区的市（州）全部印发本地区实施方案，四平、松原、延边、辽源、吉林等地完成加固工程协调组组建。完成吉林省基于遥感影像和经验估计的区域房屋抗震设防能力初判试点工作。

2. 地震灾害风险防治

地震灾害风险普查工程取得进展。吉林省地震局、吉林省应急厅联合印发《吉林省地震灾害风险普查实施方案》《吉林省地震灾害风险普查试点工作实施方案》，建立联系机制，成立领导小组和实施工作组，明确省级及市县级层面地震灾害风险普查任务，完成 3 个试点地区资 1:25 万地震构造图编制等工作，指导市县争取地震灾害风险普查经费。

3. 地震应急保障

制定《吉林省地震局地震监测预报业务体制改革工作要点及任务清单》。编制《吉林省地震局监测预报类绩效考核评价指标（试行）》。制定《吉林省地震局信息化总体设计方案》《吉林省地震局 2020 年网络安全和信息化工作计划》。启动实施烈度速报预警项目预警中心建设。与吉林省应急厅签订《关于建立地震灾害防治和应急联动工作机制框架协议》，建立信息共享、会商研判，救援联动和协作配合工作机制。

（吉林省地震局）

黑龙江省

1. 抗震设防要求

2020 年，4 月 6 日，黑龙江省委常委、省人民政府常务副省长李海涛听取黑龙江省地震局党组书记、局长张志波关于地震安全监管检查有关情况汇报，黑龙江省地震局向省人民政府提交《关于开展本省建设工程地震安全监管检查的请示》。4 月 9 日，李海涛副省长批示同意开展全省建设工程地震安全监管检查。4 月 29 日，省政府召开建设工程地震安全监管检查工作部署会议。会议由省政府副秘书长冯昕主持，省发展改革委、省工业信息厅、省教育厅、省住房城乡建设厅、省交通厅、省应急厅、省地震局等 10 个单位有关负责人参加会议。

5 月 14 日，印发《关于开展黑龙江省建设工程地震安全监管检查工作的函》，汇总建设工程地震安全监管检查项目共 3242 项，其中学校建设工程 2872 项，医院建设工程 353 项，重大建设工程 17 项，对学校医院数据开展全面复核工作。联合省卫健委、省教育厅赴齐齐哈尔市对医院和学校建设工程进行抽查检查。

2. 地震安全性评价

加强省重大建设工程抗震设防要求监管，借助黑龙江省百大项目办公室开展百项重点项目的抗震设防监管，为哈尔滨机场二期、哈尔滨地铁四号线、鹤岗机场、北黑铁路等重大工程地震安全性评估提供咨询和服务工作。与省自然资源厅沟通协商，共同推动以“标准地”出让形式推进区域性地震安全性评价。

3. 震害预测

成立自然灾害防治工程领导组织机构，持续与省应急厅沟通，印发《黑龙江省地震灾害风险普查及试点工作实施方案》，跟踪推进普查工作。梳理地震灾害风险普查工作省、市、县三级工作任务，编制省、市、县三级预算，明确测算依据和工作量，指导部分市县编制 2021 年地震普查预算。联合省减灾委，邀请专家面向市地和普查试点县地震灾害风险普查业务人员进行培训，解读地震灾害普查工作。与省发改委、省住建厅、省应急厅四家单位联合牵头，共同推进地震易发区房屋设施加固工程实施。多次与哈尔滨市应急局就哈尔滨开展加固工程的模式和重点难点召开座谈会，指导哈尔滨市应急管理局编制《哈尔滨市地震易发区房屋设施加固工程实施方案》。完成试点县延寿县的基于遥感影像和经验估计的区域房屋抗震设防能力初判工作。

4. 活动断层探测

与吉林大学黄大年教授科研团队合作，初步探查黑龙江省呼兰河断裂地下展布规律，最新发现呼兰河断裂是具有一定覆存宽度的隐伏断裂带；精细探测滨州断裂哈尔滨段地下三维结构特征，首次确定滨州断裂东边界的覆存位置。通过郯庐断裂东北段（黑龙江段）活动性研究工作，对依兰—舒兰断裂的通河、方正—汤原沿线进行探测，通过遥感解译、航片对比，重点段落进行无人机航拍和槽探等工作，解译发现方正南至汤原县断层存在全新世活动，古地震探槽分析结果发现晚更新世时期多个古地震事件。

5. 地震应急保障

加强省地震应急指挥领导体系建设。对省防震减灾领导小组进行调整，成员单位由 55 个调整为 46 个。《关于调整黑龙江省防震减灾领导小组组成人员的通知》明确省防震减灾领导小组办公室设在省地震局，省抗震救灾指挥部办公室设在省应急管理厅。省防震减灾领导小组印发《关于进一步做好 2020 年黑龙江省防震减灾工作的意见》。经黑龙江省人民政府办公厅批准，颁发施行《黑龙江省地震灾害应急预案》。黑龙江省地震局加入省应急共享联盟。

印发《黑龙江省地震局疫情防控期间地震应急响应主要任务工作流程》。对应急人员、应急指挥环境、应急现场工作、区域协作联动和预案各工作组人员进行规定；印发《新冠肺炎疫情期间黑龙江省地震局地震现场工作队工作方案》，对现场工作队出队各项准备工作进行部署；及时调整应急人员名单，确定各预案组负责人，实施应急备班制度。

应急响应与条件保障。对地震应急装备和设备进行更新，购置现场工作队服装、现场视频传输（小型无人机、小鱼视频）等工作装备。2020 年 2 月 7 日，黑河市嫩江县发生 4.1 级地震，应急人员在符合疫情防控要求前提下，快速到岗，有序开展应急处置。

（黑龙江省地震局）

上海市

1. 抗震设防要求

2020 年，开展城市地震风险调查，稳步推进“上海市建筑抗震能力现状调查”项目。2020 年度，项目组对杨浦区、黄浦区、金山区、闵行区、宝山区、奉贤区、崇明区 7 个区的建筑物进行了抗震能力调查与评估，具体内容包括：完成上述 7 个区建筑物基础数据的调查与重点抽样鉴定工作；完成上述 7 个区建筑物地震易损性分析；在上述 7 个区建筑物中选取 5 栋典型建筑结构，完成这 5 栋建筑结构的有限元数值模拟与地震动响应分析；综合上述 7 个区建筑地震易损性分析结果和 5 栋典型建筑结构有限元计算分析结果，对 7 个区建筑物的抗震能力现状做出综合评价；利用 ArcGIS 和 Oracle 软件，开发完成上海市建筑抗震能力现状数据库和抗震能力现状数字信息化地图展示分析系统平台，并将 7 个区建筑物抗震能力现状评估结果导入此数据库和系统平台。

2. 地震应急保障

（1）地震应急准备。2020 年，上海市地震局加强与地方应急管理部门的协调配合，在修订预案、组织演练、应急准备等方面进一步交流合作。在完成日常应急值守的同时，积极做好两节、“两会”、高考、汛期等重大活动或特殊时段应急值班的相关工作，以及特殊时段现场队实施备勤和离沪备案制度。组织局现场队参加中国地震局组织的地震应急相关业务视频培训。

2020 年在疫情期间，根据上级要求制定《上海市地震局疫情期间地震灾害应急响应工作预案》，各工作组牵头单位、部门落实防疫期间地震应急响应责任人名单，对应急响应流程进行梳理和完善，开展组内演练。

承办 2020 年度华东地震应急联动协作区联合演练。9 月组织召开演练交接暨演练方案讨论会，确定演练方案，并对演练现场进行实地踏勘。10 月 13—16 日，在上海青浦举行演练。演练共设置了长途拉动、大震支援工作方案交流、房屋结构调查、专题图制作四个科目，并按照演练科目的内容邀请知名专家进行授课。演练取得了圆满成功。

（2）地震应急保障建设。协助完善快速评估工作协同机制，充分利用天地图、人口热力等技术手段提升应急产出效能。依托上海市科委项目，构建了一套基于 B/S 架构的地震应急信息智慧服务平台，基于手机大数据开发了多种地震应急产品，提高了地震应急指挥技术系统的产出效率和精度。同时通过多种渠道对上海市地震应急基础地理信息数据库进行更新，保证数据的现势性。

（上海市地震局）

江苏省

1. 抗震设防要求

2020 年，依法加强建设工程抗震设防要求和地震安全性评价强制性评估工作监督管理，强化事中事后监管。严格落实“放管服”要求，完成省政务服务新系统的数据补充完善及指南编制等工作。做好市县对接，切实指导基层做好工改相关工作。结合中国地震局开展的地震安全性评价报告抽查检查结果及 2020 年以来在苏从业单位的地震安全性评价工作情况，督促省地震工程研究院、南京震科工程技术有限公司等单位对存在的相关问题进行整改。认真做好全省抗震设防要求审批项目的网上公示及信息公开工作，及时将行政许可信息进行双公示，全年推送行政许可数据 37 条。连续第 3 年开展《地震动参数区划图》执行情况检查，共检查一般工程 330 项，执行率为 100%。

认真开展全国建设工程地震安全监管大检查。以省防震减灾工作联席会议名义印发《关于在全省开展建设工程地震安全监管检查的通知》，在省防震减灾联席会议上进行专题部署。联合省发改委、省卫健委等部门对南京、南通等市开展建设工程地震安全监管实地检查。在实地督查、现场检查及分析汇总各地报送材料的基础上，提交《江苏省地震局关于全省建设工程地震安全监管监查工作的报告》。根据中国地震局相关要求，报送《江苏省地震局关于报送建设工程地震安全监管检查数据专项复核结果的函》，向有关设区市印发《关于开展江苏省部分学校医院建设项目地震安全监管检查数据专项复核的通知》。

2. 地震安全性评价

有序推进区域性地震安全性评价及重大建设工程场地地震安全性评价工作。省防震减灾工作联席会议印发《关于进一步加强 2020 年度全省防震减灾工作的意见》，明确要求各设区市人民政府全面推进区域性地震安全性评价工作。联合省商务厅等七部门印发《2020 年度江苏省开发区区域评估工作要点》及《区域评估成果应用指南》等文件，指导各地推行区域性地震安全性评价。积极推进江苏省区域性地震安全性评价数据库建设及技术指南编制工作。全省已累计开展 26 个区域共计 300 平方千米的地震区评工作，先后完成南京溧水经济区、南京生态科技岛、南京市江北新区核心区、南通港闸经济区、南京六合西南片区、如皋高新区等 8 个项目的区评工作，另有盐城经开区等 20 个项目正在实施过程中。

严格落实地震安全性评价单位信息公示公开制度，在江苏防震减灾官网向社会公布在苏地震安全性评价从业单位名单并实行动态管理，主动接受社会监督。切实履行地震安全性评价报告审查职责，全年共受理安评报告 44 项，完成 37 项重大工程的抗震设防要求批复，完成震害防御成果转化项目 25 项。

3. 震害预测

构建合力推进地震风险防治新格局。印发《江苏省地震灾害风险防治体制改革设计方案》，指导全省开展地震灾害风险防治各项工作。以重点工程实施、综合减灾示范创建等为抓手，加强与应急管理部门的协调，强化与各行业部门的合作，完善多元共治工作格局。联合省减灾委、应急厅、气象局、消防救援总队印发《关于贯彻落实全国综合减灾示范社区创建管理办法有关事项的通知》，开展 2020 年度全国综合减灾示范社区创建工作，共上报 72 家示范社区。联合省应急厅、省委宣传部等 8 部门印发《关于加强城乡社区综合减灾能力建设的通知》，进一步提升城乡社区防灾减灾能力。根据省安委会办公室工作部署，配合开展省级安全发展示范城市创建相关工作。联合省应急厅、省住建厅、发改委等印发《关于印发〈江苏省地震易发区房屋设施加固工程工作方案〉的通知》，指导各地开展加固工作，压实属地责任。

4. 活动断层探测

持续推进城市活动断层探测及成果应用。将城市活动断层探测纳入政府年度防震减灾工作任务，全省 13 个设区市已全面开展城市活断层探测工作，除淮安、镇江、盐城正有序实施外，其余均完成。按照年度计划，先后完成新沂市活断层探测项目总验收（该项目被评为“优质工程”），淮安活断层项目 5 个专题、盐城 4 个专题、镇江 5 个专题验收。积极推进盐城活断层有关潜在震源区调整相关工作。

编制完成行业标准《城市活断层探测成果报告编写标准》文本初稿，根据专家意见进一步修改完善。完成宿迁活断层制度建设试点及应用示范课题项目验收。组织开展地震活动构造探察基础数据库建设，并做好全省活动断层数据库补充完善工作。完成宿迁市活动断层探测成果技术服务系统建设并移交。

活断层成果应用成效显著。与新沂市人民政府就活断层探测成果的实际应用进行沟通协调，落实郯庐断裂带新沂段活动断层避让范围为城市规划和项目选址提供地震安全服务。组织完成新沂市马陵山——重岗山断裂精确定位项目验收，为当地建设工程规划布局提供技术支撑。在活动断层通过主城区的宿迁市，要求建设工程规划和重大工程建设严格按照城市活断层探测成果进行审批和建设。

5. 地震应急保障

联合省应急厅共同印发《关于切实加强防震减灾和应急工作的指导意见》。理清职责分工，强化各司其职、密切配合、同步联动、资源共享，探索构建新时代防震减灾和应急救援工作新体系、新机制，提升防灾减灾救灾能力。

有效处置有感地震事件。3 月 3 日江苏南京市鼓楼区发生 3.0 级地震、12 月 25 日江苏省南京市江宁区发生 2.7 级地震，省地震局第一时间启动有感地震应急响应，派出现场工作组，联合南京市地震局开展现场调查。在微博、微信上及时发布相关信息，回应民众关切，密切关注网络舆情发展，开展地震科普宣传，取得良好社会效果。

（江苏省地震局）

浙江省

1. 抗震设防要求

2020年，开展全省建设工程地震安全监管大检查，分管副省长彭佳学亲自部署，浙江省地震局召开工作会议、成立检查组、开展实地核查，共完成各类工程15497项。会同省普查办印发《浙江省地震灾害风险普查工作实施方案》《浙江省地震灾害风险普查技术实施方案》，组织开展培训、宣贯，积极推动5个国家和省试点县开展地震灾害风险普查工作。制定地震灾害风险等级分级标准，初步编制浙江省建筑地震灾害风险等级分布图。会同省减灾办印发《浙江省地震易发区房屋设施加固工程工作方案》，建立协调工作机制，联合省发改委、省应急厅牵头组织实施加固工程。

2. 地震安全性评价

修订出台《浙江省区域地震安全性评价技术导则》，组织评审区域地震安评29项；截至2020年12月底，省级以上平台区评完成83项，完成率达94%以上，超额完成年度目标；年度备案重大工程地震安评26项。强化事中事后监管，实施“互联网+信用监管”，修订《浙江省地震安全性评价信用管理办法》，构建地震安全性评价信用监管指标体系，设定了5个信用等级、4类一级指标、23项二级指标，明确了评分规则和方式。通过大数据共享归集各类主体信息、档案信息等101091条，运用“浙江省行业信用监管平台”对20多家中介机构进行信用评级，并将信用评价结果纳入“双随机”监管事项。

3. 活动断层探测

在2019年余姚—丽水断裂断层普查试点的基础上，开展补充调查工作，完善浙江省地震断层数据库，完成数据录入工作。对城市活断层探测、地震安全性评价、深部构造探测、地震小区划、地震风险评估等各类项目的成果进行数字化处理，利用GIS二次开发技术完成活断层普查系统，实现业务成果的分类展示、可视化管理等多项功能，进一步提升信息化水平。

4. 地震应急保障

积极协助省应急厅开展省级地震应急预案修订工作。有效应对宁波海曙2.1级地震和台湾宜兰5.8级地震，主动发布震情信息，回应群众和社会关切。联合市县应急管理部门开展地震应急演练。参与主办全省首届社会应急力量技能竞赛。服务全省地震救援志愿者能力建设，举办志愿者地震救援培训班。为省“自然灾害风险防治和应急救援平台”提供地震业务数据。开展温州市文成县泰顺县交界地区及宁波海曙区等重点地区震害预评估工作。参与宁波市地震与地质灾害应急救援桌面推演，对应急方案制定进行指导。完成中国地震局大震应急救灾物资储备项目浙江子项目的采购工作。

（浙江省地震局）

安徽省

1. 抗震设防要求

（1）开展全省建设工程地震安全检查。2020 年，以安徽省防震减灾工作领导小组名义印发《关于在全省范围内开展建设工程防震安全检查工作的通知》，重点核查 2009 年以来的学校医院工程、2016 年以来的各类重大建设工程地震安全责任落实情况。涉及省直多个部门和所有市县政府。历时 5 个月，共核查建设工程 33215 项。安徽省地震局、应急管理厅、住建厅、教育厅、卫健委等部门联合对阜阳、淮南、滁州、铜陵、池州、安庆 6 个市开展现场检查，并向中国地震局、安徽省政府上报了有关情况。

（2）建立“互联网 + 监管”机制，强化抗震设防要求审批。2020 年 6 月，专题调研全省各市开展抗震设防要求核定情况，与安徽省住建厅审改办等部门对接，主动融入工程建设项目审批监管平台，推动办件信息共享共用，并将此项工作纳入对全省各市目标考核和综合考核指标，督促市县地震部门把好工程抗震设防要求核定关。截至 2020 年 12 月，全省各市均已进入工程建设项目审批管理系统平台，其中宣城市、滁州市实现对下辖县区的全覆盖。

2. 地震安全性评价

（1）强化地震安全性评价监管。2020 年首次通过安徽省地震局门户网站开展地震安全性评价资质单位公示，首次开展安评技术审查专家库备案公示，首次将地震安全纳入安徽省发展和改革委员会牵头的社会信用监管平台。落实事中事后监管责任，对安徽省 2017—2020 年开展的 12 项重要建设工程地震安全性评价报告进行复查。融入全省政务服务事项运行管理平台，完成地震安全性评价备案服务事项实施清单编制、入库和上线工作，优化办事指南、简化办事材料、规范办事流程、压缩审批时限，基本实现了项目备案事项“最多跑一次”的目标。

（2）推进区域性地震安全性评价工作。将《安徽省建设工程地震安全性评价管理办法》、中国地震局《区域性地震安全性评价工作大纲》和《关于加强区域性地震安全性评价工作的通知》转发至各市县地震部门和有关从业单位。制定《关于进一步加强全省区域性地震安全性评价工作的通知》，就区域性地震安全性评价工作内容、技术标准、审查形式等作出明确要求，将现场检查表作为项目验收的必要条件。2020 年，省地震局指导市县地震部门开展区域性地震安全性评价项目共计 31 项，宿州市经开区、马鞍山市经开区和慈湖高新区、铜陵市义安经开区的区域性地震安全性评价成果通过技术审查。

3. 震害预测

（1）开展全省地震灾害风险普查。牵头编制印发《安徽省地震灾害风险普查工作实施方案》和《安徽省地震灾害风险普查 2020 年试点工作方案》，成立工作机构，制定试点计划，开展现场调研，组织专门培训，扎实推进淮北市相山区、六安市霍山县、黄山市歙县 3 个试点县（区）风险普查工作。

（2）推进地震易发区房屋设施加固工程。组织编制实施工作方案，成立由安徽省应急管理厅、发展和改革委员会、地震局共同牵头，财政、住建等 16 个省直厅局组成的协调工作组，办公室设在地震局。省地震局成立专门工作机构，确定安徽省 7 度以上地区为加固工作范围，其中宿州市泗县、蚌埠市五河县、滁州市明光市为3个试点县。组织召开市县地震部门负责人、省加固工程协调工作组联络员座谈会2次。配合中国地震局对安徽省抗震加固情况开展调研，陪同国家减灾委调研组赴五河县开展加固工程试点工作调研督导。组织技术人员编制《安徽省基于遥感影像和经验估计的区域房屋抗震设防能力初判工作实施方案》，完成蚌埠市淮上区的试点工作。

（3）推动地震灾害损失预评估试点工作。中国地震局、蚌埠市人民政府和安徽省地震局共同投入50万元，推动蚌埠市试点开展地震灾害损失预评估。2020年完成现场调查工作，评估结果将应用于震后快速评估、地震灾害风险普查等方面。

4. 活动断层探测

印发《关于做好全省城市地震活动断层探测工作的通知》，推进安徽省活动断层探测项目标准化、制度化和规范化，将进展情况纳入年度考核。2020年，宿州市、芜湖市、安庆市项目方案通过中国地震局技术审查并正式实施，淮北市、淮南市、六安市、马鞍山市、宣城市完成项目招标工作，全省城市地震活动断层探测工作全面铺开。

5. 地震应急保障

（1）做好应急保障机制准备。组织编制安徽省地震局《地震现场工作管理规定》《省内地震应急响应信息模板》《年度地震应急准备工作方案》《应急响应主要任务及工作流程》《地震应急信息服务工作方案》等，进一步完善地震应急响应工作流程。安徽省地震局与省应急管理厅于2020年3月完成省抗震救灾指挥部办公室交接，建立防震减灾、抗震救灾协同联动工作机制重点从信息共享、会商研判、联动响应、督导检查、协同演练和交流培训6个方面，初步构建统一指挥、分工明确、协同一致、运转高效的地震灾害应对指挥体系。合肥、亳州、蚌埠、阜阳、淮南、滁州、六安、芜湖、宣城、铜陵、池州、安庆、黄山13个市的地震局和应急局联合建立了协作机制。

（2）做好应急技术系统建设准备。组织开展安徽省监测预警、指挥调度、抢险救援“三大系统”的地震应急系统建设，成立系统建设编制工作组，编制完成安徽省地震局应急系统建设现状报告和安徽省地震应急系统项目建议书。将应急数据库建设更新纳入全省各市防震减灾目标考核指标内容，定期对数据库中的经济、人口、交通等数据进行收集更新，开展模型本地化研究，修正影响场模型，不断改进应急技术辅助决策系统。

（3）做好应急队伍准备。更新安徽省地震局现场工作队名单，组织现场工作队参加地震应急业务培训4次，参加2020年度华东地震应急联动协作区联合培训暨实战演练，滁州市、马鞍山市、芜湖市地震部门应急响应演练。举办全省地震应急响应能力提升培训班，全省16个市地震部门分管领导及业务骨干共计30余人参加培训。

（安徽省地震局）

福建省

1. 抗震设防要求

开展福建省建设工程地震安全监管检查。2020年7月2日，经省政府同意，省抗震救灾指挥部办公室牵头，联合发改、住建、教育、卫健、交通、水利和地震等8个行业主管部门印发《关于印发福建省建设工程地震安全监管检查工作方案的通知》，通知各设区市人民政府，平潭综合实验区管委会依据工作方案，全面实施福建省地震安全监管大检查工作。此次大检查共检查一般建设工程937项，全部达到《中国地震动参数区划图》要求；重大工程11项，开展地震安全性评价11项，占比100%；检查点设防类学校项目9832项、医院项目631项，绝大部分能按照抗震烈度提高一度的要求或加强抗震措施来进行抗震设计。为摸清福建省建设工程地震安全隐患情况，特别对重要工程和100米以上高层建筑的地震安全性评价进行检查，共检查重要工程111项，100米以上的高层建筑201项。向中国地震局震害防御司报送总结报告及相关数据报表。向省政府报送《关于福建省建设工程地震安全监管检查工作情况报告》，检查取得实效。

2. 地震安全性评价

（1）制定出台《关于加强地震安全性评价工作监督管理的通知》，加强地震安评事前事中事后监管。完成滨海快线（福州至长乐机场城际铁路工程）地震安全性评价，撰写评价报告，组织专家进行技术审查，通过报告。

（2）根据《福建省区域性地震安全性评价管理办法》《福建省区域性地震安全性评价工作大纲》，落实宁德区域评估推进会部署，赴福州、厦门、漳州等地调研检查，重点推进福州、漳州、厦门等地开展区域评估，完成福州软件园区、漳浦县赤湖工业区区域评估项目，厦门、福州、莆田等地多个区评项目稳步推进。已有3个项目提交报告并通过福建省地震局组织的评审。

3. 活动断层探测

（1）龙岩中心城区及周边活断层探测与地震危险性评价项目，落实项目经费，开展招投标，正式进入现场施工作业环节。在漳州实施“浅层人工地震勘探”等工作前期工作布置有序开展。

（2）开展本省地震活动构造探察基础数据库收集和建设，对已有数据收集入库。

（3）2020年11月9日福建省政府69次常务会议通过《福建省防震减灾条例（修正案）》，将地震区域性安全评估写入条例，落实“放管服”改革要求。《条例》第二十六条增加一款，作为第二款：“前款规定的建设工程所在区域已由政府统一组织实行区域评估的，可以直接采用区域评估中有关地震区域评估结果作为抗震设防要求。”同时，出台《福建省地震活动断层探测管理办法（试行）》。

4. 地震应急保障

积极落实与省应急管理厅相关协调机制备忘录。2020年3月省地震局正式启动对《福建省地震应急预案》的修订工作，于5月联合省应急厅将修订后的《福建省地震应急预案》报省政府。制定完善省局地震应急预案、应对台湾7.0级大震预案和福建南部陆地5.5级地震应对预案，并于5月18—21日，联合省消防救援总队模拟漳州市龙文区在5月18日凌晨4时发生7.0级地震，开展“闽动—2020”跨区域地震应急救援72小时联合演练；9月28日，组织开展应对省内陆域发生5.5级地震应急桌面推演，全面检验各部门、各单位地震应急预案落实情况以及应急指挥部各工作组应急响应流程，有效提高应急指挥部的应急指挥、协调和处置能力。

加强数据库建设，更新专题数据。改进灾情评估系统功能，提升地震专报产出效率，并将应急产出报告和图件自动推送到微信企业号。通过三维电子沙盘辅助决策系统二期项目、应急力量管理系统等项目建设，完善应急技术支撑系统。

组织现场工作队参加由中国地震局震防中心组织的地震灾害损失现场评估视频等专题培训，派出现场工作队参加华东应急联动协作区培训暨演练。5 月 21—29 日，联合中国地震应急搜救中心、福建省森林消防总队开展福建省森林综合消防救援队技术骨干地震救援专项培训，福建省 80 余名森林消防救援队员参与。

（福建省地震局）

江西省

1. 抗震设防要求

2020 年，江西省地震局落实“放管服”改革要求，完善服务平台，不断加强抗震设防要求管理。推进“互联网＋监管”平台地震安全性评价监管子平台项目建设，录入地震安全监管实地检查信息 40 余条。梳理公共服务事项，建立重大建设工程地震安全性评价“容缺审批＋承诺制”办理事项清单。结合地震安全监管调研，对建设工程地震安全性评价情况、地震安全性评价结果应用进行抽查，对“应评未评”的建设工程责令限期整改。开展地震安全性评价报告审查，对丰城三期发电厂项目工程场地地震安全性评价报告等安评报告进行抽检，进一步规范地震安全性评价技术服务和质量。联合省减灾委办公室联合印发《江西省 2020 年地震灾害防治工作要点》，明确地方应急管理部门、防震减灾机构地震灾害防治职责与任务，不断提升全省地震灾害风险防治能力。

2. 地震安全性评价

积极推进江西省重大建设工程地震安全性评价技术服务工作，为九江学院教育资源整合项目、通山（赣鄂界）至武宁高速公路新建工程等重大工程开展了地震安全性评价工作。初步建立安评报告评审专家库和安评从业单位基础资料数据库，为业主单位提供查询服务。开展区域性地震安全性评价工作调研，推进区域性地震安全性评价工作。

3. 震害预测

开展全省地震安全监管检查，印发《关于开展全省建设工程地震安全监管检查工作的通知》。6 月中旬，地震、住建、应急等部门联合成立 4 个调研组赴全省 11 个地市，抽查建设工程 38 项。省直各行业主管部门、各设区市自查工程 12689 个，重大工程 204 个，涉及学校项目 11465 个，医院项目 946 个。扎实推进自然灾害防治“两项重点工程”实施。联合省减灾委办公室、省应急厅印发《江西省地震灾害风险普查工作方案和试点县工作方案》《江西省地震易发区房屋设施加固工程工作方案》。成立专家指导组，与住建、发改等部门初步摸排全省地震高烈度区房屋设施地震安全隐患。

4. 活动断层探测

在江西省防震减灾“十四五”规划书中，明确把以南昌、九江、瑞金 3 个城市为示范点的江西省城市地震活动探测示范项目和对河源—邵武断裂（江西段）的地震构造探察示范项目纳入规划重点内容。组织开展瑞金—谢坊跨断层观测场流动地球物理场观测，及时获取观测数据，将本省已有地震活动构造探察基础数据纳入数据库。与陕西中煤科工集团西安研究院有限公司就活动构造探测工作管理要求和相关技术标准开展联合研讨，开展地震构造环境探测试点工作。开展城市活动断层探测、地震构造（活动断层）探察示范工程、1:25 万地震构造图预研究，推进基于绿色主动源和密集观测技术的新型高精度探测方法的应用。

5. 地震应急保障

（1）地震应急准备与保障。着力强化协同联动，与省应急厅进一步完善资源共享、信息互通、协作通畅的防震减灾协同联动工作机制。与省消防救援总队签订战略合作协议，建立地震应急协同机制和长效合作机制，形成“防”“救”工作合力。与省煤监局建立深化合作及非天然地震响应机制。修订江西省地震局地震应急预案、地震现场工作队建设方案，做好预案、物资、队伍准备。研发大震应急救援服务系统，制定大震应急救援服务产品清单，提升应急服务保障能力。在九江开展省重点危险区地震灾害损失预评估试点工作，完成工作现场调查。研发“地震灾情速报与应急联动系统”，实现地震灾情快速收集与准确评估。强化震情服务保障，制定安保工作方案，顺利完成党的十九届五中全会，全国“两会”“2020 世界 VR 大会”等重要活动、重点时段地震安保工作。

（2）应急响应。强化应急值守，坚持实行局领导带班和 3. 0 级值守制度，快速稳妥处置上犹 3. 3 级等 5 次有感地震事件，有力维护社会稳定。全年累计上报震情值班信息 11 期，专报 4 期，发送震情短信 12 万余条。

2020 年 8 月 12 日，江西省赣州市上犹县发生 3. 3 级地震。地震发生后，江西省地震局立即启动应急响应，分别向江西省政府、中国地震局报告地震情况，同时向省应急厅、赣州市通报震情，根据上级要求做好地震应急处置工作。一是联合赣州市、上犹县应急管理局等派出 4 个工作组赶赴震中，指导协助地方政府做好地震应急工作；二是立即派员赴震区架设流动观测仪器，加密地震监测。启动全省宏观观测网与灾情速报网，密切关注震情发展动态；三是召开紧急会商会，研判震情趋势，为政府快速决策提供依据；四是立即发声、主动发声，及时回应群众关切，做好地震知识科普宣传。应急响应处置有力有序。

（江西省地震局）

山东省

1. 抗震设防要求

2020 年，以建设工程地震安全监管检查为抓手，推动抗震设防要求落实。2020 年 4 月 29 日，山东省政府召开省防震减灾工作领导小组扩大会议暨全省建设工程地震安全大检查动员部署视频会议，副省长刘强出席会议并讲话，就开展建设工程地震安全大检查提出工作要求。各市政府及相关部门认真落实监管职责，加强部门联动，制定检查方案，认真组织开展自查。6月5日，山东省地震局组织部分市地震工作主管部门开展专题座谈，研讨监管检查工作和抗震设防要求事中事后监管措施。根据各地自查情况，自6月22日起，省地震局会同省发展改革委、教育厅、住房建设厅、交通运输厅等部门，先后对德州、淄博、滨州等市建设工程地震安全监管检查开展情况进行现场抽查。6月30日，山东省地震局全面梳理检查结果，形成工作报告，上报中国地震局、省委省政府。

落实省委省政府主要领导同志关于建设工程地震安全大检查结果的指示批示要求，推动开展全省校园消防和抗震专项整治工作。常务副省长、2位分管副省长联合召开全省校园消防和抗震安全专项整治工作视频会议，各市、县（市、区）主要负责人牵头专项整治工作。省市县三级组建工作专班，实行集中办公，制定学校抗震设防专项整治方案，明确整治内容、整治时间、工作要求。会同有关部门组成9个督查组开展督导检查，压实责任，压实任务。全省共摸排各类大中小学校、幼儿园、培训机构、党校等7万多学校建筑抗震设防情况，甄别抗震设防不达标建筑，开展鉴定加固。

2. 地震安全性评价

积极发挥省工程建设项目审批制度改革小组成员作用，配合制定并联审批指导意见，将地震安全性评价列入工程建设项目审批。履行省规划委员会成员职责，参与京沪二通道高铁、济南轨道交通等重大建设项目可研审查，提出地震安全要求。加大安评现场检查力度，组织开展地震安全性评价机构评议。专项检查地震安全性评价报告，抽查报告29份，向中国地震局报送检查结果。严格安评从业单位备案，对未履行备案的单位发函提出警示。动态管理地震安评技术审查专家库，严把安评报告技术审查关。全年全省共完成110余项重大工程地震安全性评价。

配合省提升工程建设项目审批制度改革专项小组办公室，出台加快推进区域评估工作意见，提出2020—2021年区域评价工作目标。以省防震减灾领导小组办公室名义印发《关于推进区域性地震安全性评价的意见》，修订部门规范性文件《山东省区域性地震安全性评价工作管理办法》，连同地方标准《区域性地震安全性评价技术规范》，一并纳入全省区域评价政策文件库，指导各市有重点、分阶段开展区域性地震安全性评价。区域性地震安全性评价工作逐步得到各地政府、社会的认可。截至2020年底，全省完成27个区域性地震安全性评价。

3. 震害预测

系统梳理地震灾害风险普查地方任务清单，编制全省工作方案，第一家上报中国地震局备案。半年时间先后召开、参加推进会、协调会近20次，完成岚山区地震灾害致灾调查与评估、房屋建筑抽样详查、人员伤亡致死性调查、地震灾害风险评估等任务。2020年11月19日，印发《关于加快推进地震灾害风险普查工作的通知》，推动第二批普查试点工作，启动全面普查。落实经费保障，地震灾害风险普查省级工作经费纳入省防震减灾“十四五”规划，省财政评审通过经费预算报告，并下达预算指标。

认真履行省地震易发区房屋设施加固工程协调机制办公室职责，2020年3月26日，召开协调工作组联席会议，研讨加固工程目标和措施。牵头起草本省方案，经与省发改委、应急厅、财政厅、住建厅等15家省直部门会签，联合印发《山东省地震易发区房屋设施加固工程工作方案》。以省防震减灾工作领导小组办公室文件转发《国务院抗震救灾指挥部办公室关于进一步加快实施地震易发区房屋设施加固工程的通知》，提出贯彻落实意见。12月7日，召开协调工作组联络员会议。完成日照市岚山区房屋建筑抗震能力初判试点工作。

4. 活动断层探测

推进重点地区城市活动断层探测和重要活动断裂探察工作，安丘－莒县活动断层（潍坊段）综合探测与地震灾害风险评估项目顺利通过中国地震局验收，项目成果已移交地方政府使用。滨州市城市活动断层探测、临沂市国际生态城地震断层探测与地震危险性评价、莱芜区活动断层探测等项目按照实施方案有序推进，取得新的研究成果，进一步摸清了全省地震灾害风险底数。

抓好“十三五”规划重点项目结尾工作，对省级农村民居地震安全示范工程项目计划进行调整，验收8个农居地震安全示范工程，拨付补助资金。“十三五”规划共建成3批35个农村民居地震安全示范工程。现场验收农村民居地震安全示范户54户，发放奖补资金，为农村抗震设防起到示范带动作用。

5. 地震应急保障

加强应急准备，印发春节、疫情防控、全国两会等专项预案，做好重大节日、特殊时段应急值守。每两个月组织一次应急现场工作队演练，稳妥处置济南长清4.1级、济宁邹城2.4级塌陷等多次有感地震事件。修订《山东省地震局地震应急行动细则》，会同省应急厅修订《山东省地震应急预案》。2020年3月至5月，组织开展全省地震应急工作检查，会同省发展改革委、应急厅等部门对泰安、德州两市进行了实地抽查。健全协作联动机制，4月，与省应急厅联合印发《山东省应急管理厅 山东省地震局防震减灾救灾协调联动工作机制》，明确各自抗震救灾职责。参加鲁东、鲁中南和鲁西3个地震应急协作联动区联席会议，指导鲁中南协作区危化品企业地震应急综合演练、鲁西协作区地震应急救援综合演练。

规范地震应急避难场所的管理。会同省住建厅、应急厅等部门评定潍坊寿光1处国标Ⅰ类地震应急避难场所，全省符合国标Ⅰ类的地震应急避难场所达到7处。会同省住建厅、发展改革委等16部门印发《山东省城市应急避难场所建设方案》，全面加强城市各类应急避难场所规划建设管理，加快推进建设应急避难场所体系。开展地震应急业务工作培训。7月举办全省地震灾害现场工作视频培训班，11月会同省应急厅举办全省地震应急救援第一响应人培训班。加强地震应急技术系统的运维管理。9月组织开展全省市级地震应急指挥技术系统运维质量考核。发挥省地震应急救援训练基地培训作用，2020年完成12个班次631人次的训练任务。

（山东省地震局）

河南省

1. 抗震设防要求

2020年，积极配合工程建设项目审批制度改革工作，严格按照国家和省政府工作要求，开展学习培训、认领审批事项清单、填报实施清单、完成各类各次改革方案征求意见。积极推进抗震设防“放管服”改革及地震安全性评价相关制度体系建设。加强事中事后监管，规范安评从业行为。印发《河南省地震局关于加强地震安全性评价管理工作的通知》，进一步明确全省市县应管理局地震安全性评价事中事后监管工作具体事项。通过“互联网+监管”，开发地震安全性评价管理系统并投入运行，向17个地震安全性评价项目提供技术审查服务。加强信用监管，在门户网站公示未通过技术审查的5项地震安全性评价项目信息。及时掌握重大建设工程地震安全性评价项目信息，安评从业信息、专家信息和安评报告评审意见，加强行业监管。

扎实开展全国建设工程地震安全监管检查。及时向省政府书面汇报会议精神和河南省工作计划。省地震局与省应急厅、住建厅等7部门联合印发河南省建设工程地震安全监管检查工作方案，明确由省地震局牵头负责，对全省建设工程地震安全开展检查。先后组织相关厅局、市应急管理局和防震减灾中心召开检查工作协调会和视频培训。与省应急、发改委、教育、交通、卫健等部门组成联合检查组，赴郑州、洛阳、新乡和安阳市开展重点抽查。各省辖市成立工作组，开展检查工作。向中国地震局报告检查结果，并组织完成专项复核和结果报送。建设工程地震安全监管检查共在全省检查建设工程10632项，其中重大建设工程298项、高层建筑379项、学校9559项、医院396项，并对涉及学校、医院数据进行专项复核。

2. 地震安全性评价

（1）地震安评从业单位备案情况。在省地震局备案的地震安评从业单位29家。其中，省内注册从业单位23家，省外注册从业单位6家，均已在河南省地震信息网上公示。

（2）全省地震安评项目情况。2020年全年各相关单位共开展45个重大建设工程地震安全性评价项目，15个区域性地震安全性评价项目。

（3）地震安全性评价监管情况。①制度体系建设。省地震局制定印发规范性文件《河南省区域性地震安全性评价工作管理办法（试行）》，明确应急管理部门及从业中介机构责任，规范区域性地震安全性评价工作流程，加强行业监管；公布《河南省地震安全性评价暨活动断层探测技术审查专家库名单》，为全省地震安全性评价、区域性地震安全性评价、活动断层探测工作提供技术审查服务；印发《河南省地震局关于加强地震安全性评价管理工作的通知》，明确全省市县应管理局在地震安全性评价成果审查、信息公示、信用管理和监管执法等方面的责任。②地震安全性评价技术审查情况。重大建设工程地震安全性评价方面，省地震局联合软件开发公司，开发集地震安全性评价中介单位信息管理、专家信息管理、技术报告审查管理于一体，省地震局、市县应急管理局共同监管的“河南省地震安全性评价管理系统”（以下简称“管理系统”），实现安评报告上传系统，系统分配专家，专家意见反馈系统的运行模式。截至2020年底，共有28个重大建设工程地震安全性评价项目通过管理系统开展技术审查。区域性地震安全性评价方面，经区域性地震安全性评价项目承担单位申请，组织开展2个项目的评审工作，其中郑州市上街区东虢湖核心板块项目经二次技术审查后通过，南阳市镇平县产业集聚区项目第一次技术审查未通过，已要求相关单位补充修改完善评审材料。③地震安全性评价不合格项目公示约谈情况。为强化地震安全性评价监管，2020 年以来，省地震局共在河南省地震信息网对 5 家单位的 6 个不合格项目进行公示。自《关于全国地震安全性评价报告抽查检查结果的通报》下发以来，及时约谈安评报告不合格的 2 家安评单位，了解项目建设情况和报告存在问题，明确整改要求，督促加强内部质量管控。

3. 震害预测

河南省地震局制定印发《地震灾害风险防治体制改革实施方案和重点任务工作清单》，积极贯彻习近平总书记关于防灾减灾重要论述和防震减灾重要指示批示精神，落实中国地震局和省减灾委关于“自然灾害风险普查”和“地震易发区房屋设施加固”两大工程的工作部署。

（1）地震灾害风险普查工程。河南省地震局积极推进地震灾害风险普查工作。印发《河南省地震局关于成立自然灾害防治重点工程及活动断层数据清理工作专班的通知》，成立工作专班。向 17 个省辖市、济源示范区、5 个普查试点应急管理局印发通知，建立地震灾害风险普查工作联络机制。成立河南省地震灾害风险普查实施方案编制专班，于 8 月底编制印发《河南省地震灾害风险实施方案》，明确试点地区的普查任务和经费预算，为全省各地市地震灾害风险普查工作提供依据和参考。

面向省辖市和试点县市区应急管理局、防震减灾中心开展地震灾害风险普查工作培训工作，熟悉工作内容和任务职责。在省应急管理厅组织的市县工作培训会上解读《河南省地震灾害风险普查实施方案》。组织开展“基于遥感影像和经验估计的区域房屋抗震能力初判技术”和“场地地震工程地质条件钻孔资料收集与入库”业务培训，做好工程全面实施的技术储备工作。

积极对接试点地区，省地震局与新郑、灵宝市达成合作意向，由省地震局承担新郑市地震灾害风险普查试点工作，为全省地震灾害风险普查提供经验。中央财政补贴 5 个试点普查经费 51 万元将下拨到县区一级。

（2）地震易发区房屋设施加固工程。印发《河南省地震易发区房屋设施加固工程实施方案》，成立省地震局自然灾害防治重点工程工作专班。向 17 个省辖市、济源示范区，5 个普查试点应急管理局印发通知，建立地震灾害风险普查工作联络机制。

以省防震抗震指挥部办公室名义组织省发展改革委、应急管理厅、财政厅等 14 家单位召开河南省地震易发区房屋设施加固工程推进会。统筹协调中央、地方、行业企业各类房屋设施加固改造项目和资金，向全省地震烈度Ⅶ度以上尤其是Ⅷ度地区倾斜，对城乡民居、学校、医院等人员密集场所，以及水库大坝、铁路公路、油气管网、电力通信等重大工程和基础设施进行加固改造。

联合省住建厅、财政厅印发《2020 年河南省农房抗震改造工作实施方案》。全省投入 2.65 亿元，对河南抗震设防烈度Ⅶ度区、Ⅷ度区 15000 个农户进行补助，每个农户补助金额在 10000 元到 30000 元不等。2020 年度全省农房抗震改造开工 22129 户，开工率为 70%；

竣工16128户，竣工率为51%。

高效完成新郑市遥感影像抗震能力初判试点工作。试点共划分工作区域13个，房屋建筑分区标绘共1845个，完成判别房屋栋数近14.6万栋，遥感影像总面积约873平方千米。

4. 活动断层探测

积极推动全省地震构造探查工程项目实施，印发《河南省城市活动断层探测和省地震构造探查项目工作动态》10期，按照管理要求和相关技术标准，组织完成专题验收14次，野外验收4次。驻马店市活断层探测项目通过总验收。洛阳、开封、濮阳、三门峡、鹤壁、许昌等市持续开展城市活动断层探测工作。印发《河南省地震局关于公布省地震安全性评价暨活动断层探测技术审查专家库名单的通知》，为活动断层探测工作提供技术审查服务。

全面开展省内区域性断裂的活动性探测与地震危险性综合评价。一是完成豫北地区主要断裂活动性鉴定，实现新乡—商丘断裂、开封断裂、杨庄断裂3条断裂的精细定位，推进河南省中、南部12条主要断裂开展空间定位与活动性普查，实现对全省40条主要断裂空间位置的全覆盖探查，累计开展浅层地震勘探约400千米，精定位与活动性鉴定钻孔进尺近1.4万米，野外地质调查近5000千米；二是实施深部地震构造环境重、磁、电、震联合勘探，完成贯穿河南省南北向深地震宽角反射/折射探测500千米、典型地震构造区深地震反射130千米及大地电磁测深探测80千米、全省重磁反演及地震层析成像，查明深部主要地震构造特征及地壳三维速度结构，初步实现“地壳透明”；三是结合深浅部地震构造探测成果，开展河南省地震危险性进行综合分析，建立强震发震构造模型，明确历史地震和现代地震活动性特征，科学判定地震灾害风险源，建立河南省统一标准的地震构造探查数据库，完成6个专题入库与检测。组织编制河南省1:25万地震构造图。四是加强重大项目科普宣传，编制河南省地震构造探查工程科普作品策划方案。

（河南省地震局）

湖北省

1. 抗震设防要求

湖北省地震局于2020年7—10月牵头并会同省发展改革委、省教育厅、省卫生健康委、省住建厅、省应急管理厅、省交通运输厅、省水利厅等部门组织开展全省建设工程地震安全监管检查，累计检查重大建设工程326项、高层建筑工程189项、学校建设工程5448项、医院建设工程445项、一般建设工程1084项，并向省政府和中国地震局上报了检查报告和检查数据，顺利完成检查工作。与省应急管理厅于12月9日联合印发《关于加强抗震设防要求管理工作的通知》，对新建、已建及村镇建设工程的抗震设防要求管理提出明确要求，指导督促市县地震部门和应急管理部门进一步加强建设工程抗震设防要求的监督管理与服务。

通过省财政对下转移支付2020年农村民居地震安全示范工程专项经费200万元，指导十堰、荆州、阳新、团风、英山5个市县开展了农村民居地震安全示范工程建设，建成13个示范点、336户农村民居，并积极指导咸宁、宜昌、荆门等地开展农村防震抗震知识宣传和农村建筑工匠培训，不断提高农村民居的抗震设防能力。

选派专家参加国家能源集团湖北随州火电项目初步设计评审会、国电长源荆州热电二期扩建工程可行性研究报告评审会等，为重大工程项目决策提供抗震设防技术咨询服务。组织省内知名设计单位专家11人召开建设工程抗震设防专家座谈会，听取专家意见建议。以英山县为试点，组织完成湖北省基于遥感影像和经验估计的区域房屋抗震设防能力初判试点工作，并向中国地震局提交了数据成果。完成武汉市砺志中学房屋安全智能监测系统建设工作，可对房屋不均匀沉降、倾斜以及关键部位裂缝等结构性病害进行实时在线监测，提高房屋抗震和结构健康监测能力。积极推广应用减隔震等抗震新技术新材料，年内建成的武汉青山长江大桥通过采取减振措施，改善了地震对结构产生的不利影响达到抗震消能的作用，保证大桥主体结构受力安全。

2. 地震安全性评价

为充分发挥专家资源作用，2020年面向社会公开征集遴选，组建湖北省地震安全性评价技术审查专家库并持续调整优化。为扩大地震安全性评价中介单位有效供给，及时更新公布符合从业资格条件且自愿在湖北省从事地震安全性评价业务的单位信息（已有13家从业单位），供全省建设单位、园区管理单位等参考。为加强事中事后监管，确保地震安全性评价工作质量，湖北省地震局于12月15日选派执法人员赴黄陂前川工业园、汉南智慧生态城等2个区域性地震安全性评价项目现场开展了执法检查，针对发现的问题提出整改要求。从单位日常公用经费中筹集40万元，用于地震安全性评价技术审查评审费，为更好地履行地震安全性评价报告审定职责提供了资金保障。2020年湖北省地震局先后组织专家对省内36个区域性地震安全性评价报告和7个重大建设工程地震安全性评价报告进行技术审查并给出审定意见，为经济社会发展和建设工程抗震设防提供有力的技术支撑。

积极推进《湖北省地震安全性评价管理办法》修订工作。2020年5月18日，省政府办公厅印发《省人民政府2020年立法计划》，将《湖北省地震安全性评价管理办法》修订作为省政府2020年15项立法计划项目之一。积极与湖北省司法厅对接协调，配合开展立法调研、立法文稿起草、征求意见、修改完善等工作。修订后的《湖北省地震安全性评价管理办法》已于2020年12月24日经省政府常务会议审议通过，自2021年3月1日起施行，进一步强化了湖北省地震安全性评价工作的法治保障。

3. 活动断层探测

湖北省地震局积极推进宜昌、十堰、武汉、襄阳、荆门、荆州等城市开展地震活动断层探测，编制完善城市地震活动断层探测与地震小区划工作方案，持续与省应急管理厅、省发展改革委、省财政厅等部门沟通对接，推动将城市地震活动断层探测与地震小区划相关工作纳入《湖北省地震灾害风险普查实施方案》和《湖北省防震减灾“十四五”规划（征求意见稿）》。初步确定在第一次全国自然灾害综合风险普查中，以宜昌市为试点，实施城市地震活动断层探测与地震小区划试点项目，引领带动省内其他城市开展地震活动断层探测与地震小区划工作。

同时，湖北省地震局在襄樊—广济断裂、枝江断裂、金家棚断裂等开展地球物理探测和地质调查研究，运用无人机扫描等技术进行活动断层探测方法的探索，对宜昌、襄阳、孝感、黄冈、荆门、荆州等地部分区域进行地震风险评估，在全省范围内收集整理地震工程场地勘测钻孔，完成湖北省历史地震的全面续考工作，并组织编制了湖北省及邻区 1:50 万地震构造图。

在服务经济社会发展方面，运用在襄樊—广济断裂上的探测成果，对湖北省测绘质量监督检验站的庙岭测绘仪器检定场比长基线进行影响评价，为武穴长江大桥的选址与抗震设防提供专门技术服务。运用枝江断裂探测成果，提出枝江长江大桥的抗断措施建议。通过三峡地区的地震和地质研究，为“引江济汉工程”选线提供咨询建议。运用武汉市内的断裂探测结果，服务于“长江新城”规划。运用“湖北省活断层探测试点工程”中的浅层三维结构，分析了武汉黄陂后湖地区大范围塌陷的原因，为相关部门提供了决策依据。

4. 地震应急保障

（1）地震应急准备。湖北省应急管理厅与湖北省地震局联合印发《关于加强防震减灾和地震应急工作的指导意见》，进一步明确全省各级应急管理部门和防震减灾工作主管部门的职责分工。协助武汉、孝感、黄冈等地修订地方政府地震应急预案，强化地方应急准备。举办全省地震应急服务工作培训班和地震现场“第一响应人”培训班，开展湖北省地震局季度应急拉练 4 次，鄂东、鄂西北协作区开展区域联动拉练各 1 次。

（2）应急响应。2020 年，湖北省地震局共处置省内及重点防御区地震突发事件 6 次。分别为：2019 年 12 月 26 日应城 4. 9 级地震，2020 年 1 月 8 日应城 2. 6 级地震，2 月 14 日秭归 2. 4 级地震，9 月 29 日东宝 3. 0 级地震，10 月 2 日巴东 3. 0 级地震，10 月 11 日黄梅 3. 2 级地震。

地震事件发生后，湖北省地震局及有关市县快速响应，认真做好信息发布、趋势研判、舆情引导等工作，维护震区社会秩序稳定。

（3）应急条件保障建设。有针对性地补充完善应急服务支撑系统，分批次采购便携式地震现场视频会议系统，地震应急评估系统和通信设备。按照中国地震局统一部署，采购 34 套现场工作队员装备。

（4）地震应急行动。2019 年 12 月 26 日 18 时 36 分，湖北省孝感市应城市杨岭镇发生 4. 9 级地震。地震造成部分房屋损坏，全省大部分市（州）均有震感。湖北省地震局按照王勇国务委员以及省领导的批示要求，在快速核查震情灾情、及时开展地震应急处置的基础上，组织编制了应城 4. 9 级地震烈度图、现场调查报告和灾害损失评估报告，于 2020 年 1 月 7 日组织召开湖北省地震灾害损失评定委员会进行了审定，形成统一意见，由省应急管理厅报送省政府。

（湖北省地震局）

湖南省

1. 抗震设防要求

稳步推进抗震设防要求“放管服”改革。积极与湖南省工改办对接，将建设工程地震安全性评价和抗震设防要求监管事项纳入审批流程。与湖南省住房和城乡建设厅、省自然资源厅进行沟通，商请落实工程建设项目审批管理系统相关环节地震部门地震台站保护范围内建设工程许可和抗震设防要求并联审批事项。

2. 地震安全性评价

积极推进区域性地震安全性评价。制定出台区域地震安全性评价管理办法和工作导则，指导全省工业园区和开发区开展区域地震安评工作。组建安评专家库，开发建设安评管理服务平台，出台安评报告技术审查细则，建立完善地震安全性评价管理机制。2020 年完成 35 个区评及 10 个重大工程项目场地地震安全性评价报告技术审查，出具审定意见。

3. 震害预测

推进实施自然灾害防治重点工程。组建领导小组及实施工作机构，积极推进两项重点工程在本省落地实施。完成湖南省地震灾害风险普查实施方案和试点方案编制，选派技术骨干参加中国地震局组织举办的普查地方任务、活动断层探测、房屋建筑抽样详查等 3 个培训班。配合牵头单位（省应急厅）编制本省风险普查总体方案，组织召开本省地震灾害风险普查和试点工作会议，做好普查实施试点准备工作。成立工作专班，制定工作方案，组织开展基于遥感影像及经验估计的区域房屋抗震性能初判工作。积极配合加固工程牵头单位（省发改委）编制并印发加固工程实施方案，提出组建加固工程协调工作组建议，协调相关部门合力推进加固工程实施。

开展建设工程地震安全监管检查。认真落实全国建设工程地震安全监管检查工作部署要求，省政府办公厅印发《关于开展全省建设工程地震安全监管检查工作的通知》，全省 14 个市州人民政府和各行业主管部门迅速行动，组织市本级相关部门并指导县市区人民政府开展自查，各级地震、住建、教育、卫健等部门加强协调配合，合力推进检查自查工作，于 7 月底前完成本地区自查报告和数据上报。湖南省地震局组织 3 个指导组赴 6 市开展了实地督查检查，中国地震局两次派出督查指导组来湘督查指导工作。根据中国地震局指导意见对各市州上报检查数据复核汇总，并针对检查发现的问题提出整改意见建议，形成检查总结于 10 月正式上报中国地震局和省人民政府。

4. 活动断层探测

积极推进常德城市活动断层探测项目立项工作，常德北部新城小区划项目完成并通过初步验收。

5. 地震应急保障

（1）地震应急准备。2020 年 5 月完成《湖南省地震应急预案（试行）》征求意见工作，2020 年 10 月 12 日湖南省抗震救灾指挥部正式印发《湖南省地震应急预案（试行）》；2020 年 1 月根据《中国地震局地震应急响应机制改革方案》，制定印发《湖南省地震局地震灾害应急响应工作预案（试行）》；2020年4月出台《湖南省地震局关于设立地震灾害应急响应现场指挥部的通知》，制定《湖南省地震局应急工作手册》《湖南省地震局地震现场工作规程》，进一步细化地震灾害应急响应现场工作组、工作职责和工作流程。全省14个市州地震局修订地震应急预案。

按照常态化疫情防控要求做好应急保障，落实应急人员疫情防护措施，补充地震应急现场工作装备并做好日常管理与维护，坚持开展应急指挥技术系统、应急车辆巡检巡查，储备必要应急食品等物资，确保遇有震情能立即出动。

2020年9月21—24日，在长沙举办省市两级地震现场工作队专业技能培训班，各市州地震局、省地震局现场工作队40余人参加培训，邀请中国地震系统3名专家分别讲授了“地震应急通”使用维护、地震现场灾害调查评估、地震现场应急处置工作要点及规范要求等内容。2020年7月30日组织开展湖南省地震局地震应急现场演练。演练模拟长沙市莲花镇发生M3.6地震事件，重点围绕应急准备、应急响应、现场工作、后勤保障等四个科目进行，共80余人参加。2020年10月28日，承办中南五省（区）地震应急协作联动工作会议省地震局和应急管理厅分管应急工作的负责同志、部门负责人等30余人参加了会议，会议形成了五省（区）应急、地震部门联动协作工作机制框架。

（2）应急响应行动。2020年6月3日6时53分，湖南省邵阳市邵东市发生2.8级地震，省地震局、省应急管理厅联合派遣现场工作组赴邵东市牛马司镇开展地震现场考察，参加了当地政府组织的工作协调会议，省地震局提出震情趋势判断意见，协助指导当地政府开展应急工作，及时有效处置地震事件。

（3）应急条件保障建设。2020年，提升应急服务基础能力。完成湖南省地震局应急指挥大厅升级改造，升级显示大屏、视频会议终端、视频控制和语音系统等总投资约260万元。完成应急指挥辅助决策系统升级，实现湖南省内2.0级以上地震的应急服务响应，补充完善系统基础数据库，丰富应急服务产品，总投资约35万元。实现湖南省地震局通信网络与湖南省应急指挥骨干网的互联互通，建立湖南省地震局与湖南省应急厅（省应急指挥中心）、广州铁路局等单位的震情信息发布渠道。

加强应急值班值守。按照《中国地震局疫情防控期间地震应急响应主要任务及工作流程》要求，每月安排20名应急人员进行全国地震应急联动备班、安排8名现场工作队员进行湖南省地震局应急值班。

（湖南省地震局）

广东省

1. 抗震设防要求

2020年，认真贯彻落实全国建设工程地震安全监管检查工作的有关部署要求，广东省地震局联合教育厅、交通运输厅、水利厅、卫健委、应急管理厅、能源局印发《广东省建设工程地震安全监管检查工作方案》，在广东省范围内开展建设工程地震安全监管检查，7

月16日印发《关于加强建设工程地震安全监管检查工作的补充通知》，对佛山市、东莞市建设工程地震安全监管工作情况进行实地抽查，陪同中国地震局督导组到阳江等地开展实地督查进一步加强广东省建设工程抗震设防要求事中事后监管，切实管控建设工程地震灾害风险，确保建设工程地震安全；按照中国地震局《关于开展全国建设工程地震安全监管检查数据专项复核的通知》有关精神，转发《关于学校、医院等人员密集场所抗震设防要求的通知》有关文件，明确学校、医院等人员密集场所按照地震动参数的确定标准。

2. 地震安全性评价

一是召开局长专题会研究推进区域性地震安全性评价工作，制定广东省地震局区域性地震安全性评价结果审查工作指引，组建完善并积极扩充评审专家库，委托第三方机构完成9个区域性地震安全性评价项目的技术审查，在广东省地震局门户网站上审核公开了相关地震安全性评价从业单位信息。二是积极落实省工程建设项目审批制度改革要求，率先在省级地震部门立项建设区域性地震安全性评价技术审查信息化平台，完成项目招投标、合同签订及项目验收工作，拟上线运行。

3. 活动断层探测

按照《关于报送城市活动断层探测数据入库清理工作总结的通知》要求，重点对照列入清单的项目，开展全面自查，指导督促相关单位按照数据中心要求落实入库任务，基本完成入库清理工作。

4. 地震灾害防治

（1）全面推动全省地震灾害风险普查工作。按照中国地震局部署，广东省地震局上报了2020年度试点工作经费预算，2020年7月印发《关于成立地震灾害风险调查和重点隐患排查、地震易发区房屋设施加固工程实施团队的通知》，建立工作领导小组及专责小组，明确人员及职责。8月28日印发《广东省地震灾害风险普查总体实施方案》抄报广东省应急厅并下发各地市地震工作管理部门。

（2）积极协调推进地震易发区房屋设施加固工程。省地震局与住建厅、教育厅、卫健委联合印发《广东省地震易发区重要公共建筑物加固工程实施方案的通知》，向各市减灾委转发《地震易发区房屋设施加固工程总体工作方案》并开展督导调研全省地震易发区重要公共建筑物抗震加固工作。10月9日以联席会议名义向广东省政府报告地震易发区房屋设施加固工程协调工作组扩大会议精神；12月，广东省防震减灾联席会议办公室联合广东省地震局印发《关于组建广东省地震易发区房屋设施加固工程协调工作组的通知》以及《关于转发〈国务院抗震救灾指挥部办公室关于进一步加快实施地震易发区房屋设施加固工程的通知〉的通知》，组建广东省加固工程协调工作组，要求协调工作组成员单位及各地市优先将抗震设防烈度等级8度区确定为重点区域，积极推动加固工程关键项目纳入“十四五”规划编制，建立工程台账，构建长效机制。

（3）震防领域现代化项目取得进展。“广州主城区地下三维地质体模型构建项目完成阶段性验收”“基于地震风险评估的建筑物抗震性能排查及灾害情景构建系统建设”项目正式启动，“河源等7个城市建构筑物抗震性能普查”和“汕头市地震风险排查及防控应用示范建设”项目进入落地实施阶段。

（4）按照广东省政府部署安排，积极服务地方，为军民融合项目备选厂址进行地震安全风险评估。历经多次现场工作检查、3 次座谈会，7 次专家评审会，项目完成总验收，提交成果报送广东省政府。

5. 地震应急保障

（1）地震应急准备。配合广东省应急管理厅修订《广东省地震应急预案》，修订印发《广东省地震局地震应急预案》。印发实施《疫情防控期间地震应急响应准备情况及工作流程》《广东省地震局3.0 级以下地震应急处置工作方案》。编制《广西灵山至广东信宜5.5 级地震重点危险区地震灾害预评估和应急处置要点报告》，主动为地方政府决策提供服务。升级“地震快速评估与辅助决策系统”。严格落实三级带班值班制度。

（2）应急响应建设。与广东省应急管理厅联合印发《广东省应急管理厅 广东省地震局关于地震应急处置联动工作指引》的基础上，进一步实现指挥系统互联互通，建立实时地震监测数据和地震灾害损失预评估图件和报告的共享渠道。应急条件保障建设。组织广东省地震局地震应急指挥中心、地震现场工作队经常性开展应急演练。联合广东省应急管理厅组织抗震救灾指挥部“广东省应对省外特大地震应急救援桌面演练”。

（3）地震应急行动。较好应对珠海 3.5 级、梅州 3.7 级、河源 2.8 级和梅州 2.9 级地震。圆满完成全国“两会”、党的十九届五中全会、“经济特区成立 40 周年”等特殊时段地震安全保障服务工作。

（广东省地震局）

广西壮族自治区

1. 抗震设防要求

（1）2020 年，完成广西建设工程地震安全监管检查，主要包括重大建设工程开展地震安全性评价情况、学校和医院主要建筑抗震设防情况以及一般建设工程按照《中国地震动参数区划图》（GB18306—2015）抗震设防情况。自治区人民政府办公厅印发《广西建设工程地震安全监管检查工作方案》，成立工作专班，各市县人民政府和自治区相关部门开展本辖区本领域建设工程地震安全监管自查工作，检查组赴北海、百色两地开展实地抽查，先后 2 次组织 14 个设区市代表开展数据集中核查，共检查项目 18096 项。其中，重大建设工程 16 项（其中 9 项不属于九大类工程，应业主要求开展地震安全性评价），超限高层建筑工程 115 项，学校 15849 项，医院 1456 项，一般建设工程 660 项。全区 18096 个建设工程中，未提高抗震设防标准的学校 4 个、医院 2 个，监督其按要求整改。

（2）抗震设防要求管理得到强化。一是通过接入广西工程建设项目审批管理系统，开展建设工程抗震设防监督检查、数据对比、统计分析，实现对 14 个设区市落实抗震设防要求审批全流程、全覆盖的监管。二是继续将重大建设工程地震安全性评价和区域地震安全性评价纳入工程建设项目审批流程，要求在立项用地规划许可阶段完成。三是依法将一般建设工程纳入市县基本建设管理程序，确保一般建设工程达到国家强制性要求。

（3）提供抗震设防技术服务。一是为自治区发改委、南宁市气象局、广西投资集团北海发电有限公司等单位提供场地地震安全性评价、建设工程抗震设防要求、雷达候选站址抗震设防基础资料证明等服务。二是参加自治区发改委组织的百色水利枢纽过船设施项目专题协商会议、新建崇左至凭祥铁路可行性研究评审会、广西防城港核电5、6号机组工程可行性研究报告审查会等，履行监管职责，提出重点建设项目应在设计前完成地震安全性评价，并将审查通过的安评报告送自治区地震局备案。

2. 地震安全性评价

（1）将在广西开展区域地震安全性评价的22家企业备案并公示。

（2）印发《关于调整广西壮族自治区区域地震安全性评价技术审查专家库的通知》，建立了49名地震安全性评价技术审查专家库。

（3）印发《关于开展地震安全性评价从业单位监督检查的通知》，在从业单位自查的基础上，赴昆明科海地震工程有限公司等三家公司开展地震安全性评价从业单位实地监督检查。

（4）根据中国地震局《关于开展建设工程地震安全性评价报告抽查检查工作的通知》要求，6月24日成立专家审查组，对广西区内7个地震安全性评价报告进行严格审查，并出示审查意见书。

（5）全区共有南宁高新区武鸣产业园区、宾阳黎塘工业园区（黎塘工业集中区、芦圩工业集中区）、北海综合保税区B区等12个工业园区、经济开发区开展了区域地震安全性评价。

（6）全区共有平果县危险废弃物资源化无害化处置中心项目、柳州市立冲沟生活垃圾无害化处理二期工程项目、梧州市桂东生态环保基地项目等6个重点工程开展了场址区断裂勘查及活动性鉴定专项工作。

（7）持续做好重大建设工程地震安全保障工作，完成玉洞货场及联络线、广西乐业新建通用机场、华谊钦州化工新材料一体化基地等7个重大建设工程地震安全性评价项目。

3. 活动断层探测

（1）梧州市活动断层探测与地震危险性评价项目专题3完成探测区3条主要区域性断裂带重点段落54个地质地貌调查点的补充地震地质调查、长度合计22.5千米综合物探测线的地球物理勘探、13个探槽开挖编录及8个年代学样品的测试，专题3技术报告及数据库建设完成验收，数据库提交中国地震灾害防御中心地震活动断层探察数据中心，技术报告及1:25万地震构造图提交梧州市应急管理局。

（2）钦州市活动断层探测与地震危险性评价项目专题7完成钦州盆地东缘大番坡断裂及钦州盆地西缘久隆断裂主要地表裸露点的地震地质调查；编制了广西历史强震区发震构造探测研究——以灵山震区为例项目数据库成果运用展示方案并完成成果展示网页框架制作。

（3）广西历史强震区发震构造探测研究——以灵山震区为例项目成果推介会于2020年11月24日在钦州市灵山县召开，项目负责人做成果汇报，钦州市应急管理局和灵山县政府相关部门领导参加会议。项目成果建议全新世活动的灵山断裂北段左右两侧200米范围内不进行乡镇规划和工业园区建设，不建设学校、医院以及各类大型公共活动场所。

4. 地震应急保障

（1）地震应急准备。2020年1月14日、4月3日，广西壮族自治区应急厅和地震局联合修订印发《广西壮族自治区地震应急预案》、印发《广西壮族自治区地震应急预案编制指导意见》。4 月、7 月对桂西北地震重点危险区、桂东南（广西灵山—广东信宜）国家级地震重点危险区开展地震灾害预评估，完成《2020 年度广西灵山至广东信宜 5.5 级地震重点危险区地震灾害预评估和应急处置要点报告》《2020 年度百色田林至田阳一带 5.0 级左右地震重点危险区地震灾害预评估和应急处置要点报告》《2020 年度百色田林至田阳一带 5.0 级左右地震重点危险区调研报告》编制。制定《广西壮族自治区地震灾害风险普查实施方案》，组织开展桂林市全州县、防城港市东兴市和河池市南丹县 3 个国家地震灾害风险普查试点工作。

（2）应急响应。2020 年广西壮族自治区地震局指导市、县政府及应急、地震等部门成功处置 2 月 14 日广西大新 2.3 级和 2.1 级、3 月 16 日广西隆林 2.5 级、6 月 27 日广西靖西 2.5 级、6 月 23 日广西临桂 2.3 级地震、8 月 20 日广西田阳 2.4 级等多次有感地震。

（3）应急条件保障建设。广西壮族自治区抗震救灾指挥部组织编制印发《广西壮族自治区抗震救灾指挥部地震应急处置操作手册》《广西壮族自治区抗震救灾指挥部应用手册》。8 月中下旬，组织广西地震灾害紧急救援队技术骨干 16 人及广西消防总队 30 人在山东省地震应急救援训练基地进行为期 14 天的地震灾害救援技术培训。全年完成地震应急通信指挥车、救援装备车等特种车辆维保工作 12 次，补充完善地震现场应急工作队手持通信装备 14 台（套）。

（4）地震应急行动。2020 年 5 月 20 日，广西壮族自治区地震局组织开展模拟广西某地发生 5.5 级地震为背景的地震应急实战演练。11 月 23 日，广西壮族自治区减灾委员会、自治区抗震救灾指挥部、应急厅、地震局和玉林市人民政府联合举办 2020 年度广西（北流）地震应急救援实战演练。

（广西壮族自治区地震局）

海南省

1. 抗震设防要求

2020 年，全面加强抗震设防要求监管。持续推广琼北Ⅷ度区学校医院等人员密集场所减隔震等抗震新技术新材料应用。积极协调省住房和城乡建设厅等 6 个部门，成立多部门联合检查工作组，开展全省建设工程地震安全监管检查抽查，督促市县开展建设工程地震安全监管工作。共检查 2107 项建设工程抗震设防要求情况。抽查了海口、洋浦、昌江、三亚、陵水和五指山等 6 个市县（区）24 项建设工程抗震设防要求落实情况。重点检查了高层建筑、石油化工、核电、公路桥梁、水利、学校和医院等重大工程、生命线工程及人员密集场所工程，推动全省抗震设防要求监管检查工作。

2. 地震安全性评价

积极推进区域性地震安全性评估工作。落实“放管服”改革要求，积极参与海南省工程建设项目审批制度改革工作。制定《海南省区域性地震安全性评价工作管理细则（暂行)》，组建海南省区域性地震安全性评价技术审查专家库，为洋浦经济开发区等20个园区编制区域性地震安全性评价工作方案，督促各园区大力推进区域性地震安全性评价工作，3个园区完成验收。协调海南省大数据局设立海南省建设工程项目行政审批平台账号，加快建立建设工程地震安评事前事中事后监管机制。

3. 震害预测

（1）夯实震灾预防工作基础。指导市县开展防震减灾科普示范学校创建和综合减灾示范社区创建，联合省教育厅举办防震减灾科普示范学校创建培训班，编制《中小学防震减灾科普示范学校创建指南（地方标准)》，对全省16个申报社区进行全面检查考评，推荐12个社区申报全国综合减灾示范社区。持续推进江东新区区域活动构造探察，开展海南省地震活动构造探察基础数据库建设，长流—仙沟活动断层探测有新进展。

（2）实施地震灾害风险调查和重点隐患排查。成立地震灾害风险调查和重点隐患排查工程领导小组和工程实施组，编制《海南省地震灾害风险普查项目实施方案》《海南省地震灾害风险普查试点地区方案》等，协助省应急厅开展海南省第一次全国地理国情普查等资料收集工作。成立地震易发区房屋设施加固工程领导小组和抗震设防要求技术支撑组，编制《海南省农房抗震改造实施方案》《海南省城市建设安全专项整治三年行动实施方案》，完成文昌市基于遥感影像和经验估计的区域房屋抗震能力初判工作，推动地震易发区房屋设施抗震加固工程实施。

（3）深入推进“四大体系”建设。推进地震灾害风险防治体系现代化建设，在文昌开展地震灾害风险调查和重点隐患排查试点；配合有关部门，推进房屋设施加固工程；成立地震灾害风险防治中心，开展地震灾害风险治理和建设工程地震安全大检查。推进地震基本业务体系现代化建设，完成自动编目、非天然地震分析处理等技术系统部署应用，建立备机备件库，开展面向政府部门、行业和社会公众的信息服务。推进地震科技创新体系现代化建设，成立创新团队，开展地壳深部反演与地震机理研究、地震灾害风险防治研究和地震舆情研究等工作。推进社会治理体系现代化建设，将《海南省防震减灾条例（修订)》纳入2020年立法规划，配合省人大法工委等开展立法调研，组织该条例初稿起草工作，指导市县开展防震减灾执法工作，总结推广执法经验。

4. 活动断层探测

持续推进江东新区区域活动构造探察，组建地震活动断层探察数据中心，开展海南省地震活动构造探察基础数据库建设，推进数据资源共享，加强活动断层探察管理和成果应用。将重点地区地震活动断层和城市活动断层探测纳入《海南省防震减灾“十四五”规划框架》和《海南省地震灾害风险普查实施方案》。开展长流—仙沟活动断层探测、海口市江东新活动断层精细探测和海口地区活断层流动监测等工作，为城市规划建设和工程建设科学规避活断层、合理利用国土资源提供服务，为海南自由贸易港建设提供地震安全保障。

5. 地震应急保障

（1）完善地震应急制度和机制。推动建立防震减灾联席会议制度和地震应急管理协作联动机制，与省应急管理厅共同推动省政府建立健全省防震减灾联席会议制度，理顺“防”和“救”的关系，调整成员单位，明确职责，为共同推进防震减灾事业奠定良好基础。

与省应急厅沟通协商，落实《海南省地震应急管理协作机制》，强化联动协作，初步形成资源共享、信息互通、协作通畅的工作格局。参加中南五省（区）地震应急联动会议，交流工作，商定调整完善联动机制、修订预案。

（2）抓好地震预案修订和演练工作。联合省应急管理厅共同修订《海南省地震（火山）应急预案》，省政府已审议通过并发布实施。共同承办和参加 2020 年度海南省地震应急救援拉动综合演练。各参演单位密切配合，取得了预期效果，达到了锻炼队伍的目的。

编制实施《2020 年度海南省地震应急响应准备方案》。组织开展全省地震应急响应预案备案检查，指导琼海等 6 个市县地震局修订《地震应急响应预案》，指导市县举行各类预案演练 20 次。派员指导和参与武警、消防开展地震应急救援演练，有效提高应急响应和协调指挥能力。

（3）积极推进地震应急响应能力建设。与省应急管理厅合作，共同推进全省地震现场应急队伍规范化建设，指导组建、训练、培训、演练和购置设备。组织省局地震现场应急队参加中国局地震现场应急业务培训和省地震应急救援拉动演练。指导保亭、东方等市县举办地震应急业务培训班 3 期，培训 150 人次，新组建 3 支队伍，购置部分应急装备，有效提高应急响应能力。

推进全省地震应急指挥技术系统建设，开展全省地震应急指挥技术质量考核工作，合格率 90%，有效保障应急联动指挥运转正常。

（*海南省地震局*）

重庆市

1. 抗震设防要求

2020 年，配合中国地震局开展建设工程防震安全专项督查，积极争取重庆市政府支持，从市级层面安排部署和推动迎检工作，及时督促重庆市级有关部门、各区县政府报送检查材料，配合检查组进行材料整理、分析、统计、核实工作。协调重庆市教委、重庆市卫健委、重庆市经信委补充佐证材料，进行查漏补缺。初步核查结果及相关报告已报送中国地震局和重庆市政府。分别联合重庆市教委、市卫健委联合下发《关于开展建设工程防震安全专项督查发现问题复核工作的通知》，对专项督查结果初步判定为不合格的 138 项学校建设工程、51 项医院建设项目进行复核，最终确定 1 项学校建设工程、5 项医院（含卫生院）建设工程抗震设防未达标，学校、医院复核结果会签上报。截至 2020 年底，重庆市地震局已拟定防震安全专项督查整改意见，即将以重庆市防震减灾联席会议办公室的名义印发给各区县。

加强区县防震减灾工作指导与考核。以重庆市防震减灾联席会议办公室名义印发《2020 年区县防震减灾工作重点》，为区县开展防震减灾工作提供精确指导。2020 年首次将防震减灾工作目标考核纳入区县（自治县）经济社会发展业绩党政综合考核。重庆市委政法委印发的《2020 年度区县平安重庆建设暨防范化解重大风险考核实施细则》，重庆市安委办、重庆市减灾办印发的《2020 年安全生产和自然灾害防治重点工作及动态管理考核评分细则》，都明确将防震减灾工作纳入考核范围。对各区县完成两项考核任务的情况进行考核。

2. 地震安全性评价

深化“放管服”改革，强化事中事后监管。2020 年，印发《重庆市地震局关于加强地震安全性评价管理工作的通知》，提出地震安全性评价单位与项目信息备案办理细则、技术审查相关要求，建立专家库，并明确了市、区县地震工作部门的综合监管责任，以及发展改革、规划自然资源、住房城乡建设、水利、交通等部门的协同监管责任，推行告知承诺制度。完成重庆自贸区两江片区渝北板块等 26 个区域性地震安全性评价报告技术审查工作，完成 23 个重大建设工程地震安全性评价报告技术审查工作。

按照中国地震局的部署，印发《重庆市防震减灾工作联席会议办公室关于开展建设工程抗震设防要求监管检查工作的通知》，开展建设工程地震安全监管大检查。重庆市地震局已汇总各区县报送的资料，对疑似有问题的建设项目进行标注，组织人员进行资料核查；同时制定《市级抽查检查方案》，对区县报送的明显有问题的建设项目开展现场抽查。市级检查结果作为区县平安重庆建设暨防范化解重大风险攻坚战考核打分依据。

起草《重庆市人民政府办公厅关于加强建设工程抗震设防要求监管的指导意见（代拟稿）》，经征求重庆有关市级部门意见、并报送市司法局进行合法性审查后，已报市政府办公厅，即将印发。

3. 震害预测

成立重庆市地震局推进地震灾害风险调查和重点隐患排查工程领导小组，设立领导小组办公室和工作组，明确主要职责及任务分工。推动重庆市普查办印发《重庆市地震灾害风险普查实施方案》，向市普查办报送实施方案任务分解及经费需求，向重庆市财政局正式申报地震灾害风险普查 2021 年经费预算。推动重庆市普查办召开全市各区县普查办、减灾办视频会，对各行业普查经费申请再次进行强调，明确责任主体。及时印发《区县地震灾害风险普查工作指南》，认真梳理地震灾害风险普查的进展情况，对存在的问题进行交流探讨，对照《重庆市普查任务分工总表》，认真核对本领域普查任务及需要相关部门配合的任务，确保不漏项；对巴南、合川试点区县从工作进度、招投标有关要求、关键环节进行审核，试点区县建立台账并每周报送，对成果验收等提出明确要求。截至 2020 年底，试点区县在确定中介单位，制定工作方案，签订合同等工作环节稳步推进。

积极推进地震易发区房屋加固工程。向重庆市应急局发函明确荣昌区、黔江区、渝北区共计 24 个乡镇为地震易发区房屋加固优先范围。联合重庆市应急局、重庆市住建委编制《重庆市地震易发区房屋设施加固工程实施方案》，并以重庆市减灾办名义印发实施。以市减灾委名义转发《地震易发区房屋设施加固工程技术指南》，组建了由资深建筑结构专家参加的技术专家组，为地震易发区房屋设施加固工程提供技术服务。

推进基于遥感影像和经验估计的区域房屋抗震设防能力试点地区工作。制定《基于遥感影像和经验估计的区域房屋抗震设防能力初判工作试点实施方案》，确定荣昌区为试点地区。抽调技术骨干成立基于遥感影像和经验估计的区域房屋抗震设防能力初判工作组。

4. 地震应急保障

（1）强化地震应急协同机制建设。加强与重庆市应急局、重庆市消防救援总队的工作协同，共同制定《重庆市应急管理局、重庆市地震局　地震灾害应急救援协同工作方案》和《重庆市消防救援总队、重庆市地震局　地震灾害应急救援协同工作方案》。

（2）积极参与地震及次生灾害防范应对工作。配合重庆市应急局开展专项指挥部建立、应急预案编制、救援队伍体系建设、应急规划编制等系列工作。履行重庆市地震局作为重庆市防汛抗旱指挥部成员单位职能，参与防汛抗旱趋势会商会，提供趋势意见和应急对策建议。

（3）完善地震应急保障工作制度体系。依据《重庆市地震应急预案（暂行）》，组织地震应急指挥部各工作组、现场工作队对应急任务重新梳理和调整，对人员分工进行微调，重新修订了《重庆市地震局地震应急响应工作手册（试行）》。

（4）开展地震应急业务培训。组织开展业务学习和现场应急专题培训，邀请中国地震应急搜救中心李亦纲研究员现场授课，组织人员先后 3 次参加地震现场应急系列网络课程和中国地震灾害防御中心组织开展的 2020 年地震灾害损失现场评估专题培训。2020 年，重庆市地震局共计应急业务培训 5 次，参训人员达 100 余人次。

（5）扎实开展应急准备工作。制定疫情防控期间的地震应急准备工作方案，组织应急人员完成全国“两会”“重大节日”和“汛期”等特殊时段应急戒备工作。定期对物资储备、现场工作队应急装备、指挥大厅设备和应急基础数据进行检查。开展地震应急智慧管理及决策支持平台项目一期建设，推进平台预案电子化、应急值班管理自动化、现场工作队人员装备数字化、现场工作队协同办公智能化。制定《重庆市地震局川滇地区重特大地震应对工作方案》，召开应对重特大地震现场工作部署会议为及时、有序、高效应对重特大地震灾害突发事件作安排部署。

（重庆市地震局）

四川省

1. 抗震设防要求

2020 年，明确抗震设防监管工作措施。全面梳理四川省地震安评工作“放管服”改革以及行政审批制度改革、抗震设防要求落实情况，形成《四川省建设工程抗震设防监管反思总结报告》向中国地震局报送；制定印发《2020 年度抗震设防监管工作方案》，明确加强抗震设防监管工作措施。

2. 地震安全性评价

加强地震安评管理工作。制定并印发《四川省区域性地震安全性评价工作管理办法》，明确区域性地震安全性评价管理的基本框架；完成 40 家安评从业单位材料的收录、整理、备案、公示；完成安评报告质量抽查工作；完成《四川省建设工程场地地震安全性评价管理规定》修订的立法调研和立法后评估梳理，将该规章的修订作为 2021 年度省政府立法项目进行申报。

3. 震害预测

稳步推进风险防治重点工程实施。一是扎实推进地震灾害风险普查工作。成立局相关领导小组、技术组、工作组，编制并向市州印发《四川省地震灾害风险普查工作实施方案》《关于印发四川省地震灾害风险普查试点工作方案工作任务分解清单的通知》，要求相关单位认领工作任务。及时召开试点市县防震减灾工作主管部门工作推进会，并派技术人员多次与试点市县对接进行业务指导。参加四川省风险普查办联合相关厅局组成的专家小组，专家小组分别到三个县检查风险普查任务落实、工作进度等情况；二是牵头组织房屋设施加固工程。协调有关厅局、市县，多次召开联络员协调会议，收集相关基础资料，组织编制地震易发区房屋设施加固工程总体工作实施方案，联合应急厅以四川省抗震救灾指挥部名义转发国务院抗震救灾指挥部办公室《进一步加快实施地震易发区房屋实施加固工程的通知》，要求各市州将房屋设施加固工作落实到位。

4. 活动断层探测

持续攻坚四川省活断层普查项目。投资约 2.1 亿元的四川省活断层普查项目，是省“十三五”重点项目之一，于2018 年底正式开展实施，2020 年进入实施第三年。阿坝州和甘孜州子项目于2019 年底前已全部开工建设，凉山州资项目于2020 年7 月份完成实施方案论证评审工作，9 月进入正式实施建设，标志着四川省活断层普查项目省投资资金部分进入全面实施阶段。

5. 地震应急保障

做好地震灾害风险评估，落实防震减灾责任。2020 年按照中国地震局《地震重点危险区地震灾害损失预评估工作指南》，对重点危险区和重点监视跟踪区的人口经济、地形地貌、建筑抗震能力、次生灾害、地震灾害特征和应急准备情况等进行了实地抽样调查，完成四川省境内年度地震重点危险区涉及的 11 个市（州）67 个县的地震灾害风险实地抽样调查工作，基本掌握各区县的灾害风险底数，对地震灾害风险进行评估，提出应急准备工作建议和应急处置建议。针对危险区及所涉及的 11 个市（州）67 个县分别编撰完成地震灾害风险评估报告共 81 份，及时将灾害风险评估结果反馈省政府、省抗震救灾指挥及抗震救灾指挥部成员单位、有关市（州）、县（市、区）政府。

制定工作方案，强化地震应急准备。编撰《四川省地震局应急响应工作响应手册》和《四川省地震局应急响应工作明白卡》组织开展局地震应急桌面演练。对接《四川省地震应急预案》，编制《〈四川省地震应急预案〉职责任务分解表》，组织召开省指挥部灾情监测研判组联席会议，制定《省抗震救灾指挥部灾情监测研判组工作机制》，切实承担起灾情监测研判组牵头单位职责。强化应急准备工作，制定《四川省地震局重特大地震灾害事件应急联动工作方案》。与省军区、省消防总队和武警省总队签署应急协作协议，明确双方震后信息共享、队伍协同等工作内容。改进灾情速报工作机制，编制《地震灾情信息获取方案》，参与中国地震局“灾情快速获取改进试点”工作。建立与应急、消防、武警等单位的灾情信息共享机制，拓展灾情信息获取渠道。

“应急”“防疫”两不误，高效有序开展地震应急响应。2020 年，共启动应急响应 3 次，分别是：2 月 3 日成都青白江 5.1 级地震、4 月 1 日石渠 5.6 级地震和 10 月 21—22 日北川 4.6 级、4.7 级地震。这 3 次地震应急响应工作均是在新冠肺炎疫情肆虐的情况下展开的。四川省地震局坚决贯彻落实中国地震局和局党组有关指示，严格按照《四川省地震局疫情防控期间地震应急响应工作规定》有关要求派出工作队赶赴灾区开展现场工作的同时，保障消杀防护物资，强化人员管理，严防防疫底线，确保现场工作期间，无一人受到感染。

（四川省地震局）

贵州省

1. 抗震设防要求

2020 年，贵州省地震局、省发改委、省教育厅、省住建厅等 11 个部门组成安全监管检查组。检查采取市州自查、上报数据，省检查组全程指导、分析数据，9 个厅局领导带队实地抽查的形式开展。根据检查的情况，省地震局联合省教育厅、省卫健委对学校、医院的抗震设防数据进行全面普查。

2. 地震安全性评价

印发实施《贵州省区域地震安全性评价工作管理办法（暂行）》和《贵州省区域性地震安全性评价工作技术大纲》，推动区域性地震安全性评价工作依法依规有序开展。

3. 震害预测

以威宁县为试点，开展地震灾害预评估，编制评估报告。

积极协调，推进全国第一次自然灾害风险普查和地震易发区房屋加固工程实施，牵头组织全省地震灾害风险大普查。编制方案，加强组织领导，深入市（州）、县（市、区）督查、指导。遵义市、福泉市风险普查试点工作有序推进。

4. 活动断层探测

六盘水活动断层探查项目获省科技厅批准立项支持，开展了六盘水市 1:25 万地质构造填图。

5. 地震应急保障

统筹疫情防控与地震应急处置。印发实施《贵州省地震局关于加强疫情防控期间应急处置准备工作的通知》《贵州省地震局疫情防控期间地震应急响应主要任务及工作流程》，规范疫情期间地震应急工作流程及任务；做好疫情期间现场力量调度，每月报送地震应急现场力量统计表。

局领导带队深入震区六盘水、毕节、威宁、赫章、六枝特区宣讲、督促防震应急准备工作；在盘州市开展灾情信息员试点，推进灾情信息获取工作；开展省内重点危险区威宁县地震灾害损失预评估工作。

印发实施《贵州省 2020 年度震情监视跟踪和应急准备工作实施方案》《贵州省地震局 2020 年“应急抢险救援处置能力提升专项行动”实施方案》，推进地震应急处置工作。

组织做好重大活动、重要时段和节假日的应急值班值守。

开展地震应急演练。2020 年 1 月组织开展了局无脚本应急预案桌面推演，5 月指导六盘水市地震综合应急演练，6 月参加组织全省地质灾害应急综合演练，10 月组织参加西南片区地震应急协作联动演练。

完善地震应急预案体系。与省应急厅共同完成《贵州省地震应急预案》编制。指导贵阳市、安顺市、毕节市、铜仁市、白云区等市州、县区进行地震应急预案修订。调整了现场工作队员，印发局指挥中心人员名单及职责。

补充完善地震应急装备设备。组织采购现场工作队员服装和地震应急包。组织采购现场工作打印机、会议视频系统等。配合中国地震局完成大震应急物资采购，应急处置保障能力得到进一步提升。

推动地震应急协同机制的建立。建立企业微信群，将全省应急相关工作人员纳入，与专题图系统连接，震后第一时间提供地震应急图件服务。将 12322 地震震情服务延伸到省应急厅、省自然资源厅等相关部门，提供第一时间的震情信息服务。印发《落实〈中国地震局川滇地区重特大地震现场应急工作方案〉的通知》，组织并报送川滇大震应急现场支援力量。

高效有序开展地震应急处置。2020 年 1—2 月疫情期间，高效处置盘州小震群和开阳有感地震。7 月 2 日和 9 月 18 日，有力有序高效开展了赫章 4.5 级，六枝 6.0 级地震应急处置工作，及时将震情灾情报告省人民政府，通报灾区政府和有关部门有效维护震区社会生产生活秩序。还高效处置赫章 3.0 级、威宁 3.2 级等有感地震，及时报送信息，指导市县开展应急工作。

（贵州省地震局）

云南省

1. 抗震设防要求

2020 年，云南省地震局与云南省住房和城乡建设厅等 9 个部门联合印发《云南省工程建设项目区域评估操作规程（试行）》。全面开展地震安全监管检查，印发《云南省建设工程地震安全监管检查工作方案》，云南省地震局牵头联合云南省教育厅等 7 个部门组成 6 个工作组深入云南省各地对学校、医院、高层建筑、交通及铁路建设工程等开展专项检查。联合云南省能源局对澜沧江流域 6 个大型水电站抗震设防、地震应急预案、水库地震监测台网建设运维等进行检查。

云南省地震局领导带队到省应急厅、省住房城乡建设厅等单位主动对接，协商工作措施。积极推进农村民居减隔震技术应用工程建设。将建设工程抗震设防要求审核、竣工验收及建设工程选址避让活断层审核 3 个事项纳入云南省工程建设项目审批服务事项清单。

2. 地震安全性评价

地震安全性评价纳入云南省工程建设项目 11 项区域评估事项之一。组建地震安评技术审查专家库。指导保山市开展区域地震安全性评价工作。

3. 震害预测

云南省地震局协调云南省减灾委办公室和云南省住房和城乡建设厅编制印发《云南省

地震易发区房屋设施抗震加固改造实施方案》。制定《云南地震灾害风险普查实施方案》《云南地震灾害风险普查试点任务实施方案》，开展地震灾害风险普查技术培训2期，推进建水、盈江和双柏3个试点县的相关工作。完成2020年度重点地区地震灾害预评估工作。

4. 地震应急保障

云南省地震局修订印发地震应急预案，联合省应急厅、省住房和城乡建设厅等对年度重点危险区开展应急准备检查。制定《2020年度地震现场工作方案》《新冠肺炎疫情防控期间大震应急处置准备工作方案》，明确应急工作流程和应对措施，做好疫情期间出队人员准备和防护物资储备。

云南省地震局主要领导带队到应急管理部南方航空护林总站开展地震灾害航空应急救援工作调研并将签署合作协议。与云南省消防救援总队签署应急救援联动协议。配合省消防救援总队开展“担当—2020”跨区域地震救援实战演练。联合省应急厅开展地震灾害综合应急救援实战演练。

做好应急指挥中心技术系统运维。有效应对巧家5.0级地震，高效完成震情监视、烈度调查和地震灾害损失评估等工作。

（云南省地震局）

西藏自治区

1. 抗震设防要求

2020年，西藏自治区地震局多次主动与区应急厅、住建厅等有关部门协调沟通，研讨落实《地震易发区房屋设施加固工程总体工作方案》的具体举措，研究加固工程相关行业部门分工和主要职责、组织方式、示范工程建设保障措施等方面内容，推动加固工程及时落地。对区住建厅抗震办编制的《西藏自治区地震易发区房屋设施抗震加固防灾规划（征求意见稿）》征询中国地震局震防司、工程力学研究所等相关领导及专家意见，并及时回复。参加区住建厅组织召开加固规划评审会。

2. 地震安全性评价

西藏自治区地震局按照全国统一部署和《全国建设工程地震安全监管检查工作指导方案》具体要求，会同相关行业主管部门制定检查方案，积极与自治区各部门沟通，大力推进检查各项筹备工作，召开专题会议4次。2020年6月12日，西藏自治区人民政府副主席多吉次珠主持召开全区建设工程地震安全监管检查专题会议并启动（会后区抗震救灾应急指挥部印发了通知）全区建设工程地震安全监管检查工作。西藏自治区地震局党组书记哈辉、党组成员副局长张军分别带队前往那曲、昌都、山南等地开展现场检查工作，截至8月14日，共组织自查建设工程3341项，覆盖了10种工程类型。对西藏自治区全区7个地（市）开展现场检查工作，现场检查后及时制作了现场检查图集。通过检查工作，基本摸清全区建设工程地震安全现状，形成《西藏自治区建设工程地震安全监管检查工作总结报告》。10月，按照中国地震局震防司要求，组织开展地震安全性评价报告检查以及学校、医院等数据复核工作。

3. 震害预测

2020 年 9 月 7 日印发《西藏自治区地震灾害风险普查试点地区实施方案（江达县、米林县）的通知》。9 月 15 日印发《西藏自治区地震灾害风险普查实施方案》。9 月 15 日印发《关于成立西藏自治区地震局地震灾害风险普查工作领导小组的通知》。

10 月 13—16 日，国家减灾委秘书长郑国光一行赴藏开展防灾减灾和自然灾害防治督查检查工作，西藏自治区地震局对学习贯彻习近平总书记关于防灾减灾救灾重要论述、地震灾害风险普查试点进展情况、城乡建设工地震安全检查等 7 个方面进行汇报，向自治区减灾委报送《西藏自治区地震灾害防治工作开展情况》。

4. 活动断层探测

西藏自治区地震局于 2020 年 5 月 27 日赴四川省地震局参加“昌都市 1∶25 万探测区地震构造图”编制项目验收会，技术报告通过评审。经与四川省地震局商讨，对昌都市活动断层探测与地震危险性评价工作的具体断层、协议付款方式、经费额度分配等方面提出变更要求。将西藏主要城市活动断层探测工作纳入西藏地震灾害调查与隐患排查项目中。

（西藏自治区地震局）

陕西省

1. 抗震设防要求

2020 年，陕西省地震局加强抗震设防管理，制定《全省建设工程地震安全监管检查工作方案》，完成全省建设工程地震安全监管检查，检查 8893 项，实地抽查 185 项。落实“放管服”改革要求，制定印发《关于推进建设工程抗震设防要求“双随机、一公开”监管的通知》。组织省级防震减灾示范学校评审和现场检查，联合应急等部门开展省级综合减灾示范社区创建和防灾减灾综合示范县区创建。

2. 地震安全性评价

2020 年，制定印发《关于进一步规范地震安全性评价工作的通知》，规范地震安全性评价事中事后监管。对全省安评从业机构和地市管理人员开展区域性地震安全性业务培训。完成渭南高新区域性地震安全性评价工作，开展咸阳渭河大桥、沣灵大桥安评等 7 个重大工程的地震安全性评价。跟踪西安咸阳国际机场三期扩建工程等省内重大工程项目建设，依法落实建设工程地震安全监管责任。

3. 震害预测

开展地震灾害预评估，提出应急准备与应急处置措施建议。推进提高自然灾害防治能力工程实施，制定印发陕西省地震易发区房屋设施加固工程实施方案，渭南、汉中、韩城等 7 地印发实施方案。印发地震灾害风险普查实施方案，组建省地震灾害风险普查实施机构，西安灞桥区、安康白河县、榆林神木市三个地区试点工作启动实施。启动宝鸡市地震灾害风险调查和重点隐患排查基础数据库建设，完成麟游县 1434 栋建筑现场调查、40 多个生命线数据和16处地质灾害点调查收集、搜集140多张建筑结构施工图和13802张农村住房安全排查表。

4. 活动断层探测

推进兴平活断层探测项目实施，完成探槽、目标区第四系地层剖面建立、浅层地震探测补充测线、桃川—户县等断层浅层地震补充探测几个专题顺利通过专家组验收。完成富平地震小区划项目，通过中国地震局技术审查，项目成果移交当地政府。

5. 地震应急保障

配合修订省总体应急预案和省地震应急预案，修订本局地震应急预案。开展地震灾害预评估，提出应急准备与应急处置措施建议，联合省应急厅开展地震应急准备工作检查。制定协作联动区域支援方案，落实应急保障措施。与省应急、煤监、消防部门建立信息共享和协作机制，加强应急协助联动。指导各地开展地震应急演练，组织完成西北片区地震应急联动演练、鄂豫陕三省联动应急演练和局应急指挥部工作组演练。组织现场工作组参加地震现场工作远程培训，推进“三网一员”建设，加强与网络媒体合作，提升灾情快速收集能力。及时更新地震应急指挥技术系统基础数据，推进地震应急响应辅助决策系统建设。

（陕西省地震局）

甘肃省

1. 抗震设防要求

一是推进行政审批制度改革和“放管服”改革。理顺重大建设工程抗震设防要求监管机制和监管流程，认真落实建设工程地震安全性评价事前事中事后监管要求。二是持续对政府部门、企业开展第五代区划图宣贯工作。兰州新区地震小区划纳入甘肃省地方标准《建筑抗震设计规程》。三是开展建设工程地震安全监管检查。按照中国地震局要求，2020年3—7月，在全省范围内开展了地震安全监管检查工作。此次检查共完成2016年以来的重大工程94项、高层建筑58项，2009年以来学校建设工程5077项、医院建设工程723项、一般建设工程2749项。

2. 地震安全性评价

一是开展地震安全性评价监管。2020年共检查省内5家地震安全性评价单位开展工作情况，抽查了在甘肃省内开展的11项工程项目地震安全性评价报告，按照中国地震局要求，对本次抽查发现的不合格的安评报告责令进行整改。二是制定相关制度。印发《甘肃省区域性地震安全性评价管理办法（暂行）》。三是组织区域性地震安全性评价报告技术审查。组织专家对华亭工业园区区域性地震安全性评价项目报告和兰州榆中生态创新城建设项目区评报告进行技术审查。陇南市地震小区划报告已通过中国地震局震害防御司组织的验收。

3. 活动断层探测

采用地质地貌调查、条带状填图与地球物理探测、钻孔勘探、槽探等相结合的技术途径，开展武威市活动断层探测与地震危险性评价工作。2020年度完成区域地震构造环境专题报告及区域地震构造图编制，积极进行区域地震构造环境专题数据库入库检测及修改；补充进行了目标区活动断层鉴定野外工作，对野外断层推测点进行了电磁剖面试验性探测；编制详勘设计实施方案。通过综合探测，查明武威市目标区内主要活动断层的地表准确位置、规模、活动性及地震危险性；提供标绘在1:5万或1:1万地形图上的主要活动断层分布图、地震危险性概率分布图和地震危害性评价图。此项工作为城市新建工程，尤其是生命线工程和可能引起严重次生灾害的工程避让提供依据。

（甘肃省地震局）

青海省

1. 抗震设防要求

2020年，青海省地震局推进地震灾害风险防治体系现代化建设，开展地震灾害风险调查和重点隐患排查试点工作，制定印发《青海省地震灾害风险普查实施方案（试行）》和《青海省试点地区（海西州）地震灾害风险普查实施方案》，并在海西州召开了试点地区地震灾害风险普查动员启动会。省地震局配合有关部门统筹资源，推进房屋设施加固工程实施，会同青海省减灾委编制印发了《青海省地震易发区房屋设施加固工程实施方案》。全省各级地震机构组织实施建设工程地震安全监管大检查，联合发改、教育、住建、交通、卫健委、体育等单位对4个市州开展了实地现场抽样和督察检查，向国家减灾委第八督查检查组专题汇报了青海省城乡建设工程地震安全检查工作开展情况和检查结果。积极推进基于遥感影像和经验估计的区域房屋震害风险初判试点工作。2020年将“重大工程抗震设防要求确定”纳入省发改委在线投资项目和省住建厅建设工程事前监管平台，审批监管2000余项。

2. 地震安全性评价

青海省地震局积极推动区域性地震安全性评价工作，制定印发《青海省区域地震安全性评价管理办法》，规范从业单位、建立专家库，并在官网公示青海省内从事地震安全性评价单位的信息和全省区域地震安全性评价工作技术标准。全年共开展重大工程、生命线工程、可能发生严重次生灾害工程的地震安全性评价9项，包括西宁机场三期改扩建工程地震安评、西宁城北汽车站加油站地震安评等，6项通过技术审查并提交了报告，1项正在实施中。2020年承担“平安驿特色小镇项目地震安全性评价”安全性评价项目，都兰县地震小区划工作通过中国地震局验收。

利用青海政务服务平台、投资项目在线审批平台、“互联网+监管”平台、“多评合一”平台等加强重大工程、生命线工程、可能发生严重次生灾害工程的地震安全性评价监管工作。

3. 活动断层探测

青海省地震局全力开展地震活动构造探察、城市地震活动断层探测及成果应用等方面取得明显进展。与震防中心积极沟通，完成“德令哈市活断层探测”项目数据入库工作，并结合普查试点工程，建设活动构造基础数据库。活动断层探测工作严格按照计划、管理要求和相关技术标准实施，开展了青海省地震安全性评价报告质量检查，分两批检查了4个安评报告。向青海省自然资源厅、海西州自然资源局提供已开展的活断层、小区划等成果，开展推广应用，跟踪应用情况，包括应用证明、宣传讲解等。

4. 地震应急保障

加强地震应急保障，完善地震应急预案体系，会同省应急厅修订《青海省地震应急预案》，对省地震局地震应急现场工作队进行调整，明确了各小组职责，并印发《青海省地震局2020年地震现场工作方案》；省地震局和海东市、海西州、黄南州等市（州）局修改完善本单位地震应急预案；与省应急厅签订地震灾害应急联动工作机制备忘录，与省消防救援总队签订了加强地震灾害信息共享、建立协同联动工作机制备忘录；完善地震应急产品，加强地震应急基础数据库建设，对危险区的基础数据库进行更新，包括省内所有县城医院、学校、水库等综合应急信息，完成青海省地震应急基础图件（县市综合信息图）。在全省范围内开展地震应急演练，参演人员3.7万余人次，出动各种救援车辆380多台次。有效开展震后应急准备，积极处置应对丁青5.1级、大柴旦4.0级、石渠5.7级、尼玛6.6级、玛多4.2级地震等12次地震事件。会同省气象局、青海湖景区管理局及时处置青海湖涉震舆情，得到省政府领导肯定；发挥地震台网专业优势处置“青海火流星”事件，黄南州局妥善处置同仁县隆务镇地震谣言。

（青海省地震局）

宁夏回族自治区

1. 抗震设防要求

2020年4月，宁夏回族自治区地震局制定《宁夏回族自治区建设工程地震安全监管检查工作方案》，以宁夏回族自治区防震减灾领导小组的名义组织开展全区建设工程地震安全监管自查工作；6月组织自治区发展改革委、教育厅、住房和城乡建设厅、水利厅、卫生和健康委等单位对选取的重大工程、高层建筑、学校、医院进行实地检查；7月底形成《宁夏回族自治区建设工程地震安全监管检查自查报告》并报中国地震局。

2. 地震安全性评价

强化地震安全性评价管理工作，组建宁夏回族自治区地震安全性技术审查专家库，印发《宁夏回族自治区地震局关于开展地震安全性评价单位信息登记和项目备案的公告》《宁夏回族自治区地震局关于进一步加强抗震设防和地震安全性评价相关工作的通知》，并通过宁夏回族自治区地震局网站向社会予以公布。2020年，宁夏回族自治区地震局对彭阳县石家峡水库等8个安评项目进行备案，对河南中震泰合科技有限公司等9家安评单位进行备案，并组织开展了广播电视塔迁建项目等3个地震安全性评价报告技术评审会。

3. 活动断层探测

按要求完成鄂尔多斯块体西缘断裂带基本活动特征和孕震分析项目并通过验收。持续推进《中卫市沙坡头区地震活断层探测与地震危险性评价》项目建设，完成野外工作验收，中卫—同心断裂（甘塘段）1:1 万活断层填图、隐伏断层浅层地震勘探两个专题顺利通过验收，完成 2020 年度全国城市活断层探测项目检查，项目阶段性成果已应用于中卫试点区地震灾害风险普查项目。持续推进鄂尔多斯地块及边界带 1:50 万地震构造图编制项目、吴忠—灵武地区断裂活动性应用研究项目；申请青藏高原 1:100 万活动断裂与强震灾害分布图编制项目和烟筒山活动断裂带晚第四纪构造特征定量研究项目。

4. 地震应急保障

（1）加强地震应急准备。①完善地震应急工作体系，强化自治区地震应急预案管理。印发《2020 年度地震现场应急响应出队与灾评科考设备轮值方案》，制定《宁夏回族自治区地震局应急指挥中心行动方案》。开展地震应急预案情况调查，在摸清地震应急预案底数的基础上，认真剖析预案体系建设整体情况，对多地修订地震应急预案提出指导意见。②着力做好疫情防控条件下地震应急准备工作。严格落实《宁夏回族自治区地震局疫情防控期地震应急准备及响应工作方案》《宁夏回族自治区地震局 2020 年震情监视跟踪和应急准备工作方案》，加强各方面应急准备。强化地震现场应急工作队管理，掌握可调动队员动态，做好轮值安排。修订灾评装备管理办法，补充应急工作装备，对地震应急装备库房进行全面清点，完成物资分类、清理、造册、保管等工作。③完善灾情速报收集渠道。完成地震灾情速报工作调研。完善宁夏地震信息服务微信公众号灾情速报栏目和功能。加强地震灾情速报队伍管理，更新速报员信息，队伍规模达 588 人。④开展地震应急及现场工作培训。4 月 9 日、5 月 8 日、7 月 2—3 日，通过视频会议方式，组织地震现场应急工作队员、应急技术人员 60 余人次，参加地震应急工作培训 3 场次。⑤组织 2020 年度西北地震应急救援区域协作联动演练暨配合开展自治区纪念海原大地震 100 周年军地联合应急救援演练。

演练于 2020 年 9 月 10—13 日在宁夏海原成功举行。中国地震局震害防御司李广辉副司长莅会指导，陕西、甘肃、青海、宁夏 4 省（区）地震局现场工作队和应急管理厅相关人员共 70 余人参加了演练。此次演练是机构改革以来宁夏规模最大、范围最广、涉及科目最多的一次综合地震应急救援演练，展现了地震系统队伍风采并获得好评。宁夏回族自治区地震局作为演练主要承办单位，圆满完成协同组织及配合实施任务，获得演练优秀组织奖。

（2）加强应急响应机制建设。①建立地震灾害快速评估协同机制。印发《关于建立地震灾害快速评估协同机制的通知》，成立局快速评估工作组与专家组，加强与中国地震台网中心及专家的工作协同，推进地震灾害快速评估工作水平提升。②巩固西北地震应急协作联动机制。6 月 23 日组织召开 2020 年度西北地震应急救援区域协作联动协调会。会议就完善西北地震应急协作联动演练方案、改进区域协作联动机制、地震灾害损失评估工作等议题展开深入讨论。③加强与地方应急管理部门的协调配合。制定《宁夏应急管理厅、地震局、消防救援总队地震应急协同与信息共享备忘录》，从强化信息共享、密切协同联动、形成应急合力等方面加强协作，建立了任务分工与协同工作机制、联络工作制度、地震应急协同与信息共享等机制。

（3）应急条件保障建设。①督导地震应急技术系统提质增效。分管局领导多次带队检查应急技术系统，现场指导应急技术演练，对提高应急技术系统产出实效和质量、完善现场应急通信保障提出具体要求，推动地震应急技术保障能力提升。②改进应急技术支撑系统。完成月度季度年度应急指挥技术系统、卫星固定站、现场应急车、LTE 通信和灾捕点运维及演练。完成应急指挥大厅音视频系统升级，完成应急通信车升级改造及 4G 通信测试，完成石嘴山市人口空间分布研究。③更新地震应急基础数据和地图。完成年度应急基础数据库和自治区县级综合国情数据更新、获取宁夏五大市电子地图、广泛应用天地图。④开展地震灾害损失预评估。结合自治区年度地震危险区判定结果，完成中卫市沙坡头区和中宁县地震灾害损失预评估工作，编制完成地震灾害预评估和应急处置建议报告。

（4）开展地震应急行动。①及时有效处置区内地震事件。6 月 9 日 21 时 32 分中卫市沙坡头区发生 2. 7 级地震，中卫市城区有感，宁夏回族自治区地震局立即安排中卫市地震局组织现场调查，次日分管局领导带队赴现场复查，确保社会稳定。6 月 12 日 7 时 55 分吴忠市青铜峡市发生 3. 3 级地震，银川市城区部分有感，先后派出现场工作队 14 人赴震中工作，当晚完成地震现场调查报告报中国地震局和自治区相关部门。②牵头做好 2020 年度西北地震应急协作联动工作。在 1 月 19 日新疆伽师 6. 4 级地震、6 月 26 日新疆于田 6. 4 级地震发生后，组织片区省（区）地震局现场工作队整备待命。

（宁夏回族自治区地震局）

新疆维吾尔自治区

1. 抗震设防要求

2020 年 4 月 20 日，新疆维吾尔自治区召开 2020 年抗震救灾指挥部会议、防震减灾工作联席会议、消防工作联席会议，部署全区建设工程抗震安全检查工作，印发《关于印发〈自治区建设工程抗震安全检查方案〉的通知》文件，新疆维吾尔自治区地震局跟进推动检查工作。汇总分析 2 万多条检查数据，形成《新疆维吾尔自治区建设工程抗震安全检查工作总结》。同时，向 11 家行业主管部门反馈检查结果分析报告，提出存在的风险隐患。组织开展地震安全性评价单位调查，公告地震安全性评价从业单位信息。持续推进减隔震技术的应用，全区累计在 900 余个房屋建筑工程和市政基础设施中推广应用减隔震技术。

2. 地震安全性评价

获得中国地震局对阿拉山口市、皮山县和于田县等 8 个地震小区划报告评审通过的最终批复。2020 年度签订地震安评项目 16 项，合同额 764. 57 万元，到位金额 622. 57 万元，资金到位率 81. 42%。

3. 震害预测

开展地震重点危险区地震灾害预评估和应急风险评估，深入了解重点危险区地理地貌、人口密度、建筑物结构类型与抗震能力、地震应急准备能力等情况，重点关注城中村、城乡接合部和农村房屋的抗震能力以及生命线工程的地震灾害风险水平。

4. 活动断层探测

起草全疆重点城市开展活动断层探测方案，协调推动城市活断层探测列入自治区国内经济和社会发展“十四五”规划之中。对南天山山前的迈丹—沙伊拉姆褶皱断裂带、却勒塔格褶皱断裂带、喀桑托开褶皱断裂带、柯坪断层等以及帕米尔北缘弧形推覆构造带东段前缘卡兹克阿尔特褶皱断裂带西段开展详细勘探，包括活动断层陡坎测量、新近纪地层分层和产状测量、晚第四纪地貌面年代样品取样，累计获取370条陡坎剖面、900余个地质露头测量和约30个年代样品取样。

5. 地震应急保障

（1）地震应急准备。修订印发局地震应急工作流程；组织人员参加自治区2020年地震应急预案综合演练活动；与消防救援总队、边检总站签订应急协同信息共享备忘录，进一步推进应急信息共享工作；完成年度重点危险区地震应急风险评估与救援对策研究、地震灾害损失预评估与应急处置要点研究报告，印发各地（州、市）地震局（应急管理局），抄送自治区应急厅、消防救援总队、森林消防总队、武警总队、新疆军区，为做好重点区域地震应急准备工作提供科学依据。提升应急能力，完成自治区应急能力提升项目和中国地震局大震应急救灾物资储备项目的采购、交付使用工作。

（2）地震应急条件保障建设。2020年，继续做好自治区应急指挥系统、地州市地震应急信息平台运行维护，做好系统数据库更新工作，更新人口、经济、地震等数据库数据4000余条；完成辅助决策系统年度触发150余次，完成各类指挥中心地震演练图件制作。开展地震灾害快速评估、影响场确定等业务交流，组织现场应急业务视频培训；根据疫情会议需求及时更新设备，用于支持腾讯会议等新型会议模式。印发新疆局地震现场应急工作方案，建立局本部、台站、野外工作站及驻村工作队与地方地震主管部门多位一体的应急处置力量矩阵。

（3）地震应急响应与行动。2020年，及时、有序处置10次5.0级以上地震和多次4.0级强有感地震，共派出地震现场应急工作队8批、100余人次，高效完成1月19日伽师6.4级和6月26日于田6.4级等地震现场震害调查、烈度评定、损失评估和科普宣传等应急处置工作，上报地震现场应急工作报告2份、灾害损失评估报告1份、应急处置工作总结2份。

（新疆维吾尔自治区地震局）

中国地震局工程力学研究所

积极开展地震科技支撑工作。2020年开展了7次中国大陆地震应急快速评估工作以及2次境外重大地震应急快速评估工作。根据科研和工程应用强震动数据用户的不同需求，在强震动数据共享项目中提供数据服务，为震后应急工作提供有力的支撑。派出周中一副研究员第一时间赶赴新疆伽师6.4级地震灾区现场参加地震应急工作，为灾区群众安置和震后重建提供科技支撑。派出专家参加新疆伽师6.4级地震“虚拟”科考。

积极开展地震现场震害调查基础知识培训，在总结以往地震应急处置工作的基础上，在全国地震系统范围开展地震应急现场队员基础知识和业务培训，切实提升地震现场人员工作效能，促进地震现场队伍建设。

积极开展“地震灾害风险调查和重点隐患排查工程”以及“地震易发区房屋设施加固工程”实施的技术支撑，落实地震易发区房屋设施加固工程技术专家组挂靠单位工作职责，组织编制《贯彻落实黄明书记讲话精神 做好地震易发区房屋设施加固工作方案》，组织编制《农村房屋抗震实用手册》《地震易发区既有房屋建筑抗震加固技术选编》。

发挥“地震灾害风险调查和重点隐患排查工程”实施的主力支撑作用，全程参与实施方案、工作指南编制和业务培训，指导山东岚山和北京房山大会战实施，组织编制中国灾害防御协会团体标准《地震灾害风险评估技术及数据规范》《地震灾害重点隐患排查技术与数据规范》《地震灾害隐患等级确定方法》，组织编制《旧金山湾东部（海沃德）地震情景构建—工程影响》译著。

针对地震重点监视防御区，开展了建筑易损性分析研究，对不同分布特点的房屋进行了分类，研究了房屋结构特征对抗震性能的影响，进行区域抗震能力分析。开展了分区域震害损失快速评估研究，收集整理我国各区域内历史震害损失数据，分析各区域地震灾害损失特点，对我国大陆地区进行震害损失评估区域划分，基本确定了我国不同区域地震人员伤亡和经济损失的基本模型。

（中国地震局工程力学研究所）

中国地震灾害防御中心

1. 地震安全性评价

2020 年，组织开展西藏成品油管道、西藏阿里地区噶尔县边境小康村、拉萨藏医博物馆等重大工程地震安全性评价工作，研究确定了川藏铁路昌都至林芝段三座特大桥的复杂地形影响和非一致地震动输入，完成了新建崇左—凭祥高速铁路地震安全性评价，为川藏铁路和中国—东盟经济走廊等国家重大基础设施建设提供地震安全保障。

研发地震安全性评价计算软件，为新一代地震活动模型和地震动预测模型的推广应用、复杂多维场地地震效应的科学评估提供了有效的技术工具，广泛应用于核电、水电、地铁、机场等行业领域，为规范地震安评工作、提升重大建设工程地震安全水平提供了高效的科学工具支撑。

2. 活动断层探测

建立全国地震活动断层探察项目库清单和数据管理平台，整合完成重点地区活动断层探察数据库 39 个，发布“活动断层分布图 V1. 0”，编制完成京津冀、大湾区、川藏铁路沿线等区域地震构造图。

2020 年，震防中心地震活动断层数据中心正式加入国家地震科学数据共享体系，成为活动断层数据信息共享分中心。上线地震活动断层探察数据中心网站，发布“活动断层分布图 V1. 0”，提供数据共享服务接口，及时发布活动断层探察成果，跟踪全国活动断层探察工作程度，发布项目清单，展示工作成果，普及活动断层知识。

梳理总结我国地震活动断层探察工作现状与问题，完成全国活动断层探察，包括地震构造图、城市地震构造环境和探测技术三部分成果白皮书。

组织开展四川省冕宁县、福建省龙岩市城市活动断层探测工作。组织开展晋获断裂活动性鉴定工作。通过长流—仙沟断裂北段活动性鉴定以及澄迈北部地区活动断层探测与地震危险性评价等野外工作，首次获得海口长流—仙沟断裂全新世活动证据和准确位置，为重新论证琼北地区地震构造模型提供重要依据，其成果对海口市西部未来的城市规划和发展将产生重要影响，受到省、市两级政府的高度重视。

3. 地震应急保障

编制完成《地震灾害损失预评估基本规定》和《预评估技术方案》，研发预评估数据管理与分析系统。组织完成 15 个重点危险区现场调查与损失预评估，涉及 8 省 19 个市 57 个县、航拍总面积约 12.5 平方千米。

牵头大震应急救灾物资储备项目，认真履行项目法人职责，负责野外生存防护装备、应急通信装备、应急流动监测装备、灾害调查评估装备、应急探测测试装备等 5 类物资采购工作。针对项目特点和要求，在公开招标过程中采用了“统招分签”与自行采购相结合方式，完成全部 28 个包的招标技术文件、标书的编写、评审和开评标工作；成立商务谈判组，分别与 5 个子项 27 个包中标方开展商务谈判，并协助组织 37 家单位完成合同签订工作。项目实施过程中以时间进度为主线，理清流程，把控风险点，及时开展廉政提醒、严格规范采购程序，按时完成了任务。

（中国地震灾害防御中心）

中国地震局地球物理勘探中心

1. 地震安全性评价

（1）区域性地震安全性评价项目。2020 年 5 月 8 日，物探中心成功中标阳泉经济技术开发区管理委员会建设管理部购买区域地震安全性评价项目。在项目团队精心组织实施下，8 月 21 日顺利通过了山西省地震局评审专家组技术审查。该项目是山西省第一个通过审查的区域性地震安评项目，项目成果得到项目建设方的高度认可，并为项目团队赠送了“通力合作、值得信赖、设计精品、回馈社会”锦旗 1 面，取得了良好的社会经济效益。

（2）地震安全性评价项目。承担完成了“兰考至原阳高速公路兰考至封丘段黄河特大桥（主桥）、临西县万辉 150 兆瓦（一期 100 兆瓦）风电场、太原市疾病预防控制中心、潢川县 G106 线新潢桥改建、洛阳市科技馆新馆、洛阳市奥林匹克中心”等工程场地地震安全性评价项目 6 个，项目成果报告均顺利通过了河南省地震局组织的专家评审。

2. 震害预测

刘明军研究员入选中国地震局地震灾害风险普查技术专家组。借助河南省开展地震灾害风险普查试点工作契机，抢抓机遇，积极开展地震灾害风险普查，组织专业技术人员积极对接濮阳、焦作、信阳平桥区地震灾害风险普查项目，协助做好实施方案编制等前期工作。

3. 活动断层探测

（1）河南省地震构造探查工程。2020年，先后承担了河南省地震构造探查工程（2）、（3）、（7）等专题项目，均进展顺利。河南省地震构造探查工程（2）专题项目，完成1口深401.2米的钻井，测试年代样品32件，综合测井403米，11月18日顺利通过了专家验收。河南省地震构造探查工程（3）专题项目，完成1条近南北向550千米的宽角反射/折射探测剖面和1条145.48千米的深地震反射探测剖面，获得了剖面沿线基底速度结构与构造、地壳二维速度结构、地壳反射界面结构图像和断裂的深部构造特征，11月30日通过了以张培震院士为组长的专家组验收。河南省构造探查工程重磁反演深部结构与构造服务专题项目，完成了跨开封盆地100千米、36个测点的大地电磁剖面探测，获得了跨开封盆地地壳二维电性结构和重、磁反演三维数据体，10月30日通过专家组验收。河南省地震构造探查工程（7）项目，9月25日中标以来，完成基础资料收集处理、踏勘、实施方案评审等，野外工作正在紧张进行中。这些项目实施，为探明河南省地震构造环境，摸清地下风险底数，实现河南“地下清楚”目标，服务城市规划、国土开发、重大工程建设避让地震活动断层和除险加固提供了基础资料与科学依据。

（2）洛阳市活断层探测与地震危险性评价（一期）。2020年3月20日，项目通过了由河南省地震局组织的专家验收，项目共完成288个地质地貌点调查，完成14条浅层地震勘探测线共50.77千米，完成第四纪地层标准钻孔2个，完成3条由27个钻孔组成的跨断层钻孔联合剖面，完成60千米的大地电磁剖面探测。建立了目标区第四纪地层剖面，开展了重磁反演、背景噪声成像、小地震精确定位、地震层析成像，初步获得了洛阳盆地结晶基底埋深及盆地边缘断裂分布特征，鉴定了目标区及邻近主要断层活动性并进行了初步定位，编制了1:25万工作区地震构造图和1:5万目标区主要断层分布图。

（3）驻马店市活断层探测与地震危险性评价项目。2020年6月15日，项目通过了由中国地震局震害防御司委托地震活动断层探察数据中心组织的专家验收。项目共完成地质观测点171个、探槽1个、控制性钻孔3个，完成浅层地震勘探测线15条总长77.48千米，深地震反射探测测线1条总长102.05千米，完成跨断层钻孔联合剖面2条总进尺1364.2米，完成了2条断层的活动性鉴定。编制了1:25万探测区地震构造图，完成了标准钻孔探测并建立了第四纪地层剖面，鉴定了目标区断层活动性，分析了孕震构造环境，评价了目标区新层的地票危险性，编制了目标区1:5万活动断层分布图和说明书，给出了目标断层设定地震近断层强地面运动分布，建立了驻马店市活动断层数据库。

（4）濮阳市活断层探测与地震危险性评价项目。已完成10个子专题验收，其他3个专题正在进行中。

（5）许昌市活断层探测与地震危险性评价项目。完成总项目实施方案评审和验收，已有2个子专题通过结题验收、2个子专题通过野外验收，其他子专题正在按计划进行中。

此外，还积极承担完成了宁夏中卫市活动断层浅层地震勘探、鹤壁市活动断层浅层地震勘探、江苏盐城城市活动断层详勘等活断层探测项目，全年完成深反射探测剖面214千米、浅层地震勘探剖面190千米。

4. 地震应急保障

认真贯彻落实中国地震局应急值班值守工作部署，在新冠肺炎疫情、汛期、暑期、清明、端午、全国“两会”、国庆中秋“两节”及党的十九届五中全会等重要时段，严格落实24小时值班值守制度，时刻保持地震应急响应状态。修订《物探中心地震应急预案》，不断完善地震应急工作体系。

完成2019年度地震应急项目绩效自评，定期对应急设备进行运维和测试，确保设备运行正常。组织青年技术骨干积极申报中国地震局2021年度地震应急青年重点任务，获批1项。10月26—28日，组织应急队员参加豫北地震应急联队年度区域应急综合演练，不断提升应急意识和能力水平。

（中国地震局地球物理勘探中心）

中国地震局第一监测中心

1. 地震安全性评价

2020年，中国地震局第一监测中心开展了两项区域地震安全性评价工作，分别为侯马经济开发区区域地震安全性评价和红旗渠经济技术开发区地震安全性区域评估。同时承担了天津地铁震害防御项目——天津地铁13号线地震安全性评价工作，为天津市重大建设工程提供地震安全性保障服务。

2. 活动断层探测

组织实施了三门峡、安庆、运城等3个活断层探测与地震危险性评价项目。三门峡项目10个专题中6个专题完成率达到100%，4个专题均完成95%；编制完成“安庆市城市活动断层探测与地震危险性评价项目”实施方案，10月通过专家评审，已完成详细勘探断层线87千米，踏勘点位90余个，开挖探槽1个，断层剖面7个；运城市中心城区地震活动断层探测工程项目完成实施方案初稿编制，并开展了专家论证工作。

3. 地震应急保障

地震应急准备。全力保障地震监测工作有序开展，制定疫情防控期间地震应急预案和实施方案。全面深入调研现有测震应急流动观测工作机制，牵头组织完成《中国地震局重特大地震应急流动观测方案》编写工作，为大震应急流动观测工作的开展提供依据保障。

地震应急响应。2020年完成17次地震现场应急值守工作，累计完成地震现场应急值班任务150天。2020年7月12日唐山古冶5.1级地震发生后，地震现场应急队迅速集结待命，下辖唐山检定场第一时间开展短基线及短水准复测，获取了宝贵的同震观测数据。

（中国地震局第一监测中心）

防灾科技学院

2020年，防灾科技学院开展了“基于运动机理的山区城镇地震地质灾害危险性评价方法研究”项目。拟选取重庆武隆区羊角场镇为研究区，针对区域内存在的不同种地质灾害类型，在地质灾害详细调查的基础上，基于灾害成因机理分析、运动特征数值模拟、历史灾害统计分析等方法，开展在不同地震条件下不同类型灾害的运动机理分析，预测潜在致灾体位置，失稳后运动特征和堆积区范围，基于 ArcGIS 平台，开展危险性评估和区划制图研究，探索适用于山区场镇的基于灾害运动机理分析的大比例尺地震地质灾害危险性评估方法，为山区城镇规划和地质灾害防治提供参考。

（防灾科技学院）

防震减灾公共服务与法治建设

2020 年防震减灾公共服务与法治建设工作综述

一、防震减灾公共服务

2020 年，印发防震减灾公共服务事项清单、第一批公共服务事项和产品清单及公共服务事项清单管理办法，确定公众服务、专业服务、决策服务和专项服务四大类 35 项公共服务事项和第一批四大类 26 项 52 个产品，明确产品名称、提供方式和承担单位，正式启动内部试运行。

印发推进防震减灾公共服务的工作思路，遴选北京局、河南局、四川局、预测所、二测中心 5 个单位，围绕北京冬奥会安全保障、黄河流域生态保护、地震烈度速报与预警、重点防御区产品服务、地震监测数据服务等开展公共服务试点。

实施防震减灾公共服务需求和满意度调查，完成 18007 份电话调查和 340544 个网络调查有效样本，对科普、地震信息服务、平台建设、房屋抗震加固、地震预警等方面需求进行调查，获得防震减灾公共服务总体满意度为 87. 37 分。

完成 2017 年以前的 95 项现行地震标准和 2019 年前的 116 项制修订计划项目集中复审和评估清理。现行标准中继续有效 67 项，修订 27 项，废止 1 项。制修订项目计划中继续实施 59 项，取消 39 项，调整 18 项。

全年发布 1 项国家标准、8 项行业标准和 2 项地方标准。

二、防震减灾科普

1. 做好重点时段地震科普工作

2020 年，开展“5・12”防灾减灾日、玉树地震 10 周年等 26 个重点时段的科普活动和新疆伽师 6. 4 级地震等 19 次地震应急科普，发布 328 个科普作品；举办科技列车怀化行、知识网络竞赛、地震科学流言榜等科普活动，组织“同游震馆共话减灾”网络直播，在人民网开设系列网络科普讲座。开展地震应急科普联动试点工作。全年各类活动参与公众达 2. 13 亿人次，创历史新高。

2. 持续打造地震科普品牌

2020 年，开展讲解大赛、作品大赛、千场讲座等品牌活动，参与公众达 1125 万余人次。发布院士系列科普图书、折页等精品。建成并开放中国地震 3D 云展厅，发布示范性 VR 产品《地震的力量》，向社会推介 63 部优秀科普作品，向科普示范学校发放科普图书

6838 册，向全国地级市和地震高烈度区的县（区）发放《防震避险手册》《农村房屋抗震实用手册》约 7 万册。修订《国家防震减灾科普教育基地认定管理办法》和《国家防震减灾科普示范学校认定管理办法（试行）》，认定国家防震减灾科普教育基地 56 个、科普示范学校 85 所，防震减灾科普示范学校纳入第二批全国创建示范保留项目。北京市防震减灾宣教中心和工力所曲哲研究员被评选为全国科普工作先进集体和先进工作者。四川地震局制作的《吹爆全网的地震预警是什么黑科技》首次在全国优秀科普微视频中排名第一，并获一等奖。

3. 加强科普顶层设计

编制“十四五”防震减灾科普规划（草案）。完成“十三五”科普工作、《加强新时代防震减灾科普工作的意见》实施情况、地震科普新媒体传播情况、防震减灾科普作品创作情况、公众防震减灾科学素养水平等的总结评估。制定印发《中国地震局防震减灾科普社会化项目管理办法（试行）》，首次向社会发布防震减灾科普社会化项目申报指南。

三、防震减灾法治建设

推进防震减灾法律法规体系建设。开展《中华人民共和国防震减灾法》打包修订研究工作，向应急管理部报送修订建议，提出修改涉及部门职责调整的有关条文、增加地震预警管理制度的具体意见。落实“放管服”改革要求，研究修订《地震安全性评价管理条例》。积极推进制定地震预警管理部门规章，召开立法咨询研讨会，围绕上位法依据、信息发布权限和法律责任等关键问题进行研究，邀请中国政法大学马怀德校长、对外经济贸易大学王敬波副校长、北京师范大学张红教授等 6 名权威专家参会研讨。内蒙古、新疆、河南 3 省（区）地震预警政府规章出台，京津冀地震预警协同立法稳步推进。天津、黑龙江、湖北、新疆、广东等省（区、市）修订地方性法规规章。截至 2020 年底，防震减灾领域有现行法律 1 部，行政法规 5 部，部门规章 7 部，省级地方性法规 41 部、地方政府规章 54 部。

开展防震减灾法律法规立法后评估。采取实地调研、问卷调查、视频会议、专家访谈、案卷评查等方法，开展《中华人民共和国防震减灾法》《地震预报管理条例》《地震监测管理条例》立法后评估，对各项法律制度的合法性、科学性、可操作性和实施效果等进行评价，形成评估报告。

开展地震系统全国人大常委会防震减灾法执法检查意见整改落实“回头看”，对 31 个省局自查情况进行全覆盖视频调研核查，各项整改任务在 2019 年基础上取得进一步的成效。

编制完成中国地震局权责清单（初稿），包括行政执法、行政复议、规划编制、标准化等权责。编制《地震行政执法管理办法》，主动公开执法事项、执法人员等信息，确定防震减灾违法行为举报奖励事项，推进严格规范公正文明执法。依法处理行政复议案件 1 件。首次委派公职律师代表中国地震局法人作为第三人出庭应诉。收集整理 2003 年以来各级地震部门行政执法案件共 94 件，并纳入新建设的“地震行政处罚案件库”。建成中国地震局“互联网 + 监管”系统建设，并在中国地震台网中心集中部署，初步与应急管理部监管系统建立数据链路，实现地震安全性评价等5项业务的执法监管、分析评价、风险预警等功能，完成706名执法人员信息等基础数据入库，填补执法信息化空白。

加强普法工作。开展“七五”普法工作总结和自评。在全民国家安全教育日、全国防灾减灾日、宪法宣传周，各省通过《中华人民共和国宪法》《中华人民共和国民法典》《中华人民共和国国家安全法》等普法海报和《中华人民共和国防震减灾法》图解等，广泛开展宣传；参与第二届应急管理普法知识竞赛。举办民法典、宪法等普法讲座。

四、改革工作

2020年，召开5次改革领导小组会和地震系统改革推进视频会，审议议题19项，统筹推动各项改革任务。全面总结评估中国地震局党组改革意见出台以来的改革成效，编制完成下一步改革工作思路，提出后续重点改革任务，推进地震系统更深层次改革。

制定年度改革工作要点，明确31个方面工作措施及分工，扎实推进改革任务。制定督查工作方案，对年度26个方面、107项任务进行追踪问效。完成吉林局、江苏局、地球所、工力所等4个单位的改革评估。

建立改革动态跟踪机制，每周形成进展情况表。编发《全面深化改革政策制度文件选编》和《改革情况交流》3期，宣传推广福建局、地质所、工力所等单位改革经验和做法，不断凝聚改革共识，营造良好氛围。

（中国地震局公共服务司（法规司））

局属各单位防震减灾公共服务与法治建设工作

北京市地震局

1. 大力推进公共服务试点工作

作为首批五家公共服务试点单位之一，围绕2022年北京冬奥会地震安全保障制定方案，建立重要活动安保工作机制，固化内容和流程。公共服务试点方案通过专家评审，形成《北京市地震局防震减灾公共服务试点工作方案》和任务分解台账，围绕提升地震监测预测预警服务能力水平、提升冬奥会核心区地震风险防治能力、提升冬奥会新闻宣传及舆情引导水平，加强标准和制度建设，完善公共服务顶层设计四大方面16项具体任务。

2. 梳理公共服务事项清单

制定北京市地震局公共服务事项清单，根据产品成熟度和用户需求，动态更新清单。坚持依法行政，履行法定职责义务，对《中华人民共和国防震减灾法》等有关法律法规进行梳理，结合社会需求和地震局服务能力，形成公共服务事项清单。一级清单分为地震环境信息与服务、震情信息、灾情信息、防震减灾宣教信息与服务、其他信息与服务五类。

3. 开展地方法规标准制定修订工作

积极参与京津冀协同立法，成立京津冀地震预警管理办法协同推进机构，召开京津冀地震预警管理协同立法会议，三地地震部门和司法部门参加会议。编制完成《地震预警管理办法（草案)》，对办法草案法条逐条进行深入研讨。学习借鉴《北京市机动车和非道路移动机械排放污染防治条例》立法经验，三地力争在技术条款、发布实施时间上做到基本一致。

围绕全面推进新时代防震减灾事业现代化和防震减灾法治建设目标任务，推进地震安全韧性城市标准体系建设，逐步形成较为完善的地震安全韧性城市标准体系，地方标准《城市社区地震安全韧性评估技术规范》获准立项。

（北京市地震局）

天津市地震局

1. 防震减灾公共服务

开展了线上新媒体平台和线下相结合的防震减灾公共服务问卷调查，根据中国地震局公共服务清单和问卷调查结果，调整印发天津市地震局公共服务事项清单。会同市住房城乡建设委等十二部门印发《天津市工程建设项目“清单制＋告知承诺制”审批改革实施方案的通知》。落实“一制三化”改革要求，修改完善市地震局三项政务服务事项操作规程。

2. 防震减灾法治建设

完成《天津市防震减灾条例》条例修正工作，条例修正稿通过市十七届人大常委会第二十三次会议审议并颁布实施。联合相关部门完成《天津市防震减灾条例》第三方评估并报告市委市政府。推进京津冀地震预警管理立法，预警管理办法纳入了市政府规章二类立法项目，成立了天津市地震预警管理办法起草工作机构。提出京津冀地震预警管理协同立法的工作思路，并与市司法局达成共识，协调北京市、河北省地震和司法部门推进地震预警管理京津冀协同立法。组织召开天津市地震预警管理办法专家论证会暨京津冀地震预警管理协同立法工作研讨会议，京津冀地震、司法部门，法律专家参加研讨，并对天津市地震预警管理办法进行了论证。成立了京津冀地震预警管理立法协同工作机构，向市司法局提交了《地震预警管理办法》作为2021年度政府规章一类项目建议，并报送了草案和起草说明。

强化标准建设。市应急局、市城市规划设计院、市地震局联合起草了《天津市应急避难场所建设要求》地方标准，通过了天津市市场监管委组织的专家论证会审议。

完成“七五”普法工作任务并进行普法总结，接受了天津市“七五”普法总结验收检查组检查。组织开展了《中华人民共和国防震减灾法》《优化营商环境条例》《天津市防震减灾条例》等法律法规知识宣传和普及。

3. 防震减灾科普宣传

落实疫情防控要求，转变传统的宣传方式，大力推行防震减灾“云科普”，着力以媒体宣传、网络宣传为突破口，开展了防震减灾“云展览”“云直播”等科普宣传活动，拓展宣传的广度和深度。

依托科普教育基地，通过“云直播”提升科普受众体验感。天津市地震局、市应急局、市文化和旅游管理局等部门，防灾减灾日期间联合举办防灾减灾线上“云直播”活动，特邀天津市防灾减灾宣传形象大使奥运冠军魏秋月参加。通过市应急局、交通广播微博账号做现场网络直播，在市地震局官方微博等媒体网络平台播放，累计观看直播人数达16.3万。与天津电视台科教频道携手拍摄科普基地游览视频，通过爱奇艺等媒体网络平台、中国地震局网络平台，天津市地震局门户网站、双微等线上平台，向公众提供多平台线上观展服务。在天津市地震局门户网站设置了专题栏目“防震减灾科普教育基地数字展馆”，引导观众通过线上进行虚拟体验，学习防震减灾知识。

开展形式丰富的线上科普活动适应公众科普需求。加强科普宣传部门协作，利用应急、教育、科技、科协等部门双微阵列，通过“津云”平台、部门门户网站等，联合推送应急避险防震减灾科普知识、《中华人民共和国防震减灾法》图解等，提升了传播覆盖面，增强了宣传影响力和辐射力。围绕防灾减灾周活动主题，以纪念汶川特大地震12周年、防震减灾科普知识等内容为重点，在市地震局“津震说”微信公众号开展防震减灾知识有奖答题，参与答题人数5000余人。依托“津云”“天津应急”“津震说”“天津地震资讯”“科普惠”“天津科普说”等线上平台，推出了《家庭防震与应急》《学校防震与应急》《地震烈度》电子图书和“难忘的记忆”系列电子图板。推出具有行业特色的系列宣传视频，拍摄天津市地震台站系列短视频，通过“津云”等媒体网络平台向社会推送，展示新时代天津地震台站风采，普及地震监测相关知识。

持续开展防震减灾科普“六进”。选派地震专家走进国资委、应急管理局等机关和企事业单位，通过腾讯视频等视频会议形式实现一屏联动的防震减灾科普讲座，传播防震减灾知识，全年累计开展各类科普讲座30余场。

利用公共媒介营造全民参与宣传氛围。充分利用多种公共媒介，全方位开展防震减灾科普宣传。甄选优质防灾减灾科普宣传短片，在地铁、公交和社区大屏等户外公共媒介进行循环展播。通过“农村大喇叭”面向村民普及防震减灾知识，覆盖天津市2783个行政村。通过天津市突发公共事件预警信息发布平台，向全市手机用户推送防震减灾公益短信，覆盖受众400余万人次。立足《今晚报》《天津工人报》等媒体，开辟防震减灾科普专栏传播科普知识。

提升滨海地震台国家级防震减灾科普基地科普服务能力，完成部分展品维修并验收，增设科普基地导览及讲解机器人项目和地震预警原理及应急快速处置展示系统、VR一体机及全息风扇项目等智能化展项，完善灯箱展示内容、制作了3D动画宣传片。

4. 科普宣传教育制度设计

2020年7月12日唐山古冶5.1级地震后，按照天津市领导批示，市地震局、市应急局、市科技局联合起草了《加强全市地震应急演练和科普宣传教育的工作方案》，经市委常委会会议、市政府常务会议审定，以市抗震救灾指挥部、市防震减灾工作领导小组名义向全市印发。

（天津市地震局）

河北省地震局

1. 防震减灾公共服务

（1）编制防震减灾公共服务事项清单。按照中国地震局《关于印发〈中国地震局公共服务事项清单（内部试行）〉等3个文件的通知》的要求，在广泛征求意见的基础上，制定了《河北省地震局公共服务事项清单（内部试行）》《河北省地震局公共服务事项清单管理办法（试行）》，明确防震减灾公共服务内容，推动公共服务事项的实施、监督管理和评价考核。在河北省政务服务平台公布了河北省地震局公共服务清单，完善了实施要素、权责分工和服务流程，并在省市县实行事项清单“三级四同”，实现了线上服务，推动防震减灾公共服务“走出去”。

（2）推动河北省防震减灾信息服务平台建设。2020年，为保障河北省防震减灾信息服务平台项目的顺利实施，成立了项目管理和实施机构，定期召开会议，研究解决相关问题。信息服务平台各实施小组招投标工作、硬件设备采购、机房建设已全部完成，科普展厅现已进入拆除阶段，软件设计各子系统完成合同签订，并着手开始软件设计工作。

（3）做好地震应急信息服务。2020年处置有感地震9次，特别是唐山古冶5.1级地震，省地震局快速响应，迅速开展震害调查、烈度评定、加密监测、异常核实和应急宣传等工作，组织绘制地震灾害损失调查及烈度图，确定地震的烈度分布，为高效开展地震应急处置提供了技术支撑。与省应急管理厅建立抗震救灾和防震减灾协调联动机制。配合完成《河北省地震应急预案》修订和省抗震救灾指挥部组成人员及职责调整。修订印发《河北省地震局地震应急预案》，编制《河北省抗震救灾辅助决策工作细则》等。

（4）提升建设工程地震安全水平。2020年，积极推动省减灾委印发《河北省防灾减灾救灾整改令实施办法（试行）》，及时消除和整改防灾减灾救灾中的各类风险隐患及问题。编制《河北省区域性地震安全性评价技术细则》，将雄安新区、大兴国际机场临空经济区等9个园区地震安全性评价工作列入省级层面改革试点。会同省住建厅编制印发《河北省城乡居住房屋抗震设计导则》，明确了河北省部分范围内城乡新建居住房屋的抗震设防烈度标准和抗震设计要求。服务雄安新区规划建设，开展区域性地震安全性评价，推动落实起步区区评专项经费930万元。对雄安新区2019年、2020年开工的162个重点项目逐项研究，依法依规确定16个重点项目开展地震安全性评价，切实保障了重点项目地震安全。

（5）加强科技成果的推广应用。落实省委主要领导批示要求，对唐山滦县—乐亭断裂、卢龙断裂进行精细化探测，成果通过中国地震灾害防御中心组织的评审。会同中国地震灾害防御中心完成城市活动断层探测数据入库清理工作。牵头成立活动断层数据清理专班，完成城市活动断层探测数据入库清理工作，并将最新收集和按照要求转换后的后的数据材料提交给活动断层数据中心（中国地震灾害防御中心）。成立河北省地震局活动断层信息服务中心，先后为河北省自然资源厅、河北省国土空间规划局等在内的21家单位提供了活断层相关服务。

（6）做好地震灾害风险调查评估。2020年，对2016年以来建设的151项重大工程，2009年以来建成的14463所学校、1019所医院，近3年来建成的23项超限高建筑，以及2020年以来建成的513处一般建筑进行了全面自查排查，对张家口崇礼区、宣化区开展了建设工程地震安全监管实地抽查。不达标的建设工程项目清单已经省政府审定后由联席会议办公室印发各市人民政府，由当地政府组织采取抗震加固等方式限期整改。成立地震灾害风险普查工作专班，编制完成实施方案及经费预算，加强对市县普查工作指导。配合应急厅编制《河北省地震易发区房屋设施加固改造实施方案》，提供地震易发区范围，稳步推进房屋设施加固工程。开展全省基于遥感影像和经验估计的区域房屋抗震设防能力初判工作，进一步摸清房屋地震灾害风险底数，开展张家口、邢台、唐山3市试点工作，48个县（市、区）中，完成张家口16个县、邢台18个县、唐山8个县的初判工作。组织开展张家口、邢台、唐山3市地震灾害风险预评估工作，48个县（市、区）中，完成张家口13个县、邢台18个县的预评估工作。

（7）优化监测预报产品产出与服务。强化震情服务保障。制定了《2020年度河北省震情跟踪工作方案》，严格落实震情跟踪责任制，妥善处置涉及河北的地震预测意见10次，联合开展京津冀联合会商31次、晋冀蒙联合会商10次，提供“两会”、国庆、党的十九届五中全会等重点时段地震安全保障和震后趋势科学判定服务。加快形成预警能力。牵头京津冀地区预警工程“先行先试”攻坚工作，加快推进国家预警项目河北子项目实施，项目已建设完成77个基准站，123个基本站，566个一般站，台站总体完工率达97%。完成省级预警中心核心机房建设、阶段性验收和搬迁工作，新机房已正式投入运行。与省广电公司签署战略合作框架协议，积极拓宽预警信息发布渠道。与省煤监局、省应急管理厅建立全省冲击地压矿井地震信息共享机制，拓宽非天然地震等地震速报信息服务范围。

（8）做好防震减灾科普工作。联合应急厅、气象局，在长城网举办防灾减灾高端访谈节目；联合省气象局等5部门印发2020年“冀望风云燕赵科普行”活动方案，主办“向灾害Say No！全国防灾减灾社区公益活动”。牵头组织唐山抗震纪念馆、地震遗址公园和新疆流动科普馆、上海地震科普馆等场馆开展“铭震之殇，共话减灾”——走进地震科普场馆网络直播活动。组织省选手参加第四届全国防震减灾科普讲解大赛并获三等奖。重点提升学校、机关、企事业单位、社区、农村、家庭的防震减灾知识水平，以点带面，带动全社会防震减灾意识和自救互救能力的提升。2020年，局官方微博发布各类信息2195条，拥有粉丝106万余人，阅读量约800万人次；微信推送137次，发布文章172篇，总阅读数34400人次；抖音发布短视频信息51条，其中原创短视频37条，获网友点赞3000多人次，阅读量9178人次。

2. 防震减灾法治建设

（1）提升领导干部法治水平。2020年，局党组理论学习中心组认真学习习近平总书记关于法治政府建设的重要指示精神，研究落实中国地震局和省委省政府关于法治政府建设工作部署，特别是针对地震局法治建设存在的问题和短板开展讨论，集思广益，群策群力，提升领导干部法治意识。将法治学习纳入处级干部培训班的必备内容，邀请专家举办讲座，讲解法治理论知识，提升干部职工依法行政能力。严格执行宪法宣誓制度，对新选拔干部举行宪法宣誓仪式，把依法行政作为领导干部的基本功和必修课。通过组织开展支部活动，认真学习党内法规，提升党员党纪观念，严守底线，自觉遵纪守法。按照《河北省地震局目标绩效管理考核和处级干部年度考核办法（试行）》，将法治建设成效作为考核重要指标，作为领导干部述职的必要内容。

（2）完善全省防震减灾法规制度。向河北省司法厅报送地震预警立法项目建议和立法草案，推动《河北省地震预警管理办法》纳入省政府规章2021年立法计划，按要求报送省政府并征求意见。与北京市地震局、天津市地震局，共同推动京津冀地震预警立法的协同。配合省人大城建环资委，赴浙江、江苏开展地震安全性评价立法调研，提出改进立法工作的意见和建议，并以省人大城建环资委简报的形式印发各有关部门。与省政务服务管理办公室、住房和城乡建设厅、自然资源厅和应急管理厅等联合印发《河北省区域性地震安全性评价管理办法》，规范全省区域性地震安全性评价工作。积极申报河北省地震地方标准项目，《河北省防震减灾科普基地建设规范》被列入2020年项目计划。

（3）推进严格规范公正文明执法。加强执法队伍建设，按照要求为新增执法人员办理了执法证，更新了行政执法人员名录，充实了行政执法队伍，加强了基层执法力量。继续做好“互联网＋政务服务”，依托河北省政务服务平台，梳理行政权力事项及公共服务事项目录清单，补充执法权限、法律依据、救济方式、监督举报等要素，并按要求发布。做好“互联网＋监管”，完成“互联网＋防震减灾监管事项”目录清单及检查实施清单编制及录入工作。继续严格开展地震安全性评价从业单位、抗震设防要求、地震台站监测设施和地震观测环境保护的执法检查，充实“双随机一公开”数据库，查处违法行为，改进管理模式，推动防震减灾法律法规的落地生根。

（4）提升公众防震减灾法治意识。充分利用“5·12”防灾减灾日、“7·28”唐山大地震纪念日及防震减灾宣传周、国际减灾日等特殊时段，制定防震减灾法治宣传计划，充分结合科普活动，大量融入防震减灾法治知识，扩大法治宣传的覆盖面，提升宣传效果。继续推动防震减灾法治知识“进学校、进机关、进企业、进社区、进农村、进家庭”等活动，提升防震减灾各有关部门的依法协作水平，提升重点人群的防震减灾法治水平。重点做好“12·4”宪法日普法活动，开展专题讲座和答题活动，宣讲宪法知识，弘扬宪法精神，提升职工自觉维护宪法权威的意识。

（5）严格坚持依法决策。2020年，严格执行《河北省地震局机关纪委委员、党支部（总支）纪检委员和兼职监察员“两为主”管理办法（试行）》《党风廉政建设主体责任和监督责任实施意见》《河北省地震局对领导干部提醒、函询和诫勉实施办法（试行）》等制度，并不断完善监督体系。严格贯彻落实新修订的《河北省地震局工作规则》，严格履行法制工作部门对规范性文件的合法性审查，重要工作事项严格进行合法性论证。对涉及重大公共利益和公众权益、容易引发社会稳定问题的，进行社会稳定风险评估，并采取听证会等多种形式听取各方面意见，从源头上防范和化解不稳定因素。认真听取社会公众的反馈和意见，利用局门户网站、微博、官方公众号，及时和社会公众进行互动交流，听取社会意见反馈，认真研究，加强整改，提升工作质量。继续发挥法律顾问作用，安排专项工作经费，为全局重大决策提供高效优质的法律服务。

（河北省地震局）

内蒙古自治区地震局

1. 防震减灾公共服务

（1）制定公共服务清单。2020年10月，依据防震减灾相关法律、法规、规章和规范性文件，按照中国地震局关于防震减灾公共服务指导意见，制定了包括地震安全性评价、地震震情服务、防震减灾宣传等10个方面的《内蒙古自治区防震减灾公共服务事项清单》。

（2）设立公共服务管理部门。根据中国地震局印发的《内蒙古自治区地震局职能配置、内设机构、所属事业单位设置和人员编制规定》，自治区地震局公共服务处与震害防御处合署办公，计划配置8名编制。

（3）指导和规范社会力量参与防震减灾工作。2020年，完成与地震有关的异常现象调查核实共20起。

（4）加大防震减灾科普宣传力度。组织开展防震减灾科普讲解大赛。参加第四届全国防震减灾科普讲解大赛活动，获总决赛三等奖。2020年防灾减灾宣传周期间，围绕“提升基层应急能力，筑牢防灾减灾救灾的人民防线”主题，内蒙古自治区地震局党组书记、局长卓力格图接受人民网内蒙古频道专访。自治区政府副秘书长、政府办公厅主任高润喜一行到自治区地震局参加防灾减灾日系列科普宣传活动。联合开展“云上观球幕、战疫大联盟—防震减灾，科普在线”直播活动，同时在新浪内蒙古、内蒙古自治区地震局官方微博平台、内蒙古科技馆官方微博等平台进行直播，多家新闻媒体单位和政务微博进行了报道转发，累计观看量达126.7万人次，在线观看人数最高达6.1万人次。开展线上科普讲座两次。唐山大地震纪念日期间，组织防震减灾科普剧本征集活动，联合新浪内蒙古全程直播，累计观看量达37.5万人次，征集了优秀地震科普创作产品。组织内蒙古工业大学2020年新生军训开展防震减灾应急演练。正式出版发行蒙汉文版地震科普图书《地震离我们有多远》。联合教育厅、市场监督管理局创作《中小学安全教育读本》，将加入防震减灾知识内容加入其中。拍摄制作10集原创科普小视频，在官方抖音平台进行推广投放，在宣传周重点时段投放防灾减灾主题宣传广告，两个平台在宣传周期间，总曝光量为1914733次，总点击量为29091次。设计制作地震预警宣传折页；制作蒙汉双语系列科普动画两部《小马博士将故事》。

2. 防震减灾法治建设

（1）2020年2月，内蒙古自治区人民政府以第245号自治区人民政府令形式发布《内蒙古自治区地震预警管理办法》，自2020年4月1日起施行。该办法共7章34条，规定了地震预警系统的规划与建设，地震预警信息的发布与处置，地震预警宣传教育与演练，地震预警设施和观测环境的保护和法律责任。

（2）2020年9月，内蒙古自治区地震局制定并印发《关于加强内蒙古自治区地震安全性评价管理工作的通知》《内蒙古自治区地震安全性评价从业单位管理办法（试行）》《内蒙古自治区地震安全性评价技术审查专家库管理办法（试行）》3件规范性文件，并将内蒙古自治区地震局规范性文件管理和备案纳入自治区法治政府建设智能化一体平台。

（3）2020年3月，内蒙古自治区人民政府召开《内蒙古自治区地震预警管理办法》政策例行吹风会。内蒙古自治区地震局与司法厅介绍了有关情况并回答记者提问。制作《政策简明问答：内蒙古自治区地震预警管理办法》在内蒙古自治区政府网站进行宣传；共印制约2.5万册《内蒙古自治区地震预警管理办法》宣传册，在重要时间节点进行发放；在全国科普日宣传活动中，联合新浪内蒙古作了全程直播，专题讲解了地震预警及预警管理方面的相关知识，直播活动约1小时，累计观看量达37.5万人次。

（内蒙古自治区地震局）

辽宁省地震局

1. 防震减灾公共服务

（1）2020年，以中国地震局《推进防震减灾公共服务的工作思路》为指导，制定《辽宁省地震局防震减灾公共服务2020年度工作计划》，明确年度工作目标，从构建防震减灾公共服务框架、梳理防震减灾公共服务事项清单、构建防震减灾公共服务业务支撑、提升防震减灾公共服务水平和完善防震减灾公共服务机制等五大方面部署工作任务。

（2）按照中国地震局《推进防震减灾公共服务的工作思路》，结合辽宁省工作实际，梳理辽宁省防震减灾公共服务事项清单8项，上报辽宁省营商建设局公示。

（3）组织研究推出公共服务产品。研究开发了《辽宁省地震灾害防御信息服务系统》，并通过辽宁省科技厅验收审核。该系统提供可依赖的基础地理信息、部分专业信息及空间分布关系，上线后可以增强辽宁的地震安全水平、全面提高全省地震社会服务能力，全方位为辽宁省城市和农村地震抗震设防服务。

（4）发挥群测群防作用，推进地震安全风险网格化管理。以应急管理体制改革为契机，将地震宏观测报网、地震灾情速报网、地震知识宣传网等“三网一员”机制融入大应急体系，结合应急联络系统，重建防震减灾“三网一员”系统，发挥群测群防作用。

（5）地震科普宣传教育。制定《2020 年辽宁省防震减灾科普宣传年度工作方案》。创作完成科普动画《地震预报预警那点事》，国际减灾日期间在沈阳市及县乡，丹东市、营口市、朝阳市、台安县等地在电视台、地铁、公共交通、学校、医院、社区、广场、企事业单位户外屏幕等同步上线播放，单日受众人员约 535 万。后续经其他兄弟单位新媒体转发，受众人群达约 700 万。在防灾减灾日、科技活动周、唐山大地震纪念日、科普日、国际减灾日以及其他重大破坏性地震纪念日等重点时段集中开展科普活动。举办防灾减灾日新浪微博开放日直播活动、《走进盘锦地震台——带你走进地震台站（一）》和“专家云课堂”系列讲座等诸多线上科普宣传活动；到北票市三宝营乡陈奎营村、鞍山市台安县达牛镇大于村（贫困村）等农村地区进行科普知识讲解，发放地震应急安全宣传材料，大力普及防震减灾知识和防范应对技能等宣传活动，扩大对农民群众防震减灾宣传覆盖面。开展防震减灾千场科普讲座公益活动，全省地震系统共开展科普讲座 50 余场，受众超过 3000 人次；参加 2020 年辽宁省“大手拉小手”科普报告希望行等线下活动。

2. 防震减灾法治建设

（1）落实《国务院办公厅关于开展民法典涉及行政法规、规章和行政规范性文件清理工作的通知》，结合民法典精神和原则，对《辽宁省防震减灾条例》《辽宁省建设工程抗震设防要求管理办法》《辽宁省地震预警管理办法》进行修订。

（2）在局党组中心组学习制度中，将法治建设内容制度化；利用辽宁省地震局微信公众号、门户网站等向社会公众发布《中华人民共和国防震减灾法》调查问卷。

（3）利用门户网站，主动公示公开地震行政执法依据、执法主体、执法人员、执法职权、裁量基准等行政执法基本信息，做到事前事中事后全覆盖；明确具体负责本单位重大行政执法决定法制审核的工作机构，建立法律顾问参与法制审核工作机制；利用“互联网＋监管”系统，强化地震行政执法和监管，实现监管工作信息化，提高监管质量和监管效率，提升行政执法水平。

（辽宁省地震局）

吉林省地震局

1. 防震减灾公共服务

（1）公共服务清单编制。2020 年，制定吉林省地震局防震减灾公共服务事项清单。组织市县地震部门开展防震减灾公共服务需求调查和满意度评估，吉林省3万余人次参与调查活动。

（2）拓展专业服务领域。开展火山信息服务和非天然地震监测信息服务，制定印发《吉林省地震局火山信息报送实施细则》《吉林省地震局非天然地震事件定期信息报送实施细则（试行）》，报送火山信息周报、月报和专报等共130期，非天然地震信息3期。

（3）防震减灾知识宣传教育。印发《吉林省年度防震减灾宣传要点》。在“5·12”防灾减灾日、汪清地震纪念日、科技活动周、“7·28”唐山大地震纪念日、国际减灾日等重点时段开展线上线下宣传活动。利用电视台、手机报、报纸、科普大屏幕、微博、微信、网站等开展防震减灾科普知识宣传。在《吉林日报》等媒体刊登“地震来了怎么办”“了解地震灾害风险 做好地震灾害防治”等科普知识，并在学习强国—吉林学习平台同步发布。向全省手机用户发送以“吉林省地震局”冠名的“5·12”防震减灾公益短信2810万条。依托“一点资讯”平台，推播吉林省地震局制作的《监测火山》《吉林省地震与火山》等科普微视频。在吉林汪清7.2级地震发生18周年撰写主题文章《加强能力建设　努力提升地震与火山灾害综合防御能力》，编制《吉林汪清县7.2级地震纪念日》长图。参加吉林省科技活动周启动仪式，在主会场特色科普展区设立防震减灾展位。为防震减灾科普示范学校授牌，观摩指导学校开展地震应急疏散演练。开展“防震减灾科普千场大讲座”活动共计61场，并获2019年度中国地震局优秀组织奖，吉林省1人获先进个人。组织参加2020年国际防震减灾科普作品大赛、全国防震减灾科普微视频作品大赛、全国防震减灾科普讲解大赛、防震减灾科普作品征集等活动。吉林省地震局创作的《监测火山》荣获2020国际防震减灾科普作品大赛短视频类三等奖。与吉林省应急厅、省气象局联合创建全国综合减灾示范社区33个。认定2个省级科普教育基地，2所省级科普示范学校。

2. 防震减灾法治建设

（1）推进防震减灾地方立法。推进《吉林省地震安全性评价管理办法》修订，向吉林省司法厅提交立法建议和《吉林省地震安全性评价管理办法（送审稿）》，纳入吉林省政府2020年立法计划调研项目。向吉林省司法厅提交《吉林省地震预警管理办法》立法建议。

（2）法制教育与地震标准化。2020年，加强干部职工普法教育，制定印发年度普法学习教育计划，组织《中华人民共和国民法典》重点内容解读讲座及地震标准化培训班。

（3）防震减灾法治监督。配合吉林省人大执法检查和工作调研，参与《中华人民共和国突发事件应对法》执法检查，配合开展全省防震减灾工作调研。开展全国人大执法检查反馈意见办理情况回头看，对照反馈意见和吉林省地震局整改任务清单完成整改任务。推进“互联网+政务服务”，对接中国地震局政务服务事项，梳理省级政务服务事项。组织完成省级防震减灾领域“互联网+监管”事项清单网络录入。将吉林省地震系统2013年以来行政处罚数据、现有执法人员数据、年度行政监管数据汇总并录入中国地震局“互联网+监管”系统。做好规范性文件合法性审查。强化法治队伍建设，组织参加行政执法人员培训考试，4名人员通过吉林省司法厅考试获得执法证。

（吉林省地震局）

黑龙江省地震局

1. 防震减灾公共服务

2020 年，制定《黑龙江省地震局公共服务事项清单管理实施细则》和《黑龙江省地震局公共服务事项和产品清单》，指导市县地震工作部门完成防震减灾权责清单填报工作，保证权责事项一致，将依申请类政务服务事项纳入省政务服务平台并进行动态维护。

防灾减灾日期间，黑龙江省地震局联合省应急管理厅、省消防救援总队、省广播电视台、省气象局和中国地震局工程力学研究所推出以“提升基层应急能力，筑牢防灾减灾救灾的人民防线”为主题的“问‘安’龙江，向灾害 Say No！2020 年黑龙江省防灾减灾宣传周科普‘云课堂’活动”。央视新闻移动网、央视频、省广播电视台和省地震局、中国地震局工程力学研究所、省消防救援总队、省气象局政务微博以及“黑龙江消防”快手政务号等平台播出节目，观看人数达 210 万人次。

制作推出《汶川地震十二周年祭——照片背后的故事》5 期音频节目，讲述汶川地震背后故事，普及防震减灾科普知识；录制《关注次生灾害、减轻灾害风险》6 期音频节目，加强对地震引发的洪水、海啸、泥石流等次生灾害的预防与应对；录制 13 期“带你游震馆”节目，围绕省防震减灾科普馆动手搭建、地震波传播演示、地震体验小屋等展项，把地震知识和展项相结合，服务线上网友防震减灾科普需求。针对高校学生出版电子音像制品——黑龙江省首部原创防震减灾科普舞台剧《彩虹当空》。全年组织开展 34 场“防灾减灾千场科普讲座公益活动”。

2. 防震减灾法治建设

2020 年 9 月，省地震局与省应急管理厅、省气象局和省消防救援总队组成 2 个联合检查组，开展综合减灾示范社区检查验收，推荐国家级综合减灾示范社区 16 个，验收省级综合减灾示范社区 20 个。

组织开展民法典涉及地方法规规章和行政规范性文件专项清理工作。修订《黑龙江省地震安全性评价管理规定》，于 2020 年 4 月 7 日黑龙江省人民政府令第 1 号发布。结合省政务服务管理平台和省“互联网 + 监管”平台落实行政执法三项制度，配合省发改委，完成省投资项目在线审批平台建设工作。举办防震减灾市县业务工作培训，培训市县执法人员和业务人员 50 余人。

（黑龙江省地震局）

上海市地震局

1. 防震减灾公共服务

2020 年，积极开展防震减灾公共服务。通过上海市行政协助系统，参与部分工程建设项目审批流程，重点做好核电、大型水电站、生命线工程等重大建设工程抗震设防的过程监管。共完成139个工程项目的审批协助事项。优化内部审批流程、对外公布服务内容，审批事项零延迟、零投诉。

为了建设好学校科普阵地，做好与学校课程、主题活动、其他灾种有效融合，上海市地震局通过创新方式有效实施应急演练活动，加强校际合作交流，促进共建共享。2020年7月9日，上海市地震局、市教委、市应急局在市曹杨二中附属学校体艺中心召开上海市学校减灾科普工作会暨2019年上海市学校减灾科普工作先进单位颁奖仪式。

组织荣获2019年“国家防震减灾科普示范教育基地”“国家防震减灾科普示范学校”“上海市防震减灾科普示范学校”的17所基地、学校的负责人、校长、老师代表深入研讨并对他们进行表彰。

2. 地震安全性评价

建设工程地震安全性评价报告的审定和抗震设防要求的确定，行政审批项目纳入升级后上海市工程建设项目审批管理系统，审批事项将在审批管理系统内直接办理，并和“一网通办”大平台做好数据共享。

（上海市地震局）

江苏省地震局

1. 防震减灾公共服务

2020年，广泛开展防震减灾决策服务、公众服务、专业服务、专项服务，围绕“新冠肺炎疫情防控”、党的十九届五中全会、全国“两会”期间地震安全保障需要以及全省经济社会发展，开展震情监测预测、活动断层探测、地震安全性评价、防震减灾知识普及等系列服务。推进公共服务标准化建设，对公共服务事项和清单再梳理，印发《江苏省地震局2020年公共服务工作计划及任务分工》《江苏省地震局公共服务事项及产品清单》。

2. 防震减灾法治建设

2020年，全面贯彻落实《中共中国地震局党组关于加强防震减灾法治建设的意见》精神，组织实施《中共江苏省地震局党组关于加强防震减灾法治建设的实施方案》。将普法工作纳入设区市防震减灾工作年度任务内容，加强对地震工作者、政府部门及领导干部和社会公众的防震减灾普法，推动全社会防震减灾法律素质提升。配合开展防震减灾法、地震安全性评价管理条例实施评估和地方性法规制度修订工作。认真学习领会习近平总书记关于防灾减灾救灾重要论述精神，将区域地震安评成果等列入《江苏省防灾减灾条例》修订内容。举办全省防震减灾法制工作与标准化培训班，提升地震系统法制化水平。组织编制《活动断层成果探察报告编写规则》。开展区域性地震安全性评价地方标准研究，《区域性地震安全性评价技术规范》列入2020年度第一批江苏省地方标准项目计划。印发《江苏省地震局行政执法公示办法》《江苏省地震局行政执法全过程记录办法》《江苏省地震局重大行政执法决定法制审核办法》。推进地震权力事项实施清单和办事指南标准化建设工作，按要求开展权力事项监管，并及时报送监管数据。

3. 防震减灾科普宣传

印发《江苏省地震局2020年度新闻宣传和科普工作要点》，组织做好科普作品创作和推广工作，推进防震减灾科普教育基地建设工作。制定全国防灾减灾日防震减灾科普活动实施方案，印发《关于做好2020年全国防灾减灾日防震减灾科普宣传活动的通知》，组织开展各项活动。开展全国中小学生安全教育日防震减灾科普活动。国际减灾日、全国科普日等重点宣传时段均开展科普作品的创作和推广、地铁宣传。组织开展防震减灾科普讲解大赛选拔赛，江苏省2位选手进入决赛并获得二等奖和三等奖，江苏省地震局获得优秀组织奖。联合省应急管理厅、省人防办等13个部门组织开展安全应急科普知识网络竞赛。开展防震减灾科普教育基地创建工作，根据《关于公布2019年国家级防震减灾科普教育基地和科普示范学校名单的通知》，全省年内创建5家全国防震减灾科普教基地。联合省科协印发《关于开展2020年度省级防震减灾科普教育基地认定工作的通知》，新认定6个科普教育基地。在应急管理部新闻宣传司和中国地震局公共服务司（法规司）的指导下，创作完成《地震科普，我们一齐努力》《应急避险小贴士》《居家防疫期间如何做好地震安全准备》《科学识别地震谣言的方法你都GET了吗?》《地震人》《地震局的功夫》等6部不同内容和形式的科普微视频，线上观看量累计达300多万次。在应急管理部新闻宣传司和中国地震局公共服务司（法规司）的指导下，江苏省地震局首次开展了“忆汶川、观台网、学科普”网络直播活动，直播同步在腾讯新闻、新浪微博、抖音、快手、今日头条、中国应急信息网、国家应急广播网等平台播出，同时首次登上央视频、央视云听等央视融媒体平台，观看总量达260多万，其中微博观看量72万，在应急管理部系统20余场直播中排名第五，地震系统排名第一。9家媒体现场观摩直播，共刊发科普和新闻类稿件16篇。联合江苏科技报开展南京地震科学馆直播活动。4部科普作品在重点时段在南京多条地铁循环播出。联合省应急厅等13个单位印发《关于组织开展“2020年江苏省安全应急科普环省行”活动通知》，在各个重点时段开展文艺巡演、进企业、进学校、进社区、网络知识竞赛等系列活动。开展“防震减灾科普基层行”活动，组织科普专家前往常州、南通、金坛等地开展防震减灾科普讲座，授课对象覆盖机关、企事业单位、学校、社区等社会各阶层人士，共计800余人。

（江苏省地震局）

浙江省地震局

1. 防震减灾公共服务

2020年，制定浙江省地震局年度防震减灾公共服务工作计划，修订完善浙江省防震减灾公共服务清单33项，编制2项服务事项指南并纳入浙江省政府政务服务网。

2. 防震减灾法治建设

《浙江省地震预警管理办法》列入省政府立法计划。印发《浙江省地震局2020年法治政府建设工作要点》和考核评价指标。开展“互联网+监管”，举办全省地震系统平台行政执法培训，编制梳理18项监管事项目录和实施清单，编制地震系统特有监管对象数据归集目录和方式，建立地震台站数据库。公布年度“双随机”抽查“一单两库”，组织发起45项检查任务，动员省市县120余名地震执法人员参与联动执法。截至目前，全省掌上执法开通率为99.39%，监管事项入驻率为100.00%，执法检查次数427次，掌上执法率为98.82%。印发《行政规范性文件管理办法》，公布《2020年度重大行政决策事项目录》。举行新晋职领导干部宪法宣誓仪式。

3. 防震减灾科普宣传

印发年度防震减灾科普宣传工作要点和工作通知，积极组织在防灾减灾日等重要时段开展防震减灾科普教育活动。全省中小学校开展防灾避险各类演练3万多场。举办2020年浙江省防震减灾科普人员能力提升培训班。组织开展“六进”等防灾减灾科普讲座公益活动168场，受众人数1.6万余人。参加省政协“送科技下乡”活动，印制《漫画大赛优秀作品集》等宣传资料发放到市县基层。在浙江卫视科教频道、网络视频平台同步播出防震减灾宣传片《安全守护者》，收看人次约1500万。在浙江电视台钱江频道播放《防震减灾科普短视频》12部。在“学习强国”杭州平台上发布5部科普动画视频和1篇科普活动报道。制作的科普视频被应急管理部官方微博转发推荐。制作的防震减灾宣传片被中国地震局官网、微信公众号主推。开展防震减灾科普讲解大赛并在全国决赛中获得1个一等奖、3个二等奖和优秀组织奖。《千年古寺不倒之谜》获得2020年国际防震减灾科普作品大赛短视频类一等奖。出版发行科普动漫绘本《牛牛与妞妞2》并获得国际动漫节金猴奖铜奖。

（浙江省地震局）

安徽省地震局

1. 防震减灾公共服务

2020年，编制《安徽省地震局公共服务事项清单（内部试行）》《安徽省地震局第一批公共服务事项和产品清单（内部试行）》，确定了13项公共服务、13项专业服务、9项决策服务、1项专项服务等36项公共服务事项清单；明确了9项公共服务产品、8项专业服务产品、14项决策服务产品、1项专项服务产品等32项公共服务产品清单。

2. 防震减灾法治建设

2020年，安徽省地震局联合省司法厅召开新闻发布会，面向媒体介绍新修订实施的《安徽省建设工程地震安全性评价管理办法》主要内容、特点、实施举措及意义等相关情况。中央人民广播电台安徽记者站、应急管理报安徽记者站、安徽日报等媒体参加新闻发布会。完善政府法律顾问制度，聘请1名资深律师担任安徽省地震局法律顾问，聘请安徽省地震局1名工作人员担任公职律师。贯彻落实国务院关于全面推行行政规范性文件合法性审查工作要求，对全局4份规范性文件和71份重大合同进行合法性审查。举办全省防震减灾行政执法培训班，共120余人参加培训。全省共有88名同志通过安徽省司法厅组织的通用法律知识考试，取得了防震减灾行政执法资格。开展地震预警立法工作调研，加强与安徽省司法厅沟通，提交立法计划，申请将地震预警立法列为2021年度调研论证类立法项目。组织全省地震系统开展“宪法宣传周”系列宣传活动，在安徽省地震局门户网站开设“深入学习习近平法治思想、大力弘扬宪法精神”专栏，举办宪法宣誓仪式和宪法知识讲座，利用微博、微信公众号推送宪法宣传栏目。

根据中国地震局统一部署，通过召开座谈会、实地调研、调查问卷、重点部门函询等方式，广泛开展防震减灾法实施后评估工作。面向安徽省人大及住建、应急、教育、卫健等部门函询意见。赴安庆市、宿州市、淮北市等地进行实地调研。采用问卷调查方式广泛收集社会各界意见建议，汇总分析反馈意见，形成评估报告。

完成《中华人民共和国防震减灾法》执法检查意见整改落实“回头看”工作。梳理整改任务清单，研究制定51项具体措施。将整改工作与全面深化改革、防震减灾事业现代化建设、重大自然灾害风险防控等工作紧密结合，纳入安徽省地震局重点工作目标和主要工作任务中，强化督查督办，推动任务落实。

对中国地震动参数区划图（GB 18306—2015）实施情况开展专项检查，先后赴阜阳、淮南、滁州等6市开展建设工程地震安全监管检查。按照重点领域全覆盖和“双随机、一公开”原则，抽查涉及重点领域的重大工程和铁路、公路、桥隧、工业厂房、电视塔等12个地震安全性评价项目报告，对是否按照相关技术标准开展工作、报告评审是否规范、结果是否科学合理等进行重点检查。

结合行政权力清单、责任清单和防震减灾工作实际，制定重大行政执法决定法制审核目录清单。确定的重大行政执法决定法制审核事项包括：新建、改建、扩建建设工程抗震设防要求核定。

3. 防震减灾科普宣传

推进防震减灾科普社会化工作。2020年，与安徽经视、安徽之声、新浪安徽等主流媒体和安徽联通等通信公司联合开展了防震减灾新闻宣传走基层、政风行风热线、新浪安徽“防震减灾、你我同行”宣传专版、“防震减灾、安徽在行动”微信定点推送等5次大型主题新闻宣传活动；与安徽省科协、安徽商报等单位合作，开展了“媒体小记者地震局探秘”“防震减灾科普知识网上有奖竞答”等6次大型科普宣传活动；与合肥市轨道交通集团有限公司合作，在人流量最大的4个地铁站投入防震减灾宣传广告，受众面约700万人次；与安徽大学出版社合作，在安徽省大学生线上教学平台开设地震科学与安全教育课程。科技活动周期间，安徽省地震局开设了地震台开放日，局属12个地震台面向社会公众开放参观。在全国防震减灾优秀科普作品征集活动中，安徽省地震局共推荐优秀地震科普作品24部。向第二届全国地震科普大会推荐共4家企业的近20件科普展品。全省各地积极开展地震科普宣传“七进”活动，开展讲座、现场宣传、媒体播放、室外广告投放等，全年累计发放各类宣传材料近100万份，宣传活动覆盖全省达1000万人次。

组织开展“5·12”防灾减灾日系列科普宣传活动。“5·12”防灾减灾日前后，围绕“提升基层应急能力，筑牢防灾减灾救灾的人民防线”主题，通过“两微一端”、网络知识竞赛、视频讲堂、线上科普馆等活动，以及在平面媒体和户外媒体进行广告宣传等形式，开展防震减灾科普宣传活动。安徽省地震局及12个市地震局和部分县级地震主管部门均利用本单位微博、微信公众号开展防震减灾知识网络有奖竞答活动，全省参与超过50万人次。与芜湖市地震局合作举办芜湖市2020年度防震减灾科普知识“云讲堂”，在线听课3000多人次。利用平面媒体开展宣传，宣城、芜湖、马鞍山、蚌埠4市在地方主流报刊开设防震减灾科普专栏，其他地市在地方报刊刊登报道地方防震减灾事业成就和防灾减灾宣传活动。全省部分地震科普馆面向社会公众限流开放，采取预约等模式控制参观人数，确保防疫与防灾两不误。在防灾减灾日期间，安徽省各级地震部门积极开展宣传活动，线上媒体和户外媒体成为宣传主阵地，宣传覆盖全省社会公众超过800万人次，达到历史新高。

推进防震减灾科普示范阵地建设。持续推进地震科普“一县一馆”建设，联合安徽省科协、安徽省教育厅开展科普示范评定工作。2020年，安徽省新认定省级防震减灾科普教育基地16个，科普示范学校79所。截至2020年底，全省共有国家级防震减灾科普教育基地12个、科普示范学校30所，省级防震减灾科普教育基地75个、科普示范学校387所。

与中国灾害防御协会联合编写地震与防灾科普系列全书之《地震者说》。科普动漫作品《地震来了，是躲还是跑》荣获2020年度安徽省科技厅、省科普作家协会颁发的安徽省优秀科普视频奖2项。在第四届全国防震减灾科普讲解大赛中，安徽2名参赛选手荣获全国三等奖，安徽省地震局、省灾害防御协会荣获优秀组织奖。安徽省地震局政务微博荣获新浪安徽颁发的“2019安徽政务快速响应优秀案例”奖项。

（安徽省地震局）

福建省地震局

1. 防震减灾公共服务

（1）加强社会协同，多方位助力防震减灾事业发展。2020年，与省应急厅建立防震减灾、抗震救灾协同联动工作机制，推动福建防震减灾和抗震救灾工作协调开展。加强与省气象局合作，联合推动全省预警信息发布“一张网”建设，共建共享地震预警信息发布终端，共同开拓预警信息发布渠道。进一步完善防灾减灾应急机制，形成“省、市、县、校”四级联动应急机制，并与“九市一区”教育局和34所省级直管学校签订《学校综治安全目标管理责任书》，明确将学校防灾减灾救灾工作纳入校园及周边综治安全目标管理范围。组织全省中小学校开展地震应急疏散演练。协商省科技厅将地震灾害监测预报预警技术、建筑抗震技术研究、防灾减灾技术研究与产品开发、防震减灾预测与防御技术列入福建省科技计划重点项目申报指南。协调国网福建省电力公司成立国网福建应急中心，编制《抗灾应急策略》，增强应急处置能力。积极推进全省地震应急避难场所建设，全省已建成地震应急避难场所1283处，着力做好日常管理、监督检查、宣传演练等相关工作。

（2）大力推进地震预警信息社会化服务工作。全省已有地震预警信息专用接收终端用户16049个，累计移动终端APP下载用户量达8.4万余次。推动地震预警信息发布终端在城市地铁、消防救援、森林消防、核电等行业的应用。全面开拓预警信息社会化传播渠道，与省广播电视局、省气象局突发事件预警信息发布中心、中国移动福建有限公司等单位合作，稳步推进广播电视、知天气APP、闽政通APP、抖音矩阵、今日头条、人民号、百度、腾讯、基础电信运营商短信、12379 短信平台等主流传播媒体为社会公众发布地震预警信息。

（3）多渠道开展防震减灾科普宣传。2020 年，联合省应急厅、教育厅、科技厅、科协印发《加强新时代福建省防震减灾科普工作的实施意见》。制定“5・12”全省防震减灾宣传教育活动方案，组织开展以线上为主的防震减灾科普宣传活动。完成 2020 年度福建省防震减灾科普教育基地、科普示范学校评审认定工作，大力支持东山综合实践基地防震减灾科普馆、永安防震减灾科普教育研学基地、龙岩古田地震监测站、德化防震减灾科普馆建设。在厦门市承办第四届全国防震减灾科普讲解大赛总决赛。协同省应急厅、省气象局在全省评选推荐 43 个社区参加国家防灾减灾示范社区评选。制作《地震安全韧性城市》《2 分钟系列校园地震预警动画片》等宣传短片，联合科技出版社出版发行《地震“没想到”》科普漫画书，开发创作 VR 地震科普作品，举办“百名融媒体记者大走访”活动，从多个角度宣传地震预警科普知识。

2. 防震减灾法治建设

（1）努力完善防震减灾法律规范体系。《福建省防震减灾条例》的修订作为涉及“放管服”改革需修改或废止的地方性法规项目，列入省政府立法计划。2020 年 11 月 9 日，省政府第 69 次常务会议审议并通过《福建省防震减灾条例（修订草案）》，提交省人大审议。

制定出台《关于加强地震安全性评价工作监督管理的通知》，完善地震安全性评价监管制度，落实事中事后监管。为加强对福建省地震活动断层探测工作的管理，制定印发《福建省地震活动断层探测管理办法（试行）》。

积极协调地方政府落实并实施好防震减灾规划项目及重点工作任务。完成《中国地震局福建省人民政府共同推进新时代福建防震减灾能力现代化建设协议》签订，扎实推进现代化试点单位工作任务，推进新时代福建省防震减灾现代化建设。

开展行业地震预警信息发布标准编写，完成《地震预警信息第 2 部分 数据包结构与传输协议》标准报批稿编写，通过中国局地震标委会的审查，将由中国地震局组织发布。2017 年颁布的《地震灾害搜索和营救训练要求》标准，经过两年实施效果良好，经福建省组织评审获福建省标准贡献奖三等奖。

（2）深入推进防震减灾依法行政。全面落实地震部门权力和责任清单制度，建立福建省权责清单动态调整和长效管理机制。加强区域性地震安全性评价监管管理工作，加强福州（永泰）智能小镇暨智慧信息产业园、莆田仙游县区域性地震安全性评价项目事中监管。开展防震减灾“互联网 + 监管”检查活动，根据福建省“互联网 + 监管”检查实施清单，开展监管检查工作，并提供相关监管信息。2020 年 7 月两次组织管理人员和技术人员组成检查组，赴龙岩市、宁德等实地，深入学校、医院、企业、建设单位实地抽查检查。开展《地震预警信息发布》地方标准，《中国地震动参数区划图》、活动断层探测等重要标准的宣贯培训。2020 年 8 月 3 日，在以视频会议的形式组织各设区市、平潭综合实验区开展监管检查工作培训会，重点对《中国地震动参数区划图》宣贯，各地监管检查工作联络员及相关工作负责人共 40 余人参加了培训，不断提升基层法治工作队伍的职业素养和专业水平。

开展福建省建设工程地震安全监管检查。落实国务院领导指示批示和中国地震局视频会议精神，2020 年 7 月 2 日，经省政府同意，省抗震救灾指挥部办公室牵头联合发改、住建、教育、卫健、交通、水利和地震等8个行业主管部门印发了《关于印发福建省建设工程地震安全监管检查工作方案的通知》，通知各设区市人民政府，平潭综合实验区管委会依据工作方案，全面实施福建省地震安全监管大检查工作。共检查一般建设工程937项，全部达到《中国地震动参数区划图》要求；重大工程11项，开展地震安全性评价11项，占100%；检查点设防类学校项目9832项、医院项目631项，绝大部分能按照抗震烈度提高1度的要求或加强抗震措施来进行抗震设计。对重要工程和100米以上高层建筑的地震安全性评价进行检查，共检查了重要工程111项，100米以上的高层建筑201项，摸清情况，地震安全监管检查工作取得了实效。向省政府报送《关于福建省建设工程地震安全监管检查工作情况报告》。

落实防震减灾“七五”普法规划，将防震减灾法治宣传教育与社会管理实践相结合、与科普教育相结合，建立普法长效机制。利用“5·12”防灾减灾宣传周，“7·28”唐山大地震纪念日等时段组织市县地震部门开展普法宣传。组织46名地震局公职人员参加国家工作人员统一学法考试，并全体通过考试。12月全国宪法日期间，结合“七五”普法工作，开展普法宣传，印制《中华人民共和国防震减灾法》《福建省防震减灾条例》单行本，制作《地震预警主题画册》，组织市县地震部门向社会广大广泛分发宣传。

加强内部管理体制体系建设，做好制度的废改立工作，健全行政监督和问责机制，完善制度体系。完善重大事项决策程序，建立健全法律顾问、重大决策前的法律咨询等有关制度，科学决策、依法决策、民主决策，重大政策制定出台事先进行风险评估咨询。切实增强干部职工的法治观念，提高其运用法治思维和法治方式深化改革、推动发展、解决问题的能力。

提升干部职工的法治意识和依法办事能力。将法治建设相关内容列入党组中心组理论学习、支部理论学习重要内容。全国宪法日期间，举办机关和事业单位领导班子宪法宣誓活动，利用手机媒体、LED大屏等，深入开展尊崇宪法、学习宪法、遵守宪法、维护宪法、运用宪法宣传教育活动，普及宪法知识，弘扬宪法精神和社会主义法治精神。加强和改进调查研究，抓工作调研在先，掌握第一手资料，克服官僚主义，提高决策的针对性、可操作性、有效性。

（3）加强防震减灾法治监督。推进“双随机一公开”检查机制，积极推行和参与联合执法，会同有关部门开展抗震设防要求落实、地震监测设施观测环境保护等联合执法。2020年8月份，福建省地震、住建、应急、教育、水利、卫健、交通等7个部门成立了地震安全监管检查3个联合检查组，实地督查指导了9地市的检查工作。加强抗震设防要求监督检查，探索建立福建省抗震设防、地震安评管理新模式，加强事中事后监管。强化标准实施，公布相关标准清单，加强第五代《地震动参数区划图》的贯彻落实，开展标准实施的监督检查。

推进抗震设防要求网上办事。推进“建设工程抗震设防要求的确定”的地震安全性评价工作纳入福建省级工程建设项目审批平台，地震安全性评价、区域性地震安全性评价纳入中介服务网上交易平台管理。进一步完善工作流程和服务指南，完善地震安全性评价专家库，2020年5月“建设工程抗震设防要求的确定”审批事项，地震安全性评价、区域性地震安全性评价中介服务事项已进入福建省网上办事大厅线上运行。

在地震行政执法、地震业务服务、项目建设、财务管理等方面建立健全公告公示制度，健全举报和投诉渠道。建立健全地震灾害舆情收集和分析机制，建立地震谣言应对机制，健全完善舆情监测收集、分析研判、处置和回应的工作机制，扩大舆情收集范围，指定专人加强网络舆情监控，及时了解各方关切，有针对性地做好回应工作。对重要舆情、媒体关切、突发事件等热点问题，及时通过新闻发布会、门户网站、官方微博等发布权威信息。进一步健全舆情监测与引导工作方案，及时监控地震谣言等，按规定及时处置应对舆情。在2020年2月15日台湾花莲5.4级地震、5月3日台湾台东县海域5.4级地震、7月26日台湾花莲县海域5.5级地震、9月29日台湾宜兰县海域5.0级地震等地震应急响应中，实时监测舆情，依托官网、微信、微博及时发布震情信息，开展科普宣传，提交舆情专报，舆情管理工作到位。

落实《政务信息公开条例》，完善政务信息公开制度，进一步拓宽政务信息公开渠道，建立政务信息公共基本目录，明确政务信息公开范围和内容。推进政策法规文件、财务预决算、“三公”经费、政府采购、人事任免、人员招聘等方面的政务信息公开。加强门户网站、新媒体政务信息数据服务平台的建设。主动策划重要新闻宣传活动3次，主要包括：组织“‘5·12’防灾减灾日云参观福建省地震局”宣传活动；组织百名融媒体记者走进福建省地震局，多角度报道福建省防震减灾事业闪光点，宣传地震预警工作成效。

（福建省地震局）

江西省地震局

1. 防震减灾公共服务

2020年，制定《江西省地震局防震减灾公共服务事项清单（试行）》，进一步完善服务事项，明确责任单位，提升防震减灾公共服务能力。研发大震应急救援服务系统，制定大震应急救援服务产品清单，提升应急服务保障能力。“赣震信使”公众号在全省应急系统全面推广应用。参加第六届江西省互联网大会，推广基于互联网的防震减灾服务产品，服务保障全省经济社会发展大局。协同完成2批次36台套氡观测仪器入网检测。加强震情信息服务，全年共计面向政府、社会公众发送震情短信12万余条，其中12322防震减灾公益号发送6万余条，一信通短信服务系统发送6万余条。

2. 防震减灾法治建设

落实全国人大常委会执法检查意见建议，重点推进南昌台地磁测项受地铁影响迁建工作，取得新进展。制定了2020年度法治建设专项计划，法治工作内容全面纳入局年度重点工作和深化改革重要内容，与业务工作紧密结合，确保工作任务落实。开展防震减灾法立法调查评估，梳理2009年以来地方性法规、政府规章、规范性文件14件。推进地震预警规章地方立法工作，纳入地方立法计划。建立安评报告评审专家库和从业单位基础资料库，为业主单位提供查询服务。完善服务平台，推进“互联网+监管”平台建设，对接江西省政府“赣服通”等公共服务综合平台，及时开展线上服务工作。规范行政执法行为。推进防震减灾行政执法事项纳入省政府“互联网+监管”平台。全面推进“双随机一公开”系统平台建设，修订完善相关制度，落实重大执法决定审核制度。强化执法人员业务培训，严格持证上岗管理。健全执法人员行为规范、执法案卷评查、评议考核、监督巡查、责任追究等配套制度。加强法治宣传。在第七个国家宪法日举行宪法宣誓仪式，全局39名干部进行宣誓。严格落实普法责任分解任务，结合法治宣传日活动，精心组建普法宣讲队伍，以防震减灾法律法规为重点开展普法宣传。通过制作播放普法专题片、专家普法宣讲、悬挂宣传标语，现场咨询等方式，有力提高社会公众防震减灾法律法规意识。

3. 防震减灾科普宣传

开展“互联网+地震”线上活动。2020年5月9—15日，全省地震系统组织开展“防灾减灾宣传周”系列活动。江西省地震局联合省应急厅开展防灾减灾网络知识竞赛，共7万余人参与。江西省地震局与省教育厅展开合作，防震减灾科普宣传片进入“赣教云”等全省中小学生网络宣教平台，作为5月12日当天必修课。宜春、九江、赣州等地依托当地防震减灾信息服务公众号开展防震减灾科普知识有奖竞答活动，上饶等地通过抖音推送防震减灾科普短视频，南昌市西湖区地震科普数字博物馆上线。遴选优秀选手参加全国防震减灾科普讲解大赛南方赛区，1名选手获全国防震减灾科普讲解大赛优秀奖。

举行“六进”线下活动。2020年，举办13家新闻媒体参与的“媒体记者走进地震局”记者开放日活动。全省各级地震部门在有效防控疫情基础上，因地制宜地开展防震减灾知识宣教“进机关、进学校、进企业、进社区、进农村、进家庭”活动，通过宣讲地震科普知识、放置宣传展板、发放宣传册、悬挂宣传横幅等多种方式，吸引了大量群众积极参与。萍乡等地开展地震应急演练，普及应急避险、疏散、救援等知识，宜春等地集中开展农居抗震设防技术培训，系列现场活动进一步提升了防震减灾宣传影响力和知晓率。在江西瑞昌开展“九江—瑞昌5.7级地震”15周年系列专题宣传活动，持续提升公众防震减灾意识。

（江西省地震局）

河南省地震局

1. 防震减灾公共服务

（1）坚持齐抓共管，强化综合保障。加强组织领导。2020年，河南省地震局成立局公共服务工作领导小组，负责组织协调推进公共服务工作，由局主要领导任组长；下设办公室，负责贯彻落实领导小组会议精神，承担领导小组日常工作，由分管局领导兼任办公室主任，业务部门主要负责人为副主任，抽调7名业务骨干为成员。领导小组及其办公室的设立，充分体现局党组对公共服务工作的重视，促进公共服务工作的开展和服务效能的提升。

推进公共服务管理机制改革。贯彻中国地震局关于省级地震局机构改革思路，以局机关机构改革为契机，设立公共服务处，与震害防御处合署办公，强化公共服务职能职责，加强力量配备。同时，在推进局属事业单位改革时，谋划设立公共服务中心，作为全局公共服务工作重要支撑单位。

（2）加强顶层设计，做好谋篇布局。编制2020年度公共服务工作计划。紧紧围绕全局年度工作会议公共服务工作部署，总结公共服务工作成效和经验，着力加强公共服务制度建设、制定公共服务事项清单、完成公共服务业务支撑和服务系统3项重要任务，编制2020年公共服务工作计划，安排10个方面的工作任务，明确完成时限、责任和协办部门（单位），提出五项保障措施。

谋划“十四五”公共服务工作规划。认真贯彻落实中国地震局党组“服务立局”“增强公共服务”的总要求和河南省地震局党组推进防震减灾公共服务的具体思路，结合河南实际，积极主动承接各项任务，凝练防震减灾公共服务能力提升工程项目，把防震减灾服务能力现代化建设作为“十四五”时期的重点任务，写入省“十四五”防震减灾规划草案。

（3）聚焦服务国家战略，打造公共服务试点。响应中国地震局开展公共服务试点工作的号召，积极申报公共服务试点。制定《河南省地震局防震减灾公共服务试点方案》，河南省地震局正式被中国地震局遴选为试点单位。制定黄河流域“震情研判与监测数据共享服务”“地震灾害风险区划服务”“防震减灾科学普及服务”三大服务计划；着力为政府部门城市规划、产业布局、应急处置提供决策辅助产品，为社会各界提供普适性防震减灾科普产品和地震监测数据产品，全力为国家战略提供高质量地震安全保障服务，同时明确28条具体任务及责任单位、完成时限，确保任务如期形成服务能力。

（4）加强制度建设，规范公共服务管理。细化河南省公共服务产品，制定印发《河南省地震局公共服务事项清单（内部试行）》《河南省地震局公共服务事项和产品（规划）清单（内部试行）》《河南省地震局公共服务事项和产品（发布）清单（内部试行）》3个事项清单。梳理规划公众服务、专业服务、决策服务、专项服务4大类46项92个服务产品，其中发布试行服务35项72个服务产品。

印发河南省地震局清单管理办法。明确各部门（单位）在事项清单编制、调整、发布、实施、监督与考评等环节的职能职责；建立公共服务处牵头抓总，公共服务中心支撑实施，各有关部门和单位协同配合的清单落实机制；防震减灾公共服务评估评价机制；清单动态更新和调整机制；以及清单实施情况考核评价机制；加强和规范河南省地震局防震减灾公共服务工作。

（5）扎实有序开展防震减灾科普工作。配合省减灾委开展国家、省级综合减灾示范社区创建，协同省应急管理厅、气象局对综合减灾示范社区进行抽查，推荐社区参加国家级评审。组织省教育厅和省科技厅联合开展2020年度省级防震减灾示范单位创建，对12个省辖市报送的48个单位进行实地验收，经专家组评审，共命名45个省级防震减灾示范单位。印发2020年申报省防震减灾示范单位的通知，对申报对象、条件、标准和程序等进行明确要求。作为专家单位配合公共服务司修订国家防震减灾科普示范学校建设指南和国家防震减灾教育基地管理办法。

不断加强科普作品创作。《城镇社区防震减灾知识读本》正式出版发行，《农村防震减灾知识读本》完成组稿。《中小学生防震减灾知识读本》获评中国地震局评选的2019—

2020 年度防震减灾优秀科普作品。制作河南农房抗震改造宣传片。起草河南省农房抗震改造公益宣传短片编辑方案，获得省住建厅高度认可，制作完成《农房抗震改造 造福千万生命》宣传片，于 2020 年 5 月 12 日在微信公众号发布。

持续抓好重点时段科普宣传。完成玉树地震十周年纪念活动宣传工作。在防灾减灾日、唐山大地震纪念日、全国科技周、国际减灾日等重要时段组织开展媒体走基层、豫直播走进地震局、防震减灾知识进企业进农村进学校，邀请应急协作单位和学校师生代表走进地震局等宣传活动；组织参加全国防震减灾科普讲解大赛北方赛区预赛；组织编制《疫情期间中小学生地震安全知识图解》《城镇社区地震安全知识图解》等科普作品，在中国地震局网站发布，省级地震局网站、搜狐、大河等新闻媒体转发，其中，《疫情期间中小学生地震安全知识图解》一直占据中国地震局网站年度点击量第一位。配合中国地震局编写《防震避险手册》。

（6）定期开展公共服务需求调查和满意度评估。2020 年 3 月、6 月，两次通过局门户网站、微信、微博发出《河南省防震减灾公共服务调查问卷》，6 月底形成《公共服务满意度评估调查报告》。8 月，全面落实中国地震局下达公共服务满意度调查任务，积极组织全省各部门开展调查工作，根据中国地震局 10 月 24 日反馈，河南省取得有效样本 11.8 万个、样本数量位居全国第三的好成绩。其中，公众科普有效样本数量 44105 个，公众服务有效样本数量 74002 个。调查和评估结果为进一步加强和改进公共服务工作明确了方向和目标。

2. 防震减灾法治建设

（1）依法全面履行政府职能。2020 年，依法实施疫情防控及应急处置措施，及时根据疫情变化明确要求、改进工作，依法科学有序防控，做好常态化疫情防控下地震安全保障。制定疫情防控条件下地震应急预案，加强全省震情跟踪研判，为疫情防控期间地震安全保障提供服务。在抓好全局疫情防控工作的同时，组织志愿者下沉社区，组织开展捐款活动，并向湖北省地震局援助防疫物资。根据局机关机构改革情况对权责清单进行调整并及时向社会公布。利用工作检查、实地调研、交流座谈、听取汇报、综合考评等形式对省辖市地震工作机构权责清单运行情况开展监督检查，未发现清单之外“乱用权”现象。结合实际，制定《河南省地震系统“双随机、一公开”实施方案》，推行“双随机、一公开”监管，规范防震减灾执法行为。继续实施涉企信息归集共享工作，将依法履职过程中产生的涉企信息统一归集，做好协同监管，强化联合惩戒，提升事中事后监管水平，加快推进社会诚信体系建设。对接“互联网 + 监管”，梳理监管事项、汇聚监管数据，优化营商环境；依托省投资项目在线审批等平台加强重大建设项目抗震设防事中事后监管，实现整个过程的透明、可核查，促进市场规范运行。依法开展地震台站观测环境保护工作，卢氏地震台、荥阳地震台、安阳宗村跨断层观测场观测环境保护取得较好成效，洛阳地震台、周口地震台观测环境保护工作有序推进。

（2）加强政府立法及行政规范性文件管理。会同省司法厅完成《河南省地震预警管理办法》立法工作，自 2021 年 1 月 1 日起实施。组织开展《应急避难场所运维规范》《应急避难场所标志标牌》两项地震地方标准研制，2020 年 12 月底通过专家审查会议审查，待正式发布。制定《河南省区域性地震安全性评价工作管理办法（试行）》，严格按照规定的程序、期限和方式进行备案，符合制定权限，内容合法。

（3）深入推进服务型行政执法。按照要求，梳理省地震局行政相对人违法风险点，制定防控措施，提高服务理念和执法水平，创新服务方式。将服务型行政执法工作纳入市县防震减灾工作年度考评，对市县地震工作部门依法行政工作进行检查考评。集中梳理全省地震安全性评价工作情况，开展地震安全性评价报告质量检查，并通过门户网站进行公示；开发地震安全性评价管理系统并投入运行，推进地震安评管理信息化，为落实放管服改革、规范地震安全性评价提供重要途径。加强安评队伍管理和安评质量监管，开展重大建设工程地震安全性评价 50 项，确保重大建设工程安评应做尽做。开展全省建设工程地震安全监管检查，厘清地震安全管理存在的薄弱环节，切实履行地震部门抗震设防监管责任，进一步压实地方政府属地管理责任，提升依法行政能力和水平。严格履行地震台站运行监管职责，对小浪底专用地震台网等运行情况开展现场检查。

（4）全面落实行政执法责任制。贯彻落实《河南省人民政府全面推行行政执法公示制度执法全过程记录制度重大执法决定法制审核制度实施方案的通知》要求，落实《河南省地震局重大行政执法决定法制审核暂行规定》等制度，按照《重大执法决定法制审核目录清单》，加强对重大行政执法行为的监督，促进严格规范公正文明执法。明确行政执法责任。根据机构改革情况，及时对现有行政执法权责进行梳理、调整，重新制定、公布行政执法权责清单、岗责体系及行政执法流程图。对省地震局行政执法岗位人员重新申报执法证件，组织行政执法人员进行专业法律知识培训考试；按时完成 5 名执法监督人员和 9 名行政执法人员的证件换发工作。组织执法人员参加全省行政执法“三项制度”知识竞赛，执法人员参赛率达 100%。落实行政执法监督制度。2020 年地震系统无重大行政处罚案件，通过检查，未发现省辖市地震工作主管部门在执法过程中存在重大过错，未收到群众投诉举报。

（5）依法有效化解社会矛盾纠纷。深入学习宣传宪法法律，利用防灾减灾日等节点开展社会性普法宣传，举办“12·4”宪法宣传周系列活动，通过宪法集中学习、宪法知识测试、制作宣传图片、发送宪法宣传短信等形式，营造宪法学习的浓厚氛围，提高干部职工运用法治思维和法治方式能力。组织开展《中华人民共和国民法典》学习宣贯工作。组织全体职工参加《中华人民共和国民法典》学习专题辅导报告，形成尊崇《中华人民共和国民法典》、维护《中华人民共和国民法典》权威、更好保障人民权益的行动自觉。组织开展《河南省地震预警管理办法》系列宣贯活动，该办法实施奠定了基础。深入落实“谁执法谁普法”责任制，将防震减灾法律法规宣传与防震减灾科普宣传相融合，持续推进法律知识进机关、进学校、进企业、进社区、进农村、进家庭“六进”等活动，开展常态化宣传。开展“七五”普法工作情况自查和总结。

（6）提升工作人员依法行政能力。将依法行政纳入干部培训年度计划和周末大讲堂，举办依法行政专题讲座 2 次，举办专业法律知识培训 2 次，增强职工法治观念，提升依法解决现实问题的能力。为适应机构改革情况，省地震局会同省应急管理厅举办市应急管理人员防震减灾依法行政培训班，促进市县应急管理局依法履行地震工作行政管理职能。认真落实领导干部学法用法制度，局党组将法治学习纳入党组理论学习中心组学习计划，围绕《中华人民共和国民法典》等法规，开展党组理论中心组法治专题学习 2 次，邀请法律专家举办依法行政专题讲座 1 次，教育引导干部职工用法治思维思考问题、开展工作。选派3人次参加省政府和中国地震局举办的法治培训，多举措增强干部职工依法行政意识，提高干部职工依法行政水平。

（河南省地震局）

湖北省地震局

1. 防震减灾公共服务

（1）加强公共服务事项清单管理。成立公共服务职能部门。2020年9月，根据《中国地震局关于印发〈湖北省地震局职能配置、内设机构、所属事业单位设置和人员编制〉的通知》，湖北省地震局设立公共服务处（政策法规处），作为公共服务工作职能部门，并成立湖北省防震减灾公共服务中心，积极开展各项公共服务工作。

推进公共服务事项清单管理。《中国地震局第一批公共服务事项和产品清单（内部试行）》将湖北省地震局产品“高速铁路地震监测预警系统”纳入其中。湖北省地震局结合实际，完成湖北省防震减灾公共服务事项清单制定工作，在“湖北政务服务网”发布“地震震情信息服务”“防震减灾宣传指导”“抗震设防要求的确定”等9项政务服务事项。

（2）优化公共服务产品。高速铁路地震监测预警系统。湖北省地震局研制的高速铁路地震监控系统广泛应用于京津、甘青等20余条高铁线路中，提供自主研发设备近千套，总监控里程近万千米，国内市场应用面达70%左右；研制的核电站KIS地震仪表系统打破国外供应商的垄断地位，基本取代国外同类进口设备，实现了核电地震监控设备的国产化，并在秦山、石岛湾等20余座核电站广泛应用，国内市场应用面达90%以上。2020年10月19日，中国地震局印发《中国地震局第一批公共服务事项和产品清单（内部试行）》，在9项、24个专业服务产品中，湖北省地震局产品“高速铁路地震监测预警系统”位列其中。

抗震设防产品。湖北省地震局是国内较早开展水库地震研究的单位之一，先后对包括三峡、丹江口在内的近10个水库进行水库地震及相关研究，2020年湖北省地震局认真做好三峡、丹江口水库地震监测系统运行维护工作，为大型水库的安全运行提供技术保障。自主研制了高层建筑地震监控系统，并在汉口一号、金银湖大厦等20多个超高层建筑中进行示范应用。承建了国内首个页岩气田专用地震监测系统——涪陵页岩气田地震监测系统，助力页岩气田防震减灾工作。完成武汉市砺志中学房屋安全智能监测系统建设工作，实现了结构健康监测领域科研成果向工程应用的成功转化。同时，还积极选派专家参加国家能源集团湖北随州火电项目初步设计评审会、国电长源荆州热电二期扩建工程可行性研究报告评审会，为重大工程项目决策提供抗震设防技术咨询服务。

（3）拓宽平台渠道。推进“互联网+”监管平台运用。在政务服务方面，湖北省地震局出台《湖北省地震局政务服务“一网通办”管理办法（试行）》，在“湖北政务服务网”发布了“地震震情信息服务”“防震减灾宣传指导”“抗震设防要求的确定”等9项政务服务事项，认真做好各项政务服务工作。完成“互联网+监管”事项梳理，进一步认领监管事项，确认了省市县乡村五级（地震方面）依申请及公共服务事项目录清单，积极配合省政务管理办做好全省统一受理平台上线运行工作。

2. 防震减灾法治建设

修订完善法规规章。推动《湖北省地震安全性评价管理办法》修订工作，被列为省政府2020年15项立法计划项目之一。结合预警工程建设，有序推进《湖北省地震预警管理办法》立法进程，向省人大建议将《湖北省水库地震管理条例》纳入省人大2021年度立法计划。

完善防震减灾地方标准体系。湖北省地方标准《重要建设工程强震动监测台站技术规范》正式实施。湖北省地震局主持编制的湖北省地方标准《非量测相机校准规范》和《差阻式读数仪校准规范》通过湖北省市场监督管理局组织的专家审定。湖北省地震局积极组织科研人员对牵头的8项现行地震标准和2020年3月19日实施的湖北省推荐性地方标准《重要建设工程强震动监测台站技术规范》的实施情况进行调研，并承担完成中国地震局政策研究课题《中国地震标准体系研究》。举办了防震减灾基础业务暨法规标准宣贯培训班，培训面覆盖全省各个市县，参训人员100多人，对地震领域相关重要标准进行了宣贯。

健全"双随机一公开"执法制度。完善地震监测设施与地震观测环境保护、抗震设防要求确定等领域随机抽查工作细则及抽查事项工作指引，健全以"双随机一公开"监管为基本手段、以重点监管为补充、以信用监管为基础的监管机制。湖北省地震局牵头省住建厅、省教育厅、省卫生健康委、省住建厅、省应急管理厅、省交通运输厅、省水利厅等单位，在全省范围内组织开展了建设工程地震安全监管大检查，并向中国地震局提交了监管检查报告和检查数据。

加强执法队伍建设。对全局的执法主体和执法人员进行清理，对所有持执法证人员进行重新申报，对不合规执法人员的执法证进行注销，保证行政执法主体的合法性。全局56人持有行政执法证，5人持行政执法监督证。

3. 防震减灾科普宣传

2020年，湖北省地震局结合疫情防控实际，大力推进"互联网+防震减灾科普"，积极利用"两微一网"开展防震减灾科普宣传活动，先后通过"楚震科普"官方微信公众号推送微信作品554篇，通过"湖北地震局"官方微博发布博文379条，通过"湖北防震减灾信息网"发布新闻稿件1233篇。组织参加第四届全国防震减灾科普讲解大赛（网络比赛）、2020国际防震减灾科普作品大赛（提交5个作品）、2020年湖北省暨武汉市科普讲解大赛（荣获三等奖）、第二届全国应急管理普法知识竞赛（湖北省代表队荣获全国一等奖）等科普活动。积极利用全国中小学生安全教育日、玉树地震十周年纪念日、"4·15"全民国家安全教育日、"5·12"防灾减灾日、"7·28"唐山大地震纪念日、全国科技活动周、国际减灾日、"12·4"国家宪法日及宪法宣传周等重点时段，积极组织开展不同形式、不同规模的防震减灾科普宣传活动。

加强科普作品创作。湖北省地震局先后组织创作了科普短视频《疫情期间，遇到地震怎么办?》《慧眼识谣言》和《地震序列"全家福"》3部新媒体科普作品，制作了1部H5类科普作品《国际减灾日防灾手册》，通过腾讯视频、"楚震科普"官方微信公众号、"湖北地震局"官方微博等网络平台广泛播出。印制了《疫情期间，遇到地震怎么办》宣传折页和《揭秘地震》《抗震设防》《避震避险》3本科普图册，向公众发放。向中国地震局优秀作品库累计推荐报送 47 部科普短视频作品、2 幅地震科普长图和 1 块防震减灾科普知识展板。

强化科普基础设施建设。做好湖北省地震局防震减灾科普展厅科技创新成果展厅运行维护和对外开放工作，推进孝感市防震减灾科普馆等科普场馆建设。湖北省武汉市江夏区防空防震科普馆等 4 个科普教育基地被认定为国家防震减灾科普教育基地，宜昌市第十七中学和宜昌市猇亭区第一小学 2 所学校被认定为国家防震减灾科普示范学校。湖北省地震局联合省应急管理厅、省气象局开展了 2020 年度综合减灾示范社区创建评估工作，共认定省级综合减灾示范社区 100 个，择优遴选推荐 35 个社区申报国家级综合减灾示范社区。

（湖北省地震局）

湖南省地震局

1. 防震减灾公共服务

2020 年，召开防震减灾公共服务工作局长专题会，学习贯彻防震减灾公共服务工作思路和指导意见。制定《湖南省地震局 2020 年防震减灾公共服务工作计划》。组织开展防震减灾公共服务需求调查和意见征集，形成《湖南防震减灾公共服务能力建设调研报告》，制定并印发《湖南省地震局关于印发权力清单及公共服务事项清单的通知》，重新梳理地震部门法定职责事项，清理调整权力清单。按照湖南省政务管理服务局和市场监管局要求，认领地震部门“互联网 + 监管”事项，完善监管流程，录入并提交监管数据。将地震信息发布系统与气象平台对接，实现了地震信息在村村通大喇叭播报。部署移动紧急会商系统，向地市地震部门提供地震发生后震区的断裂、常住人口、历史地震活动等基本情况。推动地方标准的制修订，发布了地方标准《地震应急图件技术规范》，举办《标准的制定程序和制定规范》学术讲座，与重庆市地震局、广西壮族自治区地震局一起开展重点标准实施情况调研、学术交流和模拟实操。

2. 防震减灾法治建设

印发《中共湖南省地震局党组关于印发加强防震减灾法治建设的实施意见的通知》。联合湖南省人大教科文卫委和法工委开展防震减灾法立法后评估，开展防震减灾法执法检查反馈意见整改“回头看”推进落实整改任务。组织全局干部职工参加年度普法考试，考试通过率为 100%。组织局机关业务处室工作人员参加执法人员资格考试，8 人考试结果合格。组织举办全省地震灾害风险管理和防震减灾执法培训班和民法典宣讲讲座。制定出台《湖南省地震局行政执法公示实施办法》《湖南省地震局行政执法全过程记录实施办法》《湖南省地震局重大行政执法决定法制审核办法》三项制度，推进地震行政执法队伍与能力建设。

3. 防震减灾科普宣传

结合疫情特点，充分利用网络新媒体平台组织开展防震减灾科普宣传教育，在“5・12”防灾减灾日、“7・28”唐山大地震纪念日、国际减灾日、科技活动周等时段组织湖南省地震系统开展防震减灾知识宣传，组织举办全省第三届防震减灾知识网络竞赛，10 多万人次参赛。组织参加全国防震减灾科普讲解大赛，两位选手分获二、三等奖。组织开展防震减灾科普作品征集等活动。联合省教育厅推进示范学校创建，认定30所省级科普示范学校。衡阳市防震减灾科普教育基地通过全国科普教育基地认定，常德市临澧县丁玲学校等5所学校获全国科普示范学校称号。会同省应急厅、气象局评定50个省级综合减灾示范社区，并向国家推荐申报35个国家级示范社区。推进农村民居地震安全示范工程建设，安排专项资金并指导3个省级地震安全农居示范点建设。制作出版《你应该知识的地震知识》动漫作品。

（湖南省地震局）

广东省地震局

1. 防震减灾公共服务

（1）服务产品。利用强震动监测系统为大型桥梁安全运行维护提供监测服务。2020年5月5日下午和晚上，虎门大桥悬索桥桥面发生明显振动。广东省地震局布设在该桥上的强震动监测系统完整记录到这次振动事件中大桥加速度值的变化情况。广东省地震局迅速组织行业相关单位，从加速度、位移和结构频谱三个方面开展大桥地震安全与健康状况分析评估。分析结果表明，大桥箱梁主体结构在本次事件中未受到明显影响。

（2）服务体系。结合疫情防控形势的要求，广东省地震系统2020年组织形式多样的线上线下科普宣传活动，全省21个市共开展200多场次防震减灾科普宣传活动和应急演练，发放防震减灾宣传材料50多万份，200多万公众受益。举办广东省防灾减灾周系列科普宣传活动线上发布会。举办广东省防震减灾科普人员能力提升培训班。联合广东省教育厅在双方官方微博同步推出《疫情期间中小学生地震安全知识图解》挂图和视频。广东省地震局制作的科普动画《地震局在干什么》系列获地震系统“科普优秀作品”称号，微视频《地震与广东》获“广州市优秀科普微视频”称号。广州市地震局和佛山市地震局签署防震减灾合作协议，联合开展一系列防震减灾宣传活动。

（3）服务平台。2020年5月，包括地震速报、地震区划查询、地震科普以及宏观异常上报共四大模块的广东地震信息服务小程序在微信“城市服务”平台正式上线。其中“地震速报”模块将实时向用户发布全球中强震快报及广东省内地震紧急速报，基于用户位置实时推送地震三要素信息、震中距及预估烈度，用户也可根据自身感受反馈震感情况，以供后台系统的统一分析处理。

（4）服务清单。2020年12月25日印发《广东省地震局公共服务事项清单（内部试行）》《广东省地震局第一批公共服务事项和产品清单（内部试行）》《广东省地震局公共服务事项清单管理办法（试行）》。

2. 防震减灾法治建设

印发广东省防震减灾工作联席会议组成人员名单和广东省防震减灾工作联席会议工作规则，建立健全大应急体制下防震减灾工作机制。配合广东省人大、省司法厅开展涉及机构改革、《中华人民共和国民法典》的地方法规规章和规范性文件的清理工作，完成《广东省地震监视重点防御区防震减灾工作管理办法》的修订并以粤府令发布实施。广东省地震局牵头编制的《地震烈度速报与预警台站数据通信协议》《地震波形数据通道编码与标识规则》两个行业标准通过评审。开展防震减灾执法检查意见整改落实及“回头看”工作，配合中国地震局完成“回头看”相关工作调研。在“12·4”国家宪法日举行广东省地震局处级干部宪法宣誓仪式，推动领导干部树立宪法意识，恪守宪法原则，弘扬宪法精神，履行宪法使命。

（广东省地震局）

广西壮族自治区地震局

1. 防震减灾公共服务

（1）制定年度防震减灾公共服务工作计划，印发施行《广西壮族自治区地震局防震减灾公共服务清单（试行）》。清单分为4类50项，其中公众服务类清单23项，决策服务类清单17项，专业服务类清单9项，专项服务类清单1项。

（2）将广西壮族自治区地震局10项公共服务事项提供至广西壮族自治区数据共享交换平台供自治区政府部门及公众开放。其中，应急避难场所、第五代地震动峰值加速度图、广西地震目录和全球重要地震目录等4项对社会公众免费开放，活动断层鉴定与填图、中国地震动参数区划图（说明书）、城市活动断层探测、地震危险性评价、场地地震工程地质条件钻孔数据库、地震活动断裂带等6项对全区政府部门之间申请调用开放。2020年收到10次申请调用单位的五星好评。

（3）对广西壮族自治区地震局在广西数字政务一体化平台中的10项地震依申请政务服务事项进行更新维护，持续优化广西防震减灾政务服务环境。10项地震依申请政务服务事项为：自治区防震减灾科普教育基地认定；自治区防震减灾科普示范学校认定；地震监测设施和地震观测环境保护范围确认；市、县地震监测台网申请中止或终止运行的批准；水库地震监测台网和地震监测设施竣工或验收意见备案；地震预测意见的登记；专用地震监测台网、强震动监测设施建设情况备案；专用地震监测台网申请中止或终止运行备案；广西壮族自治区地震目录查询；全球重要地震目录查询。10项事项全部实现了100%网上办理，方便了群众办事。

（4）在广西壮族自治区地震局官网公布地震安全性评价从业单位信息，将符合有关法律法规规定且自愿在广西行政区域内从事地震安全性评价业务的22家单位信息予以公布。为建设单位选择地震安全性评价单位提供参考，为社会经济发展提供地震安全性评价服务，主动接受政府主管部门及社会监督。

2. 防震减灾法治建设

（1）继续运行法律顾问制度，对重大防震减灾活动的合法性进行严格审核，2020年共审核广西壮族自治区地震局签订的各类合同158份。

（2）启动地震预警管理办法立法准备程序，向自治区司法厅报送《关于报送 2021 年自治区人民政府立法建议项目的函》。

（3）2 月 27 日，自治区人民政府审定印发了《广西壮族自治区人民政府办公厅关于进一步加强防震减灾工作的通知》，从加强地震应急准备工作、提升地震灾害风险防范能力、提升地震应急处置协调能力、提升地震监测预警能力、落实防震减灾工作责任 5 个方面，提出 17 条进一步加强防震减灾工作的具体举措。

3. 防震减灾科普宣传

（1）印发年度防震减灾科普工作要点和《“5・12”防灾减灾日全区防震减灾科普宣传活动方案》《“7・28”唐山大地震纪念日全区防震减灾科普宣传活动方案》等文件，统筹部署开展 2020 年防震减灾科普宣传工作。

（2）制作广西少数民族卡通人物形象的动漫科普壮汉双语教育片《地震来了怎么办》，录制地震谣言微电影《劫后余生》，以地震谣言为主题，向人们讲解地震谣言的危害以及如何识别地震谣言。录制《地震避险知识科普》《什么是地震速报》《地震预警——一场争分夺秒的“赛跑”》《地震地下流体观测》《灵山地震台科普视频》。其中《地震避险知识科普》在广西校园安全网播放，受众量约 13 万人；《地震来了怎么办》在广西壮族自治区科学技术厅举办的广西十佳科普视频大赛中荣获一等奖；《防震小常识》作品荣获广西十佳科普读物大赛优秀奖。

（3）积极组织干部职工、直属台站、各个市县地震工作主管部门参加中国地震局、广西壮族自治区科学技术厅举办的科普讲解大赛，经过严格筛选，选派 2 人参加第四届全国防震减灾科普讲解大赛。1 人参加广西十佳科普讲解大赛，荣获广西十佳科普使者选拔赛优秀奖。

（4）开展科普示范创建和科学传播师队伍建设。组织召开 2020 年度自治区级防震减灾科普示范学校评审会，玉林市玉州区万秀小学等 13 所学校通过评审。对柳州、来宾市 8 个社区开展综合减灾示范社区考评及复核工作，主要对社区的组织管理等九项 47 方面内容开展考评。印发《广西壮族自治区地震局关于印发防震减灾科学传播师队伍建设方案的通知》和《广西壮族自治区地震局关于扩大广西防震减灾科学传播师队伍的通知》，科学传播师扩大到 77 名。举办 2020 年全区防震减灾科学传播师能力提升培训班。

（5）开展线上科普宣传活动。《地震来了怎么办》宣传视频在“广西校园安全信息网”上线播出，通过教育厅组织全区学校下载播放，宣传覆盖面达 1000 万人。自治区地震局、自治区科协与北海、钦州、百色等设区市地震工作主管部门联合在全区 22 个大型 LED 科普信息屏上滚动播放防灾减灾公益标语，受众量约 600 多万人。在自治区地震局官网设置全国防灾减灾日专题。在广西防震减灾新浪微博、大众科普 APP 及微信公众号等公众号编发防震减灾科普知识，形成科普专题。2020 年 4 月首次开通官方抖音号，每两周更新一次，共发布信息 45 条。通过上传动漫微视频等方式向社会公众宣传应急避险知识。官方微博每周更新 4 ~ 9 条，共发布 2000 条微博信息，粉丝数量 1.3 万人。微信公众号每月 4 次发送信息，共发 1500 余条，粉丝量超过 5000 人。

（6）注重线下科普宣传。联合自治区应急管理厅、自治区气象局举办全国防灾减灾日广西宣传周启动仪式。与自治区科学技术协会联合在《南方科技报》《医药星期三》《小博士报》刊发防震减灾科普知识。在“广西日报”刊登《我区开展建设工程地震安全监管检查》和《为建设工程防震上保险》等文章，向公众普及抗震设防知识。与自治区教育厅、科学技术厅、科学技术协会等部门联合举办《广西灵山6.8级地震地表破裂带的新发现》学术报告。向已开学的部分中小学提供《疫情期间中小学生地震安全知识图解挂图》，发放《防震小常识》手册，制作主题宣传展板和易拉宝。向地震台和各设区市地震工作主管部门邮寄科普宣传资料4000余册。利用南宁地铁5104块移动电视屏幕宣传防震减灾知识，覆盖了1号、2号、3号线站台、站厅和车厢。

（7）各地市积极开展防震减灾科普宣传活动。2020年，柳州、桂林、玉林、河池、百色、梧州、钦州、崇左及其他设区市分别开展丰富多样的宣传活动，尤其是机构改革后，各级应急管理部门牵头组织形式多样、内容丰富的防灾减灾科普宣传，取得了良好的社会效果。

（广西壮族自治区地震局）

重庆市地震局

1. 防震减灾公共服务

认真研究制定并上报2020年防震减灾公共服务工作计划。起草并印发《重庆市地震局公共服务事项清单（内部试行）》。公共服务平台建设等任务和项目纳入《“十四五”防震减灾规划》文本。

制定《重庆市地震局关于“5·12”防灾减灾日宣传活动方案》，召开以“地震安全与防灾减灾”为题的新闻通气会，联合重庆科技馆、重庆市应急管理局、重庆市气象局等单位举办“5·12”防灾减灾日线上知识竞答活动、参与人员近6万人次，选派市防震减灾科普宣讲团成员赴大足、九龙坡、巴南、合川等区县开展防震减灾科普讲座，共计14场次。

选派2名选手参加第四届全国防震减灾科普讲解大赛，1名选手获预赛南方赛区第四名并晋级决赛，并在决赛中荣获二等奖。发动参加2020年全国防震减灾知识网络竞赛。制作原创故事6篇、动漫短视频2集，推荐作品参与全国科普微视频大赛以及全国防震减灾科普作品征集活动。

继续开展重庆市级防震减灾科普教育基地和防震减灾科普示范学校创建工作，2020年，重庆自然博物馆等3家单位被评为重庆市级防震减灾科普教育基地，11所学校申报重庆市防震减灾科普示范学校。由重庆市应急局牵头，市地震局和市气象局联合开展了国家级综合减灾示范社区推荐工作。

完成重庆市“互联网+监管”系统涉及的地震安全性评价网审平台建设，积极推进地震安全性评价事项实现网上办理，2020年已办理项目19个，好评率为100%。凡在重庆市备案的安评单位，均要求入驻重庆市网上中介超市，已有45家安评单位备案。按照中国地震局要求，已将执法人员信息录入“互联网+监管”系统。

2. 防震减灾法治建设

认真组织开展防震减灾法执法检查意见整改落实“回头看”，并围绕《中华人民共和国防震减灾法》实施情况开展调研，《重庆市地震预警管理规定》和《重庆市地震安全性评价管理规定》修订纳入重庆市政府2021年立法计划（预备项目）。梳理《市、区县、乡镇三级行政权力和责任事项》报重庆市司法局审核。

推动强化地震观测环境保护法治保障，初步确定了重庆市地震观测环境保护范围，并召开会议进行论证。已建成的地震台站保护环境纳入重庆市“多规合一”平台。重庆市震灾风险防治中心与重庆市地理信息和遥感应用中心签订协议，保护范围数据库已经完成。

（重庆市地震局）

四川省地震局

1. 防震减灾公共服务

（1）建立工作体系，奠定工作基础。2020年，启动四川省地震局机构改革工作，健全局公共服务机构，单设公共服务处（法规处），确定公共服务类局属单位3家，赋予台站公共服务职责。全局初步建立公共服务工作体系，为公共服务工作开展提供有力支撑。贯彻落实《四川省市县防震减灾工作目标管理办法》，组织修订《四川省市县防震减灾工作考核办法》，明确将公共服务工作纳入考核范畴，细化考核指标和分值，建立激励机制，压实压紧公共服务工作责任。

（2）推进服务平台建设，启动公共服务试点工作。配合四川省大数据中心，完成地震行业数据整理录入工作。完成局官方网站升级改造，增设对外服务栏目。做好官方微博、微信、抖音、融媒体等网络平台维护，及时更新服务信息。创办编制《公共服务工作动态》，加强公共服务经验交流。围绕地震紧急信息服务，以活动断层基础数据服务为补充，制定《防震减灾公共服务平台试点工作方案》，获得批准实施。编制试点工作评估指标体系，进一步细化技术指标、进度要求等评估内容，推动试点工作落地见效。

（3）制定公共服务事项清单。联系工作实际，组织专家论证，广泛征求意见，制定印发《公共服务事项清单（内部试行）》《第一批公共服务事项和产品清单（内部试行）》和《公共服务事项清单管理办法（试行）》等文件，分类别、分步骤确定全省防震减灾公共服务的具体产品、承担单位等事项，促进四川省防震减灾公共服务工作规范化、制度化。

（4）加强产品开发推广，强化社会服务。组织开发《地震知识一卡通》系列产品，制作漫画90幅、有声动画90集、挂图6张，出版科普图书2种。制作《地震预警早知道》专题动画片，会同《四川科技日报》设立科普专栏，开展专家在线访谈、知识有奖问答等网上宣传活动，选派科学传播师举办讲座13场次，为市县部门提供科普资料10余万份，推进科普工作纵深发展。联合省应急管理厅、教育厅、科技厅、省科协举办第一届四川省防震减灾科普作品大赛，评选出优秀作品4类58件。推进科普示范学校和教育基地创建工作，评审认定省级科普示范学校82所、省级科普教育基地1处。参加全国防震减灾科普讲解大赛，获得较好名次。

基本完成预警信息服务终端及市县转发平台建设任务，协同省广电部门在雅安芦山、绵阳平武开展应急广播、电视预警试点播发。与支付宝合作的地震预警小程序完成上线测试，将为上亿用户提供服务。与《川观新闻》等新媒体合作，着力打通地震预警信息服务“最后一公里”。

2. 防震减灾法治建设

积极申报争取将《四川省地震预警管理办法》《四川省工程建设场地地震安全性评价管理规定》制订修订纳入省政府2021年度立法计划工作，加快健全地方防震减灾法制体系。协同推进《中华人民共和国防震减灾法》立法后评估工作，开展抗震设防专项调研。印发《关于加强防震减灾领域地方立法工作的通知》，规范单位内部地方立法工作管理流程。推动《紧急地震信息发布——地震预警》地方标准编制工作，组织制定《关于加强全省地方地震标准制修订工作内部管理的通知》，梳理内部管理流程，细化报批时限与流程，强化部门协作。做好行政审批窗口工作，清理行政执法队伍，加快建设“互联网+监管”平台建设。会同雅安市防震减灾工作部门开展跷碛水库、大岗山水库地震执法检查，促进法治要求落实。

（四川省地震局）

贵州省地震局

1. 防震减灾公共服务

（1）加强权责服务清单管理。2020年，对全省地震公共服务事项目录进行梳理和修订，及时将省地震局权责清单、公共服务事项目录和行政审批动态等信息向社会公开，主动接受监督，抓好贯彻执行。

（2）推动区域性地震安全性评价工作。印发实施《贵州省区域地震安全性评价工作管理办法（暂行）》和《贵州省区域性地震安全性评价工作技术大纲》，推进区域性地震安全性评价工作的开展。

（3）开展多种形式培训，持续提升基层防震减灾能力。举办全省防震减灾知识培训班，进一步提升市县防震减灾工作部门地震基础知识、抗震设防、行政审批、应急管理、重要工程等知识培训，结合“三网一员”试点建设，在盘州市举办了一期“三网一员”业务培训。

2. 防震减灾法治建设

（1）完善法规制度。印发实施《贵州省地震局行政执法公示制度》《贵州省地震局行政执法全过程记录制度》和《贵州省地震局重大执法决定法制审核制度》，进一步完善行政执法程序，规范行政执法工作。

（2）加强普法工作。2020年4月转发《省法宣办关于2020年度全省国家工作人员统一在线学法考试的通知》，对2020年度学法工作作出部署，全局干部职工参与法律知识学习和考试，合格率和参考率均为100%。

印发实施《宪法宣传周活动方案》方案，贵州省地震局新任职干部职工进行宪法宣誓，进一步带动全局工作人员增强法治意识、强化法治观念。

组织全局干部职工参加2020年全民国家安全教育日线上答题主题活动、百家网站微信公众号法律知识竞赛活动和第二届全国应急管理普法知识竞赛活动等。

（3）全面深化改革。2020年3月和7月分别召开全面深化改革领导小组会议，研究部署年度改革要点，确定年度重点改革目标，健全事业单位绩效工资分配、创新团队建设、科技成果评审等制度。

（4）深化“放管服”改革，推动互联网+监管。①深入推进“全省通办、一次办成”改革。认真落实全省推进政务服务“全省通办、一次办成”改革工作实施方案和操作规程。完成全省第一批“一窗式”改革任务，配合省政务中心完成“一窗式”改革审查重点清单，按照“一窗式”改革工作要求履行行政审批职责。②认真落实国家、省“放管服”改革各项任务。参加政务服务数据目录梳理培训，认真编制数据信息，及时报送全国一体化在线政务服务数据目录清单。按照省建设工程行政审批工作相关要求，认真履行工程建设行政审批系统“立项”审批组成员单位职责，在工程建设的规划立项阶段及时介入确定建设工程抗震设防要求，进一步精简审批环节，规范审批事项，将法定审批时限15个工作日压减至5个工作日，并指导市县统一规范行政审批工作。③认真落实“互联网+监管”相关工作。组织参加中国地震局举办三网“互联网+监管系统”使用培训。认真落实中国地震局和省人民政府“互联网+监管”工作要求。

3. 防震减灾科普宣传教育

建立部门联动机制，组织或参与相关部门防震减灾科普宣教工作会议，推进防震减灾科普工作。重点宣教时段组织召开新闻媒体通气会，开展系列宣传报道，强化防震减灾科普宣传，指导市县应急管理部门的防震减灾工作同步推进。

（1）建立部门联动机制，积极协调相关部门利用“5·12”防灾减灾日和贵州省防震减灾宣传周、“7·28”唐山大地震纪念日、国际减灾日等重点时段，在人员集中地集中开展防震减灾科普宣传活动。国际减灾日当天，全省、市、县共举办现场宣传32场，专题讲座17场次，发放防震减灾科普资料约4万余册，通过网络、视频等形式进行的科普宣传，受众约7万余人。

（2）组织全省市县防震减灾工作主管部门、省、市、县三级防震减灾示范社区、示范学校等学习中国地震局与中国科协等举办的地震预警、地震预测、结构抗震等领域的网络直播专题讲座。

（3）向全省市县发布由陈运泰院士编著的《地震现象与科学》科普专著与长图，推介20余部防震减灾优秀科普作品。

（4）与教育、应急等十多家单位联合，参与十三届“贵青杯”系列活动，承办贵州省中学生防震减灾知识大赛，近万名中学生在线竞技。

（5）加强科普作品创作。创新防震减灾科普作品形式和内容，创作一批公众喜闻乐见的科普宣教产品，其中具有民族特色的防震减灾宣传作品尤其受公众欢迎，获得全国防震减灾科普宣传品设计三等奖。

（6）加强防震减灾科普宣传新闻报道工作。对于重要科普活动，均第一时间在门户网站宣传报道科普活动情况、做法和成效，营造防震减灾科普良好氛围。

（贵州省地震局）

云南省地震局

2020 年，云南省地震局深化“放管服”改革，统筹推进省、市、县三级地震部门的政务服务、工程建设项目审批、“互联网 + 监管”、权责事项 4 个清单的编制工作，落实云南省“一网通办”部署。制定《公共服务工作方案》，印发《2020 年法治宣传教育工作任务分工方案》，积极开展《中华人民共和国民法典》的学习宣传活动。开展《中华人民共和国防震减灾法》实施情况调研。

分别举办以“地震安全监管检查”“地震灾害风险普查”为主题的新闻发布会。举办防震减灾科普讲解大赛、科普宣讲培训班、2020 年昆明市防震减灾知识网络科普宣传团体竞赛。加强与教育部门合作，防震减灾科普进校园取得实质性进展。通过线上线下在重点时段开展防震减灾科普活动 265 次，直接受众超过 10 万人。制作《收到地震预警信息后应该怎么办》等一批科普专题视频。“农房抗震要加强”等 3 部科普视频入选中国地震局优秀作品库。

（云南省地震局）

西藏自治区地震局

1. 防震减灾公共服务

（1）对西藏自治区发展和改革委员会等单位的 26 份征求意见稿提出回复意见。会同震害防御中心对《关于征求冷曲、宗曲流域综合规划意见的函》等 28 个区内重点项目给予技术支持；编制完成《西藏自治区地震局公共服务事项清单》并发布。

（2）对接自治区“互联网 + 政务服务、互联网 + 监管”工作，梳理事项清单，将平台接入西藏自治区地震局，组织参与中国地震局举办的“互联网 + 监管”系统使用培训班。

2. 防震减灾法治建设

（1）组织召开全区地市地震局长会议。会上传达 2020 年全国地震局长会议、全国地震系统全面从严治党工作视频会和自治区抗震救灾应急指挥部电视电话会议精神，部署 2020 年自治区防震减灾工作和指导地（市）地震局全区建设工程地震安全监管检查工作方案。

（2）西藏自治区地震局落实法律顾问制度，为局发财、监测、纪检等部门提供法律服务 23 次。2020 年 5 月 11 日，邀请局法律顾问为全局干部职工开展法律知识讲座，局机关全体在岗干部职工 30 余人参加了讲座。积极参加自治区法制办举办的各类普法活动，参加普法讲座，申报执法资格人员名单培训，扩充地震局执法队伍。

（3）推动《西藏自治区地震预警管理办法》出台工作。启动《西藏自治区地震预警管理办法（草案）》起拟工作并报送自治区司法厅。征求各市（地）人民政府（行政公署）和自治区各委、办、厅、局的意见，对稿件进行修改完善。《西藏自治区人民政府办公厅关于印发西藏自治区人民政府2020年规章立法计划的通知》文件中将《西藏自治区地震预警管理办法》列为立法计划二类项目。

3. 防震减灾科普宣传

（1）开展“5·12”防灾减灾日宣传教育活动。以“提升基层应急能力，筑牢防灾减灾救灾的人民防线”为主题，结合“4·25”尼泊尔地震5周年纪念，组织开展防震减灾科普宣传工作；指导山南市开展应急救援综合演练；为拉萨江苏中学荣获2019年“国家防震减灾科普示范学校”进行授牌；在西城安居苑、团结新村、楚布寺等地开展6次防震减灾宣传“三进”活动；指导各地市地震局开展科普宣传；在局官网开设“‘5·12’防灾减灾日暨尼泊尔地震5周年”专栏；组织开展各类“5·12”防灾减灾日线上答题活动等。同时加强与宣传、应急管理、教育等部门的合作，充分利用传统媒体与新媒体平台，组织做好线上线下宣传活动，集中宣传报道防震减灾工作成果，向社会公众普及防震减灾知识和应急避险技能，增强地震安全风险防范意识，营造全社会积极参与防震减灾的良好氛围。

（2）编制完成《地震自救互救常识（农牧区版）》《正确掌握避险技能（农牧区版）》《地震基础知识（校园版）》《震害自救互救（校园版）》等具有民族特色的宣传材料。

（3）西藏自治区地震局联合教育厅、科协、团区委组织开展2020年度西藏自治区防震减灾科普示范学校认定工作，认定拉萨市第二中学等5所学校为防震减灾科普示范学校。

（4）印发《关于创建全区综合减灾示范县级示范社区》的通知，联合自治区减灾委、应急管理厅、气象局开展自治区综合减灾示范县及示范社区创建工作。

（西藏自治区地震局）

陕西省地震局

1. 防震减灾公共服务

（1）公共服务事项与产品。制定年度公共服务工作要点，编制印发公共服务事项和产品清单（2020年版），梳理提出公共服务事项19项，服务产品30项。宝鸡市扩大地震巨灾保险试点覆盖至10%，推动实现地震灾害风险转移分散和损失共担机制。

（2）公共服务平台建设。落实中国地震局信息化试点工作，完善行动计划，制定工作要点。加强网络安全，全面检查门户网站、互联网综合应用平台等信息系统，完成等级保护备案。陕西省地震综合信息服务平台、地震安全性评价技术服务系统建设进入试运行。开展人工神经网络等灾害评估新技术研究。电子政务网络优化升级工作稳步推进。震害防御信息服务系统和地震安全性评价数据库及技术服务系统建成运行。

2. 防震减灾法治建设

开展全国人大常委会防震减灾法执法检查意见整改落实及“回头看”。配合中国地震局开展《中华人民共和国防震减灾法》实施情况调研，完成中国地震局地震行政执法制度编制任务。开展政府规章、规范性文件清理，申报《陕西省工程建设场地地震安全性评价管理办法》修订计划，起草修订草案。开展“三项制度”落实情况的专项评估，配合“互联网+监管”平台建设，指导西安、安康等市地震部门开展“互联网+监管”、行政处罚等工作。总结“七五”普法工作，开展普法宣传和学法用法考试、竞赛等，组织《中华人民共和国民法典》专题讲座。申报立项地方标准1项。

3. 防震减灾科普宣传

围绕2020年全国防灾减灾日、唐山大地震44周年、“科技之春宣传月”等重要时段，积极筹划重点宣传活动200多项，直接受众80多万人次。组织参加全国防震减灾科普讲解大赛并取得优异成绩。开展防震减灾科普报告团“六进”活动，持续开展“防震减灾三秦行”媒体走基层活动，联合陕西新闻广播、省红十字会举办地震科普进校园活动。实施地震科普精品创作，发布科普视频2部，科普读物1种。联合省科协向全省12个市（区），107个县（区、市）发放宣传挂图12000套。

（陕西省地震局）

甘肃省地震局

1. 防震减灾公共服务

2020年，组织对甘肃省防震减灾公共服务事项清单、服务指南和办事流程进行修订，将18项服务事项调整为10项，其中在线办理开展的4项也作了修改，将“典型地震遗址、遗迹认定”事项类型按要求由“行政许可”调整为“行政确认”，行使层级按照法律规定调整为省市县三级。将“地震监测设施和地震观测环境保护范围内新建、扩建、改建建设工程审批”事项，由“行政许可”调整为“行政确认”，更名为：对地震观测环境保护范围内的建设工程项目核发选址意见书、建设用地规划许可证或乡村建设规划许可证时征求意见的确认。经省政府电子政务办公室同意，已上线运行。兰州、武威、金昌、天水等市地震局完成服务清单修订。

2. 防震减灾法治建设

（1）法治政府建设情况。2020年，落实“放管服”改革部署，动态调整省级地震部门权力和责任清单26项，涉及2项行政许可、8项行政处罚、1项行政奖励、15项其他行政权力。将一般建设工程抗震设防要求审批事项纳入全省并联审批系统，14个市州开展了行政审批，开展定期检查确保监管到位。对保留的2项行政审批事项实行目录化、编码化管理，编制了办事指南和工作流程。将申请类的行政职权在甘肃政务网上公布行权，基本实现了政府系统行政审批和服务事项的“一站式”网上办理和“全流程”效能监管。依法履行防震减灾职能职责，对省内35次3.0级以上地震作出了较准确的震后趋势判定，张掖甘州5.0级、甘南夏河5.7级地震发生在年度地震重点危险区内，取得了较好的中期预测效果，震后开展了灾害损失评估；服务于抗震安全农居建设，特别是夏河县抗震安全农居经受了夏河5.7级地震考验；大力推进国家地震烈度速报与预警工程甘肃子项目建设；开展了年度地震重点危险区灾害风险预评估，联合省应急厅开展了地震应急准备工作检查；开展了引水工程、铁路、公路、隧道、机场4项重大工程地震安全性评价服务；主动参与地震灾害风险调查和重点隐患排查工程、地震易发区房屋设施加固工程方案设计；深化机构改革，成立宣教部、兰州区域研究所；联合省应急厅新创建综合减灾示范社区45个，组织认定防震减灾科普示范学校33所；组织法治科普专家队伍开展科普活动80余场；成立甘肃省防震减灾“十四五”专项规划工作机构，开展了编制准备工作。

（2）“七五”普法工作。以甘肃防震减灾工作领导小组名义向44个成员单位、14个市州部署了防震减灾法执法检查意见整改任务分工，安排本行业内部整改任务，靠实责任、明确时限；参加省人大组织的《甘肃省防震减灾条例》立法后评估；严格执行述法制度，向中国地震局专题报告防震减灾法治建设开展情况。

2020年，全力推动防震减灾法治建设，结合甘肃防震减灾工作实际，制定《甘肃省地震局法制宣传教育第七个五年规划》，确立了指导思想、工作目标、工作原则、主要任务、工作措施、步骤安排等；统筹实施“七五”普法规划，每年制定年度普法计划、普法依法治理工作要点，将工作任务细化分解，落实到部门、单位，全力组织实施。制定“七五”普法任务分工方案，明确了任务措施、具体要求、落实部门，涉及10大项目标任务。开展防震减灾法律知识“七进”活动，进机关，培训党校、行政学院学员2500人次；进学校，举办讲座500多场次，建设示范学校562个；进企业，播放宣传教育片40场次、开展井下宣传40场次；进社区，开展讲座140场次、播放宣传片96场次；进农村，发放资料1万份、咨询与服务100多场次、播放电影120多场次，将宣传延伸到草原、寺院；进家庭，发放资料50多万份、发送短信150多万条；进部队，举办宣传80期，依托兰州搜救基地宣传防震减灾法律知识3万人次。省地震局内部设置了法规处、执法总队、震害防御、宣教部等机构，牵头落实普法责任，切实做到了“谁执法谁普法”。

（甘肃省地震局）

青海省地震局

1. 防震减灾公共服务与法治建设

加快构建公共服务业务体系，印发《青海省地震局关于印发2020年度防震减灾公共服务工作计划的通知》，完成各市（州）、各相关厅局防震减灾公共服务需求调查，制定了第一批防震减灾公共服务清单；完善投资项目在线审批监管平台流程，制定了全省“审批破冰改革”和“建设工程审批制度改革”两项“放管服”改革任务清单；将“建设工程抗震设防确定”和“影响地震观测环境的新建改建扩建工程审批”纳入在线投资项目审批监管；为龙羊峡水电站强震系统检查服务。黄南州地震局召开全州重点单位地震安全性评价工作协调会，并向州内机场、西成铁路建设方提供地震数据。

2. 防震减灾科普宣传

组织开展玉树地震十周年纪念活动，制作《源在玉树》专题片，在新华网等媒体播放，接受新华社专访并在中央人民政府网站、新华网刊发专访文章；举行玉树防震减灾科普教育基地揭牌仪式暨开放日活动；举办纪念玉树地震10周年先进事迹报告会和学术研讨会；与省政府新闻办联合召开“玉树地震10年来青海防震减灾工作进展”新闻发布会。举办全省地震系统新闻宣传培训暨第六届全省防震减灾科普宣传能力提升培训班；召开青海省第一期防震减灾科学传播师能力提升培训班、年度全省少数民族及民族地区防震减灾科普工作联席会议和青海省防震减灾科普教育示范学校评审会，并联合省应急厅、省气象局对2019年度全国综合减灾示范社区进行表彰。海东市地震局首次评选市级防震减灾科学传播师。2020年，全省深入开展防震减灾科普“八进”活动近50次，覆盖4.5万人次。

（青海省地震局）

宁夏回族自治区地震局

1. 防震减灾公共服务

（1）服务体系。2020年，根据《中国地震局公共服务事项清单（内部试行)》，结合宁夏防震减灾工作实际情况和宁夏回族自治区地震局“三定”职能职责，编制《宁夏地震局公共服务事项清单（内部试行)》，为下一步规范公共服务产品、逐步提高公共服务水平和能力提供了依据。

（2）平台建设。按照《国家防震减灾科普示范学校建设指南》《宁夏回族自治区防震减灾科普示范学校认定评分细则》，认定银川市回民中学等19所学校为宁夏回族自治区防震减灾科普示范学校。联合自治区应急厅、气象局创建2020年度全国综合减灾示范社区10个。

为推动防震减灾知识“六进”，提升公民防震减灾科学素质，借助银川基准台重建时机，在银川基准台建设了40平方米的防震减灾科普展厅，利用实物模型、科普展板和VR设备等，全方位立体化展示地震的发震构造，还原海原大地震的现实场景，切实将防震减灾科普宣传融入台站日常工作中，教育引导公众提高防震减灾意识，做到安全避震防震。

（3）防震减灾科普宣传。在“5·12”防灾减灾日及“7·28”唐山大地震纪念日等重要时间段，广泛开展防震减灾科普宣传活动，宁夏地震局被宁夏全民科学素质纲要实施工作办公室评为2020年宁夏全民素质网络知识竞赛优秀组织单位。

积极做好海原大地震100周年系列宣传活动。从2020年4月15日至5月15日，在官方微博每周更新2~3条内容，密集宣传防震减灾科普知识。2020年12月16日，以宁夏回族自治区防震减灾工作领导小组办公室名义，向全区手机客户端，发送了防震减灾公益宣传短信。

制作《活动断层与地震》公益宣传片并进行多渠道播放。在宁夏电视台公共频道、宁夏人民会堂大屏幕滚动播放《活动断层与地震》；在“学习强国”宁夏学习平台上发布了《活动断层与地震》公益宣传片，累计播放3500余次。同时，组织市县地震部门，通过当地电视台、政务微博等平台，在防灾减灾宣传周期间进行播放。

为隆重纪念海原大地震100周年，组织拍摄《寰球大震——纪念海原大地震100周年暨中国地震观测百年发展历程》专题纪录片，该片以海原大地震为肇始，展示了从海原地震后第一次地震科考到1930年建成我国第一个地震台、从1943年研发出第一台国产地震仪到50年代建成我国第一批8个地震基准台、从全国模拟地震台网建设到完成数字化改造、从秒级速报到地震预警项目实施的历史进程，内容丰富，资料翔实，兼具科普宣传、档案留存和资料参考作用。

10月23—25日，宁夏地震局联合自治区科技厅、宁夏大学、中卫市政府、海原县政府，举办海原大地震100周年纪念国际论坛，包括1位中国工程院院士、6位国外知名专家和5位国内知名专家学者在内的12名学者，围绕地震科学、地震工程创新发展、地震遗迹保护及旅游产业开发利用等主题，研讨交流了地震预警及防震减灾新技术、新进展、新应用，把脉抗震救灾前沿发展。来自国内外170余名专家、学者代表参加了交流。

2. 防震减灾法治建设

积极推进地震预警管理办法出台。《宁夏回族自治区地震预警管理办法》正式列入自治区人民政府2020年第二季度立法工作计划。宁夏地震局与自治区司法厅组成调研组，先后赴吴忠市、石嘴山市、中卫市和银川市开展地震预警管理办法立法调研工作，广泛听取各地各部门和全社会相关意见建议。《宁夏回族自治区地震预警管理办法》报送自治区政府常务会审议。

根据自治区党委和政府的相关要求，制定了《宁夏地震局地方性法规和行政规范性文件清理工作方案》，对涉及防震减灾的自治区地方性法规、规章及规范性文件进行全面清理。

完成宁夏地震局“七五”普法验收。宁夏地震局在持续推进地震系统。广泛开展防震减灾知识和法治宣传工作的同时，切实加强对全局职工的法治宣传教育，开展宪法宣誓活动，举办法治讲座，组织职工参加民法典有奖知识竞答活动，设置法治图书角，购买《中华人民共和国民法典》等法律书籍，并利用科普e站的网络普法读物打造法治文化阵地。

（宁夏回族自治区地震局）

新疆维吾尔自治区地震局

1. 防震减灾公共服务

（1）加快推进政务服务一体化平台建设。2020年，补充完善一体化在线政务服务平台相关数据，推进服务事项材料清单、标准、具体事项办事指南、办事流程等资料梳理和填报。完成政务服务事项办事指南排查整改工作。持续推进政务服务事项进驻自治区政务服务大厅。

（2）制定完善公共服务清单。制定《新疆维吾尔自治区地震局2020年度防震减灾公共服务工作计划》，组织开展公共服务需求调查和满意度评估，结合应急管理体制改革和机构改革，进一步梳理公共服务清单。

（3）深入开展标准宣贯。利用防灾减灾周等时间节点以及抗震设防安全检查等时机，广泛深入开展地震震级的规定、中小学应急避险指南、区划图、应急避难场所建设等标准的宣贯。

2. 防震减灾法治建设

（1）深入开展法治宣传。充分利用4月宪法法律宣传月、“12・4”国家宪法日和“宪法宣传周”等时间节点，继续深入开展“尊崇宪法、学习宪法、遵守宪法、维护宪法、运用宪法”学习宣传教育活动，推动宪法精神深入人心。11月13日新疆地震局组织开展了宪法宣誓活动，开展“与法同行大宣讲”活动。组织全局干部职工通过法治新疆微信平台等方式学习民法典公开课。积极运用“5・12”防灾减灾日和“7・28”唐山大地震纪念日开展防震减灾法律法规的宣传。加大《新疆维吾尔自治区预警管理办法》的宣传力度。制作预警管理办法专题宣传片。为各地州市防震减灾部门配发单行本，通过视频会议形式为各地州市防震减灾部门负责人、业务骨干解读了预警管理办法。

（2）健全法治体系。《新疆维吾尔自治区地震预警管理办法》经新疆维吾尔自治区人民政府令第217号公布，自2021年1月1日起施行。完成修订《新疆维吾尔自治区实施〈地震安全性评价管理条例〉若干规定》，于2020年7月11日自治区人民政府令第216号予以公布。完成《新疆地震局关于〈中华人民共和国防震减灾法〉实施情况调研报告》及《中华人民共和国防震减灾法》立法后评估报告，提出对防灾减灾法及其配套的行政法规修改意见建议。对照《中华人民共和国民法典》《优化营商条例》等相关条文梳理现有政府规章和行政规范性文件，完成清理工作。动态完善权责清单、服务清单、监督事项清单。用好全国人大执法检查成果，开展全国人大执法检查整改落实“回头看”，不断推进防震减灾法定职能的落实。

（3）推进依法行政。持续推进“谁执法谁普法”工作，完成“七五”普法工作总结，收集汇总执法活动相关信息并填报至互联网+监管系统。组织开展线上知识竞赛、普法宣传，法制培训，不断提升新疆地震局干部职工依法行政意识和能力。加大宣传有关行政执法的公示制度、全过程的记录制度、重大执法决定的法制审核制度。积极落实法律顾问制度。建立领导班子年度学法制度。

3. 防震减灾科普宣传

（1）持续加强新媒体宣传。坚持利用新媒体日常发布科普知识，重要时间节点利用官方微博、微信公众号、官方抖音号开展线上专题活动，震时加强舆情监测与引导，开展应急宣传。官方微博共发布2160余条，阅读量达3768余万次，总粉丝量132万。微信公众号全年共发布596篇、阅读量13余万次，总粉丝量近万人。官方抖音号“新疆震知道”全年共发布短视频共计87条，播放量175万余次，粉丝数近3000人。

（2）不断丰富科普产品。策划完成喀什地震台投入使用55周年、乌恰地震35周年纪念宣传活动。创作纪念文章3篇，长图1篇，H5产品1部，并在相关平台发布。组织完成《历史上的今天：唐山大地震》等16篇原创科普文章，在新媒体平台发布；产出新疆地震人的《“震”情告白》《走进新疆地震人真实的野外测量工作》《新疆移动科普馆走进森林消防总队》《书香震苑　悦读青春第一期》《震不倒的房屋—纪念唐山大地震44周年》等短视频作品；在抖音平台每周发布1部原创科普视频。

（3）及时高效开展应急科普。完成45次4.0级以上地震的震后应急科普工作。在10次5.0级以上地震后及时发布各类震情、应急工作动态、科普等信息，监测网络舆情，回应网友关切。地震应急出队时，携带科普宣传资料，制作地震服务专报等服务现场地震应急宣传工作，伽师6.4级地震现场，集中在震区范围9个乡的乡政府、村委会、灾民安置点、客运站、学校、宾馆等人流密集区等20余个点，开展现场科普工作。

（4）创新阵地宣传。建成体现新疆防震减灾工作特色，融合科学性、时代性、趣味性、互动性，运用AR、VR、数字科普馆等先进展示技术的新疆防震减灾移动科普馆。举办新疆防震减灾移动科普馆开馆仪式，6家相关单位领导出席了开馆仪式，7家媒体进行了现场采访报道，刊发视频、文章7篇。其中，新华社关于移动科普馆开馆报道对外英文、法文、西班牙文、俄文兼发。完成“7·28”“铭震之殇，共话减灾—走进地震科普场馆”直播活动，将新疆地震局移动科普馆推向网络；移动科普馆共接待司法厅、文旅厅参观团体5批次，走进森林消防、消防救援、科北社区单位、社区开展多场景流动布展宣传活动15次。

（5）加强科普队伍建设。组建科普志愿者队伍，并为科普人员配备科普图书资料，进行科普讲解专题培训。组织参加“第四届全国防震减灾科普讲解大赛”，获得三等奖。

（6）推进科普示范社区、学校建设。会同教育厅联合印发《关于重新认定自治区防震减灾示范学校的通知》，认定新一批28个自治区级科普示范学校。加大对示范学校的科普作品支持，为4所国家级防震减灾科普示范学校捐赠《地震探秘记》《防震减灾纵横谈》《超级宝宝的游历》《中小学生防震减灾知识读本》《中国大地震》等科普图书。

（新疆维吾尔自治区地震局）

中国地震局地球物理研究所

1. 中国地震动参数区划图智能服务系统

该系统为国家标准GB 18306—2015《中国地震动参数区划图》贯彻实施提供公益和辅助技术支持的移动应用，包含了中国地震区划APP及微信小程序，入选中国地震局首批公共服务产品。该产品分别面向公众服务和行业需求，借助日益普及的手机、平板电脑等移动智能终端和快速发展的互联网技术，包含了地震动参数区划APP（Android、iOS版）、微信小程序及B/S架构数据库管理等功能模块的信息服务平台，对新一代区划图涉及的“四级地震作用”“土层影响双参数调整”等技术方法进行无纸化、自动化和智能化处理，用户可以通过移动网络随时随地查询中国任何地点的地震动参数；并结合市县基层防震减灾管理工作特点和需求，助力新一代中国地震动参数区划图服务于防震减灾工作中的抗震设防监管备案、土地利用、抗震设计、地震保险、应急备灾等方面。

项目成果已在江西、广西、广东、山东、天津、云南、贵州、江苏、四川、内蒙古等20余省市县防震减灾部门进行了不同程度的应用推广，继地震动参数区划Android和iOS版APP之后，2020年研发并推行了微信小程序版。该系统用户使用分布已覆盖包括台湾省在内的全国所有省市、自治区、直辖市以及海外部分国家和地区，截至2020年12月已累计使用近15万人次，该科研成果除了在地震系统内取得了良好的应用，在系统外也颇具影响力，如北京工业大学、哈尔滨工业大学、清华同衡城市规划设计院、中岩勘察、中南电力设计院、碧桂园等多个行业单位。

2. “地震科研助手”企业微信号

该企业微信号是中国地震局地球物理研究所基于地震会商技术系统提供的自动化流程编辑平台，采用开放式理念设计的移动端地震资料信息接收端。依托企业微信平台强大的信息转发接口和平台二次开发能力，可以实现跨越数据源、异构类型的数据访问、自动化数据处理、分析和报告生成，以及基于自然语义的意图识别等功能，全面辅助科学研究，提高团队工作效率和智能化水平，7×24小时服务地震行业和相关工作者。

“地震科研助手”基于大数据和AI方式的智能化平台，提供开放式的编程接口，由地震行业各个业务单位或学科在该企业微信号内定制化推送与地震监测预报相关的自动化产品。服务目标用户只需要关注该企业微信号，并获得相关应用授权，即可随时接收最新的各类地震业务资讯。

“地震科研助手”企业微信号由中国地震局地球物理研究所牵头组织系统研发，现已服务地震行业内外各类用户超过3200人，在2020年按照全国地震局长会议工作部署和《地震会商技术系统V1.0版省级地震局业务试用实施方案》安排，已实现服务中国地震局31家省级地震部门全覆盖，后端平台日均处理各类自动化报告150多份，通过移动互联网等相关技术的引入，有效地提高了地震业务信息和公共产品的服务能力和时效性。

（中国地震局地球物理研究所）

中国地震局地质研究所

2020年，积极推进防震减灾科普宣传工作。受新冠疫情影响，2020年度的防震减灾宣传和科普工作方式适当调整，在全所各有关部门和专家的共同努力下，大力推进科普视频、科普文章和科普图书的创作，另外邀请所内外专家在多个平台开展视频讲座。科普内容涉及地震、构造、火山、灾害等，传播手段涵盖图书、讲座、视频、互联网+等形式，取得了良好的社会效益和宣传效果，有力提升了全民防震减灾科学素质。

“5·12”防灾减灾日期间，科技发展部和共青团委联合开展“青春战疫·地震科普宣传活动：纪念‘五四’运动101周年时段，积极响应第12个全国‘防灾减灾日’”的活动。活动筹备组组织地质所多位青年骨干科研专家成立科普小分队，从科普的内容、形式、制作过程、呈现效果等方面进行多次讨论，最终选定以“活动构造与地震”为主题，深入贯彻落实“提升基层应急能力，筑牢防灾减灾救灾的人民防线”的要求，以科普短视频的方式来完成。科普短视频共分为5个小片段，分别是“中国为什么这么多地震”“地震产生哪些危害”“地震会留下什么痕迹”“地震能不能预报？我们能做什么？”“我家就在地震带上咋办呢？”，视频内容利用通俗移动的讲解和公众关心的话题切入，从科学的角度让大家认识我国是一个多地震的国家、地震分布在我国也存在着地域的不均匀分布特征、活动断层是造成地震灾害的最主要元凶、断层活动都有哪些表现形式、地震灾害是如何形成的、面对地震我们能做什么等多方面的地震知识。科普视频以“震质说”公众号和中国地震局地质研究所网页科普专栏为主要的宣传方式。科普视频得到了广泛的观看和关注。

为配合中国地震局公共服务司关于玉树地震10周年、芦山地震7周年、磁县地震190周年、唐山大地震纪念日以及防灾减灾日等重点时段的宣传活动，李传友研究员、冉勇康研究员、杨晓平研究员和陈九辉研究员分别创作科普文章《地震，在玉树划了一道伤口》《四川芦山7.0级地震看对防范山区地震地质灾害的启示》《“殷墟”的一次大震动——磁县大地震》和《2020年7月12日唐山古冶区5.1级地震是唐山地震的余震吗?》，从多个角度介绍了地震发生机制及其灾害的防范；张会平研究员和许建东研究员分别从新构造年代的角度和火山的角度创作科普文章《新构造的约会（Dating)》和《火山活动——地球圈层系统的纽带》，其中《新构造的约会（Dating)》被多个平台争先发布，陈正全博士创作《喷出美丽新世界》的火山科普文章。苏桂武研究员与香港理工大学、中国地震灾害防御中心、陕西省地震局、美国国际地灾、英国海外发展研究所、英国牛津大学、英国剑桥大学等国家和地区的专家联合编写出版的科普图书/绘本：《陪伴如金：一则留守儿童家庭的虚拟地震情景故事（公共版)》(中英文）和《陪伴如金：一则留守儿童家庭的虚拟地震情景故事（政府)》(中英文)。这两本绘本基于实际科研项目“渭南市地震情景构建示范”研究结果/成果，以“故事”带动防震减灾知识普及、思考防灾备灾实践、理解科研结果等。科普对象明确，内容针对性强，是国内第一套以“故事”为引导、基于实际科研项目成果和服务于不同读者对象（公众、小横幅人员）的防震减灾科普产品，也是国际上第一套以“故事”为引导的“地震情景构建”公共服务产品。

受中国地震灾害防御协会邀请，聂高众研究员在东方致远平台开展了“地震应急中的评估技术现状”和“地震应急中的评估技术”两个直播讲座。聂老师首先从地震应急的由来、地震应急面临的灾害种类、地震应急的基本定义和框架以及地震应急的基本特点等几个方面对地震应急的基础内容进行了比较全面的阐述，然后介绍了地震应急评估技术研究的历程、主要问题和不足以及技术发展方向与现状。7000余人在线收看，并且留言区互动热烈，大家纷纷留言聂老师的报告生动精彩，内容丰富，受益匪浅。

受中国地震局科技与国际合作司和科技部中国21世纪议程管理中心委托，地震动力学国家重点实验室联合中国地震学会大地测量与地震动力学专业委员会承办了“防灾减灾宣传周活动·大地测量与地震动力学网络系列论坛”。本次活动得到了大地测量与地球动力学国家重点实验室、测绘遥感信息工程国家重点实验室和中国科学院计算地球动力学重点实验室的大力协助。论坛邀请了多位国内知名专家，报告内容涉及领域众多，从地震灾害影像特征到地震前兆，从地震活动性到地震周期，从地震动力学过程到数值模拟方法，呈上了一场关于地震及其灾害的知识盛宴。报告的讲解深入浅出，精彩纷呈，让大家对地震有了更深入的认识。

何宏林研究员受邀参加中国地震局“震坛巨擘、讲识说震”第12个全国防灾减灾日系列科普讲座活动。何老师从2008年汶川地震造成的巨大灾害说起，介绍了全球地震分布、地球内部结构、板块构造及断块构造与地震的关系，并且展示正断层、逆断层和走滑断层三种不同断层类型地震在地表的表现的差异，通过照片和图解的形式让大家直观地看到地震在地表留下的“疤痕”。另外针对中国大陆，何老师介绍了中国的地震分布特征和原因，地震灾害的表现和我国主要目前在活动断层探测、预防地震灾害方面的主要措施。报告内容聚焦公众关心话题，讲解通俗易懂，获得了良好的效果。

积极配合第 31 个国际减灾日科普宣传，紧密结合中国地震局举办的科普活动，以地震动力学国家重点实验室为平台，制作科普节目“走进国家重点实验室”，云直播演示岩石变形实验等，让公众对地震科学有直观的认识。在所官网上开辟科普专栏，定期请科研人员撰写科普文章，加强科普宣传。

（中国地震局地质研究所）

中国地震局工程力学研究所

2020 年，梳理了公共服务产品清单。组织编制了地震局第一批公共服务事项和产品说明书，公共服务产品主要包括：①地震现场建筑物安全鉴定技术服务；②地震工程实验与加固技术服务；③建（构）筑物减隔震技术服务 & 文物减隔震技术服务；④面向工程抗震分析的地震动输入观测数据；⑤结构地震响应实时观测技术服务；⑥高速铁路地震预警监测系统现场监测设备和前端预警服务器；⑦城市燃气管网地震安全监控设备；⑧地震灾害风险区划服务；⑨复杂场地地震效应分析；⑩工程结构安全监测系统建设与运维。

（中国地震局工程力学研究所）

中国地震台网中心

2020 年，在防震减灾“十三五”规划、国家地震科技创新工程和《新时代防震减灾事业现代化纲要（2019—2035 年）》的战略指导下，中国地震台网中心积极整合资源，初步建成了较为完善的地震信息公共服务体系，包括地震信息服务、地震数据服务、地震知识服务，服务对象覆盖全国地震系统、应急系统、各类院校、社会媒体与公众及相关行业。

1. 信息服务

中国地震台网中心十分重视面向公众、新闻媒体及行业的地震信息公共服务，并通过对外合作拓展了多种信息发布渠道，为社会各界提供权威、全面的地震信息与服务。

（1）12322 短信平台。中国地震台网中心负责防震减灾公益热线 12322 速报短信服务平台建设、优化、运行和服务推广工作。目前，12322 短信平台覆盖单位包括了中国地震局全部直属单位、绝大部分省市地震局、消防系统和中央媒体，服务用户超过 3 万人，年度短信服务近 1000 万条。

（2）地震信息播报机器人系统。2015 年，基于地震信息公共服务的迫切现实需求，中国地震台网中心主动求变，基于移动互联网和智能化技术的高速发展，通过“互联网 + 地震”

的工作模式积极创新，自主设计并开发了“地震信息播报机器人”系统。该系统是地震信息服务进一步实现网络化、信息化的重要基础，能在震后数秒内自动产出与当前地震相关的数百字及十多张图片，包括5大类24项内容。地震信息播报机器人系统具有三大创新点，即基础数据来自移动互联网，系统运行在云计算平台上，并通过互联网直接服务于亿万用户。

地震信息播报机器人系统以提供地震速报背景信息为初衷，为新闻媒体和社会公众提供专业、权威的地震信息公共服务，为地震的应急与指挥决策提供了重要支撑。

（3）地震新媒体。地震发生后，中国地震台网中心通过地震新媒体平台第一时间自动向新闻媒体和社会公众发布地震信息。目前，中国地震台网速报微博粉丝已超过1100万，地震速报微信公众号粉丝已超过93万，地震速报客户端用户超过130万，地震云平台网站年度访问量突破1亿次。地震新媒体平台已经成为地震系统对外服务的第一窗口，通过它，不仅可以及时报道地震消息，还能够正确引导舆论、科普地震知识。

（4）地震信息公共服务平台。中国地震台网中心搭建了完善的地震信息公共服务平台，该平台以地震信息播报机器人系统的自动产出为支撑，实现了与多家主流新闻客户端和大型互联网平台的自动对接，包括新华社客户端、央视新闻等以及百度、今日头条、腾讯新闻、凤凰新闻等。2020年，地震信息公共服务平台继续扩展服务场景，与小米大脑、天猫精灵等智能家居实现对接，这使得地震信息公共服务能力得到了极大增强，最新突发地震消息能在一分钟内覆盖数亿网友。

（5）地震信息行业服务平台。随着地震信息服务能力的提高，中国地震台网中心的公共服务体系已拓展至相关行业，搭建了地震信息行业服务平台，为相关的行业用户提供地震信息和数据服务，包括交通运输部路网中心、水利部信息中心、中央人民广播电台国家应急广播和中国铁道科学研究院等。中国地震台网中心与各家单位联手，共同致力于防震减灾能力的提升。

2. 数据服务

地震科学数据是地震科学研究的重要基础，是地震系统服务于国家经济社会发展的重要依托。中国地震台网中心数据服务的主体是国家地震科学数据中心，该中心是科技部和财政部评审认定的首批20个国家科学数据中心之一，联合中国地震局工程力学研究所等10家单位承建。国家地震科学数据中心聚焦地震相关的固体地球物理学、大地测量学、地质学和地球化学等学科领域，承担全国测震、强震动、地磁、地电、形变、重力等观测数据的汇聚、整合和挖掘分析。目前，数据资源达360TB和一亿余条记录，向国内外高校、院所、企业提供地震科学数据服务。

2020年，国家地震科学数据中心建立了数据共享服务机制和相关技术系统，为27个省局和直属单位提供数据服务；同时，为进一步扩充数据资源，数据中心与地壳所卫星中心建立地震电磁卫星张衡1号汇集工作模式和机制，并启动5个载荷的数据产品的汇集工作，汇集超过7TB的数据。

3. 知识服务

（1）地震科学专业知识服务系统。该系统是由中国工程院主导、中国地震台网中心承担建设的中国工程科技知识中心地震行业分中心知识服务网站，是中国工程科技知识中心现有29个行业分中心之一。建设目标是通过收集、整合地震领域的公开资源元数据，打通多源异构数据资源间的关联，建设地震知识组织网络，面向科研人员和社会公众等不同群体提供贴合专题需求的知识应用以及科研成果与知识查询、科学技术评价、管理与决策支撑、知识挖掘等专业知识服务。

系统于2016年3月启动建设，5年累计投入经费1000余万元，2018年5月30日通过第三方测试并正式上线提供服务。目前系统已整合了地震科学领域中外文科技论文、专利、术语、科学数据、专家及机构等资源，并提供地震科学领域海量科技文献和科学数据的查询和下载，地震术语百科检索服务，专家学术圈和知识图谱等知识应用以及地震预警、中国地震背景分区和全球火山知识库等专题服务。

（2）中国地震局数字图书馆。中国地震局图书馆1998年创建，由中国地震局主办、中国地震台网中心承办、中国地震局系统各单位协办，旨在为地震监测预报、震害防御、应急救援等领域的科学研究人员及相关管理部门提供专业信息服务。

成立以来，地震系统各单位在中国地震台网中心的牵头下，开始了中外文文献资源集团联合采购、共建大型文献信息数据库资源的探索与尝试。经过多年的建设以及地震图书馆几代人的努力，图书馆已经形成覆盖多种资源类型和具备多种产品形式的资源体系。

2017年，中国地震局数字图书馆网站全新改版，网站导航结构包括关于本馆、数字资源、服务项目等一级栏目，能够多角度提供图书专著、学术期刊、学位论文、地震数据等重要资源及科技查新、查收查引、文献传递等各类服务。其中，查收查引服务是图书馆基于现有馆藏资源为地震系统内外用户提供的信息咨询服务之一，他通过文献检索出具论文收录或引用的检索证明材料。查收查引系统为图书馆开展查收查引服务提供了在线申请和受理的解决方案，实现了前台申请和后台受理，并通过系统和邮件提醒进度。受理人员根据申请人提交的数据库索引种类和论文清单，查询论文被数据库收录和引用的情况，未及时收录的论文所属的出版物是数据库来源期刊的情况，以及来源期刊的影响因子，并根据检索结果出具检索报告。系统可以快速切换至各个数据库进行检索，并且可以对SCI、EI等数据库的纯文本题录数据进行自动处理，进行格式简化、查重、排重、快速获得入藏号、期刊统计等处理工作。检索完成后，受理人员在系统中填写各数据库的检索结果，系统可以按照要求的格式自动生成查收查引报告，计算报告费用，打印相关单据。

到2020年底，图书馆网站累计访问量达180余万次，每年增加数据量达8T，基于这些馆藏资源，累计为用户出具170多份查收查引和科技查新报告。

（3）期刊业务。中国地震台网中心承担《中国地震》《中国地震研究》(英文版)、《地震地磁观测与研究》三大科技期刊的发行工作，负责刊物的策划、选题、组稿及编辑、出版等任务，在为科研人员提供高质量交流平台的同时，不断推进了地震学科的发展。

（中国地震台网中心）

中国地震灾害防御中心

1. 地震活动断层数据服务

2020年4月26日，中国地震灾害防御中心地震活动断层数据中心网站（http://activefault-datacenter.cn/）以地图交互方式公开发布了全国活动断层分布图，并提供数据共享申请等服务，地震活动断层数据中心网站正式上线。可提供全球活动断层地图查询（包括活动断层属性信息、位置信息查询等）、项目库清单、工作动态、成果展示与科普、技术标准和管理文件下载、数据检测与数据共享接口和服务等功能。国内活动断层数据主要依据第五代地震区划图工作成果和1:250万基础数据，并依据全国活动断层探察成果不断更新。国外活动断层数据主要来源于GEM全球活动断层数据库和俄罗斯科学院地质研究所AFEAD欧亚活动断层数据库，遵循CC BY－SA 4.0版权协议，基本代表了各国的最新研究成果，可为全球地震灾害评估工作提供基础数据支撑。

地震活动断层数据中心承担全国活动断层探察数据汇交、检测工作任务，汇集全国活动断层探察基础数据，建设活动断层数据管理平台和共享服务网站，制定运行管理制度和工作细则，建立专门的检测和共享服务队伍，产出专题图件和成果白皮书等服务产品。

开展城市活动断层探测项目数据入库清理工作，同时补充部分历史缺失数据，完成活动断层探察数据管理平台建设，实现统一数据查询和用户分级管理，发布全国活动断层探察工作程度图。以活动断层探察数据管理平台为依托，编制完成三大城市群区域活动断层分布图和实际材料图，为重大活动地震安全保障工作提供技术支撑。与全国地质资料馆合作，获得中国东部1:20万断层数据，初步建成全国地质与地球物理底图数据库。积极响应援藏工作需要，编制“阿里地区活动断层分布图”，得到地方政府充分肯定。

2. 地震灾害风险防治业务信息服务

2020年6月，国家地震灾害风险防治业务平台（一期）项目立项，计划用2～3年时间，紧紧围绕“推进地震灾害风险防治业务信息化建设”的要求，以“形成业务体系、整合数据资源、科学评估风险、有效识别隐患、精准风险治理”为目标，建成覆盖地震灾害风险调查、评估、治理和应对的国家地震灾害风险防治业务平台，实现基础业务模型化，业务系统工具化，实现数据自动汇集、信息共享便捷、协同联动高效、风险管理科学、公共服务精准的工作目标，实现地震灾害风险防治业务的集约化管理与智慧化服务，构建国家中心与省级地震局“云＋端”业务集成管理与联动。

3. 为地方防震减灾工作服务经济社会发展提供业务支撑

2020年，中国地震灾害防御中心充分发挥自身业务优势，先后选派7名业务骨干，克服高寒缺氧和严重高原反应等实际困难，深入藏区实地开展活动断层探察、地震危险区预评估等工作，实地考察地震应急物资储备和房屋抗震设防能力，制作《1:50万阿里地区活动断层分布图》，参与编写西藏自治区“十四五”项目《西藏地震灾害风险防治业务平台项目立项建议书》。1名同志前往西藏自治区地震局挂职，出色完成地震安全监督检查工作、重大项目申报与实施和防震减灾科普宣传等震害防御业务工作。

（中国地震灾害防御中心）

中国地震局地球物理勘探中心

1. 防震减灾公共服务

2020年梳理编写物探中心公共服务事项清单15项，其中“浅层与深部地震勘探”入选中国地震局第一批公共服务事项和产品清单，组织撰写“城市（区域）活动断层深、浅反射地震探测”数据库平台说明书，并提交中国地震局公共服务司。

2. 防震减灾法治建设

（1）加强制度建设，推进内部规范化管理。开展“制度建设年”，进一步完善各项内部管理制度，建立健全科学民主决策制度体系，出台《物探中心党委工作规则》《物探中心工作规则》，全面提升决策科学性。出台合同管理、预算管理、经费支出管理、招投标管理等办法，进一步完善财务内控制度体系。出台科技成果转化项目管理及收益分配、科研结余经费使用办法，深化绩效考核、职称评聘、干部选拔，加大制度执行力，干部职工纪律意识、规矩意识、法治意识进一步增强，法治环境逐步形成。

（2）注重法制宣传，深入开展普法活动。组织干部职工学习《中华人民共和国宪法》《中华人民共和国保密法》《中华人民共和国档案法》《中华人民共和国测绘法》《中华人民共和国国家安全法》《中华人民共和国信访条例》等国家法律法规，开展防震减灾法律法规、规范性文件及第五代地震烈度区划图等国家标准、行业标准学习。组织开展“12·4”国家宪法日和“宪法宣传周”等集中普法宣传活动。组织开展《中华人民共和国宪法》《中华人民共和国民法典》知识竞赛微信答题，不断增强法治宣传的覆盖面和影响力，营造学法、知法、用法的良好氛围，提高运用法治思维和法治方式深化改革、推动发展、化解矛盾、解决问题的能力。

（3）加快推进防灾减灾标准建设，健全标准体系。对接地震行业标准，编制《宽角反射/折射地震测深技术规程》《深地震反射野外数据采集技术规程》《浅层反射地震勘探工作规程》《短周期密集地震台阵探测技术规程》《地震仪器运维检测规程》，编制《物探中心信息化方案和地球物理勘探数据库标准》，充分发挥标准在地震技术装备、业务服务系统、地震数据、防震减灾服务市场监管等方面的规范约束作用，不断提升防震减灾法治建设水平。

3. 防震减灾科普宣传

围绕全国防灾减灾日、科技活动周、国际减灾日等重要时段开展防震减灾科普宣传活动，在第12个全国“防灾减灾周”，联合郑州市金水区减灾委、金水区应急管理局、金水区东风路街道办事处和文北社区等单位联合开展防震减灾科普活动宣传，联合河南商报，组织“河南商报小记者走进物探中心”，开展防震减灾宣传。聚焦主责主业，精心制作完成《聚焦地球深部，给地球做“CT”》科普精品长图，并入选中国地震局重点科普作品，被推送到中国地震局官网、微信、微博公众号。充分利用门户网站，开设“‘5·12’防灾减灾日”专栏，增添《地震灾害的预防和减轻》《地震与工程地震》等视频，充分开展防震减灾科普宣传。

（中国地震局地球物理勘探中心）

中国地震局第一监测中心

1. 防震减灾公共服务

2020 年，主动谋划防震减灾服务事项与规划，编制了《中国地震局一测中心 2020 年防震减灾公共服务工作计划》，就现行公共服务产品及拟研制公共服务产品进行研讨试制，形成了《中国地震局第一监测中心公共服务产品清单》。

加强防震减灾科普宣传，在防灾减灾周、唐山大地震纪念日及国际减灾日等重点宣传时段策划开展防震减灾科普宣传。于中心驻地及下辖唐山检定场举办“一测中心防震减灾科普开放日”活动，向社会群众全面开放参观；持续开展防震减灾科普“六进”活动，加强对学校的防灾减灾宣传和科普教育工作，在公园、广场等举办防震减灾科普户外宣传活动，现场悬挂宣传条幅、设置宣传展板，为适应疫情防控要求设置无接触资料自助领取点。加大对西部地震多发区防震减灾科普支持，10 月向甘肃省防震减灾示范学校白银市实验中学捐赠了 700 余册地震知识科普图书。

2. 防震减灾法治建设

对照《关于在公民中开展法治宣传教育的“七五”规划（2016—2020 年）》《地震系统法治宣传教育第七个五年规划（2016—2020 年）》，总结“七五”普法以来的法治建设工作情况，切实检视成效，深入查找存在的问题，开展了防震减灾法执法检查意见整改落实“回头看”行动，对防震减灾法执法检查意见整改落实相关工作进行了全面自查。依据中央宣传部、司法部、全国普法办《2020 年全国“宪法宣传周”工作方案》，11 月 30 日至 12 月 6 日开展了以“深入学习宣传习近平法治思想　大力弘扬宪法精神”为主题的宪法宣传周活动，组织职工参加第十三届全国百家网站微信公众号法律知识竞赛、第二届全国应急管理普法知识竞赛等活动。

中国地震局第一监测中心全面深化改革方案获得批复后，加快职能转换升级，强化法治工作体系保障作用。全面梳理规章制度，完善工作制度体系。拟制修订管理工作制度 59 项，配合深化改革进度有序推进，年度已完成 25 项制修订，有效保障各项业务工作顺利高效实施。

3. 地震标准化工作

在中国地震局公共服务司行业处指导下，切实履行地震标准化研究室职责。承担地震标准规范性编写的审核与复核工作，共计完成 12 项地震标准的审核与复核，其中基础通用领域标准 2 项，监测预报领域标准 10 项。组织完成《地震烈度图制图规范》等 4 项地震标准解读宣贯；组织完成《地震标准汇编 2019（1—4）》的出版；推进地震标准化信息平台建设和运维工作；开展 2020 年 10 月 14 日世界标准日宣传，推动地震标准的宣传贯彻和标准化知识普及。

（中国地震局第一监测中心）

重要会议

2020 年全国地震局长会议

2020 年全国地震局长会议于 2020 年 1 月 7—8 日在北京召开。会议以习近平新时代中国特色社会主义思想为指导，全面贯彻党的十九大和党的十九届二中、三中、四中全会精神，深入贯彻习近平总书记关于防灾减灾救灾重要论述精神，认真落实中央经济工作会议精神，传达学习国务院领导同志批示和致信要求，贯彻落实全国应急管理工作会议部署，总结 2019 年防震减灾工作，部署 2020 年重点任务，全面推进新时代防震减灾事业现代化建设。应急管理部党组成员、副部长，中国地震局党组书记、局长郑国光作题为《保持定力 攻坚克难 全面推进新时代防震减灾事业现代化建设》的工作报告。

会议指出，2019 年是新中国成立 70 周年。在以习近平同志为核心的党中央坚强领导下，在应急管理部党组的领导下，中国地震局党组坚持正确政治方向，始终以习近平新时代中国特色社会主义思想为指导，增强“四个意识”、坚定“四个自信”、做到“两个维护”，在思想上政治上行动上同以习近平同志为核心的党中央保持高度一致，坚决贯彻党中央国务院各项决策部署，带领地震系统扎实推进防震减灾事业改革发展，圆满完成全年各项任务。地震监测预报预警业务稳步推进，地震灾害风险防治全面启动，防震减灾法治建设和公共服务不断加强，现代化建设迈出坚实步伐，全面深化改革扎实推进，科技创新和人才队伍建设取得进展，全面从严治党持续深入。

会议强调，推进新时代防震减灾事业现代化建设，是局党组深入贯彻落实习近平新时代中国特色社会主义思想，以及党的十九大和党的十九届四中全会精神，立足党和国家事业发展大局，着眼防震减灾事业发展需要作出的必然选择和战略安排，要深刻认识推进现代化建设的极端重要性和现实紧迫性，齐心协力，全面推进新时代防震减灾事业现代化建设。要始终坚持用习近平新时代中国特色社会主义思想指导和推进新时代防震减灾事业现代化建设，要持续推进新时代防震减灾事业现代化的“四大体系”建设，要加强新时代防震减灾事业现代化建设的组织领导。

会议要求，聚焦主责主业全面抓好防震减灾各项工作。2020 年是实施《国务院关于进一步加强防震减灾工作的意见》的最后一年，也是《防震减灾规划（2016—2020 年）》的收官之年。要扎实做好各项工作，确保目标任务如期实现。要大力推进地震监测预报预警能力建设，着力提高地震灾害风险防治水平，积极推进防震减灾公共服务，扎实推进全面深化改革，大力实施“科技兴业”“人才强业”战略，不断强化防震减灾法治建设。

会议强调，要努力建设忠诚干净担当的干部队伍。事业发展，关键在人。要按照新时期好干部标准，打造一支忠诚干净担当，适应新时代防震减灾事业现代化建设需要的高素质专业化干部队伍。要持续深入学习贯彻习近平新时代中国特色社会主义思想，切实加强领导班子和干部队伍建设，持续构建良好政治生态，深入推进全面从严治党。

会议号召地震系统广大干部职工在以习近平同志为核心的党中央坚强领导下，始终坚持以习近平新时代中国特色社会主义思想为指导，保持定力、攻坚克难、只争朝夕、不负韶华，全面推进新时代防震减灾事业现代化建设，扎实做好防震减灾各项工作，为全面建成小康社会、实现第一个百年奋斗目标作出新的更大贡献！

中国地震局党组成员，各省（自治区、直辖市）地震局负责人，中国地震局各内设机构、直属单位主要负责人，以及相关行业部门和高校代表出席会议。中央纪委国家监委驻应急管理部纪检监察组有关领导，中央和国家机关特邀部门代表与会指导。

会上还对全国地震系统先进集体和先进工作者进行了表彰。

（中国地震局办公室）

2021 年度全国地震趋势会商会

2020 年 12 月 1—2 日，2021 年度全国地震趋势会商会在北京召开。应急管理部党委委员，中国地震局党组书记、局长闵宜仁出席会议并讲话，中国地震局党组成员、副局长阴朝民出席会议。

会议听取了《全国地震大形势跟踪与趋势预测研究报告》《2021 年度全国地震趋势及重点危险区研究报告》和《中国地震预测咨询委员会报告》3 个主题报告，及陈颙院士的《绿色人工震源和光纤地震学》、陈晓非院士的《震源物理研究最新进展》等专题报告。

会议指出，全国地震趋势年度会商是地震系统非常重要的一项工作，是全面贯彻党的十九届五中全会精神的重要举措，是深入贯彻习近平总书记关于防震减灾工作重要指示批示精神的具体行动，是落实中央巡视整改的必然要求。中国地震局党组高度重视年度会商会，召开会议专题研究部署年度会商会筹备工作。

会议强调，地震预测预报是党和国家赋予地震部门的核心职责和重要使命，要在夯实监测基础、健全完善会商制度、开放研究、加强重点地区工作、加快推进地震分析预报人才队伍建设等方面下功夫。要扎实推进测震和地球物理站网规划实施，持续推进地震台站改革，全面推进中国地震科学实验场建设，加快推进地震预报业务信息化建设，创新新时代群测群防工作，全面提升地震预测预报业务和灾害风险综合防范能力。

中国地震预报评审委员会院士、专家，局机关有关内设机构负责人和局属各单位代表参加会议。

（中国地震局办公室）

北京市防震抗震工作领导小组电视电话会议

2020 年 7 月 15 日，北京市人民政府召开 2020 年防震抗震工作领导小组电视电话会议，学习贯彻习近平总书记关于防灾减灾救灾的重要论述，贯彻落实国务院防震减灾工作联席会议精神、全国应急管理工作会议、全国地震局长会议精神以及市委市政府有关指示精神，总结回顾 2019 年防震减灾工作，研究部 2020 年重点任务。副市长张家明在主会场参会并讲话，60 余家成员单位和各区政府通过视频参加会议。

（北京市地震局）

河北省防震减灾工作联席会议

2020 年 4 月 13 日，河北省人民政府召开 2020 年全省防震减灾工作联席会议。副省长时清霜出席会议并讲话。省政府副秘书长赵国彦、省防震减灾工作联席会议成员单位有关负责同志参加会议。

会议主要任务是：以习近平新时代中国特色社会主义思想为指导，深入学习贯彻习近平总书记关于应急管理、防灾减灾救灾、自然灾害防治等系列重要论述，认真贯彻落实国务院领导同志批示和致信要求，贯彻落实全国应急管理工作会议、全国地震局长会议、全国建设工程地震安全监管检查动员部署视频会议精神和省委、省政府决策部署，总结 2019 年全省防震减灾工作，分析研判震情形势，研究部署 2020 年重点工作。

会议指出，在省委省政府坚强领导下，联席会议各成员单位密切配合，通力协作，狠抓落实，较好地完成了 2019 年各项目标任务，有力维护了人民群众生命财产安全和社会大局和谐稳定。会议强调，要始终坚持以习近平总书记防灾减灾救灾和自然灾害防治重要论述为根本遵循，切实提高政治站位，统一思想认识，严格按照党委领导、政府主导、部门协同、全民参与的要求，着眼防大震、抢大险、救大灾，各司其职、密切配合，坚定不移推进防震减灾事业现代化建设，全力以赴当好首都政治护城河。

会议要求，全省各地区各部门要突出工作重点，着力提升地震监测预警、建筑工程抗震设防、风险隐患排查、防震减灾公共服务水平，增强防御能力。要加强协调联动，抓好应急预案落实，组织应急避险演练，加强应急物资储备，广泛开展科普宣传，增强应急能力。要强化保障措施，严格落实责任，注重规划引领，加强科技创新，坚持依法防震，为建设经济强省、美丽河北作出应有贡献。

会上，省政府副秘书长赵国彦传达了国务院领导同志批示精神。河北省地震局局长戴泊生传达了全国地震局长会议精神，通报了震情形势，总结了 2019 年全省防震减灾工作，提出重点工作安排建议。

（河北省地震局）

山西省防震减灾和抗震救灾系统工作会

2020 年 3 月 11 日，山西省人民政府召开 2020 年全省防震减灾和抗震救灾系统工作会。按照新冠肺炎疫情防控要求，采用视频会议方式。山西省地震局局长郭星全、山西省应急管理厅一级巡视员武福玉出席会议，省应急管理厅地震和地质灾害救援处全体人员，省地震救援队负责人，省地震局机关各部门、直属各单位、各地震台负责人，各市应急管理局、住建局、防震减灾中心负责人及有关人员参加会议。

会议传达了李克强总理批示和王勇国务委员致信精神、全国应急管理工作会议和全国地震局长会议精神，通报全省震情形势。

会上，郭星全作会议主题报告，总结 2019 年全省防震减灾和抗震救灾工作，部署 2020 年防震减灾和抗震救灾 11 项重点工作。

会议指出，2019 年，在应急管理部、中国地震局和山西省委、省政府的正确领导下，全省防震减灾和抗震救灾系统认真学习贯彻习近平总书记防灾减灾救灾重要论述，坚定不移推进全面从严治党，不忘初心、对标一流，攻坚克难、真抓实干，地震监测预测等基本业务工作扎实有效、地震灾害风险防治能力稳步提高、地震科技创新“开花结果”、防震减灾社会治理水平不断提升，山西防震减灾事业现代化建设迈上新台阶。

会议强调，各单位要充分认识地震灾害的严峻性，增强做好防震减灾工作的使命感和责任感；要充分利用地震专业部门的力量，全力做好地震防范工作；要充分发挥地震应急指挥的作用，扎实做好应急准备。当前正值疫情防控的关键时刻，要认真贯彻疫情防控和应急管理的一系列工作部署，研究探讨如何在疫情防控形势下科学、有效应对救援。

（山西省地震局）

内蒙古自治区防震减灾工作联席会议

2020 年 4 月 1 日，内蒙古自治区人民政府召开 2020 年防震减灾工作领导小组联席会议。传达李克强总理对 2020 年全国地震局长会议批示和王勇国务委员致信内容，并就贯彻落实 2020 年全国应急管理工作会议、全国地震局长会议精神以及 2020 年内蒙古自治区防震减灾工作进行部署。会议充分肯定了 2019 年内蒙古自治区防震减灾工作取得的成绩，并指出，防震减灾事关人民生命财产安全和经济社会发展大局，各地各部门要认真贯彻落实习近平总书记关于防灾减灾救灾重要论述和重要指示批示精神，在统筹好疫情防控和复工复产的同时，强化协同作战，加强监测预警，排查整改风险隐患，落实防震减灾措施，全面提升综合防灾能力。会议要求内蒙古自治区地震局要加快推进预警台网运行终端部署，制定预警信息发布流程，应急管理厅、财政厅等相关部门在运行保障上给予配合和支持。会议还对加快推进地震活断层探测工程、开展建设工程地震安全监管检查等内容进行了部署，提出了具体要求。内蒙古自治区地震局党组书记、局长卓力格图作了工作报告，内蒙古自治区防震减灾工作领导小组全体成员参加会议。

（内蒙古自治区地震局）

辽宁省防震减灾工作联席会议

2020 年 7 月 15 日，辽宁省人民政府召开 2020 年防震减灾工作联席会议。会议主要内容是深入学习贯彻习近平总书记关于防灾减灾救灾重要论述精神，传达国务院防震减灾工作联席会议精神，落实省委、省政府防震减灾工作决策部署，通报全省震情形势，总结 2019 年全省防震减灾工作，提出 2020 年重点工作。辽宁省委常委、副省长、省抗震救灾指挥部指挥长陈向群主持会议并讲话。辽宁省抗震救灾指挥部成员单位参加会议。

会议对 2019 年全省防震减灾工作取得的各项成绩予以充分肯定。要求各成员单位提高政治站位，深入贯彻落实习近平总书记重要指示批示精神，牢固树立“宁可千日不震，不可一日不防”的思想，切实增强做好防震减灾工作的责任感和紧迫感。要采取有力措施，切实抓好震情跟踪研判，加强防震减灾体系建设，提升地震灾害风险防治水平，全面做好地震应急准备工作，持续提升防震减灾公共服务水平，全面做好 2020 年防震减灾工作。

（辽宁省地震局）

吉林省防震抗震减灾工作领导小组会议

2020 年 6 月 16 日，吉林省人民政府召开 2020 年防震抗震减灾工作领导小组会议。韩福春副省长出席会议并作讲话。43 家吉林省防震减灾工作领导小组成员单位在主会场参加会议，长春市、吉林市、松原市等 9 个市（州）及长白山开发区、梅河口市、公主岭市在分会场视频参加会议。吉林省副书记、省长景俊海作出批示。

会议深入贯彻落实习近平总书记关于防灾减灾救灾和提升自然灾害防治能力重要论述，传达学习了李克强总理关于防震减灾工作批示、王勇国务委员致信、2020 年国家减灾委员会全体会议暨国务院防震减灾工作联席会议精神和 2020 年全国地震局长会议精神。听取了吉林省年度震情形势报告，吉林省地震局局长王建荣汇报了防震减灾工作进展情况及年度工作安排建议，松原市政府副市长梁弘汇报了松原市防震减灾工作情况。

会议强调，各成员单位要深入学习习近平总书记关于防震减灾工作重要指示批示精神，强化监测预警，积极推进我省工程地震安全监管检查工作，提升防御能力，做好应急准备，完善工作机制，夯实基础业务，强化舆论宣传，压实工作责任。

会议要求，一要进一步统一思想，高度重视防震减灾工作；二要继续加强地震监测预测；三要严格按照抗震设防要求进行基础设施建设；四要保障应急物资储备，并及时更新升级。会议指出，各市（州）政府、各成员单位要按照景俊海省长“着眼长远发展，建立长效防灾体系”批示要求，扎实推进《进一步加强全省防震减灾工作的意见》的落实。同时，松原、长春、吉林、四平、白城等地震重点地区要做好地震灾害风险防治工作，切实提升地震灾害风险防治能力。会议最后要求，各成员单位要持续强化责任担当，结合工作实际，抓好此次会议贯彻落实，扎实做好防震减灾各项工作，切实保障人民群众生命财产安全。

（吉林省地震局）

江苏省防震减灾工作联席会议

2020 年 3 月 25 日，江苏省人民政府召开 2020 年防震减灾工作联席会议。深入贯彻落实 2020 年全国应急管理工作会议及全国地震局长会议精神，回顾总结 2019 年全省防震减灾工作情况，分析研判当前形势，研究部署 2020 年重点任务。省委常委、常务副省长樊金龙出席会议并讲话。省防震减灾工作联席会议成员单位负责同志在省政府主会场参加会议，各设区市、县（市、区）政府分管负责同志，各地防震减灾工作联席会议成员单位及地震工作相关部门主要负责同志在分会场参加会议。会后，印发《关于进一步加强 2020 年度江苏省防震减灾工作意见》，下达各设区市政府防震减灾工作目标管理责任。

（江苏省地震局）

浙江省防震减灾工作领导小组会议

2020 年 4 月 17 日，浙江省人民政府召开 2020 年防震减灾工作领导小组会议。浙江省副省长彭佳学主持会议并讲话，省防震减灾工作领导小组成员单位有关负责同志参加会议。

会议认真学习领会习近平总书记在浙江省考察时的重要讲话精神和对安全工作的重要指示精神，传达了国务院领导同志批示精神，介绍震情形势，总结 2019 年防震减灾工作，研究安排下阶段重点工作，部署建设工程地震安全专项检查行动。

会议指出，2019 年，各地、各有关部门认真贯彻党中央、国务院重要指示批示精神，按照中国地震局、省委、省政府部署要求，扎实推进防震减灾工作，做了大量卓有成效的工作，在地震安全评价改革、农村危旧房排查、在建工程防震措施落实和施工监管、监测预警能力建设、科普宣传、国家级综合减灾示范社区创建等方面取得了积极进展，为浙江省经济社会发展提供了地震安全保障。

会议强调，做好 2020 年防震减灾工作，一是必须从严从实，认真组织开展建设工程地震安全专项检查；要抓住重点、严格要求、加强协作、长效监管；二是必须关口前移，努力提升监测预警水平；三是必须规划引领，扎实推进重大项目建设；四是必须完善制度，努力提升防震减灾治理水平；五是必须加强科普，努力提升公众防震避险能力。

会议要求，要未雨绸缪，增强忧患意识、责任意识，担当作为，团结协作，全力推动全省地震安全治理体系和治理能力现代化，为建设“重要窗口”营造良好的地震安全环境。

（浙江省地震局）

安徽省防震减灾工作领导小组暨省抗震救灾指挥部全体会议

2020年8月14日，安徽省人民政府召开2020年防震减灾工作领导小组暨省抗震救灾指挥部全体会议．传达国家减灾委全体会议暨国务院防震减灾工作联席会议精神，研究部署防灾减灾救灾工作。

会议强调，要深入贯彻落实习近平总书记重要讲话和指示批示精神，坚持人民至上、生命至上，全力抓好防汛救灾及防震减灾工作。要妥善保障受灾群众生活，加强集中安置点管理，加大过渡期救助力度，坚决防止因灾致贫返贫。要按照“四启动一建设”要求，抓紧开展灾后恢复重建，加快水毁设施修复、农业生产恢复，推动水利基础设施建设。要瞄准防灾减灾救灾短板，推进自然灾害防治工程建设，防范化解自然灾害重大风险，快速高效应对新灾发生。要推进震灾防御、监测预警和应急救援能力建设，增强全社会防灾减灾意识和自救互救技能，努力夺取抗洪救灾全面胜利，不断提升全省综合防范震灾风险能力。

（安徽省地震局）

江西省防震减灾工作领导小组会议

2020年6月5日，江西省人民政府召开2020年防震减灾工作领导小组会议。省委常委、常务副省长、省防震减灾工作领导小组组长殷美根主持会议并讲话。

会议深入学习贯彻习近平总书记关于防灾减灾救灾的重要论述，传达学习李克强总理重要批示和王勇国务委员对全国地震局长会的致信精神，传达国家减灾委员会全体会议暨国务院防震减灾工作联席会议精神，总结2019年防震减灾工作，研究部署2020年重点工作任务。

会议充分肯定全省防震减灾工作取得的成效。会议强调，各地、各有关部门务必要深化认识、提高站位，围绕防震减灾治理体系和治理能力现代化，树立“一盘棋”思想，筑牢“防大震”基础，做好“救大灾”准备，高标准、严要求做好各项工作。要提高站位，切实增强责任感、紧迫感，紧绷地震风险防范之“弦”，谨记疫情防控经验之“鉴”，筑牢防震减灾金刚之“身”；要持续加力，切实提升能动性、有效性，加强协作配合，加强监测预警，加强风险防治，加强项目建设，加强科普宣传；要未雨绸缪，切实做到预防早、应对早，做足应急保障，做细工作预案，做实基层基础，回应社会关切，做强科技创新。

省防震减灾工作领导小组单位负责同志和联络员参加会议。省委编办、江西广播电视台负责同志应邀参加。

（江西省地震局）

山东省防震减灾领导小组扩大会议

2020年4月29日，山东省人民政府召开2020年防震减灾工作领导小组扩大会议暨全省建设工程地震安全大检查动员部署视频会议。省防震减灾工作领导小组组长、副省长刘强同志出席会议并讲话。省防震减灾工作领导小组成员单位负责同志在主会场参会，16地市政府分管负责同志在分会场参会。

会议总结2019年山东省防震减灾工作，通报年度震情形势，安排2020年重点工作任务，部署开展建设工程地震安全大检查。青岛、烟台、潍坊、东营4市作典型发言。

会议充分肯定2019年全省防震减灾工作成绩。会议强调，当前省内疫情防控形势持续向好，生产生活秩序加快恢复，做好防震减灾工作具有重要意义。要聚焦地震监测预测预警、地震灾害风险防控、地震应急响应处置、防震减灾宣传教育等重点工作，着力补短板、强弱项、堵漏洞，推动防震减灾各项工作上质量上水平。要深入开展建设工程地震安全大检查，全面排查整治地震安全隐患，切实保障建设工程地震安全。要坚持规划引领，编制好、实施好防震减灾“十四五”规划，扎实推进新时代山东省防震减灾事业现代化建设。

（山东省地震局）

河南省防震抗震指挥部（抗震救灾应急指挥部）会议

2020年3月30日，河南省人民政府召开2020年防震抗震指挥部（抗震救灾应急指挥部）会议。深入贯彻习近平总书记关于应急管理和防灾减灾救灾的重要论述精神，全面落实党中央、国务院及省委、省政府关于防震减灾工作的决策部署和工作要求，总结2019年全省防震减灾工作，安排部署2020年重点任务。省政府副省长、省防震抗震指挥部（抗震救灾应急指挥部）指挥长武国定出席会议并讲话。

会议指出，2019年，全省上下深入贯彻习近平新时代中国特色社会主义思想，认真落实党中央、国务院决策部署，全省防震减灾工作取得明显成效。新的防震减灾工作体制基本构建，“十三五”防震减灾规划稳步实施，省地震构造探查等重大项目顺利推进，地震监测预报和应急管理能力不断增强，地震灾害风险防治水平明显提升，为全省经济社会发展提供了坚实的安全保障。

会议强调，2020年是全面建成小康社会和“十三五”规划收官之年，做好防震减灾工作意义重大。要把防震减灾工作摆在更加突出的位置，以更高标准、更大力度推进各项任务落实。要强化震情监视跟踪，扎实做好地震应急准备。强化源头预防，切实提升地震灾害风险防治能力，深入开展地震灾害风险排查，全面落实全国建设工程地震安全监管检查会议部署，对全省重大建设工程、高层建筑、学校、医院等抗震设防情况开展专项检查，积极推进地震安全农居建设，继续做好防震减灾科普宣传。要强化依法行政，着力提升防震减灾社会治理水平，持续抓好人大执法检查问题整改，深入推进防震减灾法治建设。要强化规划引领，扎实推进重大项目建设，加快推进“十三五”规划重大项目实施，科学编制河南防震减灾“十四五”规划。

会议强调，各级各部门要准确把握“统”与“分”的关系，妥善处理“防”与“救”的关系，正确处理“上”与“下”的关系，进一步压实防震减灾工作责任，守土有责、守土尽责，切实将防震减灾各项任务落到实处；要进一步增强忧患意识、责任意识，担当作为，团结协作，全力推动全省防震减灾工作再上新台阶，为奋力谱写中原更加出彩的绚丽篇章做出应有贡献！

省政府副秘书长、副指挥长魏晓伟主持会议，并传达了国务院领导同志批示和致信要求。省地震局地震预测研究中心专家汇报了全省地震形势，省地震局局长、副指挥长姜金卫代表指挥部办公室作了2019年度工作总结和2020年重点工作安排建议。省应急管理厅党组书记、副指挥长张昕，省防震抗震指挥部（抗震救灾应急指挥部）成员单位相关负责同志出席会议，各省辖市、济源示范区应急管理局、防震减灾中心主要负责同志以视频形式参加了会议。

（河南省地震局）

湖北省防震减灾工作领导小组会议

2020年5月21日，湖北省人民政府召开2020年防震减灾工作领导小组会议．副省长曹广晶出席会议并讲话，省防震减灾工作领导小组21家成员单位参加会议。会上，湖北省地震局主要负责同志通报了2019年全省防震减灾工作情况和2020年全省防震减灾重点工作计划。

会议要求，要深入贯彻落实习近平总书记关于防灾减灾救灾和自然灾害防治工作重要论述和重要指示精神，贯彻落实党中央决策部署和国务院抗震救灾指挥部全体会议精神，按照省委、省政府工作要求，扎实做好防灾减灾救灾工作。

会议强调，抓好防震减灾工作必须树立以大概率思维应对小概率事件的观念。要防控重点灾害风险，推进实施地震灾害风险调查和重点隐患排查工程、地震易发区房屋设施加固工程；要加强建设工程抗震设防监管，切实消除建设工程地震安全隐患；要提升地震监测预报预警能力，提高震情研判质量，做好重大活动、重点时段地震安全保障。同时，要树立极限思维，完善应急预案，切实做好各类抢险救援准备。

（湖北省地震局）

湖南省防震减灾工作领导小组会议

2020年4月23日，湖南省人民政府召开2020年防震减灾工作领导小组会议。传达全国地震局长会议、全国建设工程地震安全监管检查动员部署视频会议精神，总结2019年全省防震减灾工作，安排2020年重点工作任务，部署全省建设工程地震安全监管检查。湖南省副省长、省防震减灾工作领导小组组长陈文浩出席会议并讲话。

会议要求，2020年全省防震减灾工作要聚焦重点领域，做到“四个着力”。着力提高地震灾害风险防治能力，推进地震灾害防治重点工程实施，构建行业共治、属地管理的地震灾害风险防治协作体系；着力提升地震监测预报预警能力，加快实施国家地震烈度速报和预警工程湖南子项目等重点项目，建立完善灾害信息共享机制；着力提高地震灾害应急准备能力，修订完善地震应急预案，认真开展地震应急综合演练，加大应急保障投入；着力提升公众防震减灾素质，加大防震减灾科普宣传力度，深入推进“互联网+地震科普”。

湖南省地震局局长、省防震减灾工作领导小组副组长燕为民汇报了2019年全省防震减灾工作开展情况，提出了2020年全省防震减灾工作重点任务建议。会议审议通过《2020年全省防震减灾重点工作任务分解方案》，对开展建设工程地震安全监管检查进行了部署。

（湖南省地震局）

广西壮族自治区防震减灾工作领导小组全体成员（扩大）电视电话会议

2020年2月19日，广西壮族自治区人民政府召开2020年自治区防震减灾工作领导小组全体成员（扩大）电视电话会议。学习贯彻习近平总书记重要论述，传达2020年国务院防震减灾工作联席会议精神，总结2019年广西壮族自治区防震减灾工作，对2020年重点工作任务进行部署。自治区党委常委、自治区副主席、自治区防震减灾工作领导小组组长严植婵出席会议并讲话。14个设区市和28个重点县（市、区）在当地分会场参加会议。

会议指出，2019年各地各部门坚决贯彻落实习近平总书记重要论述，在地震监测预报预警、抗震设防监管、地震灾害风险防治、地震应急救援能力等方面取得明显成效，为“建设壮美广西　共圆复兴梦想”提供了地震安全保障。

会议强调，要深刻学习领会习近平总书记关于疫情防控工作的重要指示精神，针对区防震减灾工作的短板和不足，抓紧补短板、堵漏洞、强弱项，全面提升全社会抵御地震灾害能力。

会议要求，各地各部门重点抓好7个方面工作：一是加强地震应急预案体系建设；二是认真组织开展地震应急避险演练；三是加紧对重点地区、重点部位进行灾害风险评估；

四是健全统一的应急物资保障体系；五是加强协调，密切配合，形成工作合力；六是深入开展防震减灾科普宣传；七是切实加强舆情应对准备。

（广西壮族自治区地震局）

海南省抗震救灾指挥部、防震减灾工作联席会议成员单位（扩大）会议

2020 年 9 月 28 日，海南省人民政府召开 2020 年抗震救灾指挥部、防震减灾工作联席会议成员单位（扩大）会议。66 个成员单位负责人参加会议，各市县政府及洋浦经济开发区设分会场。省抗震救灾指挥部和防震减灾工作联席会议指挥长、副省长刘平治出席会议并讲话。

会议总结了 2019 年以来海南省防震减灾工作，通报 2019 年度市县政府防灾减灾工作考核情况，部署下一步防震减灾工作。省教育厅、省住建厅、海口市政府、三亚市政府代表分别作交流发言。

会议充分肯定了过去一年海南省防震减灾工作取得的成绩。会议强调，要突出重点，扎实做好防震减灾和抗震救灾各项工作：明确职责，密切协作，形成共同推进防震减灾和抗震救灾合力；完善应急体制机制，提高应对破坏性地震能力；强化基础设施建设，提升地震监测预测预警能力；加强督促检查和业务指导，切实提升震害防御能力和水平；主动融入自贸港建设，切实提升防震减灾公共服务能力。

（海南省地震局）

重庆市防震减灾工作联席会议

2020 年 5 月 7 日，重庆市人民政府召开 2020 年市防震减灾工作联席会议。副市长郑向东出席会议并讲话。

会议指出，各成员单位紧紧围绕防震减灾工作大局，强化责任分工，强化联动协作，地震灾害风险防治能力稳步提升，为全市经济高质量发展提供了坚强的地震安全保障。

会议强调，各成员单位要深入学习贯彻习近平总书记防灾减灾救灾系列重要论述，准确把握新时代防震减灾工作的新形势新要求。要扎实推进地震监测预报预警能力建设，强化全市震情监视跟踪与趋势研判；要重点做好地震灾害损失预评估，精准识别地震灾害风险；要进一步压实地震部门综合监管、相关部门行业监管、区县政府属地监管责任，全面提高地震灾害风险防治水平；要不断提升各专业救援队伍应急救援能力和协同作战水平，规范社会救援力量参与应急救援行动，做好应急救援和应急生活物资储备；要进一步理顺自然灾害市级指挥部（市减灾委）与专项指挥部的组织指挥体系，专项指挥部与联席会议

办公室的工作协调机制，强化部门联动和协作配合；要常态化开展防震减灾宣传教育，不断增强公众地震灾害风险防范意识和防震避险能力。

重庆市地震局局长杜玮代表联席会议办公室作工作汇报，有关专家通报重庆及邻区震情形势，各成员单位负责人参加会议。

（重庆市地震局）

四川省防震减灾工作会议暨省抗震救灾指挥部全体会议

2020 年 1 月 16 日，四川省人民政府召开 2020 年防震减灾工作会议暨省抗震救灾指挥部全体会议。学习贯彻习近平总书记重要批示指示精神，落实李克强总理等中央领导批示精神和全国地震局长会议精神，总结 2019 年防震减灾工作，对 2020 年工作进行安排部署。

会议指出，2019 年以来，全省上下深入学习贯彻习近平总书记关于防灾减灾救灾的重要论述，认真落实党中央、国务院和省委、省政府决策部署，不断完善工作机制，增强防震减灾救灾能力，有效应对多起地震灾害，有力维护了人民群众生命财产安全和社会大局稳定。

会议强调，要站在讲政治的高度，站在对人民负责的高度，时刻绷紧思想防线，进一步增强防震减灾工作的责任感和使命感。要切实加强监测预警，把有效防范做在前面，提高灾害防范能力。要切实强化基础建设，不断提升应急管理体系和能力的现代化水平，提高应急救援能力。要层层压紧压实责任，高标准、严要求落实好各项防震减灾措施，确保工作落实到位。部分市（州）政府和相关部门负责同志，省抗震救灾指挥部成员单位负责同志参加会议。

（四川省地震局）

贵州省防震减灾工作联席会议

2020 年 4 月 1 日，贵州省人民政府召开 2020 年防震减灾工作联席会议。贵州省委常委、常务副省长李再勇主持会议并讲话。贵州省政府副秘书长潘大福、贵州省防震减灾工作联席会议成员单位有关同志参加会议。

会议以习近平新时代中国特色社会主义思想为指导，深入学习贯彻习近平总书记关于应急管理、防灾减灾救灾、自然灾害防治的系列重要论述，认真贯彻落实国务院领导同志批示和致信要求，贯彻落实全国应急管理工作会议、全国地震局长会议精神和贵州省委、省政府决策部署，总结 2019 年贵州省防震减灾工作，分析研判震情形势，研究部署重点任务。

会议指出，2019 年，全省各地各部门始终坚持以人民为中心的发展思想，遵照“两个坚持”“三个转变”的要求，认真落实 2019 年度防震减灾工作联席会议部署，防震减灾体制改革圆满完成，项目建设扎实推进，地震应急事件处置高效有序，全省防震减灾救灾能力有效提升。

会议强调，各地各部门要切实把防震减灾工作纳入重要议事日程，加强监督检查，强化风险防范，结合疫情防控深入思考大应急体制下防震减灾各项工作，全面推进新时代防震减灾事业现代化建设。

会议就做好重点工作作出部署，一要加强震情跟踪和地震应急准备；二要加快构建地震灾害风险防治新格局，组织开展全省建设工程地震安全监管检查；三要加大重点项目谋划和实施力度；四要科学编制“十四五”防震减灾规划；五要进一步强化防震减灾宣传教育。切实做好防震减灾工作各项保障，加快推动防震减灾事业现代化建设，为百姓富、生态美的多彩贵州新未来贡献力量！

会上，贵州省应急管理厅厅长冯仕文传达了国务院领导同志批示和致信要求。贵州省地震局局长柴劲松报告了震情形势和 2019 年防震减灾工作，提出 2020 年重点工作安排建议。

会议审议通过了《贵州省 2020 年防震减灾（抗震救灾）工作要点》。会议还对加强森林防火工作作出安排。

（贵州省地震局）

西藏自治区抗震救灾应急指挥部电视电话会议

2020 年 4 月 15 日，西藏自治区人民政府组织召开 2020 年抗震救灾应急指挥部电视电话会议。学习贯彻习近平总书记关于防灾减灾救灾重要论述精神，贯彻落实国务院抗震救灾指挥部办公室召开的重点地区地震灾害防范应对检查视频会议精神，按照全国地震局长工作会议要求，总结 2019 年全区防震减灾工作，安排部署 2020 年重点工作任务。自治区副主席多吉次珠出席会议并讲话，自治区政府办公厅副巡视员旦巴央培主持会议。

会议听取了 2020 年西藏地震趋势会商意见，自治区应急管理厅巡视员王及平传达了国务院领导同志批示和致信精神，西藏自治区地震局党组书记哈辉代表区抗震救灾应急指挥部办公室作工作汇报。

会议充分肯定了 2019 年全区防震减灾工作取得的显著成效，深入分析了西藏防震减灾面临的严峻复杂形势。会议要求，各级政府和自治区抗震救灾应急指挥部各成员单位要贯彻落实习近平总书记关于防灾减灾救灾的重要论述精神，坚持以人民为中心的发展理念，认真落实中央领导和西藏自治区党委、政府主要领导对防震减灾工作的重要指示批示要求，切实提高政治站位，认真落实职责任务，扎实做好防震减灾各项工作，为全区经济发展、社会稳定提供坚强的地震安全保障。会议要求从加强防震减灾组织领导、构建上下联动协调机制、提高地震应急综合能力、提升抗震设防管理水平、加快推进地震项目建设、加大防震科普宣传力度等六个方面做好 2020 年全区防震减灾工作。

日喀则市、林芝市、昌都市、阿里地区分管副市长（副专员）在会上进行汇报发言。

自治区抗震救灾应急指挥部各成员单位在主会场参加会议。全区各地（市）、县（区）分管领导、成员单位在分会场参加会议。

（西藏自治区地震局）

陕西省防震减灾工作联席会议

2020 年 5 月 7 日，陕西省人民政府召开 2020 年防震减灾工作联席会议。传达全国应急管理工作会、全国地震局长会议精神，总结 2019 年全省防震减灾工作，安排 2020 年重点工作任务，副省长魏增军出席会议并讲话。

会上，省地震局局长吕弋培同志总结汇报了 2019 年全省防震减灾工作，从夯实地震监测预报预警基础、扎实做好地震应急准备、提升地震灾害风险防治水平、强化防震减灾科普宣传、推进重点项目实施等 5 个方面提出 2020 年防震减灾工作建议。

会议强调，要认真汲取新冠肺炎疫情防控工作给防震减灾工作和应对地震灾害风险带来的经验和启示，把深入学习习近平总书记来陕考察重要讲话重要指示精神作为当前首要政治任务和推动防震减灾工作的强大动力，牢固树立防震减灾底线思维和风险意识，健全完善防灾减灾救灾体制机制，做到“三个必须”：一是必须要深入贯彻落实习近平总书记关于应急管理、防灾减灾救灾重要论述；二是必须要充分认识面临的地震灾害风险；三是必须要健全完善防灾减灾救灾体制机制。会议要求，2020 年要着力做好地震监测预报和抗震救灾应急准备，提高风险防治能力和防震减灾意识，开展建设工程地震安全大检查等重点工作，为确保全面建成小康社会、实现“十三五”规划顺利收官作出新的更大贡献。

（陕西省地震局）

甘肃省防震减灾工作领导小组与抗震救灾指挥部扩大会议

2020 年 4 月 14 日，甘肃省人民政府召开 2020 年防震减灾工作领导小组与抗震救灾指挥部扩大会议。会议书面传达了副省长李沛兴的讲话，通报了 2020 年全省震情形势和地震灾害风险评估结果，听取了省防震减灾工作领导小组办公室的工作汇报，安排部署了下一阶段防震减灾和抗震救灾重点工作。省政府副秘书长韩显明出席会议，省地震局局长胡斌代表省防震减灾工作领导小组做工作报告，省应急管理厅厅长黄泽元主持会议并讲话。

会议指出，2019 年各级各部门坚决贯彻落实党中央、国务院和省委省政府决策部署，扎实推进防震减灾和抗震救灾工作，在地震监测预报、地震应急救援、地震灾害风险防治、防震减灾科普宣传等方面取得了重要成效，为全省经济社会发展提供了地震安全保障。

会议强调，2020 年防震减灾工作任务繁重，责任重大，各级各部门要深刻认识做好防震减灾和抗震救灾工作的极端重要性，进一步提高政治站位，牢固树立以人民为中心的发展思想，以更加认真负责的态度、更加周密细致的部署，扎实做好各项工作，推动新时代甘肃防震减灾救灾工作再上新台阶。

会议要求，各级各部门要进一步完善防震减灾和抗震救灾工作机制，强化震情监视跟踪措施，积极开展地震灾害隐患排查治理，扎实开展建设工程地震安全监管检查，深入开展防震减灾科普宣传，着力提高地震灾害风险防治水平。要进一步完善地震应急预案，加强救援队伍准备与应急演练，强化应急物资储备，加强情信息报送和应急值守，扎实做好地震应急救援各项准备工作，切实提高重特大地震灾害的应急处置能力。

（甘肃省地震局）

宁夏回族自治区防震减灾工作领导小组（扩大）会议

2020 年 5 月 22 日，宁夏回族自治区人民政府召开 2020 年度自治区防震减灾工作领导小组（扩大）会议。传达学习国务院领导同志批示和要求，落实国务院防震减灾工作联席会议、全国地震局长会议、全国建设工程地震安全监管检查动员部署会议精神，总结 2019 年全区防震减灾工作，安排 2020 年重点工作任务。自治区防震减灾工作领导小组组长、副主席王和山主持会议并讲话。

会上，宁夏回族自治区地震局党组书记、局长张新基对 2019 年全区防震减灾工作进展情况和取得的成效进行了总结汇报，并从认真学习贯彻习近平总书记关于防震减灾和提高自然灾害防治能力重要论述、增强防震减灾工作合力、落实提高自然灾害防治能力建设工程立项实施、扎实开展建设工程地震安全监管检查、推进新时代宁夏防震减灾事业现代化“四大体系”建设、大力推进地震监测预报预警能力建设、着力提高地震灾害风险防治水平、强化地震应急保障能力、加强防震减灾科普宣传教育等 9 个方面提出 2020 年防震减灾重点工作建议。会议审议并通过了《宁夏回族自治区防震减灾工作领导小组 2020 年工作要点》。

会议对 2019 年宁夏回族自治区防震减灾工作给予充分肯定。会议强调，防震减灾事关经济社会大局，自治区各级各部门要坚决落实好习近平总书记关于防震减灾重要论述精神，坚持预防为主、精准治理、依法管理、社会共治，把党中央防震减灾各项决策部署落实到位。一要深化认识、统一思想，切实增强做好防震减灾工作的责任感和使命感；二要聚焦重点、狠抓落实，切实做好 2020 年防震减灾各项重点工作；三要强化担当、凝聚力量，以强大的合力推动防震减灾任务的落实。会议要求，2020 年要着力做好地震监测预报预警能力和防震减灾意识提升、建设工程地震安全监管检查和抗震救灾应急准备等重点工作，由宁夏回族自治区人民政府适时组织开展防震减灾工作特别是地震应急准备工作抽查督查，特别要做好“海原地震100周年”纪念系列活动，为确保全面建成小康社会、实现“十三五”规划顺利收官作出新的更大贡献。

宁夏回族自治区防震减灾工作领导小组成员单位、各设区市政府分管负责同志和地震局局长参加会议。

（宁夏回族自治区地震局）

新疆维吾尔自治区抗震救灾指挥部会议、防震减灾工作联席会议、消防工作联席会议

2020年4月20日，新疆维吾尔自治区党委、自治区人民政府召开2020年抗震救灾指挥部会议、防震减灾工作联席会议、消防工作联席会议，自治区党委常委、副主席艾尔肯·吐尼亚孜出席会议并讲话，自治区副主席赵青主持会议。

会议认真学习领会习近平总书记对安全生产工作的重要指示精神，总结应对“1·19”伽师6.4级地震的成功经验，分析了新疆震情形势、消防安全形势，研究安排下阶段重点任务，部署全区建设工程抗震安全检查工作。

会议指出，当前，新疆维吾尔自治区各级党委、政府对抗震救灾工作的综合协调能力不断加强，抗震救灾各成员单位各负其责、密切配合、协同推进抗震救灾工作的格局基本形成，各类救援力量反应迅速、应急救援能力持续提升，为落实新疆维吾尔自治区社会稳定和长治久安总目标提供了地震安全保障。

会议强调，做好下一步工作，要扎实推进抗震救灾、防震减灾、消防救援治理体系和治理能力现代化建设；要做到“两个坚持、三个转变”，加强能力建设；要强化震情监视跟踪研判，做好地震应急准备工作；要加强地震灾害风险隐患排查，摸清风险底数；要加强应急演练，着力提高抗震救灾能力；要精准治理消防安全突出问题；要扎实提高消防救援能力；要认真编制“十四五”规划，引领事业发展。

（新疆维吾尔自治区地震局）

科技创新与成果推广

主要收载获国家级、省部级、中国地震局局级科技成果奖励，以及通过省部级、中国地震局鉴定的项目；中国地震局授权发明专利及实用新型专利；重大科技项目及科技成果的推广及应用情况等。

2020 年地震科技工作综述

2020 年，地震科技工作全面贯彻落实习近平总书记关于防灾减灾救灾、科技创新的重要论述和指示批示精神以及党的十九届二中、三中、四中、五中全会精神，认真贯彻落实中国地震局党组决策部署，措施有力，进展显著。

一、推进中国地震科学实验场建设

组织中国地震科学实验场申报“十四五”国家重大科技基础设施项目（以下简称“实验场”）。2020 年 9 月底，23 位院士向习近平总书记致信，建议加大力度建设中国地震科学实验场。10 月 8 日，习近平总书记作出重要批示。为贯彻落实习近平总书记重要批示精神，配合国家发展改革委组织召开院士专家座谈会，与会的 15 位院士、专家以及来自科技部、应急管理部、中国科学院和中国工程院等相关部门的同志就实验场建设发表了意见和建议。组织 4 个局属研究所、2 个业务中心和四川省地震局、云南省地震局，以及中国科技大学、南方科技大学、中国科学院地质与地球物理研究所等系统内外高校和科研机构，围绕地震预测预报、国家能源战略安全需求和城市地震灾害韧性需求，修改完善实验场工程项目建议书。组织召开多场用户需求调研座谈会，听取各方意见，推动实验场项目立项。

做好实验场财政运维项目实施。“深部结构观测系统”90 个宽频带地震台站全部完成建设并投入正常观测。“断层运动观测系统”完成 159 个台站建设并已开始观测。“深井综合观测系统”完成 13 口井的钻井工程、井下观测仪器集成并开展井下实验。“地震动和工程结构响应密集观测系统”完成西昌结构台阵设计和专用设备采购，相关数据正陆续汇交至实验场数据中心，用于川滇地区防震减灾业务工作。人工智能地震监测技术系统在实验场示范应用，取得地震速报时间优于传统方式的阶段性成果，先后被《人民日报》《科技日报》等主流媒体报道。地震监测预报实验场成功转型地震科学实验场，人工智能地震监测替代传统速报技术优势初显。

优化实验场组织架构。印发《关于建立健全中国地震科学实验场组织管理架构的通知》，成立实验场管理委员会、科学委员会，确定首席科学家和总工程师，组建联合办公室。指导联合办公室开展工作，总结 2020 年度实验场建设进展，研究提出 2021 年度实验场工作计划和“实验场联合基金指南”建议。协调中国地震局地震预测研究所、中国地震局地球物理研究所完成实验场牵头单位移交。指导中国地震局地球物理研究所召开实验场第二届学术年会，参会人员达 700 余人，实验场学术影响大大提升。建立实验场周调度会议机制，推进实验场各项工作。

二、强化科技发展顶层设计

做好地震科技中长期规划。印发《国家地震科技中长期规划（2021—2035 年）编制工作方案》，成立由系统内外30余名知名专家组成的编制专家组，启动科技中长期规划编制工作。广泛征求机关相关内设机构和系统各单位意见，凝练49项“十四五”地震科技重大需求报送科技部。推荐张培震院士、马胜利研究员等专家参加科技部“十四五”公共安全与防灾减灾科技创新专项规划编制专家组。邀请国家自然科学基金委副主任侯增谦院士赴中国地震局地球物理研究所调研，凝练提出“十四五”防震减灾基础研究重大需求，争取项目支持。组织系统内外专家，筹划举办地震预报研究方面的“香山会议”和“双清论坛”。

申报“十四五”国家重大科技基础设施项目。会同规划财务司，向国家发展改革委推荐中国地震科学实验场、地震效应重构重大科学装置、陆态网络优化提升项目、北京都市圈地下明灯工程、基于智慧浮塔的海洋灾害综合观测网5个项目申报“十四五”国家重大科技基础设施项目。其中，中国地震科学实验场、陆态网络优化提升项目、地震效应重构重大科学装置3个项目通过国家发展改革委首轮评审，中国地震科学实验场有望立项。

三、深化地震科技体制改革

持续深化国家级研究所改革。确立《章程》在研究所和高校管理运行中的基础性制度地位，核准印发中国地震局地震预测研究所、中国地震局地质研究所、中国地震局地球物理研究所章程。中国地震局地震预测研究所改革方案获批，完成内设机构调整，设立地震预测开放基金支持省局预报员开展访学试点。中国地震局地质研究所开展国家重点实验室优化评估，人才培养成效突出，科技成果取得历史新高。中国地震局工程力学研究所按要求完成国家级研究所试点改革成效总结并报科技部，作为科技部、财政部、人力资源和社会保障部科研事业单位绩效评价试点单位，顺利完成五年周期的绩效评价工作。中国地震局地球物理研究所着力提升地震科学数据共享服务能力，完成震源物理局属重点实验室组建调整。贯彻应急管理部党委部署，完成中国地震局地壳应力研究所划转，更名为应急管理部国家自然灾害防治研究院。开展中国地震局地球物理研究所、中国地震局地质研究所、中国地震局地震预测研究所、中国地震局工程力学研究所、防灾科技学院关于地震系统扩大高校和科研院所科研自主权的调研，印发《中国地震局关于进一步落实科技部等6部门〈关于扩大高校和科研院所相关自主权的若干意见〉的意见》。

加快推进区域研究所建设步伐。批复中国地震局火山研究所和成都青藏高原研究所建设方案，区域研究所格局基本形成。支持中国地震局地球物理勘探中心开展区域研究所组建筹备工作。乌鲁木齐中亚地震研究所、昆明地震预报研究所和兰州岩土地震研究所选优聘强成立所领导班子，结合发展方向组建研究团队。武汉地球观测研究所、乌鲁木齐中亚地震研究所完成章程报备。厦门海洋地震研究所聘请特聘研究员，与中国科学院大学合作建立海洋地质和地球物理野外教学基地。通过小型基建项目支持火山研究所和乌鲁木齐中亚地震研究所建设。中国地震局深圳防灾减灾技术研究院深化地震科学仪器产学研合作，积极申报国家高新技术企业，联合华为公司开发智慧地震技术，推出系列新产品。完成区域研究所科研基本条件需求调查，积极拓展渠道支持区域研究所建设。

四、发挥科技创新支撑引领

召开地震系统科学家座谈会和科技委年度工作会议。学习贯彻习近平总书记在科学家座谈会上的重要讲话精神，召开地震系统科学家座谈会，听取18位院士、地震科学家和科技工作者加快推动地震科技创新驱动事业发展的意见和建议。提升科技咨询支撑管理决策作用，组织召开中国地震局科技委2020年度工作会议，包括7位院士在内的22位委员听取了“十四五”国家防震减灾规划编制情况和中国地震科学实验场工作进展汇报，就如何做好“十四五”规划编制、建好地震科学实验场提出意见建议。

印发现代化实施意见，做好现代化试点工作。结合国家地震科技创新工程实施和地震科技体制改革相关工作，印发《关于加强科技创新支撑新时代防震减灾事业现代化建设的实施意见》。中国地震局地震预测研究所列为新时代防震减灾事业现代化试点单位。印发《新时代防震减灾事业现代化建设试点三年行动方案（2021—2023年）》，提出地震数值预测研究和传统方法评估试点、地震监测站网评估试点、人工智能地震监测分析系统完善应用等6项试点任务。

科技工作成效鼓舞人心。中国地震局工程力学研究所王涛研究员荣获人力资源社会保障部和中国地震局联合开展的“全国地震系统先进工作者”称号；曲哲研究员获得科技部、中央宣传部和中国科协联合授予的“全国科普工作先进工作者”荣誉称号；中国地震台网中心侯建民荣获第二届全国创新争先奖状，成为中国地震局第一个获得此奖项的科技工作者。《人民日报》撰稿《冷板凳上做出抗震大学问》《民生科技，创新惠民》，两次报道中国地震局工程力学研究所建设我国最早地震模拟振动实验室，开发预测评估地震灾害损失系统，解决我国建筑抗震难题，为救灾救援提供决策支持的典型事迹。中国地震局地质研究所被中央文明委授予第六届“全国文明单位”荣誉称号，是获得该荣誉称号的33个中央和国家机关单位之一，这是中国地震局地质研究所继获得2018—2020年度首都文明单位标兵殊荣后，又荣获的一项综合性国家级荣誉。中国地震局地球物理研究所在2020年科技部财政部重大科研基础设施和大型科研仪器开放共享评价考核中首次获得优秀，科研仪器开放共享管理制度规范，设备运行使用效率高，对外开放共享成效明显。拓展科研项目支持渠道，科技支撑服务管理决策。针对日本内阁府公布有关日本太平洋沿岸可能发生特大地震并引发严重海啸灾害，组织中国地震局地震预测研究所、中国地震台网中心等单位专家研究对我国造成的影响，形成研究报告报送中共中央办公厅、国务院办公厅。针对虎门大桥5月5日振动事件，组织科研人员研究提出《关于桥梁结构健康监测有关情况的报告》。围绕爆炸等非构造地震实时监测方法、人工智能技术研究、新型工业活动与地震活动关系等科技问题，组织专家编制地震科学联合基金2021年项目指南建议报送国家自然科学基金委。组织中国地震局地质研究所、中国地震局地球物理研究所聚焦工业活动与地震活动关系研究，并成功获得国家重点研发计划项目支持，服务地震灾害风险防治。

开展地震科技创新工程和局属重点实验室评估。开展国家地震科技创新工程实施情况评估，工程整体实施情况较好。组织国家地震科技创新工程4项科学计划的牵头单位制定“十四五”期间实施方案，进一步推进创新工程落地见效。组织开展局属重点实验室评估，系统总结实验室建设运行情况，优化研究方向，加强对外合作，提高科技产出。根据评估结果，组织局属相关单位申报应急管理部重点实验室。

组织地震科技星火计划项目评审。征集省局和业务中心项目近 300 项，遴选推荐 117 个优秀项目参加中国地震局评审，最终共支持 57 个项目。其中，按照援疆援藏政策支持方向，倾斜支持新疆局和西藏局各 1 个项目。

（中国地震局科技与国际合作司）

科技成果

中国地震局地球物理研究所科技成果

2020年，中国地震局地球物理研究所在科技部财政部重大科研基础设施和大型科研仪器开放共享评价考核中首次获得优秀，科研仪器开放共享管理制度规范，设备运行使用效率高，对外开放共享成效明显。

（中国地震局地球物理研究所）

专利及技术转让

2020年中国地震局专利及技术转让情况

序号	专利类别	专利名称	专利号	完成单位	完成人员
1	实用新型专利	一种应用于地震灾害后搜索救援装置	ZL202020799161.2	北京市地震局	陈亚男　郁璟贻　谭庆全
2	实用新型专利	一种便携式视频会议装置	ZL201921007279.0	北京市地震局	郁璟贻　谭庆全　赵梓宏　陈亚男
3	实用新型专利	一种用于视频会议显示屏的支撑固定装置	ZL201920559809.6	北京市地震局	郁璟贻　谭庆全　赵梓宏　陈亚男
4	实用新型专利	一种地震应急照明装置	ZL201921215014.X	天津市地震局	赵士达
5	实用新型专利	一种适用于一体化宽频带地震计的仪器防护罩	ZL201921896282.2	天津市地震局	孙路强
6	实用新型专利	一种应急指挥用的展示设备	ZL201921215015.4	天津市地震局	赵士达
7	实用新型专利	一种用于地震前兆观测井便于携带的水位检测装置	ZL201921317926.8	天津市地震局	马　永　王建国　毕金孟
8	实用新型专利	一种遥感无人机支撑架	ZL201921850815.3	河北省地震局	李　姜
9	实用新型专利	一种适用于无人值守台站电源控制器	ZL 202020169840.1	河北省地震局	张　蕾
10	实用新型专利	一种适用于地震流体观测井口的应用装置	ZL 202020138336.5	河北省地震局	李瑞卿　王　江　张　蕾　信世民　郭学增
11	实用新型专利	一种便于使用和维护的观测井水位校测装置	ZL 201922432804.X	河北省地震局	尹宏伟
12	实用新型专利	一种地震模拟试验装置	ZL201920465322.1	河北省地震局	王　慧　范新增　王　萍　王鹤华　刘玉从　盛　洁　李　巍　李丰田
13	实用新型专利	一种水温仪故障检测装置	ZL202020711934.7	河北省地震局	田　勤
14	实用新型专利	一种基于北斗的测震观测授时装置	ZL201921575551.5	河北省地震局	李庆武　王嘉琦　李万里
15	发明专利	一种地震房屋损失评估系统	ZL201710030308.4	山西省地震局	杨　斌
16	实用新型专利	一种用于剪切波速测试仪的深度计量装置	ZL202020204561.4	山西省地震局	张龙飞　孙　玮　史双双
17	实用新型专利	一种地质样本工具箱	ZL202020157913.5	吉林省地震局	张　羽　傅　琦　张仁鹏　李珊珊
18	实用新型专利	一种便携式太阳能电源	ZL201922008370.0	江苏省地震局	张　扬　张　敏　宫　杰

续表

序号	专利类别	专利名称	专利号	完成单位	完成人员
19	发明专利	一种基于分体式悬挂球形线圈的地磁测量方法	ZL201811349626. 8	江苏省地震局	居海华　冯志生　夏　忠　宫　杰
20	实用新型专利	一种适应性 GNSS 基墩防护罩	ZL201922363255. 5	江苏省地震局	何　斌　梁雪萍　王恒知　毛华锋
21	发明专利	一种地电场传感器系统	ZL201811300373. 5	江苏省地震局	卢　永　张　敏　单　菡　王　佳
22	实用新型专利	一种 GPS 天线室外固定装置	ZL202020225620. 6	江苏省地震局	王恒知　宫　杰　卢　永　何　斌
23	实用新型专利	一种用于强震仪供电的便携式电源系统	ZL202020225619. 3	江苏省地震局	王恒知　瞿　旻　卢　永　何　斌
24	实用新型专利	一种用于地震观测的流动观测装置	ZL201921355203. 7	江苏省地震局	宫　杰　居海华　张　敏　张　扬
25	实用新型专利	一种高潜水位地区断层气观测井结构	ZL202020477096. 1	江苏省地震局	戴　波　李　飞　陈俊松
26	实用新型专利	一种基于 PLC 的地震计自动寻北防护系统	ZL202021701654. 4	江苏省地震局	宫　杰　居海华　单　菡　王　佳
27	实用新型专利	一种地震观测站地下室土层观测墩结构	ZL202020214063. 8	江苏省地震局	戴　波　毛华锋　居海华
28	发明专利	一种检测地震动转动分量的地震监测装置	ZL201910192861. 7	安徽省地震局	夏仕安　谢石文　周冬瑞
29	实用新型专利	一种地震预警终端	ZL202020191966. 9	安徽省地震工程研究院	黄显良
30	实用新型专利	水管倾斜观测装置及系统	ZL201922286443. 2	福建省地震局	蔡佩蕊　陈　伟　陈珊桦　林立峰　沈健健　林苗禄　黄晓华　吴劲柏　余娟萍
31	实用新型专利	一种地震灾区用便捷式组合帐篷	ZL201922250611. 2	福建省地震局	周昌贤　郑韶鹏　叶友全　汪　豪
32	实用新型专利	一种新型海底地震仪	ZL202020296974. X	福建省地震局	郑韶鹏　周昌贤　叶友全　汪　豪　付　萍
33	实用新型专利	一种地震观测仪用防护罩	ZL202021003739. 5	福建省地震局	叶友权　郑韶鹏　张永固　周昌贤　张国平
34	实用新型专利	一种海域地震探测数据实时回传的无线传输装置	ZL201921110040. 6	福建省地震局	李文惠　黎璐玫　周蓝捷　方伟华　王遇其　薛　蕾　张艺峰
35	实用新型专利	一种用于海底地震探测的新型浮标平台	ZL201922201782. 6	福建省地震局	李文惠　周蓝捷　张艺峰　姚道平　方伟华　王遇其　薛　蕾
36	实用新型专利	一种测震台站运行状态监测设备	ZL202020308538. X	福建省地震局	李　军　胡淑芳　黄艳丹　李　强

续表

序号	专利类别	专利名称	专利号	完成单位	完成人员
37	实用新型专利	一种多功能地震预警终端	ZL201721395980.5	山东省地震局	蔡　寅　殷海涛　王明明 李言召　张　明　刘　晗 许云祥　侯亚坤　马金标 隋　勐
38	实用新型专利	一种地震抽水井前置过滤式脱气集气装置	ZL201920298555.7	山东省地震局	温丽媛　陈其峰　王　伟 连凯旋　颜丙囤　李　峰 郭宗斌　冯恩国　赵杰锋 李月强　张壮峰
39	实用新型专利	一种车载带地震预警功能的烈度计	ZL201920366753.2	山东省地震局	殷海涛　李言召　杨　乐 王杰民　刘　晗　张　天
40	实用新型专利	一种科教用地震模拟室	ZL201921687929.0	山东省地震局	杨　乐　王纪强等
41	发明专利	一种防止水龙头跑水的智能控制系统	ZL201910922883.4	湖北省地震局	范　涛　陈志高　杨　江
42	发明专利	一种基于上下文验证的地震行业网混合入侵信息识别方法	ZL201910349049.0	湖北省地震局	彭懋磊
43	发明专利	一种卫星重力梯度平台加速度计的校准验证方法　装置及电子设备	ZL201811340977.2	湖北省地震局	吴云龙　邹正波　张　毅 胡敏章　李查玮
44	实用新型专利	一种观察超导体发生超导转变的实验装置	ZL201920364642.8	湖北省地震局	胡远旺　邹　彤　张　黎 蒋冰莉　刘乐然
45	实用新型专利	一种绝对重力测量的两级隔振装置	ZL202020798325.X	湖北省地震局	胡远旺　张　黎　邹　彤 蒋冰莉　欧同庚
46	实用新型专利	一种用于多源观测数据并址观测的大地测量观测设备	ZL201921013612.9	湖北省地震局	熊　维　聂兆生　刘　刚 乔学军
47	实用新型专利	一种利用激光装置辅助对中的光学基座	ZL201922191480.5	湖北省地震局	熊　维　聂兆生　刘　刚 乔学军
48	实用新型专利	一种高精度 GNSS 野外观测专用脚架	ZL201922233100.X	湖北省地震局	黄　勇　乔学军　董培育 谭　凯　赵　斌
49	实用新型专利	一种可自主供电并带有红外报警器的地面角反射装置	ZL201922233091.4	湖北省地震局	黄　勇　乔学军　董培育 谭　凯　赵　斌
50	实用新型专利	一种高层建筑强震动监测仪器的顶部固定安装装置	ZL201920602881.2	湖北省地震局	范　涛　杨　江　罗　松 石　亮　周　立　曹金俐
51	实用新型专利	一种用于伸缩仪的标定装置及一种伸缩仪	ZL201920638449.9	湖北省地震局	杨　江　关伟智　陈志高 余剑锋　李农发　金　鑫 李　震　耿丽霞　张　行 李静渊

续表

序号	专利类别	专利名称	专利号	完成单位	完成人员
52	实用新型专利	一种超宽频带伸缩仪及一种标定装置	ZL201920638167.9	湖北省地震局	杨　江　余剑锋　陈志高　关伟智　李农发　金　鑫　李　震　耿丽霞　张　行　李静渊
53	实用新型专利	一种 VP 垂直摆倾斜仪的测量环境控制装置	ZL202020933989.2	湖北省地震局	夏界宁　林　强　陈志高　邹　彤　王嘉伟　刘　军　耿丽霞　李　震　李农发　陈玉秀　罗　松
54	实用新型专利	一种燃气管道地震应急处置装置	ZL202020933987.3	湖北省地震局	杨　江　夏界宁　陈志高
55	实用新型专利	一种光纤光栅钢筋锈蚀传感器	ZL201920994681.6	湖北省地震局	王　浩　张作才　蔡思佳
56	实用新型专利	种移动式地震监测装置	ZL201922462433.X	湖北省地震局	彭　警　周云耀　吕永清　吴　欢　齐军伟　向　涯
57	实用新型专利	一种水下地震监测装置	ZL201922465951.7	湖北省地震局	彭　警　周云耀　吕永清　吴　欢　齐军伟　向　涯
58	实用新型专利	装配式轴向耗能阻尼器及屈曲约束支撑	ZL202020099888.X	湖南省建筑设计院有限公司；湖南省地震局	王四清　陈　宇　唐学武　艾辉军　邵　磊　毛土明
59	实用新型专利	屈曲约束支撑节点的榫卯型连接结构	ZL202020199013.7	湖南省建筑设计院有限公司；湖南省地震局	王四清　陈　宇　唐学武　艾辉军　毛土明　邵　磊
60	发明专利	基于 SVC 自动生成地震灾害风险评估中定性图鉴的方法及系统	ZL202010435703.2	广东省地震局	陈小芳　戚洪飞　李三凤　刘　辉　黄　宽　俞　岗
61	实用新型专利	一种防雷及配电控制电路及带有该控制电路的配电箱	ZL201921763451.5	重庆市地震局	陈　敏　孙国栋　马　伟　于天航　董　磊　孙海元
62	实用新型专利	一种地震灾后生命体征侦察探测球	ZL201922461464.3	四川省地震局	张　莹　尹文刚　郭红梅　张　崇
63	发明专利	震区建筑物倒塌信息获取方法及装置	ZL201811071068.3	甘肃省地震局	翟　玮
64	发明专利	双场源电磁测深法获取地层电阻率各向异性的方法及装置	ZL201910536766.4	甘肃省地震局；甘肃省有色地质调查院	高曙德
65	发明专利	一种野外测量地震的浅孔直埋装置　发明专利	ZL201921582205.X	甘肃省地震局	陈继锋
66	发明专利	一种环保的黄土地基抗液化改良黄土及其制备方法	ZL201810144341.4	甘肃省地震局	王　谦

续表

序号	专利类别	专利名称	专利号	完成单位	完成人员
67	实用新型专利	一种地震应急救援灾情信息采集终端	ZL201921633342. 1	甘肃省地震局	刘岸果
68	实用新型专利	一种便于查看的地震感应装置	ZL201921903366. 4	甘肃省地震局	杨兴悦
69	实用新型专利	一种高速低噪声的多通道数据采集设备	ZL201921203694. 3	甘肃省地震局	朱　琳
70	实用新型专利	一种地震后救援用防坍塌支架	ZL201921394655. 6	甘肃省地震局	尹志文
71	实用新型专利	一种地震紧急避难舱用固定机构	ZL201921391564. 7	甘肃省地震局	尹欣欣
72	实用新型专利	一种地震应急救援担架	ZL201922385831. 6	甘肃省地震局	冯　博
73	实用新型专利	一种应变控制式四联土工三轴试验机	ZL202020333966. 8	甘肃省地震局	王　谦
74	实用新型专利	一种可控式喷水增湿试验箱	ZL202020335010. 1	甘肃省地震局	王　谦
75	实用新型专利	一种黄土场地地震液化模拟装置	ZL202020542638. 9	甘肃省地震局	蒲小武
76	实用新型专利	一种地震与降雨耦合诱发黄土滑坡的模拟装置	ZL202020523204. 4	甘肃省地震局	蒲小武
77	实用新型专利	一种小型降雨灌溉诱发黄土滑坡的模拟装置	ZL202020522422. 6	甘肃省地震局	蒲小武
78	实用新型专利	一种黄土试验模型的制作装置	ZL202020526578. 1	甘肃省地震局	蒲小武
79	实用新型专利	一种野外应急电源装置	ZL202020110928. 6	甘肃省地震局	苏小芸
80	实用新型专利	一种防止黄土地震坍塌装置	ZL201920425100. 7	甘肃省地震局	严武建
81	实用新型专利	一种黄土地震用震量检测装置	ZL201920424959. 6	甘肃省地震局	严武建
82	实用新型专利	一种黄土地震用地震灾害感应报警装置	ZL201920424968. 5	甘肃省地震局	严武建
83	实用新型专利	一种基于黄土地震的预警求生保护装置	ZL201920424948. 8	甘肃省地震局	严武建
84	实用新型专利	一种黄土压实设备	ZL201920522150. 7	甘肃省地震局	于一帆
85	实用新型专利	一种密实地基拉线位移传感器的固定装置	ZL201921257829. 4	甘肃省地震局	王　平
86	实用新型专利	一种原状疏松地基拉线位移传感器的固定装置	ZL201921257840. 0	甘肃省地震局	王　平
87	实用新型专利	一种土层深度模拟设备	ZL201921261628. 1	甘肃省地震局	王　平
88	实用新型专利	一种地震现场应急通信头盔	ZL202020635521. 5	甘肃省地震局	刘岸果

续表

序号	专利类别	专利名称	专利号	完成单位	完成人员
89	实用新型专利	一种滑坡灾害实时监测装置	ZL202020618123. 2	甘肃省地震局	刘岸果
90	实用新型专利	GPS 天线用扫雪装置	ZL202020833553. 6	新疆维吾尔自治区地震局	朱治国　刘　代　杨　磊　丁　宇
91	发明专利	基于新媒体的中国地震动参数区划图服务系统	ZL201811261261. 3	中国地震局地球物理研究所	陈　波
92	发明专利	气枪组合编码控制方法及系统	ZL201810419154. 2	中国地震局地球物理研究所	杨　微
93	发明专利	力平衡加速度传感器的调制解调电路及调制解调方法	ZL201810757505. 0	中国地震局地球物理研究所	李彩华
94	发明专利	一种高分辨率浅层地震勘探装置	ZL201922345949. 6	中国地震局地球物理研究所	胡　刚
95	发明专利	能够表征地面永久位移的近断层地震加速度时程拟合方法	ZL201910630179. 1	中国地震局地球物理研究所	俞瑞芳　张斌等
96	发明专利	考虑不同发震构造最大可信地震的地震动参数评价方法	ZL201811526724. 4	中国地震局地球物理研究所	俞瑞芳　俞言祥
97	发明专利	基于全部发震构造最大可信地震的地震动参数评价方法	ZL201811528301. 6	中国地震局地球物理研究所	俞言祥　俞瑞芳　潘　华　孙吉泽
98	发明专利	地震动加速度记录基线漂移的校正方法	ZL201810826680. 0	中国地震局地球物理研究所	戴志军　李小军　熊政辉　陈　苏　郑经纬
99	实用新型专利	超声导波宽带线性功率放大装置	ZL202020471904. 3	中国地震局地质研究所	齐文博
100	发明专利	一种基于 LED 灯的相机对时系统	ZL201911317720. X	中国地震局地质研究所	汲云涛
101	实用新型专利	一种观测仪器的远距离授时系统	ZL202020493935. 9	中国地震局地震预测研究所	李　江　薛　兵　陈　阳　朱小毅　叶　鹏　周银兴　刘明辉　康继平　崔仁胜　林　湛　王洪体　高尚华
102	实用新型专利	一种视窗组件及电子仪器	ZL201920924284. 1	中国地震局地震预测研究所	李　江　王宏远　朱小毅　刘明辉　林　湛　崔仁胜　周银兴　康继平
103	实用新型专利	一种 B 码发生单元及装置	ZL201920878074. 3	中国地震局地震预测研究所	李　江　薛　兵　朱小毅　程　冬　陈　阳　王洪体　叶　鹏　崔仁胜　林　湛　周银兴　刘明辉　康继平　杨晨光　王宏远　邢　成　陈全胜

续表

序号	专利类别	专利名称	专利号	完成单位	完成人员
104	实用新型专利	互联装置　互联组件及井下地震仪	ZL201910769216.7	中国地震局地震预测研究所	杨晨光　朱小毅　李　江　薛　兵　陈全胜　康继平　邢　成　陈　阳　金子迪　李跃进　王宏远　李丽娟　崔仁胜　林　湛　周银兴
105	实用新型专利	一种级联装置及井下测量仪器	ZL201910769221.8	中国地震局地震预测研究所	杨晨光　朱小毅　李　江　薛　兵　陈全胜　康继平　邢　成　陈　阳　金子迪　李跃进　王宏远　李丽娟　崔仁胜　林　湛　周银兴
106	发明专利	一种建筑物损毁状态检测方法	ZL201810687828.7	中国地震局地震预测研究所	窦爱霞　王晓青　丁　玲　王书民　丁　香　袁小祥
107	发明专利	一种建筑物损毁状态检测方法	ZL201810690433.2	中国地震局地震预测研究所	窦爱霞　王晓青　袁小祥　丁　玲　王书民　丁　香
108	发明专利	建筑物破坏状态检测方法	ZL201810689399.7	中国地震局地震预测研究所	窦爱霞　王晓青　丁　玲　王书民　丁　香　袁小祥
109	发明专利	一种建筑物损毁状态检测方法	ZL201810690505.3	中国地震局地震预测研究所	窦爱霞　王晓青　王书民　袁小祥　丁　玲　丁　香
110	发明专利	一种建筑物损毁状态检测方法	ZL201810690549.6	中国地震局地震预测研究所	窦爱霞　王晓青　丁　香　王书民　袁小祥　丁　玲
111	发明专利	建筑物破坏状态检测方法	ZL201810689085.7	中国地震局地震预测研究所	窦爱霞　王晓青　丁　香　王书民　袁小祥　丁　玲
112	发明专利	一种防潮式强震仪便携箱	ZL201710210088.3	中国地震局工程力学研究所	周宝峰　马　强　于海英　任叶飞
113	发明专利	双向滚轴多级减震支座	ZL201810840203.X	中国地震局工程力学研究所	孙得璋　李思汉　陈洪富　张昊宇
114	发明专利	地震感应自动关闭阀门及燃气系统	ZL201810832327.3	中国地震局工程力学研究所	高　峰　杨学山　王　雷　杨巧玉　崔亦兵
115	发明专利	地震安全阀门组件及燃气系统	ZL201810825914.X	中国地震局工程力学研究所	高　峰　杨学山　王　雷　杨巧玉　崔亦兵
116	发明专利	一种防尘式强震仪便携箱	ZL201710209945.8	中国地震局工程力学研究所	周宝峰　公茂盛　于海英　温瑞智
117	发明专利	多级-多阶段耗能复合型防屈曲支撑及安装方法	ZL201910291529.6	中国地震局工程力学研究所	孙得璋　张昊宇　李思汉　陈洪富　戴君武

续表

序号	专利类别	专利名称	专利号	完成单位	完成人员
118	发明专利	一种用于浮放物抗震保护的摆式三维隔震展柜	ZL202010087817.2	中国地震局工程力学研究所	柏　文　戴君武　杨永强
119	发明专利	一种用于文物保护的三维隔震装置	ZL202010087809.8	中国地震局工程力学研究所	柏　文　戴君武　杨永强
120	发明专利	一种新型框架结构梁端配筋构造及其设计方法	ZL201810211342.6	中国地震局工程力学研究所	公茂盛　左占宣　赵　艳　谢礼立
121	发明专利	一种孔隙水压计标定方法及系统	ZL201910506458.7	中国地震局工程力学研究所	王永志　汤兆光　孙　锐　王体强　王　海　方　浩　段雪峰　袁晓铭　吴天亮
122	发明专利	一种带竖向重力调谐单元的摩擦摆隔震装置	ZL202010137752.8	中国地震局工程力学研究所	柏　文　戴君武　杨永强
123	发明专利	吊顶系统	ZL201810029404.1	中国地震局工程力学研究所	王多智
124	发明专利	一种带质量稳定器的水平单向隔振装置	ZL202010087826.1	中国地震局工程力学研究所	柏　文　戴君武　杨永强
125	发明专利	宽频稳定的多重调谐质量阻尼器机械减振支座	ZL202010087795.X	中国地震局工程力学研究所	柏　文　戴君武　杨永强
126	发明专利	一种带多重调谐质量阻尼器的稳定隔震装置	ZL202010089631.0	中国地震局工程力学研究所	柏　文　戴君武　杨永强
127	实用新型专利	一种可以增强文物柜抗震能力的模块化装配式减震耗能装置	ZL201721511184.3	中国地震局工程力学研究所	戴君武　宁晓晴　杨永强　张陆陆　柏　文
128	实用新型专利	一种泡沫金属球复合型内板防屈曲支撑	ZL201920496428.8	中国地震局工程力学研究所	孙得璋　张昊宇　李思汉　陈洪富
129	实用新型专利	一种多级耗能复合型防屈曲支撑	ZL201920502482.9	中国地震局工程力学研究所	孙得璋　张昊宇　李思汉　陈洪富
130	实用新型专利	泡沫金属球复合型内板防屈曲支撑	ZL201920496429.2	中国地震局工程力学研究所	孙得璋　张昊宇　李思汉　陈洪富
131	实用新型专利	多级耗能复合型防屈曲支撑	ZL201920502483.3	中国地震局工程力学研究所	孙得璋　张昊宇　李思汉　陈洪富
132	实用新型专利	激振装置及波速测试系统	ZL201921507333.8	中国地震局工程力学研究所	高　峰　杨学山　王　雷　杨巧玉
133	实用新型专利	一种土工室内静力触探专用气缸	ZL201921044112.1	中国地震局工程力学研究所	汪云龙　王　进　王　鸾　佟石磊
134	实用新型专利	一种土工室内静力触探专用外筒	ZL201921044105.1	中国地震局工程力学研究所	汪云龙　王　进　李天宁
135	实用新型专利	一种燃气阀门静态标定器	ZL201921623552.2	中国地震局工程力学研究所	高　峰　杨学山　王　雷　杨巧玉
136	实用新型专利	一种简易钢管弯管机	ZL201921054027.3	中国地震局工程力学研究所	王多智

续表

序号	专利类别	专利名称	专利号	完成单位	完成人员
137	实用新型专利	一种折叠型结构内力控制保险丝装置	ZL201921083425.8	中国地震局工程力学研究所	林旭川　李　行　张令心
138	实用新型专利	一种土工室内静力触探专用内筒	ZL201921045002.7	中国地震局工程力学研究所	王　进　汪云龙　赵志旭
139	实用新型专利	一种用于砂土饱和度检测的外筒装置	ZL201920771720.6	中国地震局工程力学研究所	赵志旭　汪云龙　陈龙伟　陈卓识
140	实用新型专利	一种压力敏感元件及孔隙水压计	ZL201921136239.6	中国地震局工程力学研究所	王永志　汤兆光　孙　锐　段雪峰　王体强　袁晓铭　吴天亮　杨明辉
141	实用新型专利	一种具有透水消波系统的土工模型试验箱	ZL201921717319.0	中国地震局工程力学研究所	王义德　汪云龙　王云龙　杨　亮
142	实用新型专利	一种土工室内 CPT 专用仪器	ZL201921044123.X	中国地震局工程力学研究所	王　进　汪云龙　王义德
143	实用新型专利	一种用于砂土饱和度检测的设备	ZL201920772397.4	中国地震局工程力学研究所	赵志旭　汪云龙　陈龙伟　陈卓识
144	实用新型专利	一种用于砂土饱和度检测的样品箱	ZL201920771733.3	中国地震局工程力学研究所	赵志旭　汪云龙　陈龙伟　陈卓识
145	实用新型专利	一种复合式阻尼装置及阻尼器	ZL201922305141.5	中国地震局工程力学研究所	陶冬旺　鲁　正　林嘉丽
146	实用新型专利	一种低温环境中使用的强震仪专用箱	ZL201921885156.7	中国地震局工程力学研究所	周宝峰　李　宁
147	实用新型专利	一种建筑空旷区域抗震加固曲线型支撑装置	ZL201921795876.4	中国地震局工程力学研究所	林旭川　王可鑫　张超峰　张令心　杨　波
148	实用新型专利	一种具有缓冲通流系统的土工模型试验箱	ZL201921716364.4	中国地震局工程力学研究所	汪云龙　王义德　刘济舟　轩　浩
149	发明专利	一种地震计防震装置	ZL202010652850.5	中国地震台网中心	肖武军
150	发明专利	一种隐伏面状构造的构造面的产状要素的测量方法	ZL201810210130.6	中国地震局地球物理勘探中心	贺为民
151	实用新型专利	一种用于人工地震测深的零时记录装置	ZL202020917562.3	中国地震局地球物理勘探中心	李从庆　白珊珊　田长征等
152	发明专利	一种多级旋转体同轴度误差的测量装置及其测量方法	ZL201811145727.3	中国地震局第一监测中心	苏国营
153	实用新型专利	一种简易地震模拟振动台演示装置	ZL201921436967.9	中国地震局第一监测中心	陈　欣
154	发明专利	一种寒区改性土三维胀缩变形室内测试系统	ZL201810055712.1	防灾科技学院	苏占东　赵博文　刘振东　夏　京　马鸣宇
155	发明专利	基于 FPGA 三相混合式步进电机控制器软核	ZL201710497448.2	防灾科技学院	王新刚　余　颖　李立新

续表

序号	专利类别	专利名称	专利号	完成单位	完成人员
156	发明专利	基于无人机热红外影像的煤火识别方法	ZL201711001457.4	防灾科技学院	李　峰　卫爱霞
157	发明专利	一种高耐久性抗地震倒塌的多柱墩体系及施工方法	ZL201810701306.8	防灾科技学院	孙治国　张振涛　管　璐　何　福　刘瑜丽
158	实用新型专利	一种定值三元混合标准气体的制作系统	ZL202020118994.8	防灾科技学院；北京防灾科技有限公司	刘广虎　邓丽婷
159	实用新型专利	一种定值三元混合标准气体制作的混合装置	ZL202020118970.2	防灾科技学院；北京防灾科技有限公司；广州海洋地质调查局	刘广虎　温明明
160	实用新型专利	一种定值三元混合标准气体制作的控气箱体	ZL202020119001.9	防灾科技学院；北京防灾科技有限公司	刘广虎
161	实用新型专利	一种高压下标定或校准地化综合传感系统的装置	ZL202020061474.8	防灾科技学院；北京防灾科技有限公司	刘广虎
162	实用新型专利	一种痕量溶解三元混合气体标准溶液的制作的气液混合装置	ZL202020118963.2	防灾科技学院；北京防灾科技有限公司	刘广虎　邓丽婷
163	实用新型专利	一种痕量溶解三元混合气体标准溶液的制作系统	ZL202020121998.1	防灾科技学院；北京防灾科技有限公司	刘广虎　邓丽婷
164	实用新型专利	一种卷扬活塞式定气配液装置	ZL202020118917.2	防灾科技学院；北京防灾科技有限公司；宜宾三江机械有限责任公司；四川必成机械有限责任公司	刘广虎　钟之文　赵宏宇　周升华　刘光林　贾永永　谭　覃
165	实用新型专利	一种可变径支撑装置	ZL202020118911.5	防灾科技学院；北京防灾科技有限公司	刘广虎　钟之文　谭　覃　王星月　黄静宜　王　鹤
166	实用新型专利	一种快速接头	ZL202020121974.6	防灾科技学院；北京防灾科技有限公司	刘广虎　赵宏宇　周升华　刘光林　谭　覃　王星月　贾永永
167	实用新型专利	一种三维立体螺旋混合叶片	ZL202020121984.X	防灾科技学院；北京防灾科技有限公司	刘广虎
168	实用新型专利	紧邻强震地表破裂带建筑物避让距离模拟装置	ZL202021012172.8	防灾科技学院	张建毅　王　强　郭　迅　薄景山　张昊南
169	实用新型专利	近断层地震动作用下桥梁损伤破坏模拟装置	ZL202021012142.7	防灾科技学院	张建毅　王　强　郭　迅　孙治国

续表

序号	专利类别	专利名称	专利号	完成单位	完成人员
170	实用新型专利	一种风积沙改性土抗拉强度测试装置	ZL201920526824.0	防灾科技学院	耿　珂　苏占东　赵博文　夏　京　魏　鹏　张凌瑜
171	实用新型专利	一种简化的逆断层错动离心模拟装置	ZL202020060419.7	防灾科技学院	沈　超　梁建辉　苏占东　林　玮
172	实用新型专利	一种模拟地震下逆断层地表破裂变形的试验装置	ZL201921452872.6	防灾科技学院	张建毅　王　强　王　拓　张治州
173	实用新型专利	一种土压力标定用料斗和土夯实装置	ZL201921479834.X	防灾科技学院	张建毅　王　拓　张治州　王　强
174	实用新型专利	基于智能手环的操控设备	ZL201921189873.6	防灾科技学院	郑宇量　姚振静　李宛蓉　张朱通　张毅新　段艳丽
175	实用新型专利	一种多功能无损检测传感器	ZL201922041713.3	防灾科技学院	邱忠超　高　强　李亚南　韩智明　李昱翰　吴志敏　王泽山
176	实用新型专利	一种空气质量监测装置	ZL201920889453.2	防灾科技学院	蔡建羡　戴　甸　王　刚　姚振静　韩智明
177	实用新型专利	一种无损检测传感器磁阻元件用支架及传感器	ZL201921884799.X	防灾科技学院	邱忠超　洪　利　蔡建羡　姚振静　杨敬松　高志涛
178	实用新型专利	一种无损检测传感器用磁化元件及传感器	ZL201921884800.9	防灾科技学院	邱忠超　李立新　于瑞红　刘亚宋　丁　雪　王艺杰　戴继长
179	实用新型专利	一种用于笔记本电脑的散热系统	ZL202020031350.5	防灾科技学院	施　艳　程　尧
180	实用新型专利	一种用于地震断裂带岩石应力监测防雷光纤传感器装置	ZL201921936757.6	防灾科技学院	蔡建羡　王　刚　张　松
181	实用新型专利	一种用于地震监测的光纤光栅加速度传感器	ZL202020657171.2	防灾科技学院	姚振静　潘　杰　李云洋　张婧怡　韩智明　李亚男
182	实用新型专利	一种阻尼调零的地震计	ZL202020196279.6	防灾科技学院	韩智明　张　涛　洪　利　姚振静　孟　娟
183	实用新型专利	一种超声波干涉现象演示与声速测量装置	ZL202020200863.4	防灾科技学院	闫志涛　许德飞　谭　覃　敬天慧
184	实用新型专利	一种驻波法杨氏模量测量装置	ZL202020138236.2	防灾科技学院	闫志涛　王　瑞　李庚沅　崔浩楠　梁慧敏
185	实用新型专利	一种土木工程施工用支架	ZL201922125076.8	防灾科技学院	巴文辉　郭晓云　向　勇　孙　丽　牛　焱
186	实用新型专利	一种新型水域救生浮漂	ZL202020066493.X	防灾科技学院	刘子涵　陈　斯

续表

序号	专利类别	专利名称	专利号	完成单位	完成人员
187	实用新型专利	一种免地震损伤设计的斜拉桥辅助墩系统	ZL201922130439. 7	防灾科技学院	王世杰　孙治国　刘晓奎 刘瑜丽　贾俊峰
188	实用新型专利	一种可拆卸智能推车	ZL201922209593. 3	防灾科技学院	冯燕茹　张　涛
189	实用新型专利	一种无损检测传感器用信号接收元件及传感器	ZL201921885421. 1	防灾科技学院	张瑞蕾　唐彦东　单维锋 李　忠　刘海军　李晓丽 李姗姗　张艳霞
190	发明专利	弹簧摩擦隔震支座	ZL201811606257. 6	深圳防灾减灾技术研究院；深圳市同泰华创减震技术有限公司	黄剑涛　肖华宁　宋廷苏
191	发明专利	隔震支座用的蝶形弹簧组	ZL201811606194. 4	深圳防灾减灾技术研究院；深圳市同泰华创减震技术有限公司	黄剑涛　肖华宁　宋廷苏
192	实用新型专利	三明治式减振结构	ZL201921175066. 9	深圳防灾减灾技术研究院；深圳市同泰华创减震技术有限公司	宋廷苏　肖华宁　黄剑涛 王林建
193	实用新型专利	形状记忆合金绳楼梯滑移支座	ZL201921183775. 1	深圳防灾减灾技术研究院；深圳市同泰华创减震技术有限公司	肖华宁　宋廷苏　黄剑涛 王林建
194	实用新型专利	柔性道床减振结构	ZL201921168705. 5	深圳防灾减灾技术研究院；深圳市同泰华创减震技术有限公司	宋廷苏　肖华宁　黄剑涛 王林建
195	实用新型专利	地震模拟装置	ZL201921180187. 2	深圳防灾减灾技术研究院；深圳市同泰华创减震技术有限公司	肖华宁　宋廷苏　黄剑涛 王林建
196	实用新型专利	建筑抗震结构模拟装置	ZL201921168034. 6	深圳防灾减灾技术研究院；深圳市同泰华创减震技术有限公司	宋廷苏　肖华宁　黄剑涛 王林建
197	实用新型专利	隔震体验台	ZL201921167939. 9	深圳防灾减灾技术研究院；深圳市同泰华创减震技术有限公司	肖华宁　宋廷苏　黄剑涛 王林建

（中国地震局科技与国际合作司）

科技进展

天津市地震局科技进展

2020年，天津市地震局共承担各级各类科技课题31项，其中实施省部级及以上科技项目13项。完成2020年局内科研项目立项，共资助“地震预警数据质量监控体系研究”等12项科研项目。发表论文共计32篇，其中SCI论文3篇，核心论文13篇。获得软件著作权6项，实用新型专利权4项。

科技项目方面。“十三五”项目天津市防震减灾服务平台建设工程信息化部分、基建部分分别通过天津市委网信办、天津市发改委的批复，并正式下达投资计划，共落实经费6209万元投资计划。其中，信息化部分1183万元，基建部分5026万元。落实中国地震局与天津大学战略合作框架协议，依托大型地震工程模拟研究设施，与天津大学共建中国地震局地震工程综合模拟与韧性抗震重点实验室，完成实验室2020年建设任务，并通过中国地震局评估。组织申报3项中国地震局星火计划项目，其中“基于模板匹配的多窗谱比法震源参数计算方法研究及应用”项目获得立项。

科技成果方面。国家自然科学基金青年科学基金项目“2014年云南盈江地震前震序列与成核过程研究”，以2014年云南盈江5.6级地震及其前震序列为研究对象，进行地震序列目录遗漏地震检测、重新标定序列震相到时精定位、计算前震震源参数、计算前震序列静态应力变化、利用前震和余震作为模板对主震成核相波形进行拟合等方面的研究，研究结果对系统深入了解中国大陆地震成核过程物理机理和基于前震活动的强震预测预警工作提供了科学依据。天津自然科学基金青年科学基金项目“天津近代老旧建筑动态抗震能力与地震灾害快速判定技术研究”，通过对近代老旧建筑抗震能力和地震灾害快速判定技术研究，理清了近代老旧建筑的抗震能力，同时找到了研究、分析、鉴定近代老旧建筑抗震能力的方法，为后续地震灾害预警提供相应的基础支持。

深化开放合作方面。联合天津大学、天津城建大学、完成市科技重大专项“地震风险预警技术及服务产品研发应用”2020年工作任务。落实中国地震局与天津大学战略合作框架协议，联合天津大学共建中国地震局地震工程综合模拟与抗震韧性重点实验室，并通过中国地震局阶段评估。

科技管理方面。科研项目激励政策全面落实。完成2019年科技成果统计，对13项科技成果进行奖励。编发《关于进一步规范专利和软件著作权有关事项的通知》，进一步规范专利和软件著作权代理机构和专利和软件著作权内容和防震减灾工作相关事项。编发《关于进一步规范论文版面费报销有关事项的通知》，进一步规范论文版面费报销范围、论文发票和报销流程及附件要求。

（天津市地震局）

河北省地震局科技进展

与北京大学联合申请的国家野外科学观测研究站——“河北红山巨厚沉积结构与地震灾害国家野外科学观测研究站”于2020年12月28日列入科技部国家野外站择优建设名单。同时依托观测研究站与北京大学加深合作，获批河北省地震科技星火计划重点项目1项，共同开展人口密集区地震源区精细结构研究。

与防灾科技学院协同攻关，获批河北省地震科技星火计划重点项目2项，共同开展唐山震源区密集台阵观测与孕震环境、地震监测与震源机制等方面的研究。

为加快推进防震减灾事业现代化建设，2020年1月15日，河北省地震局与中国电信河北分公司签署协同创新框架协议。合作协议签订后，双方将在地震行业数据应用、“互联网+地震”智慧城市建设、大数据应用、紧急信息发布、物联网应用研究等方面开展协同创新交流合作，推动河北省地震信息化水平不断提升。

2020年10月27日，河北省地震局与中国地震局工程力学所签署合作框架协议。约定双方将在地震灾害风险调查与重点隐患排查、房屋设施加固、重大工程建构筑物健康监测与诊断、抗震减震技术研发与应用、河北区域震害成灾重点地区浅层结构探测与场地响应评估、地震烈度速报和预警技术等方面开展合作，双方还将通过发展地震科学基础研究、地震行业关键技术和共性技术，着力解决防震减灾中的地震技术科学问题和防震减灾任务支撑技术问题。

（河北省地震局）

内蒙古自治区地震局科技进展

2020年，内蒙古自治区地震局印发了《内蒙古自治区防震减灾优秀成果奖励办法》和《内蒙古自治区防震减灾优秀成果奖评审标准》，成立了微震监测创新团队、基于密集台阵观测的地壳精细结构探测创新团队和防震减灾科普宣教与社会服务创新团队。

（内蒙古自治区地震局）

辽宁省地震局科技进展

1. 重点科技项目进展

（1）完成中国地震局“中国大陆主要地震构造带活动断层探察”子项目“密山—敦化断裂辽宁段落（即浑河断裂）活动性鉴定”。

（2）与中国地震局地壳应力研究所合作开展“郯庐断裂带北延段（辽宁段）活动性鉴定与地震构造环境研究”项目。

（3）完成与中国地震局地球物理研究所签订的国家地震减灾科学计划项目“中国地震科学台阵探测——华北地区东部”子项目“辽宁中部区域宽频带流动地震台阵观测”。

（4）完成中国地震局震防司项目“老震区农村地震风险评估与管理示范”“密山—敦化断裂辽宁段（浑河断裂）活动性分段及地震危险性评价”。

2. 科技创新性成果

（1）开展城市居民区应急避难场所选址影响因子及模型研究。项目引入防灾居民圈概念，以小区或街区的最小单元为主体进行地震紧急避难场所规划。

（2）利用震源机制解资料反演辽宁地区精确现今构造应力场。按照不同震级对数据进行加权处理，来反演计算辽宁地区 3 个主要地质构造单元内的构造应力场，进而得到整个辽宁地区较为精确的构造应力场。

（3）无人机遥感技术在地震应急中的探索与应用。项目针对各类地震应急和日常业务需求，探索省级无人机地震灾情获取系统的应用模式，开展无人机低空遥感灾情图像获取关键技术与面向地震应急的 UAV 影像快拼方法研究，归纳整理无人机震害信息遥感解译标志，利用 ENVI 平台开展基于高分影像建筑物信息定量提取与评估方法研究。

（4）辽宁地震应急值守自动响应系统项目功能模块研发及地震应急模板设计。系统能够保证辽宁省地震应急值守平台 24 小时保持与中国地震台网中心、辽宁省政府及省委应急平台畅通，及时对地震突发事件进行上报，系统主要由地震应急数据库和地震应急值守服务平台组成。

（辽宁省地震局）

黑龙江省地震局科技进展

1. 重要科技项目完成情况

2020 年，《黑龙江省Ⅷ度设防区农村房屋抗震性能分析与提升对策》《东北地震区 1:100 万数字地震构造图编制》2 项星火攻关项目通过中国地震局验收。《黑龙江省东南部地震应急图快速产出系统研制》等 14 个项目通过黑龙江省地震局验收。

2. 重点科技项目进展

《东北地震区 1:100 万数字地震构造图编制》项目利用 ArcGIS 地理信息系统，建立东北地震区 1:100 万数字地震构造图数据库，编制东北地震区 1:100 万地震构造图。分析东北地震区地震构造特征，整体上实现东北地震区地震构造图数字化管理。项目组利用高分辨率卫星影像数据，解译发现和进一步确认依兰—伊通断裂方正南至汤原县北约 150 千米的范围内存在连续的断层陡坎；探槽所揭示的结果和样品年龄测试结果进一步证实该断裂晚更新世或全新世活动的证据，提升对东北地区活动构造研究基础；编制出版东北地震区地震构造图（1:100 万）及说明书、东北及邻区地震构造图（1:150 万）、黑龙江省地震构造图（1:100 万），吸收研究区内断裂活动性新认识，是地震地质基础图件，用于活断层探测、地震构造评价、地震风险评估方面的研究，为下一代区划图编制提供重要参考。同时可作为防震减灾基本宣传图件，用于防震减灾地震地质知识普及，推进防震减灾信息化建设。

“黑龙江省Ⅷ度设防区农村房屋抗震性能分析与提升对策”项目通过对黑龙江省Ⅷ度设防区农村房屋的调查分析和典型砖混结构农房 1:4 比例的缩尺模型振动台试验，研究房屋抗震性能影响因素和提升对策，建立一套实用农房抗震性能评级方法体系，并将该评估体系用于目标区农房抗震性的评估分析，指导当地农房设计、施工建设和抗震加固。项目组通过研究工作，建立对黑龙江省Ⅷ度设防区内农村民居房屋抗震能力的更系统、全面及准确的认识；完成黑龙江省Ⅷ度设防区内农村典型砖砌体结构房屋的全机理破坏分析，进一步给出黑龙江省农村民居房屋抗震能力的量化评定结果；提出一种气候适应性强、成本低廉、施工简便的 ECC 加固砂浆和分别用于对黑龙江省农村未震损及震损典型砖混结构房屋抗震加固的两种施工简易、应用性强加固方法。项目成果可服务于地震风险评估研究，充实防震减灾宣传内容，用于农村民居房屋抗震加固知识普及等。

（黑龙江省地震局）

上海市地震局科技进展

2020 年，重点推进上海佘山地球物理国家野外科学观测研究站（以下简称“佘山野外站”）建设。成立学术委员会，聘请南方科技大学杨挺教授为站长，陈永顺教授担任学术委员会主任，石耀霖院士等 11 位专家学者为学术委员会委员。围绕佘山野外站定位和发展目标，设立地震监测和预警观测研究室等 7 个研究室（中心）。召开佘山野外站工作研讨会暨学术委员会第一次会议，审议 2020 年工作计划和发展规划。编制《学术委员会章程》，发布《开放基金管理办法》。2020 年资助开放基金课题 8 项、重点课题 4 项和研究室课题 33 项。

启动上海市新一代地震动参数区划图与地震灾害风险图编制项目，联合中国科学院大学、应急管理部自然灾害防治研究院等高校院所，计划用三年时间完成七个专题的研究任务。项目技术路线及实施方案均已通过专家论证进入实施阶段。

2020 年上海市科研计划资助项目《震后快速趋势研判系统研究及应用》以研究建立起震后趋势快速研判系统和长三角一体化示范区建筑物震害快速评估系统为目标，将对震情趋势会商技术平台进行现代化改造，开发应用长三角一体化示范区内建筑物震害评估信息数据库。

上海市地震监测中心研发的测震台网业务自动化产出系统在安徽省地震监测中心使用，有效提升了其测震产品产出效能。

（上海市地震局）

江苏省地震局科技进展

2020 年，江苏省地震局着力加强科技创新和人才队伍建设。修订《江苏省地震局创新团队管理办法（试行）》，推进创新团队建设。组织科研项目申报，《基于电磁大数据融合分析的地震智能检测系统关键技术研究》项目获江苏省 2020 年度重点研发计划专项资金资助，资助金额 120 万元。实施《江苏省地震局促进科技成果转化暂行办法》，拓展科技成果转化领域，激励科技人员加快推进科技成果转化。加大优秀年轻干部和科技人才培养力度，制定专业技术职称评定办法等，2020 年江苏省地震局 1 名专技人员获评中国地震局二级研究员，1 名评为骨干人才。

（江苏省地震局）

浙江省地震局科技进展

2020 年，浙江省地震局出台《浙江省地震局科研项目管理办法》《浙江省地震局防震减灾科技成果奖励办法》。积极争取各类科技项目，申报国家自然科学基金项目 2 项，作为参与单位申请面上项目 2 项。申报浙江省公益计划项目 2 项，中国地震局星火计划项目 3 项。

（浙江省地震局）

安徽省地震局科技进展

2020 年，安徽省地震局深化科技创新，加强与中国科学技术大学、清华大学合肥公共安全研究院合作。在“一场一带一站”发展战略中，制定了蒙城地球物理国家野外科学观测研究站（2021—2025）五年发展规划。与清华大学合肥公共安全研究院在重大地震灾害情景构建等方面开展项目合作。

在科研项目申报方面，安徽省地震局组织申报国家级、省级、中国地震局各类科研项目 32 项，获批 5 项震情跟踪课题、2 项“三结合课题”、1 项地震应急青年课题。组织 1 项安徽省自然科学基金项目参与验收，1 项星火计划项目获得验收优秀。

1. 国家及中国地震局重点科技项目

（1）国家自然科学基金青年项目——“郯庐断裂带中段最新活动断裂 F_5 在淮河以南的活动特征研究”(2019—2021)。开展郯庐 F_5 断裂以东紫阳山东侧断裂的活动性分析，露头剖面断层泥 ESR 测年结果及断层附近第四纪砾石层褶曲变形指示，该断裂在早、中更新世发生过强烈的挤压逆冲运动；覆盖于断层面和断层破碎带之上的晚第四纪地层平整连续表明，晚更新世以来断层不活动，不属于 F_5 断裂的分支。利用无人机技术测量了郯庐 F_5 断裂淮河—女山湖段不同地段的断层陡坎高度并计算其垂直滑动速率，断裂垂直滑动速率范围为0.21～0.65毫米/年，总体表现为中间大、两端小的活动特征。

（2）中国地震局星火计划攻关项目——“面波频散、振幅比和接收函数联合反演郯庐南段速度结构”（XH19020）。项目利用郯庐断裂带附近87个台站记录的噪声面波频散、ZH比和远震接收函数数据，通过联合反演揭示该区域较高分辨率的地壳速度结构模型与莫霍面分布特征，取得以下结论：①地壳5千米以浅，苏北盆地呈现显著的低速异常，郯庐断裂带明光以南在中地壳呈现较明显的高速异常，大别和苏鲁造山带在地壳35千米左右仍然呈现较低速的异常，这与其地壳厚度较厚有关；②郯庐断裂带东侧31.5°～32.5°N在地壳30千米呈现显著的高速异常，与该地区较薄的地壳厚度分布较为一致，也与宁芜矿区所在的位置对应，暗示这一区域是华北克拉通减薄的强减薄地带，来自地幔的热物质上涌，可能是该地区金属成矿带的深部来源，热岩浆入侵至中、下地壳冷却从而形成高速异常体。

2. 成果推广和科技开发

2020年，安徽省地震局共有11项技术服务类科技成果转化。在实施成果转化过程中，进一步完善安徽省地震局科技成果转化管理实施细则，细化科技成果转化管理规定，优化审批流程，提升了成果转化的效能。

（安徽省地震局）

福建省地震局科技进展

2020年，福建省地震局紧紧围绕“科技强局”发展战略，不断完善地震科技管理，努力为广大科技人员和地震科技创新服务。

1. 地震科技成果转移转化

2020年，福建省地震局与深圳防灾减灾技术研究院签订《地震预警与烈度速报成果转化补充协议书》，向中国地震局深圳防灾减灾技术研究院提交了“地震预警系统、地震烈度速报系统”软件系统及技术文档资料各1套、技术规程3项，实现地震烈度与速报科技成果转移转化费合计人民币460万元，取得显著实效。

2. 重大科技项目进展

福建省地震局牵头承担国家自然科学基金项目4项，一项重大项目，两项面上项目，一项青年项目。其中由金星研究员负责承担的重大项目“陆地水体气枪震源系统的研发与集成”，采用理论与实验相结合的形式开展气枪震源机理研究，完善现有大中型陆地水体气枪震源技术装备，研制一套小型陆地水体气枪震源技术装备，形成完整的陆地水体气枪震源系列装备，并研发一套气枪震源实验实时处理技术系统。项目进展顺利，根据预定研究目标，主要围绕气枪震源理论与实验、小型化气枪震源装备设计与建造、气枪震源实验实施处理技术系统模块功能进一步完善等几个方面开展相关工作。

（1）大容量气枪震源激发和传播机理实验与研究。建立无限理想液体介质中空腔爆炸源激发的地震波和气泡振荡动力方程模型，得到的科学结论：气泡半径越大，气枪激发的地震波频率越低；反之，气泡半径越小，频率越高。

（2）陆地水体气枪震源技术方案设计及小型气枪震源样机研制。在2019年设计方案的基础上，进一步完善设计图，并完成小型化气枪震源技术装备样机建造和初步性能测试。

（3）气枪震源实验实时处理技术系统研制。完成台站运行状态和震源参数实时监测模块研发、数据入库管理、多种不同叠加方法处理与显示、激发效果评估、震相自动识别等内容，基本完成系统各功能模型测试与研发，初步完成气枪震源实验实时处理技术系统的集成，并利用实际数据进行在线和离线检测。

（福建省地震局）

江西省地震局科技进展

2020年，江西省地震局推进“江西省防震减灾与工程地质灾害工程研究中心”和“江西九江扬子块体东部地球动力学野外科学观测研究站”两个省部级创新平台建设。联合东华理工大学制定并印发《江西省防震减灾与工程地质灾害探测工程研究中心和江西九江扬子块体东部地球动力学野外科学观测研究站开放基金项目申请指南》《江西省防震减灾与工程地质灾害探测工程研究中心和江西九江扬子块体东部地球动力学野外科学观测研究站开放基金管理办法》，设立联合基金50万元，明确科研方向，培育创新团队，开展科学研究。2020年结合团队科研方向，评审了26项基金课题，推进课题研究工作。

加快科技创新团队建设与创新成果运用。实施江西地震融媒体项目，研发基于互联网的“烈度速报与预警系统”“快速评估系统”“可视化会商系统”等，在第六届江西省互联网大会进行推广展示，收到良好效果。“赣震信使”在全省应急系统全面推广应用。加强科技创新团队建设。制定《江西省地震局科研团队管理办法》，组织开展科研团队申报与遴选工作，共认定解剖地震、透明地壳、智慧服务等5支创新团队。加快成果转化，制定《江西省地震局科技成果转化实施细则》，明确转化机制，鼓励成果转化，推进成果应用。

（江西省地震局）

河南省地震局科技进展

1. 强化科技引领支撑

2020年，获批中国地震局星火项目2项，三结合项目6项，震情跟踪项目2项。点面结合推动河南省地震构造探查项目，项目累计投入经费1.34亿元，完成全省断裂定位与活动性鉴定80%工作任务。城市活动断层探测进展良好，全省17个省辖市和济源示范区，6

个完成，6 个正在开展，成果已应用于城市规划和项目建设。开展非天然地震自动识别技术攻关，提升矿区地震监测研究能力。围绕平顶山地区小震活跃现象，深入开展调查研究，加强重点矿区监测地动波形研判，开展基于人工智能的地震波形鉴别技术研究。召开非天然地震自动识别技术研讨会，进行矿区及周边地震危险性分析，提交矿区调研报告上报中国地震局。

2. 科技成果推广

参与中国地震局分析会商技术系统建设工作，参与测震学异常自动识别模块研发工作，测震自动识别模块已在全国会商技术系统中上线投入使用。参加全国测震学科组测震学异常分析报告编写标准研制工作。《地震速报比赛训练平台研制》项目产出的地震速报模拟训练系统，推广应用到广西、内蒙古、上海、山西等省（自治区、直辖市）级地震局。河南地震台网自主研发的地震震相辅助分析软件，推广应用到阿克苏、宝昌、大连、丹江、恩施等数 10 个地震台。发展灾情获取和灾害评估技术，完成灾情收集管理系统微信程序基础功能模块设计，将无人机技术应用于地震演练现场、灾害调查预评估、风险调查工作中。

3. 深化科技体制改革

修订《河南省地震局科技成果转移转化实施细则》和《河南省地震局科研项目管理办法》。以预警工程、地震构造探查及活断层探测等为抓手，注重在地震科学研究、地震灾害风险防治等方面培养优秀科技人才。完成第二批青年英才和第三批科技创新团队的遴选，研究确定青年英才 8 名，创新团队 3 个。完成第一批科技创新团队的结题考评和第二批科技创新团队的阶段性考评，遴选确定地电异常核实智能设备研发团队、电磁数据星地比测研究团队、微视频创作团队 3 支团队为第三批创新团队。研究确定 2020 年度监测预报业务能力提升研究课题 6 个。制定高学历人才保障措施，不断完善科技条件，激励专业人才创新创造。深入落实与中国地震局地球物理勘探中心、中国地震局地质研究所等单位的合作协议，充分利用其科技资源，在项目实施、人才培养、科技创新等领域加强合作。实施与武警总队、测绘地理信息局、民政厅、水利厅、省科学技术协会、中原油田、煤田地质局等部门合作计划，健全开放合作机制，共同推进防震减灾科技创新。

（河南省地震局）

湖北省地震局科技进展

1. 积极推进区域研究所改革

2020 年，按照中国地震局对武汉地球观测研究所建设方案批复的要求，积极推进区域研究所改革。完成研究所章程、三定方案等文件的报备，完成内设机构整合，完成研究所领导班子和下属研究室负责人选聘。

2. 科研项目管理

2020 年，湖北省地震局克服新冠疫情影响，积极组织科研人员申报各类竞争性科研项目，全年共获批国家自然科学基金项目4项，项目经费合计201万元；地震科技星火计划攻关项目3项，总经费48.74万元；湖北省自然科学基金1项，总经费3万元。

完成5项国家自然科学基金、7项星火计划项目结题验收工作。积极推进“一带一路”项目进展。协调完成重力台气象仪合同签订工作，推进相对重力仪、绝对重力仪的采购工作。

3. 科技成果产出和修购项目实施

2020年度共申请各项专利发明累计15项，实用新型专利24项，软件著作权15项，获得国家授权发明专利2项，实用新型专利授权13项、计算机软件著作权21项。已发表SCI论文20篇，EI论文5篇，核心论文40余篇。通过中国地震局申报国家科技进步奖1项。

修购项目方面，完成2018年修购项目进口设备绝对重力仪验收及尾款支付工作；2020年公开招标的484万元设备已全部完成公开招标、合同签订等工作；申报2021年修购项目“地震大地测量实验室（武汉创新基地）设备购置项目（二期）”和“引力与固体潮国家野外观测站（武汉创新基地）设备购置项目”，申请经费900万元。

4. 科技支撑平台建设与维护

进一步规范武汉引力与固体潮国家野外观测研究站的管理，发文成立管理委员会及其办公室，制定野外站管理办法。组织编制野外站2019年度总结报告并报送科技部基础条件平台中心和省科技厅。

（湖北省地震局）

湖南省地震局科技进展

2020年，湖南省地震局推进科技创新体制改革，印发实施《湖南省地震局党组加快推进科技创新的实施方案》，制定出台《湖南省地震局科技成果转化实施细则（试行）》工作制度，成立“常德地震重点监视防御区地震构造研究”“地震监测信息技术”两个科技创新团队。积极开展课题研究，承担中国地震局星火计划项目“基于多目标进化优化算法的测震应急流动台智能选址方法”，完成年度研究任务；完成2020年度湖南省地震局防震减课题申报评审，下达“基于连续小波变换的地球场—线应变异常分析”“江汉—洞庭盆地断裂活动性研究”“湖南省地下流体典型干扰性分析”等4项课题任务。完成2019年度到期课题结题验收，“GIS高级制图技术在湖南地震中的应用”“湖南省地下流体台观测效能评估”2项课题按期结题。

（湖南省地震局）

广东省地震局科技进展

1. 重点科技项目进展

2020 年，国家重点研发计划项目课题《人员埋压快速搜索定位技术》按计划持续推进。初步建立建筑物倒塌引起的地震埋压人员分布评估模型，开展 LBS 定位服务技术的应用研究，初步实现城市群尺度人员埋压集中区快速判定；提出基于改进的非对称卷积神经网络模型 ARC－Net 的建筑物提取方法，建立基于机载热红外遥感数据的倒塌房屋提取模型；完成基于北斗和无线通信的高精度定位系统原型机开发，实现部分废墟埋压人员集群快速探测的预期指标；提出基于 UWB 雷达的人体微动特征识别方法；形成多尺度定位信息融合策略；初步完成“基于多源多尺度信息融合的埋压人员快速搜索定位系统”的功能模块开发。

组建具有广东防震减灾现代化服务特色的城市地震安全研究所。广东省城市地震安全研究所（广东省防震减灾科技协同创新中心）经广东省事业单位管理局批准，成为广东省首个中心法人化和实体化运行的省协同创新中心。“基于地震烈度速报的灾害损失评估系统研究与公共服务信息应用”“广东沿海地震海啸危险区评价系统建设”2 个重点项目稳步推进。

2. 主要学科领域创新性成果

与深圳防灾减灾研究院合作，参与国家地震烈度速报与预警工程项目——技术规程与定制软件，完成 4 项技术规程及参与 5 项核心软件的研发。完成行业标准国家地震烈度速报与预警工程项目技术规程《综合波形分析数据处理规程》《地震烈度速报与预警系统数据格式规程》《波形交换数据处理规程》及《地震参数速报数据处理规程》。截至 2020 年底，已在国家预警工程先行先试示范地区四川、云南、广东应用，实现测震、强震和烈度仪三种监测数据的实时汇集。

3. 成果推广应用

中国地震局地震科技星火攻关项目“强震动台网数据处理系统研发与应用”通过验收。项目对“数字强震动台网管理软件”进行重新架构，基于 Java EE 技术全新开发出可跨平台、分布式部署的“Collectors 强震动台网数据处理系统软件”。具备全网台站运行状态准实时监控、地震事件数据自动汇集、强震动事件参数（PGA、PGV、PGD、IPGA、IPGV、反应谱）自动处理、设备远程控制、报表自动生成（远程通信检查表、强震动记录报告单、强震动记录分析结果表、强震动观测简报）等功能，进一步促进我国强震动观测业务水平的提高。截至 2020 年 12 月，系统已接入全国近 1000 个基于触发式事件记录的强震动台站。该系统软件在处置地震事件时，一般能在 2～10 分钟内陆续完成地震事件的自动回收和强震动参数的自动产出，强震动台网的速报能力由软件推广前的小时级别跃升到分钟级别，在日常的台网运行维护管理和地震应急工作上发挥实效。

（广东省地震局）

广西壮族自治区地震局科技进展

2020年，广西壮族自治区地震局实施科研项目16项，项目总金额512.5万元。发表论文49篇，其中SCI收录2篇、EI收录1篇、核心期刊33篇、其他13篇，为广西地震局历年公开发表论文数量之最。组建广西烈度速报与预警技术应用研究科技创新团队等4个创新团队，周斌同志入选中国地震局骨干人才，阎春恒同志入选中国地震局青年人才。

实施"透明地壳"，服务广西经济社会发展。实施"广西重点地区中强地震强化监视与跟踪预测研究""红水河流域水库地震特征的精细研究——以天峨至大化段为例"等基础研究项目，获取了广西壳幔精细结构、主要断裂带性质、区域动力环境和构造应力场等成果，为广西地震预测预报提供丰富的基础资料。

开展"解剖地震"，提升地震灾害风险防治水平。"北流5.2级和靖西5.2级地震震区地震灾害风险调查与分析项目"发现了靖西—崇左断裂最新活动迹象，确定了靖西和北流地震的发震构造和控震构造，提出靖西地震的发震机制，初步确定北流地震的发震机制，初步证实靖西市湖润镇地区为中国地形一级阶梯和二级阶梯的转换带。

实施"韧性城乡"，提升地震应急响应能力。9月15日，会同自治区减灾委员会办公室联合印发《广西壮族自治区地震易发区房屋设施加固工程实施方案》，完成11类房屋设施加固技术要求。编写完成"广西北部湾经济区地震灾害风险防控项目"建议书，完成东兴等3个试点县地震风险普查方案编制和基础资料收集。编制《广西壮族自治区基于遥感影像和经验估计的区域房屋抗震设防能力初判工作实施方案》，在玉林市玉州区玉城街道、城西街道开展试点工作。

实施"智慧服务"，健全公共服务平台。通过地震速报信息共享平台为高铁、核电、水库大坝等重点行业单位提供实时地震速报信息服务。针对北海东方希望材料科技有限公司"北海氧化铝项目"赤泥干堆场原场址不符合地震安全要求的情况，广西地震局积极主动为企业重新选址提供专业帮助，为企业节约了上亿元建设成本。

（广西壮族自治区地震局）

重庆市地震局科技进展

2020年，重庆市地震局推进国家地震烈度速报和预警项目重庆子项目实施。完成1个新建基准站、26个改造基准站和19个新建基本站的土建施工，并通过初步验收；基本完成19个一般站的设备安装。组织完成预警终端安装和临时预警中心方案设计，并已接入四川省地震预警网络信号。

开展重庆市地震烈度速报和预警工程项目前期工作。编制项目管理机构方案，组织成立技术团队，截至2020年底完成所有台站勘界工作、11个区县的林地占用审查工作、6个区县 7 个基准站的征地费用预缴工作，合川、南川、荣昌等区县已进入正式征地程序；抓紧实施压覆矿评估、地灾评估和社会风险评估；初步设计完成，工程概算已提交审查，施工图设计即将完成。

组织实施 2020 年度重庆市地震台优改项目。重庆市地震局高度重视重庆台优改项目，在克服疫情不利影响情况下，推动项目招标并如期开工。积极组织项目施工，每周督查施工监管情况。项目已于 2020 年 10 月完成竣工验收，获得验收组一致好评。

（重庆市地震局）

四川省地震局科技进展

1. 重要科技项目进展

（1）国家重点研发课题“现场地震烈度图动态快速生成技术和模式”。建立多因素控制的地震烈度初评估模型。研究建立了星机地多源灾情信息的融合和与烈度的定量转换模型，实现了多源灾情信息的标准化表达和与烈度的转换。研究建立了利用多源灾情信息动态修正地震烈度的方法和模式，解决烈度评定单一的问题，提高了烈度评定的效率和准确率。研制了地震烈度图快速制图系统，实现了多因素控制的地震烈度初评估快速出图、星机地多源地震灾情信息融合和转换、地震烈度动态修正和地震烈度图快速制图等功能。实现了地震烈度图全过程动态生成和出图，提高现场烈度图准确度和制图效率，为地震应急救援、恢复重建等提供依据。课题成果在甘肃省地震局、贵州省地震局应用，通过实际工作检验，课题成果可以有效提高烈度图制图准确度和效率。

（2）国家重点研发课题“川滇地震重点监视防御区应急协同技术示范”。构建了不同时段、不同场景下面向不同对象应急信息协同模式。构建了初步的多主体多阶段动态决策的地震应急协同模型。开展了应急协同技术平台的总体设计和详细设计等工作。实现面向部门的地震应急协同终端软件开发和移动 APP 软件开发，实现应急信息智能化直观展示与协同标绘调度功能。完成云南临沧、四川西昌示范区调研和基础数据收集、统计和分析；研究效能评估方法对比分析，从可用性、可信度和能力三个方面建立了应急协同技术系统效能评估体系。

（3）自然基金面上项目“青藏高原东边缘岷山块体及邻区地壳深部结构特征研究”。收集并整理研究区内观测数据等波形资料，筛选地震事件，拾取到时。采用背景噪声成像技术获取台站对直接的频散曲线。通过单方法反演获取青藏高原东边缘岷山块体及邻区的三维 P 波速度模型。

（4）自然基金青年项目“安宁河—则木河断裂带的现今地震危险性真有这么高吗?”。获取了安宁河、则木河、大凉山区域的速度场及应变率场产品；通过反演和机器学习算法，获取了三条断裂带上的平均滑动速率、应力累积状态等图像，并基于面应变率和应变率场的第二不变项分析了该区域的发震潜势，认为安宁河、则木河、大凉山围合区域的地震风险较周边其他区域明显偏高，应变率第二不变项最高值出现在西昌附近。

2. 科技成果情况

2020 年共发表发表论文 71 篇，SCI 3 篇，EI3 篇，核心期刊 22 篇，一般期刊 43 篇。获得实用新型专利 1 项（即《一种地震灾后生命体征侦察探测球》），软件著作权 15 项。

（四川省地震局）

贵州省地震局科技进展

2020 年，贵州省地震局和深圳防灾减灾技术研究院、东华理工大学、四川大学、煤田地质局创新团队开展在推动在桥梁、水库地震监测和非天然地震事件监测等重点领域合作，制定工作方案并取得初步成果。

与中国电建贵阳院合作，将水库地震监测数据接入贵州地震台，全省地震监测能力进一步提升。

与贵州省科技厅开展战略合作，落实 110 万元专项经费，推动六盘水市活动断层探察、贵州西部地区地震风险评估与防范策略研究等科研项目。

2020 年获批 1 项星火计划项目、2 项地震应急青年重点任务，3 项科研项目按要求顺利实施。

修（制）定《贵州省地震局科研项目（课题）管理办法（暂行）》《贵州省地震局科技成果管理办法》2 项规章制度。

（贵州省地震局）

云南省地震局科技进展

2020 年，云南省地震局各类在研课题 81 项。继续资助 3 个局科技创新团队开展工作。持续推进“陈颙院士工作站”“李建成院士工作站”建设。完成 3 项中国地震局星火计划项目验收。

发表科研论文 90 篇，其中 SCI 收录 3 篇，EI 收录 1 篇。出版专著 1 部。获得专利 4 项、软件著作权 31 项。

（云南省地震局）

陕西省地震局科技进展

1. 重点科技项目进展

2020 年，承担 2 项国家自然科学基金课题。“鲁山太华杂岩的 Pb 同位素地球化学研究及其构造意义”课题完成样品的长石 Pb 同位素原位微区分析和锆石的 CL 图像、SIMS 上机测试，推算出下太华群变质杂岩原岩从地幔中分异的时间，分析得出 Pb 同位素的不均一主要是与岩石形成时的初始值有关等阶段性成果；“利用密集地震台站研究西秦岭造山带的地壳结构与变形特征”课题获取了西秦岭造山带地壳精细结构图像、地壳各向异性分布的初步结果，并且首次利用接收函数方法在实际研究中提取了地下倾斜界面参数。

2020 年，获批国家自然科学基金课题 1 项、星火计划 1 项、三结合课题 7 项，立项启航与创新基金 27 项。与甘肃省地震局等 5 家单位联合验收星火计划项目，陕西省地震局 2 项完成验收。发表科技论文 59 篇，其中 SCI、EI 收录 25 篇、中文核心 13 篇，获得软件著作权数 6 项、获得实用新型专利 2 项。

2. 成果推广和科技开发工作情况

2020 年，出台《陕西省地震局促进科技成果转化实施细则（试行）》。向渭南市、富平县政府移交推广富平地震小区划成果应用。推广减隔震等抗震新技术新材料应用。

推进基础探测、主动源观测、减隔震技术应用、城市灾害风险情景构建、地震信息化、地震灾害保险等工作在陕西开展和试点应用。与中科院空天信息创新研究院、中国地震局地壳应力研究所三方签订电磁卫星数据真实性检验站建设合作框架协议，与西安航天精密机电研究所签订战略框架协议，与西安地震局共同建设 360 秒超宽频带计。

（陕西省地震局）

甘肃省地震局科技进展

1. 国家自然科学基金项目“金塔南山东端近南北向张性构造的晚第四纪活动特征及其成因机制”

研究以在金塔南山东端发现的多条南北（SN）向正断层为研究对象，对其几何展布、运动学特征和构造转换关系开展深入研究，同时完善区域活动构造图像，综合分析阿尔金断裂东延、青藏高原扩展等科学问题。

课题组使用的研究方法包括高分辨率遥感影像解译、活断层填图、探槽研究、光释光测年、差分 GPS 和无人机摄影测量等。查明了研究区活断层的几何展布图像和构造转换关系；定量研究了相关断裂的晚第四纪活动特征；完善了研究区周边活动断裂的几何图像和新活动特征。基于上述研究结果，分析探讨了 SN 断裂系的演化、青藏高原扩展和阿尔金断裂的东延。金塔南山断裂的左旋走滑和向东扩展是 SN 断裂系形成和演化的直接原因。金塔盆地周边断裂的几何展布图像和新活动特征受青藏高原扩展、阿尔金断裂共同控制。

2. 中国地震局地震科技星火计划项目“面向震后极化 SAR 图像震害识别的震区多类型建筑物提取研究”

研究以震后单时相全极化合成孔径雷达（POLSAR）数据为数据源，综合运用特征提取、特征融合、图像分类识别、决策融合等关键技术，针对 POLSAR 图像的特点构建了新的特征，提出新的特征融合方法以及建筑物震害识别方法，实现了 POLSAR 数据极化特征与强度特征的融合，充分利用了 POLSAR 的相位信息和幅度信息，发展了基于 POLSAR 数据的建筑物震害信息自动提取方法。

3. 甘肃省自然科学基金项目“连续 GPS 观测研究甘肃东南部区域现今地壳垂向变形特征”

选用 ITRF2014 全球参考框架，进一步清晰地描述青藏高原及周缘内部变形特性：①甘肃东南部区域现今地壳垂向变形特征；②西秦岭—松潘构造结地貌演化与 GPS 速度场的变形关系；③甘肃省东南部主要断裂的地震危险性分析。

4. 甘肃省自然科学基金项目“河西走廊东部民乐—永昌断裂构造活动特征和变形机制研究”

研究采用活动构造、构造地貌和地震学等多种方法，在前期资料收集整理、航卫片详细解译的基础上，对河西走廊盆地内部的民乐—永昌断裂的新活动特征开展野外调查、变形测量以及小震精定位等综合研究，获得了断裂晚第四纪构造活动方式、逆冲速率、深部构造特征等定量参数，并以民乐—山丹地震为例对其发震机制进行分析讨论。

（甘肃省地震局）

新疆维吾尔自治区地震局科技进展

2020 年，新疆维吾尔自治区地震局制订、修订《新疆地震局科技成果转化管理办法（试行）》《新疆地震局科技创新团队管理暂行办法》《新疆维吾尔自治区地震局防震减灾科技成果奖励办法》《新疆维吾尔自治区地震局防震减灾科技成果奖励实施细则》及《新疆维吾尔自治区地震局科技论文奖励办法》，组织开展创新团队建设方案的评审，确定资助 3 个团队开展相关研究工作，签订任务书，设立创新团队绩效专项；乌苏泥火山、南天山 GPS、震级转换等方面的研究成果已应用于日常监测预报等工作。

与中国地震局地质研究所联合申报的新疆帕米尔陆内俯冲国家野外科学观测研究站成功入选择优建设名单；组织申报“天山北坡城市群精细化地震风险评估关键技术研究”项目获批自治区重点研发项目，为新疆局历史上首个获批项目。中亚地球化学实验室建设项目列入中国地震局 2021 年资助项目。

与喀什地区行署签订合作协议，与新疆天宇北斗卫星科技有限公司开展北斗数据的应用合作。申请中国地震局工程力学研究所重点实验室重点专项，与中国地震局地质研究所共同开展北天山及阿尔泰山重点活动构造的研究；与中国地震局地质研究所、中国地震局地球物理研究所、中国地震局工程力学研究所、中国地震局地震预测研究所、中国地震台网中心、中国地质大学等科研机构共同开展新疆境内地震观测与相关基础研究。

获批外交部亚洲合作专项 1 项；获批新疆维吾尔自治区自然科学基金面上项目 3 项；获批中国地震科技星火计划项目 1 项；星火计划资助的年度危险区地震灾害应急风险评估

项目取得的研究成果已转化为新疆地震局年度危险区例行工作；新疆局新疆地震科学基金资助课题 16 项。

（新疆维吾尔自治区地震局）

中国地震局地球物理研究所科技进展

2020 年，中国地震局地球物理研究所紧密围绕国家防震减灾重点工作部署，积极谋划“十四五”规划，加强国家地震科技创新工程“透明地壳”计划的牵头和组织实施，形成了中国地震局地球物理研究所“十四五”科技创新支撑新时代防震减灾事业现代化建设行动方案，内容涵盖强震孕育发生机理、地震观测仪器研制、地震监测预警技术研究、地震灾害风险评估和中国地震科学实验场构建与示范等。面向国家重大需要，为国家新能源开发战略提供地震安全保障，牵头联合北京大学、中国石油大学（北京）、中石油浙江油田分公司和四川省地震局等成功获批科技部变革性技术重点研发项目“川南国家级页岩气示范区地震活动性风险评估与对策研究”。

在科技成果产出方面，在地球物理学报、*GRL*、*JGR*、*Tectonics*、*Earthquake Science* 等国内外重要影响力期刊发布高质量论文 70 余篇，出版专著 1 部，获批发明专利 7 项，软件著作权 16 项，参与发布地震行业标准 1 项。

2020 年牵头承担国家重点研发计划项目 7 个、课题 21 个，包括区域三维精细壳幔结构研究与巨震震源识别、基于断层带行为监测的地球物理成像与地震物理过程研究、地震构造主动源监测技术系统研究、新型便携式地震监测设备研发和中国大陆场地分类方法与场地地震动影响模型研究等。承担国家自然基金地震联合基金项目 4 项，包括华北克拉通壳幔结构与深部孕震环境研究、基于密集台阵的活断层高分辨率地震干涉成像新方法、珊瑚岛礁岩土动力特性及场地地震稳定性评价方法和逆冲构造背景下的强震孕育发生过程与前兆机理研究等。各项目组均按照年度目标完成相关地震科技基础理论和关键核心技术的研究工作。其中，项目新型便携式地震监测设备研发等 4 个项目已顺利通过科技部关于中期检查。

中国地震科学台阵项目基本完成第三期，同时启动我国西北地区预研工作。根据已有观测资料，对华北地区深部结构开展成像研究，获得了 P 波、S 波速度结构、莫霍界面深度分布、地壳介质泊松比的分布等结果，其横向分辨小于 50 千米，为我国大陆及邻近海域进行壳幔结构的探测和成像，为孕震深部环境研究提供了探测和研究依据。

为支撑服务于国家清洁能源开发，应中国地质调查局请求，组织专家参与青海共和盆地干热岩勘查与试采科技攻坚战，针对干热岩压裂造储控震关键技术开展专题研究，相关工作得到地调局的高度评价。积极推进“川南工业开采区地震活动性及其灾害风险研究”工作，开展与工业开采相关的诱发地震监测预警、发震机理、风险评估管控等相关研究。

（中国地震局地球物理研究所）

中国地震局地质研究所科技进展

2020 年，中国地震局地质研究所强化科技创新，不断提升学术竞争力和影响力，持续加快科技成果转化，积极服务国民经济建设。在重点项目、学术论文、科技服务等方面取得长足进展。

1. 重点项目进展

甘卫军研究员负责的国家重点研发计划课题、地震动力学国家重点实验室自主研究课题“地震亚失稳阶段地壳应变时空演化“云图”的密集 GNSS 台阵观测演化特征获取技术及其应用”建成两处国内迄今最高密度的连续 GNSS 观测台阵，获得大量的 GNSS 观测数据和高精度 GNSS 坐标变化时间序列，搭建了基于高密度连续 GNSS 台阵观测的“地壳应变云”分析软件平台，在国际专业期刊（*JGR*、*SENSOR*）发表了相关阶段性研究成果。

单新建研究员负责的国家自然科学基金重点项目“基于高频 GNSS 地震学的震源参数与破裂过程实时反演研究”取得的主要进展包括野外测震台站的增设、实时多模 GNSS 数据处理算法的改进、测震学与大地测量学数据融合算法的改进、基于高频 GNSS 的地震参数快速确定算法研究、地震破裂过程实时反演算法的研究、基于 GNSS 的地震预警系统平台优化和强震破裂过程的回溯性反演研究。

聂高众研究员负责的国家重点研发计划课题“全时程灾情综合分析与决策技术研究”基于致死性的地震危险区预评估和震后快速评估理论，地震地质灾害人员伤亡高精度评估，基于属地特征的分区应急辅助决策模板构建，基于手机热力图的地震影响场修正技术。

何宏林研究员负责的国家重点研发计划课题“活动断裂高精度高分辨率地表结构和活动性参数提取技术”已基本完成课题中期任务，在高精度高分辨率三维地形数据采集、活动断层定位和活动性参数提取等技术方面取得一批新的成果。

许建东负责的所长基金重点项目“中国大陆关键火山区地质调查与火山数据库建设”在对中国大陆活动火山监测与研究成果进行系统收集、归纳、分析、补充、整理的基础上，完成 8 处新生代晚期火山（群）的野外地质考察和室内样品分析测试工作；利用 ArcGIS 图形与数据管理技术平台，开发了火山专业成果数据查询、分析、共享、发布等管理功能，建立我国首个开放的火山数据库，对中国内陆活火山的科学资料和数据加以科学管理。

2. 学术进展

2020 年，中国地震局地质研究所科研人员和研究生以第一作者发表学术论文 150 篇，其中，SCI 收录 114 篇、EI 收录 23 篇。SCI 论文中，国际 SCI 收录论文 92 篇，发表在影响因子 2.0 以上 SCI 期刊的论文 83 篇。17 篇论文发表在影响因子大于 4.0 的国际著名期刊上。

王丽凤等发表在 *Science* 子刊 *Science Advances* 上的成果《摩擦产生的热扰动是中下地壳断层失稳的可能机制》，在慢地震发生机制方面获得重要进展，受到国际地震界广泛关注。

王敏等人发表在国际著名地学期刊 JGR 的成果《通过震间 GPS 观测分析获得的最新中国大陆地表应变率场》，利用过去 25 年间的 GPS 资料获取了中国大陆有史以来分辨率最高最精确的地壳水平运动速度场，对青藏高原和华北地区的构造运动和动力学特征提出创新性认识。被美国地球物理学会作为2020年3月研究亮点报道。

代表性成果还有：《复杂山区地表长波辐射建模》《青藏高原河流阶地形成机制研究》《荣昌气田长期注水停止前后诱发地震活动特征》《青藏高原东缘大渡河流域晚新生代隆升历史：河流纵剖面模拟的约束及启示》《基于野外调查的尼泊尔地震震区内滑坡的演化分析》《青藏高原东南缘地壳的弥散变形特征：基于大地测量观测的新见解》《含黏土矿物断层岩和储层岩石的气体和液体渗透率对比：实验结果与演化机制》《大地电磁揭示东昆仑断裂带尾端和九寨沟地震区深部电性结构》和《基于断错位移累积的贺兰山西麓断裂强震活动特性研究》。此外，出版专著2部。

3. 科技服务进展

2020年，中国地震局地质研究所大力推动科技服务工作，代表性工作有：川藏铁路沿线、重点场地地震安全性评价、浙江三澳核电厂一期工程地震安全性评价复核、西藏雅鲁藏布江中游生态综合整治工程索朗嘎咕水、利枢纽工程场地地震安全性评价、蚌埠、滁州活断层探测及地震危险性分析标准孔探测与第四纪地层剖面建立。

（中国地震局地质研究所）

中国地震局地震预测研究所科技进展

2020年，中国地震局地震预测研究所开展加强科技创新支撑防震减灾事业现代化建设试点（以下简称“试点”）工作，为首个新时代防震减灾事业现代化建设试点研究所。该试点工作由中国地震局现代化建设领导小组办公室正式批复，6月12日召开试点工作启动会，中国地震局党组成员、副局长王昆出席会议并作报告。

按照试点方案，由中国地震局地震预测研究所牵头，中国地震台网中心、中国地震灾害防御中心、北京市地震局、天津市地震局、河北省地震局、山西省地震局、内蒙古自治区地震局、四川省地震局、云南省地震局为参与单位；中国地震局科技与国际合作司、监测预报司、震害防御司和公共服务司提供指导，包括地震数值预测研究和传统方法评估、地震监测站网评估、人工智能地震监测分析系统完善与应用、地震危险区精细调查和地震现场综合科学考察、预报员访学和地震信息专题图六项任务。通过三年试点产出：

（1）建立中国地震局数值预测路线图，开展传统地震预测方法评估，建成中国地震预测检验平台，并向相关单位推广检验方法和软件。

（2）从服务地震预测角度提出地震监测站网优化方案和首都圈站网完善方案，提出部分前兆观测手段观测规程改进建议。

（3）在中国地震科学实验场区的四川省地震局、云南省地震局开展人工智能地震监测分析系统业务化运行。

（4）完成地震科考指南，在地震危险区开展业务化试点。

（5）制定预报员访问学者及导师制度和地震预测开放基金管理办法。

（6）完成地震信息专题图工作指南和专题图样品。

中国地震局地震预测研究所把试点任务视同承担国家级科研项目，每项试点任务安排1名所领导或党委委员负责，与参与单位组建团队，共同制定工作计划，对每个阶段性进展进行专家论证，确保试点任务发挥实效。2020年，各试点任务举行会议44次；编发《试点工作通讯》25期，其中内部4期、公开21期；试点产出的《科学规划地震预测预报的进步》刊登于中国地震局办公室主办的《政策研究参阅》第24期（总第183期）。

2020年，各项试点任务顺利推进。举办面向全国预报人员的“地震与地震构造基本概念”系列培训；发布《震情会商技术方法测试评价细则（试行）》《地震预测开放基金管理办法（试行）》；初步编制地震数值预测概念评估、地震科考指南和地震信息专题图指南大纲，产出《云南省地震灾害风险信息图》《云南省昆明市地震灾害风险应对信息图》等地震信息专题样图；人工智能地震监测分析系统基本实现3.0级以上地震自动定位和震源机制解快速产出；2020年6月26日启动新疆于田6.4级地震“虚拟科考”，7月中旬产出《综合科学考察报告》，完成既定目标，创造了历时17天的记录。

（中国地震局地震预测研究所）

中国地震局工程力学研究所科技进展

2020年，中国地震局工程力学研究所牵头承担5项国家重点研发计划项目，分别为：“区域与城市地震风险评估与监测技术研究”（项目负责人：张令心）；“重大工程地震紧急处置技术研发与示范应用”（项目编号：2017YFC1500800，项目负责人：温瑞智）；“地震预警新技术研究与示范应用”（项目负责人：李山有）；“城市及城市群地震重灾区现场人员搜救技术研究”（项目负责人：戴君武）；“地震易发区建筑工程抗震能力与灾后安全评估及处置新技术”（项目负责人：孙柏涛）。

各项目均按照任务书要求完成年度研究目标和考核指标，产出成果为防震减灾工作提供重要科技支撑。其中，“地震易发区建筑工程抗震能力与灾后安全评估及处置新技术”顺利召开项目启动会，对项目和课题实施方案进行了论证并最终通过论证。“区域与城市地震风险评估与监测技术研究”“重大工程地震紧急处置技术研发与示范应用”“地震预警新技术研究与示范应用”完成中期报告并提交。

谢礼立院士牵头承担国家自然科学基金重点项目地震科学联合基金“建筑群及城市系统抗震韧性分析与评估”（U1939210），李山有研究员牵头负责的国家自然科学基金重点项目地震科学联合基金“复杂海域宽频带地震动确定性级联模拟及其作用机理”（U2039209）获批立项。

中国地震局工程力学研究所顺利完成科技部等六部委“扩大高校和科研院所自主权、赋予创新领军人才更大人财物支配权、技术路线决策权”改革试点和中国地震局科技体制改革试点工作，完成改革试点工作总结。完成中央级科研事业单位绩效评价试点工作，在中国地震局组织的“十三五”绩效评价工作中，评价结论为“完成预定目标，创新能力突出，综合评价优秀”，同时顺利通过科技部组织的现场检查和专家综合评议。完成国家国际科技合作基地绩效评估工作。

（中国地震局工程力学研究所）

中国地震台网中心科技进展

2020 年，中国地震台网中心承担的重点研发课题“海量用户亚秒级地震预警信息发布技术研究与软件研发及整体示范应用”，完成面向千万用户的亚秒级地震预警信息发布软件的极轻量级预警传输信息压缩技术、区域定向优先广播技术、海量用户高并发广播技术与高频高并发预警信息拉取技术、地震预警边缘计算方法研究，实现秒级并发用户超 1000 万的地震预警信息发布考核指标；完成手机端预警信息发布软件和 PC 端预警信息服务软件的功能设计、技术指标设计工作。

中国地震台网中心承担的重点研发课题“震例回溯研究”以亚失稳理论为指导，回溯研究震源区应力相关参数在破裂前不同时段的表现特征，初步提炼出九寨沟、康定地震前后 b 值、视应力以及震源机制一致性的时空变化特征。基于汶川 8.0 级、芦山 7.0 级、九寨沟 7.0 级等典型强震前后重力变化，探讨了应用重力场识别断层进入亚失稳阶段的依据和方法。选择前兆现象较为丰富的 2014 年鲁甸 $M_S6.5$ 地震开展综合解释研究，通过数据融合构建了震中附近区域三维精细地质模型，在此基础上初步建立了“简化”和“精细”两种有限元三维模型，可用于进一步的演化模拟和综合对比分析研究。

（中国地震台网中心）

中国地震灾害防御中心科技进展

1. 创新项目

组织研发基于遥感影像和经验估计的房屋抗震能力初判新方法，为快速摸清全国房屋分布与数量、宏观把握房屋整体抗震能力提供全新解决方案。自 2020 年 6 月底以来，技术团队开展方法探索和技术测试，以北京市海淀区温泉镇为试点，经过多次验证并结合专家指导，最终形成了技术流程清晰、操作简单便捷、易于推广应用，且具有科学性和可行性的实施方案，并通过了专家评审。9 月底完成北京市海淀区 29 个街道和村镇的初判图集制作，并开展了海淀区 100800 栋房屋的实地普查，经过对比分析，初判准确度在 80% 以上，实现了预期设想的工作目标。截至 2020 年底，完成全国 31 个省局技术指导和技术培训，在京津冀地区全面推广，其他省市开展局部试点。设立片区指导团队，及时提供技术支持，确保专项工作的完成。

2. 科技成果

2020 年度，震防中心获批国家自然科学基金项目 1 项，主持国家重点研发计划项目 1

项，参与重点研发计划项目课题及专题13项，获批中国地震局星火计划项目3项，发表论著论文16篇，其中SCI 2篇，EI 6篇；取得发明专利和实用新型专利5项。

3. 成果推广应用

中国地震灾害防御中心地震区划团队自主研发的工程场地地震安全性评价计算软件，2020年度完成软件的升级、成果认证以及网站建设宣传等工作。截至2020年底已有遍布全国12个省市的14家安评从业单位购买此软件。应用在核电、水电、地铁、机场等不同行业领域，取得了良好的社会和经济效益。下一步将根据用户的实际需求不断升级完善，并进一步加强软件的宣传推广工作，使其在重大工程地震安全性评价、区域性地震安全性评价、地震风险评估、核电多方案设计等实际工作中发挥更大的作用。

（中国地震灾害防御中心）

中国地震局发展研究中心科技进展

1. 推进2019年课题研究

2020年，跟进中国地震局2019年重大政策理论与实践问题研究课题的研究进展，形成2019年度课题研究报告16篇，决策咨询报告27篇，完成《中国地震局2019年重大政策理论与实践问题研究报告汇编》和《中国地震局2019年重大政策理论与实践问题咨询报告汇编》，报送应急管理部和中国地震局。组织专家对咨询报告进行把关，择优10篇在《政策研究参阅》刊发。

2. 组织开展2020年度和2021年度课题申报立项

编制《2020年度和2021年度中国地震局重大政策理论与实践问题研究课题指南》，面向社会公开发布课题申报公告。组织开展课题申报，2020年度共收到系统内外28家单位申报的40项课题；2021年度共收到系统内外22家单位申报的34项课题。组织开展课题评审，经上级主管部门审定，结合防震减灾事业发展需求，2020年度委托指定9项指令性课题，择优评选12项竞争性课题；2021年度委托指定11项指令性课题，择优评选9项竞争性课题。

（中国地震局发展研究中心）

中国地震局地球物理勘探中心科技进展

2020年各类在研科技项目共32项，其中国家自然科学基金项目10项、国家重点研发计划课题（专题）5项、地震科技星火计划项目5项，3项国家自然基金项目和3项地震科技星火项目顺利通过验收，新增国家自然基金3项、地震科技星火计划1项，发表核心以上论文24篇（其中SCI 7篇、EI 2篇），获发明专利1项，实用新型发明专利2项，软件著作权 9 项。

重点科技项目进展如下：

（1）重点区域超密集地震台阵观测及成像技术研发项目类型：国家重点研发计划课题；项目负责人：段永红。完成通州—三河—平谷地区和雄安新区短周期超密集台阵野外观测和数据整理与归档，完成三河—平谷地区背景噪声成像处理计算和成果图绘制，初步获取该区域三维 S 波速度结构模型，完成雄安新区数据预处理、互相关计算、频散提取和质量控制。

（2）高密度短周期天然地震剖面探测项目类型：国家重点研发计划专题；项目负责人：林吉焱。利用 $H-k$ 扫描方法获得了部分台站下方的地壳厚度和地壳泊松比值，并使用 $H-\beta$ 方法对接收函数进行了修正，减小了沉积层对接收函数的影响。

（3）华北克拉通成矿系统的深部过程与成矿机理项目类型：国家重点研发计划项目；项目负责人：王夫运。利用 w－h、X2—T2、PLuch、有限差分、正演试错等程序方法，获得剖面一维、二维地壳岩石圈结构模型，开展 S 波速度结构构建和结题报告编写。

（4）燕山期重大地质事件的深部过程与资源效应项目类型：国家重点研发计划项目；项目负责人：田晓峰。完成多条地震剖面的震相拾取和走时拟合反演，构建关键剖面下方的地壳上地幔纵波速度结构。

（5）密集地震台阵布设、浅层地震和高密度电法勘探项目类型：国家重点研发专题；项目负责人：刘保金。完成贺兰山断裂带东麓和大青山断裂带的野外观测，完成 9 个台阵的野外观测任务，完成野外数据采集，对台阵数据进行处理和三维模型构建。

（6）华北地区地壳结构三维地震学模型构建项目类型：国家自然科学基金面上项目；项目负责人：段永红。构建华北地区中东部三维地壳 P 波结构模型 HBCrust1. 1，完成研究区 819 个宽频流动台站的接收函数提取，获得兴蒙造山带与鄂尔多斯地块与山西断陷带中部地壳结构和泊松比分布和唐山大震区及邻区速度结构，采用接收函数和面波频散联合反演方法研究华北地区的地壳上地幔 S 波速度结构。

（7）基于多种类型地震数据构建川滇地区三维地壳模型项目类型：国家自然科学基金面上项目；项目负责人：王夫运。研究短周期密集台阵观测方法，对采集数据进行处理，获得了初步结果。

（8）利用气枪震源测深台阵观测资料建立长江中下游区域尺度三维地壳结构模型项目类型：国家自然科学基金面上项目；项目负责人：杨卓欣。2020 年 12 月项目已结题，结题报告待基金委审核。

（9）南北地震带中北段地震学参考模型构建及问题探讨项目类型：国家自然科学基金面上项目；项目负责人：潘素珍。初步构建了研究区三维基底形态、莫霍界面形态分布以及三维 P 波速度结构模型，利用远震数据接收函数方法，构建了研究区壳幔深度分布及泊松比分布图。

（10）大容量气枪震源的陆地反射地震数据处理方法研究项目类型：国家自然科学基金面上项目；项目负责人：酆少英。根据原始资料特点，采用非纵弯线面元定义、三维层析静校正、叠前多域去噪及组合反褶积等技术，得到了具有丰富的壳内反射波组的叠加时间剖面。研究结果充分表明，大容量气枪震源可用于陆地流动水体地壳精细结构的深地震反射探测。

（11）项西秦岭造山带及邻区地壳深部结构及动力学研究项目类型：国家自然科学基金面上项目；项目负责人：田晓峰。完成多条主要地震剖面的构建，对研究结果进行分析和解释。

（12）基于中国及美国地震台阵资料的远震 SH 波噪声源特征研究项目类型：国家自然科学基金青年项目；项目负责人：刘巧霞。2020 年 4 月通过结题验收。

（13）珠三角地区地壳浅部结构主动源和被动源联合成像研究项目类型：国家自然科学基金青年项目；项目负责人：魏运浩。2020 年 4 月通过结题验收。

（14）南北构造带中北段地震精定位和壳幔三维精细速度结构地震成像研究项目类型：国家自然科学基金青年科学基金项目；项目负责人：莘海亮。在已有速度结果基础上，采用双对－双差定位方法对研究区地震事件进行了精确定位计算。结合研究区已有地球物理和地质资料，对获得的三维速度结果与精定位结果与断裂、强震等进行综合分析。

（15）豫西扣马断层晚第四纪活动性研究项目类型：中国地震局地震科技星火计划攻关项目；项目负责人：贺为民。推导出一套基于钻探的隐伏断层面产状要素的计算公式，并在扣马断层隐伏段断层面产状求解中得到验证。基于地震地质调查、2 个探槽和 1 条钻孔联合地质剖面（含年龄样品）研究，认为扣马断层的最新活动时代为晚更新世晚期。

（16）PDS 型地震仪自动监控与校钟同步装置研制项目类型：中国地震局地震科技星火计划攻关项目；项目负责人：李从庆。研制了 5 台具备校钟功能的技术样机，开展了前期蓝牙、WIFI 以及 ZigBee 无线通信的技术调研和选型工作，完成无线通信硬件电路部分原理图的设计。

（17）中国地震科学实验场建设——深部结构观测系统项目类型：中国地震局行业专项（科学实验场）项目；项目负责人：郭文斌。完成 90 个宽频带台站架设、运维，53 个台站实现数据的实时传输。

（中国地震局地球物理勘探中心）

中国地震局第一监测中心科技进展

2020 年，中国地震局第一监测中心主持国家级、省部级课题、专题 16 项，包括重点研发 3 项，国家自然基金 4 项和地震科技星火计划 9 项。顺利完成科技部科技基础性工作专项的结题验收。

国家重点研发专项“基于大尺度形变场的大震危险性预测方法研究”课题，在完成新疆地区流动加密观测基础上，与已有的新疆地区 GNSS 水平速度场融合，获得了新疆地区加密的 GNSS 水平速度场结果，同时建立反演模型，计算给出了新疆地区的块体旋转、块体内部永久应变、断层闭锁程度、闭锁深度和滑动速率等长时间尺度（1999—2019 年）背景结果以及动态演化，最终初步给出基于泊松分布的各潜在危险区的强震概率预测结果。课题组共发表论文 9 篇，其中 SCI 论文 6 篇。

由中国地震局第一监测中心牵头，自然资源部大地测量数据处理中心、中国地震局第二监测中心、中国地震局、中国地震局地质研究所、湖北省地震局、武汉大学、中国地震台网中心等7家单位共同开展的科技部科技基础性工作专项《中国大陆垂直形变图集编制与资料整编》顺利完成验收。项目收集了自1950—2015年期间，共计65年的水准、GNSS和InSAR观测数据，包括长达84万千米的水准观测数据和超过1000GB的GNSS观测数据。由于大部分数据为纸制数据，在完成历史资料抢救和纠错的基础上，利用多源数据HeLMet平差方法，获取了更为稳定的水准和GNSS数据的融合解。项目产出的新一代多时空分辨率垂直形变图能够为我国城市规划、国防建设、重大工程的地震安全性评价、抗震设防等提供科学依据和基本信息，为强震趋势和危险区预测工作提供支持。

（中国地震局第一监测中心）

中国地震局第二监测中心科技进展

1. 数据中心建设

2020年，升级改造基础环境，开展智能运维平台筹备建设。机房面积达400平方米，机柜154个，云计算平台节点92个，CPU达5432核，内存24.8TB，存储能力近5PB。实施国家地震数据灾备中心箱式变电站增容及双电源改造。开展一体化智能运维平台筹备建设，实现一体化、智能化，服务地震系统内外近40家单位，提供超过250台云主机，为30项业务系统提供云端运行环境。

2. 开展数据质量评价

2020年，通过摸清数据资源现状，建立数据标准体系、开展数据质量评价、加强数据质量审计、更新等手段，提高数据的准确性、完整性、及时性、有效性、适用性，确保数据资源的权威性。制定测震台网和连续GNSS数据质量评价技术标准，推进地球物理台站数据质量评价技术标准制定，初步实现测震台网在线数据质量监控、连续GNSS在线数据质量监控。

3. 开展公共服务试点工作

制定公共服务事项清单，编制公共服务方案，研发测震数据共享服务接口，提供测震台网实时流数据服务、测震大数据技术平台服务，为国家大地测量数据中心提供准实时连续GNSS数据服务，经广东省地震局接入地球物理观测数据，为新型会商技术平台研发提供服务，与地球研签订科技交流与合作框架协议。

4. 实施模拟资料抢救

组织10家省局，设置11个扫描点，完成83万张图纸扫描任务。编制《模拟地震资料抢救项目实施管理办法》《模拟测震图纸电子化扫描技术规程》《地球物理模拟观测图纸扫描技术规程（磁照图、水平摆）》《国家测震台网缩微胶片扫描技术规程》《模拟测震图纸数字化技术规程》8个技术规程。

（中国地震局第二监测中心）

防灾科技学院科技进展

1. 汶川特大地震强震动反应谱特性及其汉源县城高烈度异常机理研究

项目主要完成单位为防灾科技学院，主要完成人为李平。项目提出具有明确含义的反应谱标定方法，系统给出了我国首个特大地震的地震动参数统计规律，并为高烈度异常的定量化揭示提供了完整的科学思路，具有重要的科学价值和工程意义。反应谱标定方法对较客观提取反应谱特征参数具有重要的应用价值；汶川特大地震反应谱成果为第五代区划场地地震动参数的确定提供了重要的依据；汉源高烈度异常的定量化研究思路对该领域的未来发展具有引领和支撑作用。

2. 地震灾害风险共担的银保联动机制研究

项目主要完成单位：防灾科技学院，主要完成人为袁庆禄。项目将我国地震灾害的银保联动金融产品设计及其风险转移效应评估作为主要研究对象。针对商业保险在地震灾害防治领域发展缓慢问题，研究更多融资主体参与的灾害风险分担机制，降低政府资金参与比例。创新性在于：通过立项支持，有望运用数理推导方法构建地震灾害风险共担模式的理论基础；将地震灾害视为确定性和非确定性外部冲击，分别构建动态 CGE 模型和 DSGE 模型，分析不同资金筹集模式下以及有无银保联动金融工具的风险转移效应，遴选出适合中国国情的银保联动灾害金融产品。

（防灾科技学院）

机构·人事·教育

主要收载机构设置及领导名单，地震系统院士、有突出贡献中青年专家、享受政府特殊津贴人员简介，人事教育工作，新通过评审的研究员名单，以及年度表彰情况等。

机构设置

中国地震局领导班子名单

（2020 年 12 月 31 日）

党组书记、局　长：闵宜仁
党组成员、副局长：阴朝民
党组成员、副局长：王　昆

（中国地震局人事教育司）

中国地震局机关司、处级领导干部名单

（2020 年 12 月 31 日）

<table>
<tr><th>部　门</th><th>职　位</th><th>姓　名</th><th>职能处室</th><th>职　位</th><th>姓　名</th></tr>
<tr><td rowspan="10">办公室</td><td rowspan="10">主　任
副主任
机关服务中心党委书记、主任
副主任兼党组秘书
副主任</td><td rowspan="10">李永林
张　敏
康小林
王　峰</td><td>秘书处（党组办）</td><td>处　长</td><td>高光良</td></tr>
<tr><td rowspan="3">政策研究室</td><td>主　任</td><td>刘小群</td></tr>
<tr><td>副主任</td><td>刘　强</td></tr>
<tr><td>副主任</td><td>张文杰</td></tr>
<tr><td>值班室</td><td>主　任</td><td>陈明金</td></tr>
<tr><td>新闻宣传处</td><td>处　长</td><td>（空缺）</td></tr>
<tr><td rowspan="2">文电档案处
（保密机要处）</td><td>处　长</td><td>黄　媛</td></tr>
<tr><td>副处长</td><td>姚奕婷</td></tr>
<tr><td rowspan="2">综合事务处</td><td>处　长</td><td>许　权</td></tr>
<tr><td>副处长</td><td>王甲光</td></tr>
</table>

续表

部　门	职　位	姓　名	职能处室	职　位	姓　名
监测预报司	司　长 副司长 副司长	宋彦云 余书明 马宏生	监测处	处　长	韩　磊
				副处长	万事成
			预报处	处　长	张浪平
			预警处	处　长	彭汉书
			应急响应处（信息处）	处　长	王春华
				副处长	张　勇
			质量管理处	处　长	（空缺）
震害防御司	司　长 副司长 副司长	孙福梁 关晶波 高亦飞	风险调查处	处　长	王　飞
			风险区划处	处　长	（空缺）
			抗震设防处	处　长	（空缺）
				副处长	王　龙
			震灾调查处（风险应对处）	处　长	（空缺）
				副处长	岳安平
公共服务司（法规司）	司　长 副司长 副司长	胡春峰 韦开波 李成日	行业服务处（标准处）	处　长	马　明
			科普处	处　长	（空缺）
			法规处	处　长	林碧苍
			法制监督处	处　长	冯海峰
科技与国际合作司	司　长 副司长 副司长	车　时 周伟新 田　柳	科技发展处	处　长	陈　涛
				副处长	张海东
			科研管理处	处　长	齐　诚
			预测科技处	处　长	（空缺）
				副处长	周龙泉
			国际合作处（港澳台办）	处　长	朱芳芳
				副处长	张红艳

续表

部门	职位	姓名	职能处室	职位	姓名
规划财务司	司长 副司长 副司长	方韶东 田学民 黄 蓓	规划处	处长	（空缺）
				副处长	崔文跃
			预算处	处长	（空缺）
				副处长	梁毅强
			投资处	处长	（空缺）
				副处长	赵俊岩
			财务处	处长	李羿嵘
			资产管理处（统计处）	处长	牟艳珠
人事教育司	司长 副司长 副司长	唐景见 熊道慧 徐 勇	干部一处	处长	（空缺）
				副处长	杨 鹏
			干部二处	处长	赵广平
				副处长	张 芳
			人才教育处	处长	（空缺）
				副处长	刘 双
			机构工资处	处长	吴 晋
				副处长	徐 鑫
			干部监督处（干部档案处）	处长	（空缺）
直属机关党委	常务副书记 副书记、纪委书记（机关正司级） 副书记	李 健 兰从欣 米宏亮 孙为民	办公室（党建办公室）	处长	刘秀莲
			纪检室	主任	（空缺）
				副主任	刘耀玲
			巡视处	处长	张琼瑞
			审计处	处长	王晓萌
离退办	主任	刘宗坚	管理服务处	处长	王 羽
				副处长	李明霞
			文化教育处	处长	张立军
				副处长	唐 硕

（中国地震局人事教育司）

中国地震局所属各单位领导班子成员名单

（2020 年 12 月 31 日）

序号	工作单位	姓　名	党政领导职务
1	北京市地震局	孙建中	党组书记、局长
		吴仕仲	党组成员、副局长
		陈　锋	党组成员、副局长
		刘桂萍	党组成员、副局长
		任　群	党组成员、党组纪检组组长
2	天津市地震局	聂永安	党组成员、副局长、一级巡视员
		李　军	党组成员、党组纪检组组长
		陈宇坤	党组成员、副局长
		郭彦徽	党组成员、副局长
3	河北省地震局	戴泊生	党组书记、局长
		高景春	副局长
		李广辉	党组成员、副局长
		马兆清	党组成员、党组纪检组组长
		翟彦忠	党组成员、副局长
4	山西省地震局	郭星全	党组书记、局长
		郭君杰	党组成员、副局长
		田　勇	党组成员、副局长
5	内蒙古自治区地震局	卓力格图	党组书记、局长
		刘泽顺	党组成员、副局长
		弓建平	党组成员、副局长
		韩成太	党组成员、党组纪检组组长
6	辽宁省地震局	李　明	党组书记、局长
		廖　旭	党组成员、副局长
		孟补在	党组成员、副局长
		杨培林	党组成员、党组纪检组组长
7	吉林省地震局	王建荣	党组书记、局长
		孙继刚	党组成员、副局长
		杨清福	党组成员、副局长

续表

序号	工作单位	姓 名	党政领导职务
8	黑龙江省地震局	张志波	党组书记、局长
		赵 直	党组成员、副局长
		张明宇	党组成员、副局长
		史宝森	党组成员、副局长
		郭洪义	党组成员、党组纪检组组长
9	上海市地震局	吴建春	党组书记、局长
		李红芳	党组成员、副局长
		李 平	党组成员、副局长
		王志俊	党组成员、党组纪检组组长
10	江苏省地震局	刘尧兴	党组书记、局长
		刘红桂	党组成员、副局长
		付跃武	党组成员、副局长
		鹿其玉	党组成员、党组纪检组组长
11	浙江省地震局	宋新初	党组书记、局长
		赵 冬	党组成员、副局长
		陈乃其	党组成员、副局长
		王 剑	党组成员、党组纪检组组长
		王秋良	党组成员、副局长
12	安徽省地震局	刘 欣	党组书记、局长
		张有林	党组成员、副局长
		李 波	党组成员、党组纪检组组长
		王行舟	党组成员、副局长
13	福建省地震局	刘建达	党组书记、局长
		朱海燕	党组成员、副局长
		龙清风	党组成员、党组纪检组组长
		林 树	党组成员、副局长
		鲍 挺	党组成员、副局长
		谢志招	党组成员、副局长
14	江西省地震局	刘 晨	党组书记、局长
		熊 斌	党组成员、党组纪检组组长
		陈家兴	党组成员、副局长
15	山东省地震局	倪岳伟	党组书记、局长
		姜久坤	党组成员、副局长
		李远志	党组成员、副局长
		刘希强	党组成员、副局长
		程晓俊	党组成员、党组纪检组组长

续表

序号	工作单位	姓　名	党政领导职务
16	河南省地震局	姜金卫	党组书记、局长
		王士华	党组成员、副局长
		王维新	党组成员、党组纪检组组长
		王志铄	党组成员、副局长
17	湖北省地震局	晁洪太	党组书记、局长
		秦小军	党组成员、副局长
		王满达	党组成员、副局长
		熊宗龙	党组成员、副局长
		詹良斌	党组成员、党组纪检组组长
18	湖南省地震局	燕为民	党组书记、局长
		刘家愚	党组成员、副局长
		曾建华	党组成员、副局长
19	广东省地震局	孙佩卿	党组书记、局长
		吕金水	党组成员、副局长
		钟贻军	党组成员、副局长
		何晓灵	党组成员、副局长
		吕至环	党组成员、党组纪检组组长
		黄胜武	党组成员、副局长
20	广西壮族自治区地震局	张　勤	党组书记、局长
		张彩虹	党组成员、党组纪检组组长
		黄国华	党组成员、副局长
21	海南省地震局	李战勇	党组成员、副局长
		陈　定	副局长
22	重庆市地震局	杜　玮	党组书记、局长
		陈　达	党组成员、副局长
		宋晓明	党组成员、副局长
23	四川省地震局	雷建成	党组成员、副局长
		李　明	党组成员、党组纪检组组长
		张永久	党组成员、副局长
		江小林	党组成员、副局长
24	贵州省地震局	柴劲松	党组书记、局长
		尹克坚	党组成员、副局长
		陈本金	党组成员、副局长
		延旭东	党组成员、党组纪检组组长

续表

序号	工作单位	姓　名	党政领导职务
25	云南省地震局	王　彬	党组书记、局长
		解　辉	党组成员、副局长
		王希波	党组成员、党组纪检组组长
		周光全	党组成员、副局长
26	西藏自治区地震局	哈　辉	党组书记
		张　军	党组成员、副局长
		尼　玛	党组成员、副局长
		孟　辉	党组成员、副局长
27	陕西省地震局	吕弋培	党组书记、局长
		王恩虎	党组成员、副局长
		王彩云	党组成员、副局长
		刘　毅	党组成员、党组纪检组组长
28	甘肃省地震局	胡　斌	党组书记、局长
		石玉成	党组成员、副局长
		王立新	党组成员、党组纪检组组长
		张元生	党组成员、副局长
29	青海省地震局	杨立明	党组书记、局长
		王海功	党组成员、副局长
		马玉虎	党组成员、副局长
		曹锦岗	党组成员、党组纪检组组长
30	宁夏回族自治区地震局	张新基	党组书记、局长
		金延龙	党组成员、副局长
		李根起	党组成员、副局长
		侯万平	党组成员、党组纪检组组长
31	新疆维吾尔自治区地震局	吕志勇	局长、党组副书记
		郑黎明	党组成员、副局长
		王　琼	党组成员、副局长
		罗树志	党组成员、党组纪检组组长
32	中国地震局地球物理研究所	欧阳飚	党委书记、副所长
		张周术	纪委书记
		丁志峰	副所长
		李　丽	副所长
33	中国地震局地质研究所	孙晓竞	党委书记、副所长
		万景林	副所长
		李丽华	纪委书记
		单新建	副所长、党委副书记
		何宏林	副所长

续表

序号	工作单位	姓 名	党政领导职务
34	中国地震局地震预测研究所	吴忠良	所长、党委副书记
		张晓东	党委书记、副所长
		王琳琳	纪委书记
		邵志刚	副所长兼台网中心副主任
		李 营	副所长
35	中国地震局工程力学研究所	孙柏涛	所长、党委副书记
		张孟平	纪委书记
		李山有	副所长
		孔繁钰	副所长
		张令心	副所长
36	中国地震台网中心	王海涛	主任、党委副书记
		孙 雄	党委书记、副主任
		张大维	纪委书记
		刘 杰	副主任
		张 锐	副主任
		黄志斌	副主任
		邵志刚	副主任（兼）
37	中国地震灾害防御中心	陈华静	党委书记、主任
		樊 宇	副主任（正厅局级）
		王继斌	纪委书记
		吴 健	副主任
38	中国地震局发展研究中心	武守春	主任
		吴书贵	纪委书记、副主任
		韩志强	副主任
39	中国地震局地球物理勘探中心	王合领	党委书记、主任
		田晓峰	副主任
		许国柯	纪委书记
40	中国地震局第一监测中心	齐福荣	党委书记、主任
		宋兆山	副主任
		董 礼	副主任
		雷 强	纪委书记
41	中国地震局第二监测中心	潘怀文	党委书记、副主任
		王庆良	主任
		熊善宝	副主任
		陈宗时	副主任
		范增节	纪委书记

续表

序号	工作单位	姓名	党政领导职务
42	防灾科技学院	姚运生	党委书记
		任云生	副院长
		刘春平	副院长
		陈　光	党委副书记、纪委书记
		石　峰	党委副书记
		梁瑞莲	副院长、总会计师
		郭　迅	副院长
		洪　利	副院长
43	地震出版社	任利生	社长、总编辑
		高　伟	副社长
44	中国地震局机关服务中心	张　敏	主任
		刘铁胜	副主任
		徐铁鞠	纪委书记、副主任
45	中国地震局深圳防震减灾科技交流培训中心（深圳防灾减灾技术研究院）	黄剑涛	党组书记、主任
		庞鸿明	党组成员、纪检组组长、副主任

（中国地震局人事教育司）

中国地震局局属单位机构变动情况

中国地震局局属单位机构改革

根据党和国家机构改革方案，深化地震系统机构改革，调整业务布局，明确中国地震台网中心、中国地震灾害防御中心、中国地震局发展研究中心、中国地震局地球物理勘探中心、中国地震局第一监测中心、中国地震局第二监测中心等6个业务中心和中国地震局机关服务中心职能定位、机构设置等，编制批复“三定”规定。印发《省级地震局“三定”规定编制实施方案》，批复31个省级地震局“三定”规定。印发《关于推进地震台站改革的指导意见》等，批复31个省局地震监测中心站“三定”规定，在全国设置140个地震监测中心站。

（中国地震局人事教育司）

中国地震局地壳应力研究所转隶应急管理部

根据《中央编办关于更名组建应急管理部国家自然灾害防治研究院的批复》关要求，经中共中国地震局党组第36次会议审议通过，中国地震局地壳应力研究所1个事业单位，613名事业编制、253名在职人员和407名离退休人员整建制划转应急管理部。

（中国地震局人事教育司）

北京市地震局机构变动情况

根据《中国地震局关于北京市地震局职能配置、内设机构、所属事业单位设置和人员编制规定》的规定，北京市地震局内设机构调整为7个：办公室、监测预报与科技处（应急服务处）、震害防御处（公共服务处）、规划财务处、人事教育处（离退休干部办公室）、机关党委、纪检室；直属事业单位调整为6个：北京地震台、北京市震灾风险防治中心、北京市地震局信息中心（应急服务中心）、北京市地震局财务与资产管理中心（后勤服务中心）、北京市防震减灾宣教中心、北京市京津冀地震预测研究中心；此外，还有昌平地震监测中心站。

（北京市地震局）

河北省地震局机构变动情况

2020 年 9 月，河北省地震局完成机关内设机构和直属事业单位的机构改革工作，机关内设机构 8 个，分别为办公室、监测预报处（应急服务处）、震害防御处、公共服务处（法规处）、规划财务处、人事教育处（离退休干部办公室）、机关党委、纪检室；直属事业单位 6 个，分别为河北地震台、河北省震灾风险防治中心（河北省工程地震勘察研究院）、河北省地震应急服务中心、河北省地震局信息中心、河北省地震局财务与国有资产管理中心（河北省地震局后勤服务中心）、雄安新区震灾预防中心。2020 年 11 月，完成地震监测中心站的机构改革工作，设置地震监测中心站 7 个，分别为石家庄地震监测中心站、唐山地震监测中心站、邯郸地震监测中心站、邢台地震监测中心站（河北省地震局红山基准台）、保定地震监测中心站（河北省地震局流动测量队）、张家口地震监测中心站、承德地震监测中心站。

（河北省地震局）

山西省地震局机构变动情况

2020 年 8 月，山西省地震局印发《山西省地震局内设机构、所属事业单位”三定“方案》《山西省地震局机构改革实施方案》，对局内设机构、所属事业单位人员和机构进行调整，设置办公室、监测预报与科技处（应急服务处）、震害防御处（公共服务处）、规划财务处、人事教育处（离退休干部办公室）、机关党委、纪检室 7 个部门；事业单位设置山西地震台、山西省震灾风险防治中心、山西省地震局信息中心、山西省地震局财务与国有资产管理中心（后勤服务中心）、山西矿山地震监测研究中心、山西省地震应急中心 6 个单位。

11 月，中国地震局批复印发山西省地震局《地震监测中心站职能配置、机构设置和人员编制规定》，原各地震台调整为：离石中心地震台、昔阳地震台与太原基准地震台合并，更名为太原地震监测中心站；大同中心地震台更名为大同地震监测中心站；五台地震科技中心、定襄地震台与代县中心地震台合并，更名忻州地震监测中心站；长治中心地震台与临汾中心地震台合并，更名为临汾地震监测中心站；夏县中心地震台更名为运城地震监测中心站。

（山西省地震局）

黑龙江省地震局机构变动情况

根据《黑龙江省地震局关于内设机构、所属事业单位人员组成的通知》《黑龙江省地震局内设机构、所属事业单位主要职责任务和人员编制规定的通知》，内设机构由原来9个合并为6个，设置办公室（机关党委）、监测预报处与科技处（应急服务处）、震害防御处（公共服务处）、规划财务处、人事教育处（离退休干部办公室）、纪检室；局内所属事业单位由原来6个调整为4个，设置黑龙江地震台、黑龙江省震灾风险防治中心、黑龙江省地震局信息中心（应急服务中心）、黑龙江省地震局财务与国有资产管理中心（后勤服务中心）；根据《中国地震局关于印发地震监测中心站机构设置、职能配置和人员编制规定的通知》，所属10个地震台站合并成5个地震监测中心站，即牡丹江地震监测中心站、鹤岗地震监测中心站、齐齐哈尔地震监测中心站、五大连池地震监测中心站、绥化地震监测中心站；另有省属参照公务员管理事业单位1个，为黑龙江省地震办公室，事业单位2个，分别为五大连池地震火山监测站、黑龙江省防震减灾宣传教育中心。

（黑龙江省地震局）

安徽省地震局机构变动情况

2020年，安徽省地震局按照“全灾种、大应急”体制要求，根据中国地震局机构改革工作部署，全面推进安徽省地震局机关和事业单位机构改革，调整和优化机构设置和业务布局。制定完成《安徽省地震局内设机构和事业单位主要职责和人员编制规定》《安徽省地震中心站机构设置、职能配置和人员编制规定》。经中国地震局批复，安徽省地震局共设置7个机关处室（办公室、监测预报与科技处（应急服务处）、震害防御处（公共服务处）、规划财务处、人事教育处（离退休干部办公室）、机关党委、纪检室），6个局属事业单位（安徽地震台、安徽省震灾风险防治中心（安徽省地震工程研究院）、安徽省地震局信息中心（应急服务中心）、安徽省地震局财务与国有资产管理中心（后勤服务中心）、安徽省郯庐—大别地球物理研究中心、安徽省地理信息中心）和5个地震监测中心站（合肥地震监测中心站、黄山地震监测中心站、蚌埠地震监测中心站、金寨地震监测中心站、蒙城地震监测中心站）。根据中国地震局批复的“三定”方案，安徽省地震局细化“三定”规定，合理划分部门工作职责，科学设置事业单位内设科室，顺利完成各部门领导班子配置和工作人员调配工作。

（安徽省地震局）

河南省地震局机构变动情况

2020 年 9 月，河南省地震局按照“优化、协同、高效”的原则，根据《中国地震局关于印发〈河南省地震局职能配置、内设机构、所属事业单位设置和人员编制规定〉的通知》，调整了岗位职责和内设机构，设置办公室、监测预报与科技处（应急服务处）、震害防御处（公共服务处）、规划财务处、人事教育处（离退休干部办公室）、机关党委、纪检室；直属事业单位设置为，河南地震台、河南省震灾风险防治中心（河南省地震局地震工程勘察研究院）、河南省地震局信息中心（应急服务中心）、河南省防震减灾公共服务中心（河南省防震减灾宣教中心）、河南省地震局财务与国有资产管理中心；2020 年 11 月，按照《中国地震局关于印发地震监测中心站职能配置、机构设置和人员编制规定的通知》，设置了 5 个地震监测中心站，即郑州地震监测中心站、洛阳地震监测中心站、信阳地震监测中心站、鹤壁地震监测中心站、周口地震监测中心站。

（河南省地震局）

湖北省地震局机构变动情况

2020 年，湖北省地震局根据中国地震局关于省级地震局机构改革的有关规定和批复，结合湖北省防震减灾工作实际，完成管理机构、直属事业单位、中国地震局武汉地球观测研究所、地震监测中心站的机构设置、职能配置和人员编制的细化方案制定。改革后管理机构 8 个：办公室、人事教育处（离退休干部办公室）、规划财务处、监测预报与科技处（应急服务处）、震害防御处、公共服务处（法规处）、直属机关党委、纪检室；事业单位 7 个：湖北地震台、湖北省震灾风险防治中心、湖北省防震减灾公共服务中心、湖北省地震应急服务中心、湖北省地震局信息中心、湖北省地震局财务与国有资产管理中心、中国地震局武汉地球观测研究所；地震监测中心站 4 个：武汉地震监测中心站、襄阳地震监测中心站、宜昌地震监测中心站、恩施地震监测中心站。

（湖北省地震局）

广东省地震局机构变动情况

2020 年，广东省地震局机关内设机构由原来 10 个调整为 7 个，分别为：办公室、监测预报与科技处（应急服务处）、震害防御处（公共服务处）、规划财务处、人事教育处（离退休干部办公室）、机关党委、纪检室；下属事业单位由原来的 7 个调整为 5 个，分别为：广东省地震台、广东省震灾风险防治中心（广东省工程防震研究院）、广东省地震局信息中心（公共服务中心）、广东省地震局财务与国有资产管理中心、广东省城市地震安全研究所（广东省防震减灾科技协同创新中心）；地震监测中心站 5 个，分别为：广州地震监测中心站（珠三角中心站）、新丰江地震监测中心站、汕头地震监测中心站（粤东中心站）、阳江地震监测中心站（粤西中心站）、韶关地震监测中心站（粤北中心站）。地震监测中心站直接由广东省地震局管理，下设一般站。

（广东省地震局）

广西壮族自治区地震局机构变动情况

2020 年，广西壮族自治区地震局根据《中共中国地震局党组关于深化局属单位机构改革的指导意见》，按照中国地震局下达的《广西壮族自治区地震局职能配置、内设机构、所属事业单位设置和人员编制规定》，印发《广西壮族自治区地震局机关各处室主要职能、人员编制和岗位职责规定》《广西壮族自治区地震局下属事业单位主要职责、人员编制和岗位职责规定》，内设机构由 9 个调整为 6 个，包括办公室（机关党委）、监测预报处与科技处（应急服务处）、震害防御处（公共服务处）、规划财务处、人事教育处（离退休干部管理办公室）、纪检室；下属事业单位由 6 个调整为 5 个，包括广西地震台、广西壮族自治区震灾风险防治中心、广西壮族自治区地震局信息中心（应急服务中心）、广西壮族自治区地震局财务与国有资产管理中心（后勤服务中心）、广西壮族自治区防震减灾和紧急救援办公室（地方机构）；直属地震台由 8 个调整为 4 个地震中心站，包括桂林地震监测中心站、河池地震监测中心站、玉林地震监测中心站、涠洲岛地震监测中心站。

（广西壮族自治区地震局）

重庆市地震局机构变动情况

2020 年，重庆市地震局根据《中国地震局关于印发〈重庆市地震局职能配置、内设机构、所属事业单位设置和人员编制规定〉的通知》《中国地震局关于印发地震监测中心站机构设置、职能配置和人员编制规定的通知》，设内设机构设置包括办公室（机关党委）、监测预报与科技处（应急服务处）、震害防御处（公共服务处）、规划财务处、人事教育处（离退休干部办公室）、纪检室；事业单位包括重庆地震台、重庆市震灾风险防治中心（重庆市地震工程研究所）、重庆市地震局信息中心（应急服务中心）、重庆市地震局财务与国有资产管理中心（后勤服务中心）、巴南地震监测中心站。

（重庆市地震局）

贵州省地震局机构变动情况

2020 年，贵州省地震局根据《中国地震局关于印发贵州省地震局职能配置、内设机构、所属事业单位设置和人员编制规定》，内设机构由 8 个调整为 6 个，主要调整为：办公室（机关党委）、监测预报与科技处（应急服务处）、震害防御处（公共服务处）、规划财务处、人事教育处（离退休干部办公室）、纪检室；事业单位 3 个调整为 4 个，包括贵州地震台、贵州省震灾风险防治中心、贵州省地震局信息中心（应急服务中心）、贵州省地震局财务与国有资产管理中心（后勤服务中心）。

（贵州省地震局）

云南省地震局机构变动情况

2020 年，根据中国地震局的批复，云南省地震局制定印发局机关处室和局属事业单位"三定"方案，明确机关各处室和局属事业单位主要职责、事业单位内设机构及人员编制，设立机关处室 8 个，分别是办公室、监测预报与科技处（应急服务处）、震害防御处、公共服务处（法规处）、规划财务处、人事教育处（离退休干部办公室）、机关党委、纪检室；属事业单位 7 个，分别是云南地震台、云南省震灾风险防治中心（云南省地震工程研究院）、云南省地震应急服务中心、云南省地震局信息中心、云南省地震局财务与国有资产管理中心、中国地震局昆明地震预报研究所、中国地震科学实验场大理中心。地震监测中心站"三定"规定获中国地震局批复，设昆明等 8 个地震监测中心站。

（云南省地震局）

西藏自治区地震局机构变动情况

2020 年，根据《西藏自治区地震局职能配置、内设机构、所属事业单位设置和人员编制规定》，内设机构和所属事业单位重新进行设置，内设机构由 8 个调整为 6 个，设置办公室（机关党委）、监测预报与科技处（应急服务处）、震害防御处（公共服务处）、规划财务处、人事教育处（离退休干部办公室）、纪检室；事业单位 4 个，即西藏地震台、西藏自治区地震局公共服务中心、西藏自治区地震局信息中心（应急服务中心）、西藏自治区地震局财务与国有资产管理中心（后勤服务中心）。

（西藏自治区地震局）

陕西省地震局机构变动情况

2020年，陕西省地震局根据中国地震局机构改革顶层设计和指导意见，制定了机构改革方案，获中国地震局批复后，制定印发了《陕西省地震局职能配置、内设机构、所属事业单位设置和人员编制规定》，机关管理部门由9个调整为7个，即办公室、监测预报与科技处（应急服务处）、震害防御处（公共服务处）、规划财务处、人事教育处（离退休干部办公室）、机关党委、纪检室；事业单位由6个减少到5个，设置陕西地震台、陕西省震灾风险防治中心、陕西省地震局信息中心（应急服务中心）、陕西省地震局财务与国有资产管理中心（后勤服务中心）、陕西省地球物理场观测与研究中心；8中心地震台整合为5个地震监测中心站，即西安地震监测中心站、宝鸡地震监测中心站、渭南地震监测中心站、榆林地震监测中心站、安康地震监测中心站。

（陕西省地震局）

甘肃省地震局机构变动情况

2020年9月，中国地震局批复了《关于印发甘肃省地震局职能配置、内设机构、所属事业单位设置和人员编制规定的通知》；2020年12月，中国地震局批复了《关于印发地震监测中心站机构设置、职能配置和人员编制规定的通知》，内设机构由原有10个调整为8个处室，分别是办公室、监测预报处（应急服务处）、震害防御处、公共服务处（法规处）、规划财务处、人事教育处（离退休干部办公室）、机关党委、纪检室；所属事业单位由原有的12变更为7个，分别是甘肃地震台、甘肃省震灾风险防治中心、甘肃省地震应急服务中心、甘肃省地震局信息中心、甘肃省地震局财务与国有资产管理中心（后勤服务中心）、兰州国家陆地搜寻与救护基地、中国地震局兰州岩土地震研究所；在原有6个中心台基础上，增设武威、甘南两个中心站，设置8个地震中心站，分别为兰州地震中心站（兰州观象台）、嘉峪关地震中心站、张掖地震中心站、武威地震中心站、天水地震中心站、平凉地震中心站、陇南地震中心站、甘南地震中心站。

（甘肃省地震局）

新疆维吾尔自治区地震局机构变动情况

2020年，新疆维吾尔自治区地震局根据中国地震局《关于印发新疆维吾尔自治区地震局职能配置、内设机构、所属事业单位设置和人员编制规定的通知》《关于印发地震监测中心站机构设置、职能配置和人员编制规定的通知》，内设机构有办公室、监测预报与科技处、震害防御处、公共服务处（法规处）、划财务处、人事教育处（离退休干部办公室）、机关党委、纪检室、访惠聚工作办公室；设7个事业单位，即新疆地震台、新疆维吾尔自治区震灾风险防治中心、新疆维吾尔自治区地震应急服务中心、新疆维吾尔自治区地震局监测与信息中心、新疆维吾尔自治区地震局财务与国有资产管理中心（后勤服务中心）、新疆维吾尔自治区地球物理观测中心、中国地震局乌鲁木齐中亚地震研究所；设11个地震监测中心站，即乌鲁木齐地震监测中心站、阿克苏地震监测中心站、喀什地震监测中心站、库尔勒地震监测中心站、和田地震监测中心站、克拉玛依地震监测中心站、新源地震监测中心站、博乐地震监测中心站、哈密地震监测中心站、富蕴地震监测中心站、且末地震监测中心站。

（新疆维吾尔自治区地震局）

中国地震局地球物理研究所机构变动情况

2020年，中国地震局地球物理研究所科技应用部更名为“中国地震科学实验场办公室”；组建“一带一路”地震监测台网项目办公室。

（中国地震局地球物理研究所）

中国地震局第二监测中心机构变动情况

2020年，中国地震局第二监测中心调整和优化机构设置和业务布局，完善管理体制和工作机制，设置6个管理机构，分别是办公室、业务管理处、规划财务处、人力资源处、党委办公室、纪检室；按照地震数据治理业务链条，设置9个业务机构：汇集存储部、质量监控部、共享服务部、云平台部、地震监测部、空间遥感部、灾害研究部、信息化研发部、综合保障部。推进事业单位全员聘用，启动内设机构负责人选聘。

（中国地震局第二监测中心）

防灾科技学院机构变动情况

2020年，防灾科技学院调整内设机构，即党委学生工作部（学生工作处、学生资助管理中心）、团委（大学生艺术活动指导中心）合署办公，党委教师工作部（教师教学发展中心）、人事处合署办公，教务处（学位办公室）、教学评估与建设办公室、高等教育研究所合署办公，《防灾科技学院学报》编辑部调整到图书馆（档案馆）管理，综合减灾研究所按照校属非实体科研机构管理。

（防灾科技学院）

省级防震减灾工作机构变动情况

辽宁省调整防震减灾工作领导小组组成人员

2020年12月29日，辽宁省防震减灾工作领导小组办公室印发《关于调整辽宁省防震减灾工作领导小组组成人员的通知》，调整辽宁省防震减灾工作领导小组成员如下：

组　长：陈向群　　省委常委、副省长
副组长：李国伟　　省政府副秘书长
　　　　李　明　　省地震局局长
　　　　咸金奎　　省应急管理厅厅长
成　员：邵玉英　　省委宣传部副部长
　　　　薛　亮　　省委军民融合办副主任
　　　　黄　洋　　省发展改革委副主任
　　　　李庆才　　省教育厅副厅长
　　　　王学来　　省科技厅副厅长
　　　　申世英　　省工业和信息化厅副厅长
　　　　张智光　　省民族和宗教委副主任
　　　　付常宏　　省公安厅党委委员、反恐专员
　　　　姚喜双　　省司法厅副厅长
　　　　邹大鹏　　省财政厅副厅长
　　　　姜宏阁　　省自然资源厅副厅长
　　　　陶宝库　　省生态环境厅副厅长
　　　　白　光　　省住房城乡建设厅副厅长
　　　　曲向进　　省交通运输厅副厅长
　　　　冯东昕　　省水利厅副厅长
　　　　敖凤玲　　省农业农村厅副厅长
　　　　何　睿　　省商务厅副厅长
　　　　王晓江　　省文化和旅游厅副厅长
　　　　高明宇　　省卫生健康委副主任
　　　　丁明祯　　省应急厅副厅长
　　　　赵洪斌　　省政府外办副主任
　　　　王　皎　　省国资委副主任
　　　　惠银安　　省市场监督管理局副局长
　　　　栗万红　　省广电局副局长

孙正林　　省人防办副主任
张　鹏　　团省委副书记
阎　雄　　省红十字会副会长
王　鹏　　省通信管理局副局长
孟补在　　省地震局副局长
刘　勇　　省气象局副局长
曹建华　　大连海关副关长
王彦生　　沈阳海关副关长
付明权　　辽宁银保监局党委委员、一级巡视员
刘继昆　　民航东北地区管理局副局长
黄忠文　　省军区战备建设局副局长
曹　恒　　武警辽宁总队副司令员
刘佐祥　　省消防救援总队副总队长
杨忠吉　　中国铁路沈阳局集团副总经理
王爱华　　省电力公司总工程师
阎佳葵　　人民财险辽宁省分公司副总经理
刘福祥　　中国石油辽宁分公司安全总监
陈智勇　　中国石化辽宁分公司副总经理

辽宁省防震减灾工作领导小组办公室设在辽宁省地震局，办公室主任由李明兼任。

（辽宁省地震局）

福建省调整抗震救灾指挥部暨防震减灾联席会议成员

2020 年 12 月 29 日，福建省人民政府抗震救灾指挥部办公室印发《福建省人民政府抗震救灾指挥部办公室关于调整充实福建省人民政府抗震救灾指挥部暨防震减灾联席会议有关事项的通知》，根据职能调整和人员变动，经省政府同意，决定调整、充实福建省抗震救灾指挥部及其办公室组成。在原省人民政府抗震救灾指挥部基础上增设省防震减灾联席会议，即设立省人民政府抗震救灾指挥部暨防震减灾联席会议，负责组织领导、统筹协调、督促落实相关工作，进一步提高全省防震减灾和抗震救灾能力。调整、充实后的省人民政府抗震救灾指挥部暨防震减灾联席会议及其办公室组成人员和职责如下：

一、福建省人民政府抗震救灾指挥部暨防震减灾联席会议组成人员

指 挥 长（召集人）：
赵　龙　　省委常委、省人民政府常务副省长
副指挥长（副召集人）：

郑李亭　　省应急管理厅党委书记
刘　琳　　省应急管理厅厅长
刘建达　　省地震局局长
李志忠　　省人民政府办公厅副主任
王雷火　　省军区战备建设局局长
成　员：
卓少锋　　省委宣传部二级巡视员
叶得盛　　省委网信办副主任
罗冠升　　省外事办党组成员、省友协专职副会长
刘良辉　　省政府台港澳事务办公室副主任
潘乙凡　　省发展和改革委员会副主任
王　飚　　省委教育工委委员、教育厅副厅长
游建胜　　省科学技术厅副厅长
兰　文　　省工业与信息化厅副厅长
黄华安　　省公安厅副厅长
李杰鹏　　省司法厅副厅长
杨　隽　　省财政厅副厅长、一级巡视员
廖敏辉　　省自然资源厅二级巡视员
吴成球　　省生态环境厅生态环境保护监察专员（副厅级）
蒋金明　　省住房和城乡建设厅副厅长
王增贤　　省交通运输厅副厅长
姜绍丰　　省农业农村厅副厅长、一级巡视员
陈国忠　　省水利厅二级巡视员
陈安生　　省商务厅副厅长
张国安　　省卫生健康委员会副主任
吴文盛　　省应急管理厅二级巡视员
苏庆赐　　省文化和旅游厅副厅长
王　强　　省国有资产监督管理委员会二级巡视员
罗志涛　　省海洋与渔业局二级巡视员
张丽娟　　省广播电视局副局长
廖志松　　省粮食和物资储备局副局长
张剑平　　省市场监督管理局食品总监（副厅）
蔡福勇　　省人民防空办公室副主任
陈　怡　　共青团福建省委副书记
徐　祥　　省红十字会专职副会长
林光龙　　福州海关副关长
叶超俊　　厦门海关副关长
王华明　　福建海事局副局长

张长安　　省气象局副局长

谢志招　　省地震局副局长

何　强　　省通信管理局副局长

叶嘉斌　　民航福建省监管局党委副书记

王建魁　　福建银保监局二级巡视员

李　晔　　中国铁路南昌局集团有限公司副总经理

陈　酬　　武警福建总队副司令员

苏作琴　　省消防救援总队副总队长

滕伟毅　　省森林消防总队副总队长

朱文毅　　国家能源局福建监管办公室副专员

组成人员因工作变动等需要调整的，由继任者接任并由所在单位向指挥部办公室报备，不再另行发文。必要时可邀请其他有关单位领导参加会议。

二、福建省人民政府抗震救灾指挥部暨防震减灾联席会议主要职责

（一）抗震救灾主要职责

统一领导、指挥和协调全省抗震救灾工作。组织地震趋势、震情、灾情会商研判；部署指导地震灾害应急救援；协调驻闽部队、武警、民兵、预备役等人员参与抢险救灾；组织指导地震灾害调查评估；研究解决有关地震应急和救援方面的问题；完成国务院抗震救灾指挥部和省委、省政府安排的其他工作。

（二）防震减灾主要职责

统一组织、协调和指导全省防震减灾工作。组织贯彻落实防震减灾法律法规和规章，研究制定防震减灾工作政策、措施和规划并组织落实；组织指导地震灾害风险防治、地震监测预测预警、地震科技创新和防震减灾社会治理体系建设；协调推进防震减灾重点项目建设，协调加强防震减灾基础设施建设；组织开展防震减灾工作检查，通报重要震情、灾情和防震减灾工作情况；协调解决防震减灾重大问题，决定防震减灾重大事项；完成国务院抗震救灾指挥部、防震减灾工作联席会议和省委、省政府安排的其他工作。

省人民政府抗震救灾指挥部暨防震减灾联席会议下设办公室，办公室承担省人民政府抗震救灾指挥部暨防震减灾联席会议日常工作，设在省应急厅和省地震局，主任由省应急厅和省地震局主要负责人担任，副主任由省应急厅和省地震局相关分管领导担任，省人民政府抗震救灾指挥部暨防震减灾联席会议各成员单位联络员配合办公室相关工作。办公室综合协调工作由省应急厅负责，省应急厅和省地震局组建专班、联合值守，进一步健全完善抗震救灾和防震减灾之间的沟通协调机制，保障办公室运转。办公室所承担的抗震救灾日常工作部分由省应急厅为主，省应急厅主要负责人为具体牵头人。办公室所承担的防震减灾日常工作部分由省地震局为主，省地震局主要负责人为具体牵头人。

三、福建省人民政府抗震救灾指挥部暨防震减灾联席会议成员单位联络员名单

韩泽伟　省军区战备建设局参谋
张梅花　省委宣传部新闻协调小组负责人
邹训飞　省委网信办应急舆情处二级主任科员
林寒冰　省外事办领事处副处长
陈远钦　省政府台港澳事务办公室三通与沿海处四级调研员
李建霖　省发展和改革委员会投资处副处长
何国荣　省教育厅学校安全工作处三级调研员
肖俊峰　省科学技术厅四级主任科员
刘　辉　省工业与信息化厅二级调研员
高　晖　省公安厅支队长
李善义　省司法厅办公室二级调研员
陈　轩　省财政厅经济建设处副处长
丁　健　省自然资源厅地质灾害防治处处长
蒋苏榕　省环境应急与事故调查中心副主任
胡晓凌　省住房和城乡建设厅科技设计处副处长
林云松　省交通运输厅高级工程师
李美桂　省农业农村厅办公室二级调研员
郑联举　省水利厅副处长
皮国强　省商务厅二级调研员
熊太茂　省卫生健康委员会二级调研员
张清华　省应急管理厅二级调研员
吴正东　省文化和旅游厅一级主任科员
黄忠超　省国有资产监督管理委员会资本运营处一级调研员
陈少毅　省海洋与渔业局处长
黄华家　省广播电视局一级调研员
吴泽珍　省粮食和物资储备局处长
原　涛　省市场监督管理局二级调研员
林　杰　省人民防空办公室三级主任科员
张忠亮　省青年志愿服务中心主任
洪月榕　省红十字会赈济救护部副部长
吴维中　福州海关处长
吴捷鸿　厦门海关办公室副主任
陈　谷　福建海事局指挥中心主任
叶宾宾　省气象局处长

黄宏生　　省地震局震害防御处处长
章　立　　省通信管理局三级调研员
林日荣　　民航福建省监管局运输处副处长
李彩玲　　中国银行保险监督管理委员会福建监管局副处长
黄锦辉　　中国铁路南昌局集团有限公司科长
魏　来　　武警福建总队作战勤务指挥中心参谋
丁谢镔　　省消防救援总队战训处 10 级专业技术职务干部
张红星　　省森林消防总队副处长
肖代瑞　　国家能源局福建监管办公室干部

（福建省地震局）

人事教育

2020 年中国地震局人事教育工作综述

2020 年，在中国地震局党组坚强领导下，认真学习贯彻习近平新时代中国特色社会主义思想和新时代党的组织路线，扎实落实 2020 年全国地震局长会决策部署，积极配合中央巡视和选人用人专项检查，统筹推进地震系统机构改革、干部队伍建设、人才服务各项工作，较好完成年度工作任务。

一、加强政治理论学习，提升组织人事工作站位

深入学习贯彻习近平总书记关于选人用人重要论述和新时代党的组织路线，协助中国地震局党组开展专题学习研讨，印发《学习贯彻落实习近平总书记在中央政治局第二十一次集体学习时的重要讲话精神工作措施》。组织召开中国地震局组织人事工作会议，分析形势任务，着眼事业全局，谋划发展举措。建立组织人事政策制度宣传解读和工作情况通报机制，改善选人用人环境。做好干部教育培训工作，印发《中国地震局 2020 年度培训计划》，在中国干部网络学院举办中国地震局机关干部党的十九届四中全会精神轮训，在中国地震局干部网络学院举办党的十九届五中全会精神网上专题班。选派 7 名司级干部、3 名处级干部参加中组部调训，8 名司级干部参加中央国家机关司局级干部专题研修。举办地震系统优秀年轻干部和新录用公务员培训班，加强培训质量考核评估。组织 32 名新任命司局级领导干部举行宪法宣誓仪式，对新任职干部开展任职廉政谈话。

二、加强重大政治任务落实，全面规范组织人事工作

积极配合中央巡视和选人用人专项检查，全面梳理总结地震系统组织人事领域工作情况，形成系列材料，做好服务保障，确保中央巡视和专项检查顺利进行。坚决扛起巡视整改政治责任，扎实推进整改任务落实。按照整改意见开展 7 个问题倒查核实，查找工作差距、明确改进方向。开展 8 项专题分析研究，找准薄弱环节、提出改进措施。开展 4 项全系统专项整治，全面摸底排查、明确管理举措。制修订 10 项组织人事制度、5 项工作机制，全面规范组织人事工作。

三、推进机构改革，优化机构和职责设置

组织完成中国地震局局属单位新一轮“三定”规定编制批复工作。制定《省级地震

局“三定”规定编制实施方案》，对省级地震局“三定”规定进行分类指导，完成31个省级地震局和中国地震局直属单位“三定”规定制定，完成31个省级地震局地震监测中心站“三定”规定制定，中国地震局局属单位机构职责编制设置得到规范，事业发展布局得到全面优化。进一步优化中国地震局机关内设机构设置。按照巡视整改要求，对机关处级机构设置进一步完善，取消编制1名的处室3个，减少编制2名的处室8个，新增1个处，强化核心职能，提升运行效能。深化中国地震局局属事业单位改革。落实中央对深化事业单位改革的重大决策部署，印发实施具体落实措施。养老保险制度稳步实施，37家单位实现参保。对事业单位岗位设置情况进行优化调整，扩大中国地震局局属高校和研究所机构和岗位设置自主权。中国地震局局属单位普遍制订岗位设置方案和绩效工资实施办法。

四、深入开展班子研判，加强干部队伍建设

持续开展班子分析研判。协助中国地震局党组年内2次系统分析45个局属单位和9个内设机构领导班子和干部队伍基本情况，为精准科学选人用人提供重要依据。出台《2019—2023年全国党政领导班子建设规划纲要》实施意见，提出班子建设目标任务和具体措施。持续优化干部队伍结构。优化干部考察程序，创新干部考察方式。全年选拔司局级干部23名、交流司局级干部21名，完成试用期考核31名。落实职务与职级并行制度，中国地震局机关48人晋级，省级地震局137人晋级，职级激励作用得到发挥。注重优秀年轻干部选拔培养。落实干部工作主体责任，动态更新《中国地震局优秀年轻干部库》。有计划选派优秀年轻干部到吃劲岗位、重要岗位、基层一线和艰苦地区磨炼，把“上挂下派”作为培养干部重要方式，选派1名司级干部赴西部地区挂职，推荐2名干部参加中央专项巡视，安排中国地震局机关7名年轻干部“下挂”、局属单位32名年轻干部“上挂”、12名干部援疆援藏。完善干部考核评价，组织中国地震局机关各内设机构、局属各单位党政主要负责人、纪检组长（纪委书记）集中述职述廉，统一部署中国地震局党组管理干部年度考核工作，完成2020年度局机关人员考核工作。严把入口关做好进人工作。努力克服疫情影响，顺利完成2020年度招录招聘工作。结合地震行业特色，创新开展公务员面试自主命题和视频面试，共招录参公人员33人。建立事业人员招聘统一考试系统和宣传网站，全年招聘事业人员263人。2020年度新进人员75%以上为硕士研究生以上学历。健全选人用人管理制度。对中国地震局局属单位班子配备、干部交流轮岗、挂职锻炼等工作进行分析研判，总结工作经验、完善相关制度。制定《中国地震局领导干部政治素质考察细则（试行）》《中国地震局事业单位领导人员管理办法》，修订《省级地震局领导班子成员选拔任用实施办法》《中国地震局干部选拔任用工作纪实办法》《中国地震局干部挂职锻炼实施细则》，全面规范地震系统选人用人工作。

五、持续加强人才队伍建设

加强人才梯队建设。研究制定《中国地震局地震科技创新团队创建思路》，以创新团队

建设带动地震系统领军人才、骨干人才和青年人才建设。大力实施地震人才工程，依托中国地震局人才专项发挥带动效应，全国地震系统人才专项资金投入达 3052 万元。动态更新《中国地震局优秀人才库》，聚焦主责主业，新遴选创新团队 6 个、领军人才 5 人、骨干人才 13 人、青年人才 22 人。研究制定《“十四五”地震人才发展规划》，明确未来 5 年人才队伍建设目标和任务。出台《地震英才国际培养项目管理办法》，深化与国家留学基金委合作，公派出国人员实现全额资助，年内推荐 36 人参加出国访学研修项目。持续开展国内交流访学，支持 60 名青年专技人员、13 名高级专家在系统内交流访学。高层次人才培养引进取得新进展。一批优秀团队和人才获得国家和省部级称号，地球所创新团队入选科技部创新人才推进计划重点领域创新团队，各单位入选地震系统以外的省部级人才称号人数达 36 人。开展地震系统 2020 年享受政府特殊津贴人选推荐评审工作，遴选推荐 8 名人选。继续深化人才评价工作机制。2020 年起全面下放正高职称评审权限，提出进一步做好地震职称评审监管工作举措。组织完成年度专业技术二级岗位任职资格评审，11 人通过评审。编制《中国地震局事业单位岗位设置和人员聘用实施意见》，健全岗位设置和人员聘用机制。对中国地震局局属单位处级领导职数、事业单位职员数和专业技术岗位数进行了全面调整优化。对各单位贯彻落实中国地震局党组《促进事业单位人员干事创业指导意见》情况进行评估。促进防灾科技学院与中国地震局局属研究所全面合作，出台《中国地震局校所全面合作三年行动实施方案》，整合优势资源，建立优势互补、开放合作、充满活力的科教融合新模式，促进人才培养、学科建设和科技创新全面合作。

六、加强干部监督，规范干部管理服务

促进领导班子全面履职。结合中国地震局党组巡视，对 7 个单位开展选人用人专项检查。制定《中国地震局加强局属单位一把手监督实施办法（试行）》，规范局属单位党政主要负责人履职。加强对局属单位领导班子分工、党委（党组）工作规则的审核把关。开展系列专项整治。在全国地震系统开展干部回避专项整治，制定印发《中国地震局人事管理回避实施办法》《中国地震局党组整治“近亲繁殖”问题实施办法》。开展地震系统领导干部个人有关事项报告专项整治，依规对存在瞒报、漏报的干部进行处理。开展干部兼职专项整治，对地震系统有关人员存在的违规兼职行为，依规予以处理，印发《中国地震局干部职工兼职管理办法（试行）》。组织开展因私出国（境）专项整治，建立因私出国（境）证照管理台账和审批台账。做实做细干部日常监督。制定《中国地震局组织人事工作监督清单》，进一步规范各单位组织人事部门履职。完成中国地震局党组 2019 年干部选拔“一报告两评议”通报及反馈工作。组织中国地震局局属单位和局机关填报领导干部个人有关事项报告，查核领导干部个人有关事项报告 375 人次。向相关纪检组织征求党风廉政意见 134 人次。建立完善地震系统组织人事领域信访举报核实处理工作机制，规范中国地震局局属单位核实处理管理，全年办理信访举报 51 件。推进干部档案电子化。完成中国地震局党组管理干部及局机关干部 363 卷档案电子化工作，进行系统查缺补漏，为发挥档案作用、科学归档用档奠定扎实基础。统筹做好评比表彰工作。修订防震减灾工作评比表彰办法。组织申领抗美援朝出国作战 70 周年纪念章，地震系统共有 84 位老同志获此殊荣。组织

开展全国脱贫攻坚、抗击新冠肺炎疫情先进集体和先进个人等推选工作，湖北局抗疫党员下沉突击队荣获“全国抗击新冠肺炎疫情先进集体”称号。全年按政策接收军转干部5人，申报公务员落户8人，京外调干1人，解决夫妻分居26人。为9名司局级干部办理医疗证，为中国地震局机关28名干部发放福利补助，按政策制度开展职工工资福利保障工作。

（中国地震局人事教育司）

中国地震局系统职工继续教育情况综述

2020年，中国地震局党组坚持以习近平新时代中国特色社会主义思想为指导，深入学习贯彻习近平总书记关于防灾减灾救灾、提高自然灾害防治能力系列重要论述和重要指示批示精神，统筹新冠病毒防治和“过紧日子”要求，抓好“两支队伍”建设，不断创新培训方式，提高培训质量，圆满完成各项培训工作任务。全年组织各级各类培训390班次，共计2070.5天，25635人次参加培训，其中局级培训27班次、培训2265人次；各单位培训363班次，培训23370人次，其中县市接受培训5755人次。

一是始终坚持政治培训优先。始终坚持把学习贯彻习近平新时代中国特色社会主义思想作为首要政治任务，引导干部职工不断树牢“四个意识”，坚定“四个自信”，做到“两个维护”。根据党政主要负责人、党组管理干部、业务骨干、新录用人员等各层次干部不同需求，组织开展党的十九届四中、五中全会精神等专题培训81期，培训7676人次；选派7名司级干部和3名处级干部参加中组部调训、8名司级干部参加中央国家机关司局级干部专题研修；组织召开优秀年轻干部培训班、新录用人员初任培训班等，不断提升各级干部政治判断力、政治领悟力、政治执行力。

二是扎实开展各类业务培训。注重提升广大干部职工的履职能力和业务技能，组织各级各类业务培训309期，培训17959人次，覆盖重点市县防震减灾工作领导干部、行政管理人员，重点培训重要岗位的专业技术人员，服务新时代防震减灾事业现代化建设。培训工作不断适应“全灾种、大应急”体制，2020年地震系统加强与各级应急管理部门沟通，积极开展应急知识培训，共计培训16班次、培训1341人次，通过与应急管理专家的学习研讨、交流沟通，进一步强化了防灾减灾救灾与应急管理工作的融合与协作。

三是不断完善培训工作机制。统筹疫情防控和“过紧日子”要求，充分利用网络资源，采用线上线下相结合方式，取得良好培训效果。不断创新培训工作方法，在线下积极利用系统内研究所、各级党校、行政学院等优势资源开展培训的同时，充分利用腾讯会议、钉钉等直播平台，实施授课和过程控制管理，提升教育培训效果。不断充实培训师资队伍，直接服务于培训的教师逐年增加，现有24人；坚持“开门办培训”思路，聘请来自大学、研究所、党校等百余名教授兼职担任教师，师资库兼职教师达200余人。不断健全课程教材体系，初步建立司局级干部、处级干部、科级干部、专技干部等分层次、多类型的干部培训大纲。不断完善培训评估体系，持续完善教育计划、课程内容、课件质量等随堂评价；培训保障条件阶段性调查；定期分析研判评估结果及时优化等培训评估体系。

2020年，中国地震局干部培训中心举办各级各类培训班次共计5期，其中计划内班次4期，计划外班次（外协培训）1期，共培训学员179余人次，天数20天，培训总量达3580人天。继续发挥自身优势，同步做好“两网两院”的运行维护管理。全年新增课程769门，移动平台“震道”微课程89门，震苑大讲堂新增8门。累积课程数量3223门，注册学员11341人，访问学习次数719.6万次。开设了“党的十九届五中全会精神网上专题班”。

（中国地震局人事教育司）

局属各单位教育培训工作

北京市地震局教育培训工作

2020 年，北京市地震局按照政治理论培训、党建工作培训、重点专题培训、行政管理培训、地震业务培训 5 个类别制定年度培训计划，按要求完成培训 42 场（次），2405 人次参加培训。组织区县各类培训班 3 个，共计 210 人次参培。选派 1 名干部参加北京市党外干部处级培训班，1 名干部参加中国地震局组织的公务员面试官培训班。全员参加中国地震局在线网络学习，在线学习覆盖率为 100%。为 199 人开通北京市在线网络教育账号，参加北京市在线学习。

（北京市地震局）

河北省地震局教育培训工作

2020 年，河北省地震局注重提升干部专业素养，培育创新精神，强化干部教育培训，合理安排政治理论和业务技能培训，制定印发了《河北省地震局 2020 年培训计划》，安排培训班 18 个，培训经费 63.5 万元。其中，将党务工作培训和处级干部轮训相结合，于 10 月中旬举办了“2020 年度党务干部暨处级干部培训班”。学历学位教育方面，新增接受在职学历学位教育职工 8 人，其中 2 人接受博士研究生层次学历学位教育，2 人考取中国科技大学研究生班。

（河北省地震局）

内蒙古自治区地震局教育培训工作

2020 年，内蒙古自治区地震局 4 名职工攻读在职博士研究生，9 人攻读在职硕士研究生，3 人取得硕士研究生学历（学位）。组织新入职事业人员参加 2020 年新招录地震监测岗位人员线上培训和线下实践教学，新录用公务员参加 2020 年地震系统新录用人员初任培训。

（内蒙古自治区地震局）

辽宁省地震局教育培训工作

2020 年，辽宁省地震局职工参加各类党政培训、业务学习等约为 900 人次。其中参与各级党政教育培训 3 人，中国地震局和辽宁省其他各类培训 10 人，交流访问学者 4 人，自主举办培训班 8 个。在读博士研究生 1 人、硕士研究生 3 人。全局职工都能够认真参加中国地震局继续教育网络学习，并达到规定学分。

继续执行《辽宁省地震局人才发展规划（2018—2022 年）》，根据防震减灾事业发展需求，有针对性制定教育培训计划，提高培训的系统性、针对性和实效性。采取视频会议和网络培训等多种培训方式，因地制宜解决了疫情期间集中培训开展不便的困难，科学合理地设置培训专题，增强培训效果。

（辽宁省地震局）

吉林省地震局教育培训工作

2020 年，吉林省地震局举办较大规模的集中培训班 4 次，分别是标准化培训班、《民法典》培训班、财务知识培训班、长白山野外观测培训班。全员参加中国地震局继续教育网络培训，1 名职工在职攻读博士，1 名职工在职攻读硕士。

（吉林省地震局）

上海市地震局教育培训工作

2020 年，上海市地震局职工参加组织调训、业务培训、任职培训、在线学习等各类培训 1056 人次，人均学时 127 个，网络在线学习覆盖率为 98.5%。有 3 人参加学历学位继续教育，1 人完成在南方科技大学的进修学习，受邀派出 1 人到南方科技大学学习。积极响应组织调训，安排 1 名局级干部参加上海市进一步提升科技创新策源功能专题研讨班，2 名局级干部参加 2020 年下半年上海市领导干部秋季专题研讨班，6 名正处级干部参加上海市科技系统支部书记培训班，1 名副处级干部参加上海市科委第 4 期中青年干部培训班，1 名新入职参公人员参加地震系统初任培训，24 人次副处级以上领导干部参加中国干部网络学院学习，组织职工做好“四史”学习，完成事业单位新进职工入职培训。

（上海市地震局）

江苏省地震局教育培训工作

2020 年，江苏省地震局 1 人入选 2021 年度中国地震局系统交流访问学者计划；1 名正处级领导干部参加“中国地震局中青年干部培训班（第 15 期）”学习；1 名四级主任科员参加中国地震局组织的“2020 年地震系统科普人员科普能力提升培训班”。公务员培训稳步推进，参加各类脱产和网络培训的受训率达到 100%。实施以新知识、新理论、新技能为主要内容的教育培训计划，全局 85% 以上的专业技术人员参加相关培训。全年举办党建和思想政治工作暨兼职检查员培训班、全省防震减灾法制工作培训班、新闻宣传工作培训班等 8 个党政管理、法律法规和地震业务培训班以及 7 期“苏震讲堂”，培训 955 人次。

（江苏省地震局）

浙江省地震局教育培训工作

2020 年，浙江省地震局积极和浙江省委组织部公务员处沟通协调，纳入省委党校培训目录，选派一名副处级领导干部参加省委党校的处级干部任职培训班。通过民主推荐、组织考察、凡提四必等必备程序，共选拔 3 名机关副处级领导干部、2 名事业单位正处级领导干部和 1 名副处级领导干部到新的岗位上，进一步充实了中层领导干部队伍。积极参加援疆援藏、扶贫等任务，选派 1 名高级工程师到西藏局任职、1 名年轻干部任驻村书记，2 名年轻干部圆满完成为期两年的乡镇挂职，挂职结束考核时得到了所在乡镇的一致好评。

（浙江省地震局）

安徽省地震局教育培训工作

2020 年，安徽省地震局完成各类组织调训、调学选学任务，组织开展各类业务培训，做好培训登记和学时统计，完善职工个人培训档案。共选派局管干部 1 人次、处级干部 18 人次参加局外专题履职能力培训，70 余人次参加中国地震局及安徽省有关部门举办的各类业务培训班 51 次。先后举办各类培训 7 次，省市县各级地震部门共计 437 人参加了培训。

（安徽省地震局）

江西省地震局教育培训工作

2020 年，江西省地震局统筹各类教育培训资源，制定实施年度培训计划，强化组织和经费保障，提升教育培训质量和实效。一是突出政治建设，深入学习贯彻习近平总书记关于防震减灾工作重要指示批示精神、全国两会精神、《习近平谈治国理政》（第三卷）、党的十九届五中全会精神等，举办年度党务干部培训班，组织10余人次参加党校、行政学院和中国地震局干部培训，强化党性修养和理论武装。二是聚焦主责主业，举办全员职业素养培训、全省地震地质灾害应急管理工作培训、地震氡观测仪器检测技术与方法培训等班次11个，培训200余人次。鼓励职工参加“学习强国”、网络学院等学习。推荐攻读博士学位1人、交流访问学者1人、报考中国科学院大学研究生班2人。三是坚持面向基层，举办全省市县防震减灾业务骨干培训班、高质量考核先进市县局长培训班，累计培训市县工作人员160余人次，有力提升市县基层干部专业素养和履职能力。

（江西省地震局）

河南省地震局教育培训工作

2020年，河南省地震局选派1名处级干部参加中国地震局杭州干部培训中心的优秀青年干部培训班学习。根据业务培训安排，积极选派技术人员66人次参加中国地震局各司室及河南省委省政府有关部门举办的各类业务培训，194人次参加中国地震局网络继续教育培训。

在自主培训方面，河南省地震局着力强化政治理论教育，立足提升主责主业专业知识，针对不同类型的职工，组织开展有针对性的重点培训4期。继续组织“周末大讲堂”特色培训活动，共举办6期，包括依法行政、廉政教育、职工健康、业务提升等多个主题。

（河南省地震局）

湖北省地震局教育培训工作

2020年，湖北省地震局在做好疫情防控工作的同时，开展了财务管理培训、新职工培训班、党务干部培训班等培训152人次；开展了湖北省地震现场“第一响应人”培训班、湖北省地震现场工作队灾害评估培训班、市县防震减灾工作培训班等，共计培训184人次左右，其中湖北省各市县地震工作人员和相关单位人员174人次左右。共选派参加地震系统教育培训共计12人次；开展财务管理培训班，针对5名财务人员进行了相关培训。加大高层次人才出国（境）培训的力度，选拔3名优秀人员赴境外培训学习。进一步做好职工教育和研究生的教育管理工作，职工在职攻读学位2人，其中博士1人，硕士1人；招收硕士研究生20人，毕业并取得硕士学位20人。

（湖北省地震局）

湖南省地震局教育培训工作

2020 年，湖南省地震局紧紧围绕防震减灾中心工作，扎实开展教育培训，全面提升干部职工综合素质。自主举办培训班 8 个，培训全省地震系统干部职工 500 余人次；积极组织选训送训，选派 1 人参加中国地震局优秀年轻干部培训班，派出处级干部 2 人、科级干部 3 人、党务干部 1 人参加省直调训培训；鼓励职工继续教育，取得在职硕士研究生学历 1 人，考取在职硕士研究生 1 人。

加强人才培养锻炼。制定印发《湖南省地震局人才培养工程实施办法》，组织开展科研业务领军和骨干人才、优秀青年干部选拔；遴选优秀青年人才 15 名，科研业务领军人才 2 名，骨干人才 4 名；与云南省地震局签订专业技术人才实训锻炼培养框架协议，与中南大学签订大学生校外实践教育基地共建协议，选送或推荐 3 名业务人才前往云南省地震局、中国地震局地质研究所、湖北省地震局实训锻炼。

（湖南省地震局）

广东省地震局教育培训工作

2020 年，广东省地震局教育培训围绕深化机构改革和服务防震减灾现代化建设这一中心任务，坚持以人为本，注重开拓创新，多形式多渠道做好教育培训工作。一是选派机关工作人员、事业单位专业技术人员参加各类理论学习、专业技术培训 200 余人次；1 名局级干部参加省委培训学习，5 名处级干部参加中国地震局、省委党校培训学习。二是举办处级干部、党务干部培训班、党性锤炼教育培训班、市县防震减灾业务能力提升培训班，以及防震减灾科普人员能力培训班等 4 个自办班，约 320 人次参加培训。三是积极开展中国地震继续教育网站和中国干部网络学院等在线学习。5 名职工博士在读，6 名职工硕士在读。1 名科技人员完成“地震英才”国际培养项目的学习，2 名科技人员获批“地震英才”国际培养项目的学习。

（广东省地震局）

广西壮族自治区地震局教育培训工作

2020 年，广西壮族自治区地震局举办培训班 14 个，全局及各区市地震主管部门工作人员参训 799 人次。举办学习贯彻党的十九届四、五中全会精神专题培训班 2 期。开展党风廉政建设宣讲 2 期，组织纪检干部业务培训 4 期，安排 13 名同志参加中国地震局、自治区党委组织部、区直机关工委组织的各类领导干部调训。安排人员参加地震监测、灾害风险防御、重点区域风险调查和排查能力、地震灾害调查工作技能等专业技术培训。组织5名新入职职工开展岗前培训。继续开办“桂震大讲堂”。积极推广网络及新媒体学习平台，鼓励推荐干部职工参加继续教育，1名干部取得博士研究生学历学位，在读博士研究生2名、硕士研究生1名。

（广西壮族自治区地震局）

重庆市地震局教育培训工作

2020年，重庆市地震局在教育培训方面，一是优化专业技术人才队伍的专业、学历结构，选派青年技术骨干到中国地震局地球物理研究所交流访问学习、参加硕士研究生和博士研究生入学考试；二是注重综合素质提升，积极选派各级干部参加各类业务培训，如公务员初任培训，以及监测、信息网络、应急遥感业务培训和公文、人事、档案综合管理培训等；三是拓展培训形式，组织开展地震现场应急专题系列培训，定期开展党务干部和纪检监察干部培训等；四是持续加强中国地震局网络学院在线学习。共派遣交流访问人员1名，攻读硕士研究生2名，攻读博士研究生1名；派遣实地参加各类培训27人次；举办各类培训班7期，培训人员188人次；参加网络培训141人次，网络培训率达100%。

（重庆市地震局）

四川省地震局教育培训工作

2020年，四川省地震局制定年度干部培训计划并推动实施，全年有针对性组织调训80人次；举办领导干部理论培训2期，覆盖全局处级以上干部和机关科级干部，全年举办各类培训8班次，600余人次参训；服务保障干部网络学习，全员培训达标。支持19人在职接受学历教育，促进人才学历提升；支持青年人才通过地震英才项目出国访学研修，1人成功获批选派。在做好3名入选中国地震局人才库人才管理、使用和考核基础上，积极遴选推荐骨干人才1名、青年人才1名。积极参加系统内人才交流访问，引进高访学者10名，持续支持预警项目先行先试，引进2名、派出3名普访学者开展学习交流。

（四川省地震局）

贵州省地震局教育培训工作

2020年，贵州省地震局主办形式、规模不一的干部教育培训班9期。根据疫情防控要求，通过视频会议开展市县应急（地震）部门防震减灾工作培训，培训内容主要为风险评估与隐患排查技术；在贵阳市举办2020年度全省防震减灾业务培训班，全省市县防震减灾工作主管部门100余名同志参加了此次培训，培训内容主要为房屋加固知识；在盘州市举办“2020年盘州市三网一员业务培训班”。

（贵州省地震局）

云南省地震局教育培训工作

2020年，云南省地震局组织开发了“云南省地震局科技信息与人才评价管理系统”。职工网络培训共计30805学时，脱产培训共计19328学时，参训率100%。在读博士7人，在读硕士3人。

（云南省地震局）

西藏自治区地震局教育培训工作

2020年，西藏自治区地震局积极参加中国地震局和自治区组织的各类培训，参加地震灾害风险管理培训班，积极派出处级以上干部参加西藏自治区党委组织部和党委党校联合组织的党的十九届四中全会研讨培训班、党委组织部、党校联合组织的中央第七次西藏工作座谈会和党的十九届五中全会精神研讨班等，干部职工参加各类培训班44次。在藏东南监测中心举办西藏防震减灾能力提升培训班，各地市地震局专职干部、西藏自治区地震局援藏干部和部分台站职工共20余人参加了培训。组织民法典专题讲座、重点危险区预评估培训、作风建设月专题培训、工程建设基本流程法律讲座、中央第七次西藏工作座谈会精神培训班等12次培训班。大力支持干部职工自学，鼓励专技干部职工参加中央党校研究生函授教育培训考试等。全面开展网络教育学习，全局干部职工均开设中国地震局干部网络教育学院账户，实行了全覆盖，网络教育平均学时在全国地震系统排名第一。

（西藏自治区地震局）

陕西省地震局教育培训工作

2020年，陕西省地震局制定《事业单位工作人员年度考核指导意见》，修订《职称评定管理办法》，不断完善人才培养评价机制。制定印发2020年度培训计划，安排自办培训班，落实全员素质提升计划。全年共举办5期培训班，培训学员201人次。共选派41人外出参加培训，其中机关 16 人、事业单位 27 人。3 人赴地震系统内单位开展普通交流访问。接受 1 名高访学者和 1 名普访学者开展交流访问。组织职工坚持“学习强国”学习。坚持中国地震继续教育网在线学习，总分和平均分均在全国地震系统排名第三。

（陕西省地震局）

甘肃省地震局教育培训工作

2020 年，甘肃省地震局举办各类培训班共 16 期，培训内容涵盖学习贯彻党的十九届五中全会精神、党组织建设、提升干部素质能力、防震减灾与应急救援能力建设、地震应急管理等，共有 597 人参加培训，其中市县地震局人员 338 名，机关工作人员 129 人次，事业人员 238 人次。4 位局级干部参加了中国地震局、应急管理部、省委党校、行政学院、社会主义学院的政治理论学习及研讨班。全局干部职工完成 2020 年度网络教育培训，举办 26 人的新招录人员培训。1 人参加中国地震局优秀年轻干部培训班，2 人参加地震系统新招录公务员初任培训，2 人参加了中国地震局组织的交流访问者学习，2 人获得到国外参加进修学习的资格，2 人获得硕士、2 人获得博士学位，2 人硕士在读、15 人博士在读，职工队伍的整体素质和业务水平得到了极大的提高。

（甘肃省地震局）

新疆维吾尔自治区地震局教育培训工作

2020 年，新疆维吾尔自治区地震局人员参加各类教育培训 522 人次，人数 191 人。其中机关人员参加各类培训 168 人次，人数 43 人；事业单位人员参加各类培训 354 人次，人数 148 人。参加中国地震局组织培训 61 人次，参加自治区及内部组织培训 461 人次；参加取得各类结业证书的培训 24 人次。

（新疆维吾尔自治区地震局）

中国地震局地球物理研究所教育培训工作

2020 年，中国地震局地球物理研究所积极组织管理干部、专业技术干部参加中央国家机关和中国地震局组织的专业培训，其中组织参加中国地震局优秀年轻干部培训班 1 人，中国纪检监察学院北戴河校区委机关派驻机构监督执纪业务培训班 1 人，地震系统审计干部培训班 1 人，中国地震局直属机关党支部书记培训班 2 人，地震系统新录用人员初任培训班1人，中国地震局直属机关工会干部专题学习班3人，参加国家公派留学人员英语高级培训班12人。积极参加研究所组织的科技项目会议（国家自然科学基金启动及培训会、国家重点研发计划项目申报培训会）、纪检人员培训（纪委书记和纪委干部培训、纪检人员培训）等。处级以上干部按照中国地震局及研究所的要求积极参加中国干部网络学院在线网络学习培训。积极组织全体干部职工在中国地震局干部网络学院进行党的十九届五中全会精神的学习。专业技术人员积极参加中国地球物理学会继续教育工作委员会和信息技术专业委员会共同举办的网上 Python 语言培训班。组织开展档案专业人员岗位培训班、会计人员继续教育（网络培训）、内部审计网络直播培训、中国内部审计协会后续教育培训等。

（中国地震局地球物理研究所）

中国地震局地质研究所教育培训工作

2020年，中国地震局地质研究所继续贯彻干部教育培训条例和规划精神，加强对各类人才的理想信念教育责任意识培养，设有干部素质提升工程专项，努力扩大学习培训的覆盖面和实效性。一是充分利用各类平台。疫情之下，职工更加积极主动利用中国干部网络学院、中国地震局继续教育网学习平台、学习强国、视频会议等平台，进行“四史”学习，开展业务交流。二是突出重点，开展党的十九届五中全会专题学习，组织多层次、多形式的学习活动，在全所掀起学习宣传贯彻热潮。三是组织各类业务培训。举办活断层探测标准宣贯和技术培训、分析预报地震地质基础理论和方法培训班等。四是注重青年人才教育。所领导亲自结合多年工作经历，从不同维度为近年新职工和在学研究生上了生动的一课。

10月11—17日，受中国地震局监测预报司委托，由中国地震局地质研究所承办、云南省地震局协办的“分析预报地震地质基础理论和方法培训班”在云南昆明举行。来自各省地震局和直属单位预报部门的将近40位预报骨干人员参加本次培训。培训结束后由中国地震局人事教育司颁发结业证书。

（中国地震局地质研究所）

中国地震局工程力学研究所教育培训工作

2020年度，中国地震局工程力学研究所按照年度培训计划，以内培外送相结合的方式完成全年培训任务。面向所领导班子、全体党员、科技人员、管理人员、研究生导师、在读研究生等分类别多层级开展教育培训30次，其中党的政治理论学习18次、专业技术培训4次、业务能力培训8次，累计参训达1500人次。积极参加中国地震局组织的组织人事、纪检审计、规划财务、电子政务、信息网络和数据服务等线上及线下业务培训。1人在读中国科学技术大学专业硕士学位研究生班。组织研究生和新遴选导师通过线上、线下方式参加全国科学道德和学风建设培训。疫情防控期间停课不停学，组织研究生在线上参加地震现场震害调查的基础知识和业务培训。

（中国地震局工程力学研究所）

中国地震台网中心教育培训工作

2020年，中国地震台网中心切实将培训工作作为人事人才工作、全局发展规划的重点工作，在不断完善培训内容的基础上，有计划、有重点、有步骤地组织实施了各类教育培训活动。共举办各类培训13次，其中业务类4次，财务管理类7次，专题类2次，涉及人员300余人。积极参加中国地震局网络视频培训，200余人参加，总培训学时超过6800学分。

（中国地震台网中心）

中国地震灾害防御中心教育培训工作

2020年，制定《中国地震灾害防御中心新职工岗前培训实施细则》《中国地震灾害防御中心“地震英才国际培养项目”实施细则》，结合震防中心实际情况，举办中层干部培训班、新入职职工培训班，围绕政治理论、党建工作和地震业务开展专题培训。1名局管干部参加新版CB/T1.1高级培训班，1名处级干部参加中国地震局优秀年轻干部培训班（第15期），3人参加中国地震局组织人事工作视频培训，2人参加中国地震局电子政务业务培训班。业务人员积极参加地震标准化、活断层技术、风险普查、震害评估、会计继续教育、期刊编辑等各类培训，处级干部按规定完成中国地震局继续教育学院的在线学习。

（中国地震灾害防御中心）

中国地震局地球物理勘探中心教育培训工作

2020年，中国地震局地球物理勘探中心坚持党管人才原则，大力实施地震人才工程和素质提升计划，制定出台《物探中心干部教育培训管理办法（试行）》。以政治理论学习为重点统筹开展各项教育培训，成立青年理论学习小组，组织开展集中学习研讨3次，开展职工大讲堂1次。强化优秀干部人才培训，选派1名处级干部参加中国地震局优秀年轻干部培训班，选派7名处级干部、8名科级干部参加系统内外组织的各类培训。6名在读博士完成年度学习任务，2人获博士学位，1人获硕士学位，1人获留学基金委资助，推荐2人攻读硕士学历学位，选派1名在读博士到中国地震局工程力学研究所交流访问。通过学习强国、中国地震继续教育网、中国干部网络学院、线上学术讲座等平台，开展网络自学和学术交流。

（中国地震局地球物理勘探中心）

中国地震局第一监测中心教育培训工作

2020年，中国地震局第一监测中心以忠诚干净担当的干部队伍建设和爱国奉献的人才队伍建设为抓手，有序推动教育培训工作开展。举办各类教育培训20次，参加培训500余人次。举办“中国地震局第三期计量知识培训班”，选派3名干部参加中央党校（国家行政学院）、中国纪检监察学院等举办的培训班。派出2人出国交流访问，8人攻读在职博士学位。

（中国地震局第一监测中心）

中国地震局第二监测中心教育培训工作

2020年，中国地震局第二监测中心制定《加快人才发展的实施方案》《优秀科技人才管理办法》。加强科技人才教育培训，举办各类培训班19期。完善绩效考核评价体系，制定《防震减灾工作奖励办法》《绩效考核分配办法》。推进事业单位全员聘用，实施三年一个聘期的第五轮全员聘用。继续参与国际英才培养计划，培养攻读在职博士。落实岗位管理要求和人社部指导意见，一批长期担任观测组长和观测员的地震观测工人经评审获得专业技术职务。2人获陕西测绘青年科技奖，1人获中国测绘学会青年测绘地理信息科技创新人才奖，1人次入选中国地震局青年人才。

（中国地震局第二监测中心）

防灾科技学院教育培训工作

1. 本科教学

2020年，稳步推进本科教育教学工作。一是加强专业建设，圆满完成物联网工程、城市地下空间工程专业新增学士学位授予专业审核工作。启动6个专业的工程教育专业认证申报工作，完成2个新专业论证与申报，推荐8个专业参加国家一流专业评选，推荐3个专业参加河北省一流专业评选。二是继续推进“金课”建设，立项校级建设课程63门、省级一流课程3门和精品在线开放课程2门，“自然灾害概论”获首批国家级一流课程。三是推进黄金海岸教学实习基地建设，组织完成黄金海岸地震观测站论证及建设，完成暑期地理科学等专业实习任务。四是不断推进创新创业教育，立项校级创新创业训练计划项目192个，认定463.6学分，置换150学分、67门课程。获批教育部产学协同育人项目9项，全校总计达到了42项。获批教育部新工科研究与实践项目2项，实现了国家层面高等教育教学改革项目重大突破。五是着力提高教育教学质量，广泛组织学生评教和课堂教学调查，组织开展学情调查、教学竞赛、教学督导，实现以学促教、以赛促教、以督促教。学生在国际水中机器人大赛、全国大学生财务决策总决赛、华为ICT大赛全球总决赛、北京市大学生物理实验竞赛获一等奖，在省大学生网络与信息安全大赛中蝉联冠军。

2. 研究生教学

2020年，扩大研究生培养规模，招生人数由50名增至100名，2020届研究生就业率97%。召开研究生教育会议，研究部署未来一段时间研究生教育工作的目标任务。遴选增加校外导师30人，校内导师21人，目前学校共有硕士研究生导师172人，其中2人当选河北省工学研究生教育指导委员会委员。

3. 继续教育与培训

2020年，积极拓展防灾减灾救灾、应急管理等领域培训，全年举办培训班14期，共计1992课时，参训学员867人次。加强师资队伍、课程教材等方面建设，完成3本培训教材编写，师资库增至262名教师，正高级职称占62.6%。优化课程体系，学员满意度95%以上。

（防灾科技学院）

人物

2020 年享受政府特殊津贴人员

1. 周克昌　男，1965 年生，中共党员，研究生学历、博士学位。中国地震台网中心研究员。

2. 武艳强　男，1978 年生，中共党员，研究生学历、博士学位。中国地震局第一监测中心研究员。

3. 蒋延林　男，1960 年生，中共党员，大学本科学历。江苏省地震局正高级工程师。

4. 蒋长胜　男，1979 年生，九三学社，研究生学历、博士学位。中国地震局地球物理研究所研究员。

5. 祝意青　男，1962 年生，中共党员，大学本科学历、学士学位。中国地震局第二监测中心研究员。

6. 刘春平　男，1962 年生，民进，研究生学历、博士学位。防灾科技学院副院长、教授。

7. 陈志高　男，1975 年生，中共党员，研究生学历、硕士学位。湖北省地震局正高级工程师。

8. 曲　哲　男，1983 年生，中共党员，研究生学历、博士学位。中国地震局工程力学研究所研究员。2019 年“百千万人才工程”国家级人选。

（中国地震局人事教育司）

2020 年入选中国地震局领军人才、骨干人才、青年人才、创新团队名单

创新团队（6 个）

序号	单　位	团队负责人	团队名称
1	福建省地震局	韦永祥	地震监测预警技术研究创新团队
2	中国地震局地球物理研究所	陈　石	时变微重力场建模与开源软件平台研发团队
3	中国地震局地质研究所	单新建	空间对地观测与地壳形变创新团队

续表

序号	单　位	团队负责人	团队名称
4	中国地震局地震预测研究所	高　原	地震各向异性与深部构造研究团队
5	中国地震局工程力学研究所	戴君武	工程抗震防灾韧性科技创新团队
6	中国地震灾害防御中心	王东明	震灾风险治理创新团队

领军人才（5 人）

序号	姓　名	单　位	入选类型
1	许力生	中国地震局地球物理研究所	领军人才
2	陈　杰	中国地震局地质研究所	领军人才
3	张永仙	中国地震局地震预测研究所	领军人才
4	戴君武	中国地震局工程力学研究所	领军人才
5	黄文辉	深圳防灾减灾技术研究院	领军人才

骨干人才（14 人）

序号	姓　名	单　位	入选类型
1	缪发军	江苏省地震局	骨干人才
2	吕　坚	江西省地震局	骨干人才
3	胡敏章	湖北省地震局	骨干人才
4	何　萍	广东省地震局	骨干人才
5	周　斌	广西壮族自治区地震局	骨干人才
6	李大虎	四川省地震局	骨干人才
7	陈文凯	甘肃省地震局	骨干人才
8	屠泓为	青海省地震局	骨干人才
9	王伟涛	中国地震局地球物理研究所	骨干人才
10	李传友	中国地震局地质研究所	骨干人才
11	胡进军	中国地震局工程力学研究所	骨干人才
12	赵　博	中国地震台网中心	骨干人才
13	李　峰	中国地震灾害防御中心	骨干人才
14	马海建	中国地震局发展研究中心	骨干人才

青年人才（23 人）

序号	姓　名	单　位	入选类型
1	薄　涛	北京市地震局	青年人才
2	曹　筠	河北省地震局	青年人才
3	李永生	黑龙江省地震局	青年人才
4	杨源源	安徽省地震局	青年人才
5	黄仁桂	江西省地震局	青年人才
6	朱成林	山东省地震局	青年人才
7	刘　刚	湖北省地震局	青年人才
8	吕作勇	广东省地震局	青年人才
9	阎春恒	广西壮族自治区地震局	青年人才
10	王惠琳	海南省地震局	青年人才
11	张致伟	四川省地震局	青年人才
12	姜金钟	云南省地震局	青年人才
13	张　波	甘肃省地震局	青年人才
14	姚生海	青海省地震局	青年人才
15	李　金	新疆维吾尔自治区地震局	青年人才
16	张风雪	中国地震局地球物理研究所	青年人才
17	周连庆	中国地震局地震预测研究所	青年人才
18	杜　轲	中国地震局工程力学研究所	青年人才
19	李　瑜	中国地震台网中心	青年人才
20	郝明辉	中国地震灾害防御中心	青年人才
21	占　伟	中国地震局第一监测中心	青年人才
22	李煜航	中国地震局第二监测中心	青年人才
23	林健富	深圳防灾减灾技术研究院	青年人才

（中国地震局人事教育司）

2020年中国地震局获研究员、正高级工程师任职资格人员名单

序号	姓 名	所在单位	获得职称	评审单位
1	孟勇琦	北京市地震局	正高级工程师	中国地震灾害防御中心
2	卢 永	江苏省地震局	正高级工程师	中国地震台网中心
3	许汉刚	江苏省地震局	正高级工程师	中国地震灾害防御中心
4	黄显良	安徽省地震局	正高级工程师	中国地震台网中心
5	李 军	福建省地震局	正高级工程师	中国地震台网中心
6	李祖宁	福建省地震局	正高级工程师	中国地震台网中心
7	赵 斌	湖北省地震局	研究员	中国地震局地质研究所
8	吴云龙	湖北省地震局	研究员	中国地震局地质研究所
9	何 萍	广东省地震局	正高级工程师	中国地震灾害防御中心
10	谢剑波	广东省地震局	正高级工程师	中国地震台网中心
11	吴微微	四川省地震局	正高级工程师	中国地震台网中心
12	徐 锐	四川省地震局	研究员	中国地震局地震预测研究所
13	高曙德	甘肃省地震局	正高级工程师	中国地震台网中心
14	王爱国	甘肃省地震局	正高级工程师	中国地震灾害防御中心
15	刘兴旺	甘肃省地震局	研究员	中国地震局地震预测研究所
16	屠泓为	青海省地震局	正高级工程师	中国地震台网中心
17	唐明帅	新疆维吾尔自治区地震局	正高级工程师	中国地震台网中心
18	雷启云	宁夏回族自治区地震局	正高级工程师	中国地震灾害防御中心
19	魏占玉	中国地震局地质研究所	研究员	中国地震局地质研究所
20	荆 凤	中国地震局地震预测研究所	研究员	中国地震局地震预测研究所
21	刘 静	中国地震局地震预测研究所	研究员	中国地震局地震预测研究所
22	陈 志	中国地震局地震预测研究所	研究员	中国地震局地震预测研究所
23	徐岳仁	中国地震局地震预测研究所	研究员	中国地震局地震预测研究所
24	周连庆	中国地震局地震预测研究所	研究员	中国地震局地震预测研究所
25	李圣强	中国地震局地震预测研究所	研究员	中国地震局地震预测研究所

续表

序号	姓　名	所在单位	获得职称	评审单位
26	薛　艳	中国地震台网中心	正高级工程师	中国地震台网中心
27	马未宇	中国地震台网中心	研究员	中国地震局地震预测研究所
28	酆少英	中国地震局地球物理勘探中心	正高级工程师	中国地震局灾害防御中心
29	苏　刚	中国地震灾害防御中心	正高级工程师	中国地震灾害防御中心
30	郝　明	中国地震局第二监测中心	研究员	中国地震局地质研究所
31	胡亚轩	中国地震局第二监测中心	正高级工程师	中国地震台网中心

（中国地震局人事教育司）

2020年中国地震局获得专业技术二级岗位聘任资格人员名单

序号	姓　名	单　位	性别	最高学历
1	冯志生	江苏省地震局	男	硕士研究生
2	乔学军	湖北省地震局	男	博士研究生
3	冯希杰	陕西省地震局	男	博士研究生
4	温增平	中国地震局地球物理研究所	男	博士研究生
5	何宏林	中国地震局地质研究所	男	博士研究生
6	王　敏	中国地震局地质研究所	女	博士研究生
7	孟国杰	中国地震局地震预测研究所	男	博士研究生
8	张令心	中国地震局工程力学研究所	女	博士研究生
9	温瑞智	中国地震局工程力学研究所	男	博士研究生
10	段永红	中国地震局地球物理勘探中心	男	博士研究生
11	万永革	防灾科技学院	男	博士研究生

（中国地震局人事教育司）

表彰奖励

中国地震台网中心侯建民荣获第二届全国创新争先奖

2020 年 5 月 30 日，中国地震台网中心高级工程师侯建民凭借在社会服务领域的突出成绩，荣获第二届全国创新争先奖。

湖北省地震局党员下沉突击队
荣获“全国抗击新冠肺炎疫情先进集体”

2020 年 9 月 8 日，全国抗击新冠肺炎疫情表彰大会在北京人民大会堂举行，对全国抗击新冠肺炎疫情先进个人、先进集体，全国优秀共产党员、全国先进基层党组织进行表彰。湖北省地震局党员下沉突击队荣获“全国抗击新冠肺炎疫情先进集体”。

中国地震局地质研究所荣获“全国文明单位”称号

2020 年 11 月 20 日，中国地震局地质研究所被中央文明委授予第六届“全国文明单位”荣誉称号。

（中国地震局人事教育司）

中国地震局地球物理研究所表彰奖励情况

2020 年，中国地震局地球物理研究所吴建平被评为应急管理部直属机关优秀共产党员，陈石荣获第十一届刘光鼎地球物理青年科技奖。

（中国地震局地球物理研究所）

合作与交流

主要收载地震系统双边、多边国际合作项目，以及重要学术交流活动概况等。

合作与交流项目

2020 年中国地震局对外交流与合作综述

2020 年，在复杂国际局势和新冠病毒流行双重影响下，国际合作受到很大冲击。面对困难和挑战，在中国地震局党组的坚强领导下，防震减灾国际合作以习近平新时代中国特色社会主义外交思想为指导，围绕国家总体外交战略和防震减灾事业发展需求，转变思想观念、积极谋划思路、创新工作方式，着重加强国际合作顶层设计、调研总结、“一带一路”地震减灾合作与疫情期间外事管理。

一、加强国际合作顶层设计

编制《“十四五”防震减灾国际合作规划》和《“一带一路”地震安全保障行动计划》，明确内外形势和总体布局。加强与外交、科技、安全、援外等部门对接沟通，了解外交形势和对外政策，多渠道争取项目经费，获批 3 个国家重点研发计划政府间/港澳台重点专项项目和 3 个国际培训班。

二、加强国际合作调研总结

建立国际地震合作组织，启动地学国际组织相关调研。面向局属单位发放调查问卷，梳理各单位国际合作资源和重点合作领域，调研国际合作意见建议。组织京区 4 个研究所开展外国人来华进行学位教育的资质备案工作。完成对中美数字地震台网、地震电磁监测卫星、境外台网建设 3 个国际合作成功案例的剖析。

三、加强“一带一路”地震减灾合作

持续与埃及、亚洲地震委员会讨论第二届“一带一路”地震减灾合作协调人会议筹备事宜，根据疫情进展调整会议方案。及时跟进援建老挝、肯尼亚地震监测台网和中国—东盟地震海啸监测预警系统项目，通过远程会议、微信视频等方式，协调外方做好相关技术工作。

四、加强疫情期间外事管理

印发《关于规范管理地震系统线上外事活动的通知》，严格执行请示报告制度，事先履行报批程序。批复中国地震局地震预测研究所与意大利专家讨论项目文本、湖北省地震局

举办中土科技交流、南加州地震中心基本情况调研等41人次参与的7个线上视频国际会议，批复中国地震台网中心赴老挝执行援老台网项目技术援助、广东省地震局赴澳门进行地磁测量等12人次因公出国（境）任务。

（中国地震局科技与国际合作司）

2020 年出访项目

1 月 13—7 月 16 日

中国地震局地球物理研究所在读博士生张琰赴意大利学习访问。

10 月 27 日

中国地震台网中心高级工程师李建勇和山东省地震局高级工程师冯志军等 4 人赴老挝执行援老台网项目技术援助驻场任务。

（中国地震局科技与国际合作司）

2020 年来访项目

1 月 11 日

中国地震局地质研究所接待荷兰乌特勒支大学 OLiver Plümper 和 Helen King 助理教授来所访问。

（中国地震局科技与国际合作司）

2020 年港澳台合作交流项目

10 月 18—31 日

广东省地震局高级工程师王建格等 5 人赴澳门执行澳门国际机场地磁测量任务。

12 月 16—17 日

广东省地震局高级工程师王建格等 2 人赴澳门详述澳门国际机场地磁测量结果。

（中国地震局科技与国际合作司）

学术交流

天津市地震局学术交流

天津市地震局联合天津大学、天津城建大学，完成市科技重大专项“地震风险预警技术及服务产品研发应用”2020 年工作任务。落实中国地震局与天津大学战略合作框架协议，联合天津大学共建中国地震局地震工程综合模拟与抗震韧性重点实验室，并通过中国地震局阶段评估。

（天津市地震局）

内蒙古自治区地震局学术交流

2020 年，内蒙古自治区地震局聘请中国科学院大学、北京大学、地震系统相关院所等知名专家指导，不断加强学术交流与科研合作。2 人入选中国地震局 2020 年度国内交流访问学者计划，1 人参加中国地震局“地震英才国际培养项目”，1 人参加 2020 年国家公派留学人员英语培训班。2020 年 9 月 21 日，内蒙古自治区地震局与内蒙古工业大学签订《研究生联合培养基地协议》。内蒙古自治区地震局党组书记、局长卓力格图，党组成员、副局长弓建平，内蒙古工业大学纪委书记阿力坦嘎日迪出席签约仪式。2020 年 10 月 27 日，在中国科学院精密测量科学与技术创新研究院召开内蒙古自治区地震局与中国科学院精密测量科学与技术创新研究院交流研讨会暨科学技术合作框架协议签约会，共同开展微震监测研究、地震科学研究和地震科学仪器观测试验与研究。

（内蒙古自治区地震局）

江苏省地震局学术交流

协办“第十七届长三角科技论坛防震减灾科技分论坛”，共征集论文 38 篇，推荐 34 篇。2020 年 8 月 29 日，来自一市三省的有关专家和科技人员共 60 余人参加防震减灾分论坛活动。9 月 17 日，江苏省地震局与中国地震局地球物理研究所通过视频会议方式进行科技交流与合作框架协议签约仪式。江苏省地震局地震预报研究中心冯志生研究员等与中国地震局地震预测研究所吴迎燕博士等合作，开展基于地球变化磁场场源电流的地震短期预测技术研究，获中国地震局地震预测研究所资助。8 月 28 日，邀请日本名古屋大学国际开发博士顾林生教授到江苏省地震局作地震预警专题授课。10 月 15 日，邀请中国地震局地球物理研究所吴庆举研究员作专题授课。

（江苏省地震局）

安徽省地震局学术交流

2020 年 6 月 18 日，蒙城地球物理国家野外科学观测研究站（2020—2025）发展建设工作研讨会在安徽省亳州市召开，围绕科学研究、基础建设、服务共享等工作，开展实地调研、会议研讨、现场考察等活动。

9 月 26 日，蒙城地球物理国家野外科学观测研究站 2020 年度学术年会暨首届郯庐—大别地震与构造物理研讨会在安徽省合肥召开，提出当前郯庐断裂带研究中存在的问题。

12 月 26—27 日，安徽地区重力形变观测与研究学术研讨会在安徽省合肥召开，探讨在高频 GPS、新型光纤观测技术及地球空间物理等方面进一步加强合作，深入开展地球物理多学科综合研究。

2020 年，安徽省地震局组织申报 2021 年度因公出国计划 1 项。

（安徽省地震局）

河南省地震局学术交流

2020 年 4 月 23 日，河南省地震局组织召开晋陕豫交界区震情跟踪视频研讨会，中国地震局台网中心、中国地震局地球物理勘探中心等单位有关领导和专家 50 余人参会。河南省地震局作为主办方专题汇报非天然地震有关科研成果。

9 月 21—25 日，河南省地震局举办河南省防震减灾工作座谈会暨应急管理人员防震减灾培训班。邀请应急管理部地震和地质灾害救援司领导和河南理工大学应急管理学院教授授课，各省辖市应急管理局、防震减灾中心分管领导、业务科室工作人员共 80 余人参加培训。

10 月 25—27 日，河南省地震局在河南省郑州市举办全省地震预测预报会商技术培训班视频培训。

11 月 4 日，河南省地震局在河南省郑州市举办全省应急管理人员地震灾害风险普查工作视频培训。

（河南省地震局）

湖北省地震局学术交流

2020年，国内学术交流主要以视频线上会议的形式进行，全年共组织学术报告10余场。

在国际交流方面，为保障“中土地震灾害监测预警与风险防范示范应用”项目进行，促进与土库曼斯坦科学院地震与大气物理研究所在防震减灾相关领域的合作，9月9日，湖北省地震局局长晁洪太等16人与土库曼斯坦科学院地震与大气物理研究所萨雷耶娃等11人召开中土地震灾害监测预警与风险防范线上研讨会，双方专家分享交流地震灾害领域的最新科技成果以及应用成功经验。

（湖北省地震局）

湖南省地震局学术交流

2020年9月16—18日在湖南省长沙市举办湖南省地震局创新发展咨询会，邀请中国地震局地球物理研究所、中国地震局工程力学研究所、中国地震局地质研究所等单位和中南大学、湖南大学等高校共16位专家参加。11月18日，与湖南大学土木工程学院签订创新合作框架协议。12月31日，与中国地质调查局武汉地质调查中心、中国地震局地球物理研究、常德市地震局签订合作意见书。与中南大学开展校外学生实训基地共建，与应急管理部国家自然灾害防治研究院就共建邵阳自然灾害野外科学观测基地达成合作意向，与湖南省建筑设计院的“新地震动参数区域图下湖南既有建筑抗震加固技术与对策研究”合作课题全部完成，取得2项实用新型技术专利、5科技论文、两套技术图集等合作成果。

（湖南省地震局）

广东省地震局学术交流

2020年12月8日，广东省地震局特邀南方科技大学陈晓非院士一行7人前来交流访问并作学术报告。

交流会上，广东省地震局专题汇报广东省防震减灾“十四五”规划编制情况及有关重点项目实施情况。陈晓非院士对推进广东省“十四五”时期防震减灾事业发展提出意见建议，提出建设广东省防震减灾创新实验室的构想。

广东省地震局党组书记、局长孙佩卿表示，广东省地震局高度重视与相关高校和科研院所交流合作，将根据陈晓非院士等专家的意见进一步完善“十四五”规划；并持续发挥好广东省防震减灾科技协同创新平台的作用，进一步加强与南方科技大学等单位的合作，充分发挥各自的科技和人才优势。

（广东省地震局）

广西壮族自治区地震局学术交流

2020年5月29日，广西壮族自治区地震局邀请桂林理工大学熊彬教授作题为《基于电磁场分量的MT测深数据全息反演》学术报告；6月4日，广西壮族自治区地震局调研组赴广西自然资源信息中心交流调研。11月20—22日，邀请防灾科技学院孟晓春教授来桂授课讲解地震监测基础知识，并与科技人员进行了交流。

广西壮族自治区地震局通过数据共享等方式加强交流与对接，为广西军区和有关部队提供广西壮族自治区活动构造图等地图；与广东省地震局签订《粤桂交界地域地震应急数据库共享协议书》；在自治区大数据发展局数据共享平台上共享了广西壮族自治区地震目录等10条目录；成功向其他部门单位申请批复数据25项。

（广西壮族自治区地震局）

云南省地震局学术交流

云南省地震局承办的“地震学与地震工程培训班”被商务部培训中心评选为首批援外培训经典项目。

2020年1月6日，云南省地震学会和云南省地球物理学会联合在玉溪市举办云南通海7.8级大地震50周年学术研讨会。12月22日，云南省地震局组织召开陈颙院士工作站学术交流研讨会。会议邀请了南方科技大学陈晓非院士，中国地震局地球物理研究所、中国地震局厦门海洋地震研究所、中国科学技术大学等有关单位专家参加。

2020年12月21日，教育部云南大理地球物理野外科学观测研究站揭牌仪式在中国地震科学实验场大理中心举行。武汉大学副校长、中国工程院院士李建成，云南省地震局党组书记、局长王彬出席仪式。

（云南省地震局）

陕西省地震局学术交流

2020年6月29日，陕西省地震局邀请中国地震局工程力学研究所林均岐研究员、长安大学邓亚虹教授作学术交流。

8 月 10 日，陕西省地震局与中国科学院空天信息创新研究院、中国地震局地壳应力研究所三方签订了电磁卫星数据真实性检验站建设合作框架协议。

9 月 27 日，陕西省地震局邀请中国地震局工程力学研究所曲哲研究员作学术交流。

10 月 26 日，陕西省地震局与西安市地震局合作，在西安台架设 360 秒超宽频带计开展观测。

10 月 28 日，陕西省地震局与西安航天精密机电研究所签订战略框架协议，共同建立高精度惯性仪表测试基地，积极推进军民融合发展。

10 月 29 日，陕西省地震局邀请西北工业大学贾科副教授作学术交流。

（陕西省地震局）

甘肃省地震局学术交流

2020 年 6 月 11 日，中国科学院国家空间科学中心陈涛研究员等一行 3 人莅临甘肃省地震局开展调研和学术交流活动，共同研究探讨电磁学科的地震预测预报问题。

8 月 31 日，兰州理工大学董建华教授应邀为甘肃省地震局专家和科技人员作题为《黄土工程新技术的研发和理论分析》的学术报告。

10 月 13—14 日，由白银市人民政府、甘肃省应急管理厅和甘肃省地震局共同在白银市举办了纪念海原地震 100 周年学术研讨会。白银市委副书记、市长张旭晨、甘肃省地震局局长胡斌、省应急管理厅政治部主任刘锡良等举办单位领导出席开幕式并致辞。会议邀请中国科学院西北生态环境资源研究院马巍研究员，中国地震局兰州地震研究所王兰民研究员做大会主题报告。

（甘肃省地震局）

宁夏回族自治区地震局学术交流

2020 年 10 月 23—25 日，宁夏回族自治区地震局联合自治区科技厅、宁夏大学、中卫市政府、海原县政府举办海原大地震 100 周年纪念国际论坛暨宁夏土木工程防震减灾工程技术研究中心首届学术研讨会。

中国工程院院士杜彦良教授，国际岩土协会前主席、日本东京大学及中央大学 Kenji Ishihara 教授，欧洲地震工程学会（EAEE）主席 Kyriazis PitiLakis 教授，美国休斯敦大学智能结构与材料实验室主任 G. B. Song 教授，国际土壤力学与岩土工程学会（ISSMGE）技术委员会（TC203）主席新西兰坎特伯雷大学 Misko Cubrinovski 教授，应急管理部国家自然灾害防治研究院院长、中国活动断层研究首席专家徐锡伟研究员，中国地震局兰州地震研究所王兰民研究员，海洋工程专家、马来西亚科技大学（UTM）Kenry Kang 教授，新世纪百千万人才工程国家级人选、天津大学讲席教授、兰州理工大学副校长陈志华教授，福州大学结构工程研究所所长、闽江学者姜绍飞教授等十二位专家在银川主会场作了大会主题报告。

会议由宁夏土木工程防灾减灾工程技术研究中心、宁夏大学土木与水利工程学院、西部土木工程防灾减灾教育部工程研究中心、中国地震局兰州地震研究所、中卫市地震局、海原县地震局联合承办，来自国内外 170 余名专家、学者代表参加了会议。

（宁夏回族自治区地震局）

新疆维吾尔自治区地震局学术交流

2020 年，新疆维吾尔自治区地震局与哈萨克斯坦地震研究所、预测所和地质所共同筹备第十届天山地震国际研讨会，完成摘要的征集工作。与吉尔吉斯、乌兹别克地震研究所共同申报 2021 年亚洲合作专项 2 项，获批 1 项；受自治区上合组织项目资助，与吉尔吉斯斯坦高温所开展中亚 GPS 观测研究；邀请中亚 5 国地震研究所所长加入乌鲁木齐中亚研究所，作为学术委员会委员；推荐吉尔吉斯地震研究所所长申报自治区外国专家“天山奖”，并进入答辩环节。

（新疆维吾尔自治区地震局）

中国地震局地球物理研究所学术交流

2020 年 12 月 15 日，“北京白家疃国家野外站暨震源物理重点实验室第一届联合学术年会”在中国地震局地球物理研究所北京国家地球观象台召开，100 余名专家学者以现场或网络视频方式参加交流。

10 月 16—17 日，中国地震学会第十六次学术大会在重庆召开。大会设立了海洋岩土地震工程、基于数值模拟的确定性 – 概率地震危险性分析方法研究、黄土地震滑坡风险评估与防治、活动断层与减灾、地下流体/地球化学方法与地震灾害防治、地震灾害风险分析与社会学、韧性城乡理论方法及应用、强震动观测技术与应用 8 个专题会场，共计 22 个专题特邀报告和 129 个专题报告。来自全国地震系统、科研院所、高等院校等 600 余人参加了此次大会。

（中国地震局地球物理研究所）

中国地震局地质研究所学术交流

1. 国际合作项目

中国地震局地质研究所与俄罗斯合作开展“用构造物理学综合方法研究中国西南地区的地壳应力状态与强震孕育区的识别”“天山与大高加索地区的活动褶皱作用与强震”2项目的研究；与新加坡合作开展“长白山火山岩浆扰动与喷发灾害研究”项目研究；与韩国合作开展“基于岩石地球化学的长白山火山形成背景初研究”项目研究；与法国合作开展“中国鄂西－三峡地区早期人类古遗址地层的年代学研究”项目研究；与以色列合作开展“上新世－更新世死海断裂和阿尔金断裂地区地貌演化过程、走滑速率及其动力学意义”项目研究。

2. 学术交流

聘请两位国际知名学者为特聘研究员。聘任荷兰乌得勒支大学斯皮尔斯·克里斯托弗·詹姆斯教授和德国地学研究中心汪荣江教授，参加科研项目、指导和培养青年科技人员和研究生。

国际合作交流。积极响应中国联合国教科文组织征求中期战略编制意见建议，提出3项建议：“一带一路”沿线我国邻区地震地质研究；“一带一路”沿线高地震风险区分析与评估；“一带一路”灾害风险综合治理差异。

2020年7月，与俄罗斯科学院施密特地球物理研究所签署《中国地震局地质研究所和俄罗斯科学院施密特地球物理研究所谅解备忘录》，双方在合作框架内进行交流合作，重点围绕地震危险性评价、活动断裂研究、地震观测新方法等多方面开展合作研究。

（中国地震局地质研究所）

中国地震局地震预测研究所学术交流

2020年9月26—29日，中国地震局地震预测研究所崔月菊副研究员通过网络参加第40届国际地球科学和遥感大会视频会议并做题为“three-diMensionaL variations of Carbon Monoxide concentration associated with Wenchuan earthquake based on AIRS data（基于AIRS数据的汶川地震相关的CO三维变化）”的口头报告。

12月11日，中国地震局地震预测研究所所长吴忠良等一行邀请美国南加州大学郦永刚、加州大学洛杉矶分校沈正康、美国佐治亚理工大学彭志刚等3名教授召开美国南加州地区地震实验场基本情况线上视频交流会。

（中国地震局地震预测研究所）

中国地震局工程力学研究所学术交流

2020 年，中国地震局工程力学研究所牵头组织编制《“一带一路”国家地震安全保障行动计划》，牵头申报 2 项国家重点研发计划：大陆与台湾地区联合资助研发项目“功能可恢复导向的医院悬吊类非结构构件之耐震评估技术研发”、中国和美国政府间合作项目“融合美国 NGA 模型的中国大陆西部地区地震动预测方程研究”获批立项，通过合作开展科学研究的方式强化国际合作交流。

（中国地震局工程力学研究所）

中国地震局地球物理勘探中心学术交流

2020 年 11 月 27—28 日，由河南省地球物理学会主办、中国地震局地球物理勘探中心承办的“河南省地球深部结构探测学术研讨会”在河南省平顶山市召开，中国地震局地球物理勘探中心杨卓欣研究员应邀作大会专题报告。

（中国地震局地球物理勘探中心）

防灾科技学院学术交流

2020 年，防灾科技学院共举办了 33 场学术交流活动，重要学术交流活动概况如下：

12 月 10 日，教育部长江学者特聘教授、同济大学桥梁工程系主任、土木工程防灾国家重点实验室副主任孙利民教授到防灾科技学院开展学术交流，并作题为《桥梁结构健康监测技术进展》的学术报告。重点阐述了大数据背景下的结构健康监测研究趋势，并结合工程实例强调了基于数据的结构状态评估方法。

12 月 11 日，地质工程学院学科带头人景立平到校作题为《近场波动数值模拟基本问题》《地下结构振动台试验方法与技术》两场学术报告。

（防灾科技学院）

政务·规划财务

主要收载地震系统年度政务和事业发展规划与财务工作综述，以及有关情况统计等。

政务与政策研究

2020 年政务工作综述

认真开展学习贯彻落实习近平总书记重要指示批示“回头看”。2020 年全面梳理党的十八大以来习近平总书记重要指示批示贯彻落实情况，紧紧围绕习近平总书记有明确指导意见的 20 条重要批示，制定整改落实方案，明确 3 个方面 16 条重点任务。修订印发中国地震局党组学习贯彻落实工作办法，对尚未完成的重点任务实行挂牌督办，局党组每月听取三项重点工程进展、听取震情工作汇报，持续加强督促检查，确保习近平总书记重要指示批示精神真正落地见效。

扎实推动重大决策部署贯彻落实。2020 年修订印发《中共中国地震局党组工作规则》，完成局属 45 个单位新一轮修订的党组（党委）工作规则备案审查。及时上报《政府工作报告》、全国应急管理工作会议等重点任务分工落实以及年度工作完成情况。组织召开党组会议 40 次、局务会议 13 次。将 2020 年全国地震局长会确定的 125 项重点任务细化为 313 条具体落实措施，印发年度综合考评实施方案。修订印发《中国地震局督查督办实施办法》，在办公 OA 平台上线专项督查督办模块，开展专项督查 128 项。

（中国地震局办公室）

2020 年文电档案和保密机要管理工作综述

聚焦中国地震局党组决策部署，围绕中心、服务大局，2020 年严格按照《中华人民共和国档案法》《中华人民共和国保密法》《中华人民共和国密码法》和《党政机关公文处理条例》依法履职，全力做好地震系统公文、保密、机要密码和档案管理工作，不断推动公文、保密、机要密码、档案业务与党建工作深度融合，确保党建工作不松劲、业务管理不弱化。

服务中心工作，以确保党中央、国务院决策部署第一时间传递到位为核心，全力以赴做好机要流转和渠道建设。中国地震局荣获 2020 年度优秀交换单位；扎实开展中国地震局 20 年历史档案移交工作，中央档案馆验收评定为“优秀”等级；按照中办机要局部署安排，以最快速度完成核密网建设开通，组织中国地震局台网中心全力以赴做好网络和机房环境保障；积极沟通中办、国办、密码局，及时完成中国地震局国家电子政务内网与应急管理部互联互通；积极争取经费，建成现代化智能交换柜，解决中国地震局原有机要交换件存放安全不达标，分发不便利等问题，实现机要交换件在线可管、可控、安全保密达标，可有效提升局机要秘书、各司秘书工作效率。

突出重点保障，以严格控制发文数量、切实提升发文质量为目标，力戒形式主义做好发文管理。发文数量上，坚决落实中央关于守住精文减会硬杠要求，圆满完成发文数量比2019年只减不增硬指标，2020年局机关核定年度发文指标总数为979件，实际印发公文889件，比2019年减少9.2%。发文质量上，中国地震局党组带头发扬短实新文风，严把公文签发关，对重要公文，亲自组织研究、指导修改，机关各内设机构坚持公文清新简练，力戒空话套话，进一步突出发文的思想性、针对性和可操作性，2020年在进一步加大核文力度的情况下，机关退文、错情、重复发文现象明显减少，发文质量较往年有较大提升。发文形式上，大力推动无纸化办公，坚持利用办公平台发文办文、沟通联络、审批事项，少让人跑腿、多让公文线上转，除因特殊紧急情况外全年基本做到非涉密发文线上流转，既节省了人力物力，又大幅提高工作效率。

坚持问题导向，打牢安全保密工作基础。一是严格管理防风险。2020年初，克服疫情影响，落实防控要求，如期召开中国地震局保密委和密码工作领导小组会议，传达中央机要密码工作会议精神并对年度保密工作做出部署；印发《中国地震局2020年保密工作要点》和《中国地震局2020年机要密码工作要点》，确定9个方面，39项具体任务，将各项任务明确到责任单位、落实到责任部门，全年全系统未发生失泄密案件；经局党组会审议并印发《中国地震局保密管理办法》，将与机关日常工作紧密结合的20余项制度内容整合为1套办法，形成机关职工日常工作的保密手册。二是补齐短板防风险。组织各内设机构梳理近20个相关行业涉密事项范围，制定国家秘密和工作秘密定密指导清单；严格审查各内设机构档案完备性，建立签字确认闭环管理机制，解决档案管理“归档不及时、不完备”问题。三是强化检查防风险。对机关保密要害部门部位开展重点核查，对机关所有办公环境开展全面检查，对京区保密重点单位多次开展保密督查，对国家中心密码设备管理组织全面核查，发现问题下发整改通知单、第一时间组织整改完善、组织复查回访，强化监督检查，严防失泄密风险隐患。

（中国地震局办公室）

2020年新闻宣传工作综述

2020年，认真贯彻落实全国地震局长会议精神，紧紧围绕中国地震局党组重点工作部署，制定地震新闻宣传工作要点，细化26项目标任务，制定82项工作措施，明确重点宣传任务。

一、不断完善新闻宣传工作顶层设计

制定局党组意识形态工作责任制实施细则，撰写中国地震局2020年意识形态工作情况报告，提出意识形态工作领导小组建议名单，指导地震系统45家单位制定完善意识形态工作制度。谋划明年新闻宣传工作，制定《中国地震局2021年重大宣传活动工作方案》，以建党100周年和建局50周年为契机，推进防震减灾新闻宣传工作再上新台阶。

二、深入开展理论宣传

地震系统各单位通过门户网站和新媒体平台，广泛宣传习近平新时代中国特色社会主义思想，深入宣传报道地震系统贯彻落实党中央重大决策部署的举措和成效。局网站开设“疫情防控”“制止餐饮浪费”“学习贯彻五中全会”等重要专题；全国两会期间，组织地震系统网站和新媒体及时转载中央重要新闻报道981篇，阅读量达180万。报道局党组、局务会和理论学习中心组等重要会议活动约90余次。在《光明日报》刊发中国地震局学习贯彻党的十九届五中全会精神的文章《全面提高防范化解地震灾害风险能力》。全年转发中央要闻456篇，发布中国地震局党组和应急管理部重要工作部署文章141篇，刊发地震系统各单位理论宣传文章140篇，有效扩大宣传影响力，理论宣传氛围更加浓厚。

三、精心组织主题宣传

围绕年度重点工作，大力宣传防震减灾工作的进展和成效。开展全国地震局长会宣传，地震预警工程、信息化建设成果宣传，组织中央媒体深入一线宣传报道，走进台网中心宣传防震减灾信息化建设成果，走进甘肃永靖报道中国地震局在产业扶贫和行业扶贫等方面取得的显著成效。新华社、《光明日报》《应急管理报》等主流媒体刊发一系列文章，新华社刊发的《把因灾致贫返贫的“防火墙”筑得更牢固》阅读量达到200多万。

四、广泛开展典型宣传

开展全国地震系统先进集体和先进工作者事迹网站专题宣传，组织主流媒体深入挖掘地震系统基层职工的感人故事，报道福建省地震局刘善虎、玉树州地震台白友林等一系列先进人物事迹，大力弘扬地震人履职尽责、甘于奉献的行业精神。推荐河北地震局省红山地震台为2020年“最美应急管理工作者”宣传发布对象。《人民日报》于2020年10月27日要闻版刊发《冷板凳上做出抗震大学问》，讲述了老、中、青三代科研人员传承地震科学精神的感人故事，阅读量达300多万。

五、积极稳妥开展应急宣传

做好地震应急宣传值班值守，研究常态化疫情防控的地震应急宣传措施，及时准确发布地震信息，主动引导社会舆论。有效应对四川石渠5.6级、云南巧家5.0级、河北唐山5.1级等11次地震突发事件。针对唐山古冶5.1级地震、四川北川连日多发地震，组织开展专家解读，协调中央媒体及时报道，主动回应社会关切。

六、进一步强化新闻宣传阵地监管

开展网站和新媒体全面检查，以查促改，网站检查合格率从年初的12.5%提高到83%，新媒体抽检合格率由年初21%提高到54%，顺利通过国办组织的政府网站和新媒体检查。地震系统网站和新媒体意识形态阵地的宣传力和传播力更加显著，中国地震速报微博粉丝数超过1000万，2020年度话题阅读量达12.5亿次。图书出版管理更加规范，开展地震出版社年度核验、年度社会效益考核、“十三五”重点出版物评估总结等工作，针对图书质量、“买卖书号”等进行专项检查，组织出版社开展图书阅评，牢牢把握新闻出版的政治导向。落实局领导批示要求，指导督促出版社做好问题整改，全力推进出版社改革工作。依法做好政府信息公开，妥善处置网站公众留言，全年处理中国政府网留言1条，局网站留言190条，局长信箱73条，牵头办理依申请信息公开事项2个。

七、打好舆论引导“主动仗”

实行7天24小时全天候网络舆情监测，开展全国两会、党的十九届五中全会、中央巡视期间等重点时段舆论监测和引导，全年编写舆情反映213期。加强与中宣部、网信办协调联动，及时处置搜狗输入法推送“12.0级地震”敏感事件。针对绵阳废弃“老井”“发烧”宏观异常、“江苏长江入海口数万字螃蟹上岸”等热点舆情，指导局属单位及时准确发布权威信息，积极引导舆情走向，较好地维护了社会稳定。四川省地震局处置“老井”发烧的舆情事件被四川省网信办列入舆情应对处置正面案例。

八、不断完善新闻宣传工作机制

指导局属单位学好用好《中国应急管理报》宣传平台，四川省地震局荣获2019年度应急管理新闻宣传暨“学报用报”先进单位。举办新闻宣传业务骨干培训班，提升新闻宣传队伍的能力和水平。加强与中宣部、网信办、中央媒体的沟通联络，建立媒体联络群，及时推送防震减灾事业发展重要进展和成效。全年在中央媒体和省级主要媒体刊发文章1400余篇，比2019年提高17%。

（中国地震局办公室）

2020年政策研究工作综述

2020年，政策研究工作紧紧围绕贯彻落实习近平总书记关于防灾减灾救灾重要论述和防震减灾重要指示批示精神，突出为重大决策和重点工作服务，注重研究成果交流与转化应用，不断推进政策研究实践创新。

一、规范政策研究课题管理

印发《中国地震局重大政策理论与实践问题研究课题管理办法》，进一步优化和规范课题管理各环节要求。编制2020年、2021年重大政策理论与实践问题研究课题指南。完成中国地震局2020年重大政策理论与实践问题研究课题立项，资助课题18项，其中竞争性课题12项，指令性课题6项。完成中国地震局2021年重大政策理论与实践问题研究课题立项，资助课题20项，其中竞争性课题9项，指令性课题11项。

二、加强防震减灾智库建设

组织中国地震局发展研究中心开展相关部委智库建设情况调研，学习借鉴先进经验，起草《防震减灾智库建设方案》，明确建立智库团队、搭建智库服务平台、建立智库运行机制等重点任务的进度安排和保障措施。提出防震减灾事业发展咨询委员会建议名单，建立防震减灾智库交流平台。部分智库专家已在政策咨询、课题评审等领域开始发挥作用。

三、加强成果交流转化

组织开展2018年度、2019年度优秀课题研究成果遴选，形成报告汇编并择优在《政策研究参阅》上刊发。加强政策研究交流平台建设，着力提高《政策研究参阅》影响力和质量水平，及时刊载时效性强、水平高的文章和研究成果供学习借鉴。2020年印发《政策研究参阅》35期。

四、规范调研计划实施

中国地震局制定并实施局党组同志、机关各内设机构负责同志2020年度调研计划，包括局党组同志和各内设机构主要负责同志调研题目、地点和时间安排，年中做好跟踪提醒，年底编印党组同志调研报告汇编。各局属单位印发通知，明确细化各单位年度调研工作任务和相关要求，加强调研工作指导，汇编2019年度46个局属单位调研报告189篇。

（中国地震局办公室）

规划财务

2020 年规划财务工作综述

2020 年，规划财务工作坚持以习近平新时代中国特色社会主义思想为指导，扎实做好中央巡视整改，紧紧围绕事业现代化建设，落实科学统筹、严格规范工作要求，坚持保障为主题、管理为主线、服务为抓手工作思路，为防震减灾事业高质量发展提供有力保障。

一、强化政治担当，坚决落实党中央决策部署

贯彻落实党的十九届五中全会精神。协助局党组做好党组会、党组理论学习中心组学习贯彻党的十九届五中全会精神相关材料的服务保障工作。扎实做好“十四五”规划编制。一是重点做好“十四五”国家防震减灾规划编制。按照国家“十四五”规划建议，结合中央巡视指出的问题，落实局党组的业务发展思路和管理思路，科学编制“十四五”国家防震减灾规划。完成规划预研究、“十三五”规划实施情况评估，专题研究防震减灾工作短板弱项，组织召开咨询会，广泛征求系统内外意见。二是组织凝练“十四五”重点工程项目。凝练 8 个重点项目，全力推进地震台（站）网改扩建工程、地震科学实验场、第六代地震灾害风险区划 3 个项目立项准备工作并取得积极进展。三是加强沟通衔接。防震减灾工作纳入国家“十四五”规划建议，做好与应急管理规划和国家综合防灾减灾救灾规划衔接。四是统筹推进规划体系建设。建立信息交流机制，加强对专项规划、省级规划、单位规划编制工作指导，做好各层级规划衔接，形成全国“一盘棋”。

扎实开展中央巡视整改。在 5 月中央巡视期间，坚持即知即改、立行立改，8 月 21 日中央巡视意见反馈后，规划财务司对照局党组整改方案和台账，负责牵头整改措施 13 条、配合整改措施 12 条。3 个月集中整改期间，贯彻落实党组部署，坚决扛起政治责任，认真谋划整改措施，扎实推动整改落实落地。坚决履行扶贫和援疆援藏政治责任。局党组会专题研究部署 2020 年定点扶贫和援疆援藏工作，印发 2020 年定点扶贫和援疆援藏工作要点。在定点扶贫工作方面，2 月甘肃省批准永靖县正式脱贫摘帽。提前超额完成中央单位定点扶贫责任书任务，支持永靖创建国家综合减灾示范县，提升农业科技水平，大力开展消费扶贫，加大脱贫攻坚宣传力度。在援疆援藏工作方面，贯彻落实中央第七次西藏工作座谈会和中央第三次新疆工作座谈会精神，印发通知部署系统各单位贯彻落实工作。统筹推进地震系统援疆援藏工作，落实援疆援藏相关工作经费，加大项目支持，提升区域防震减灾能力。

二、强化战略定力，全力推进事业现代化建设

加强组织协调。印发现代化建设领导小组 2020 年工作要点、2020 年现代化建设督查工

作方案，明确年度重点工作，压实各方责任。召开现代化领导小组会议，及时研究推进现代化建设。指导系统各单位修订制定现代化实施方案，44 个单位印发实施方案并完成备案。推进试点建设。增加预测所为科技创新支撑现代化的试点单位，印发三年行动方案。批复震防中心现代化建设试点三年行动方案。开展现代化建设试点视频调研，研究推进试点建设。建立信息交流机制，总结广东试点建设有益经验，印发情况交流供系统各单位学习借鉴。开展现代化评估。印发评估实施方案，对天津市地震局、山东省地震局、广东省地震局、云南省地震局和中国地震台网中心现代化建设开展评估，同步修改完善现代化评价指标体系。加强督查考核。按照 2020 年现代化建设督查工作方案，按季度开展现代化建设督查，有力推进现代化建设任务落实。科学设置年度综合考评现代化建设考核内容、分值和评分标准，根据年度考评安排，完成现代化建设考评。

三、强化资源配置，争取项目资金保障事业发展

部分重大项目立项取得积极进展，凝练提出大震应急救灾物资储备项目获得财政部支持 2. 43 亿元；风险普查项目获得财政部支持 2500 万元；电子政务二期工程实施方案已批复，项目实施和投资执行效果得到中办认可；“一带一路”初步设计评审进入收官阶段，重大项目立项实施成为保障事业发展的新增长点。做好 2021 年部门自身建设项目立项工作，完成两批 2021 年部门自身建设项目立项评审，遴选出 9 个项目并完成立项批复。加快推进项目实施见效，召开 3 次预算执行视频工作会议，共同研究问题和短板，加快推动预算执行，切实提高财政资金使用效能。推进竣工财务决算，组织局属各单位完成基本建设项目全面清理核查和统计，建立季度评审机制，完成 11 个项目决算评审和批复工作，批复决算总投资约 1. 3 亿元。推进预算绩效管理质量提升，建立健全绩效管理制度，开展绩效指标库建设，完成绩效评价工作，实现自评项目资金全覆盖，首次开展单位整体支出绩效评价，完成三年实施计划。开展落实过紧日子要求评估，把宝贵的财政资金用在刀刃上，建立紧日子评估机制并开展三次评估。加快推进预算执行，在预算安排、预算执行的关键时间节点，3 月、8 月、11 月召开 3 次预算工作视频会议，及时研究推进预算管理和预算执行相关措施，系统部署规划财务领域重点工作。切实推进公务用车制度改革工作，审批 28 个省局所属事业单位公车改革方案，全面完成地震系统公车改革方案审批工作。全力推进局属单位养老保险参保进程，2019 年底未参保的 11 家单位，9 家已成功参保。

四、强化规范管理，不断加强重点领域风险防控

开展应收款项专项清查，全面清查局属各单位应收账款，摸清底数，分类合规开展清理。开展个人往来借款专项清理，理清历史旧账。开展招投标专项检查，实现对地震系统全覆盖检查，现场检查单位超过 30%，加强检查结果反馈应用，建立风险控制清单。开展财务稽查，在各单位自查自纠基础上对 6 家局属单位开展现场稽查，督促限期整改。继续开展国有资产专项清理，深化专项清理现有成果应用，督促指导各单位集中力量解决历史

遗留问题，按照清单和台账销号式整改。组织开展财政部批复2016资产清查结果核实工作，向财政部报送31家单位核实确认材料，完成14家中国地震局批复权限内单位的批复。开展局属单位经办企业情况专项检查，全面彻查在企业管理和对外投资中存在的漏洞和薄弱环节，并做好整改。开展反馈疑点问题核查，针对财政部预算执行动态监控反馈结果、审计署对中国地震局2019年预算执行情况大数据审计反馈疑点线索、纪检监察部门移交举报线索等，认真开展核查，督促落实整改。通报警示教育，对各专项检查发现的问题均认真剖析原因，督促各单位落实整改主体责任，有关情况在系统内通报，对出现严重问题的配合开展追责问责。完善财务管理制度体系，出台往来款、个人借款、招标采购、大额资金使用等15项制度，从制度层面强化财务领域风险防控。

五、强化能力提升，不断夯实财务基础支撑

组织开展财务队伍培训，以“线上＋直播”的方式开展财务人员年度轮训，聚焦招标采购、资产管理等重点领域，邀请权威专家授课，建立过程性和总结性相结合的考核机制，增强培训效果。建设新一代财务管理系统，完成7个单位的试点应用，打通财务六大内控业务流程，为领导决策、职工报销、监管审计提供便捷的在线财务服务。

（中国地震局规划财务司）

防震减灾规划编制情况

以编制“十四五”国家防震减灾规划作为核心，积极做好各层级、各类规划的衔接，统筹推进防震减灾规划体系建设，确保全国“一盘棋”。

重点做好“十四五”国家防震减灾规划编制。认真贯彻落实党的十九届五中全会精神和党中央、国务院关于“十四五”规划编制工作部署要求，针对中央巡视指出的问题，结合局党组的业务发展思路和管理思路，扎实推进“十四五”国家防震减灾规划编制工作。多次召开局党组会、规划编制领导小组会和局长专题会议，研究指导规划编制工作。完成“十四五”规划预研究，组织凝练“十四五”9个重点工程项目，完成国务院18号文目标完成情况和“十三五”规划实施情况评估，专题研究存在的短板弱项。组织召开规划咨询会，广泛征求系统内外意见，形成“十四五”国家防震减灾规划初稿。

加强沟通衔接。加强与国家发改委和应急管理部沟通，积极将防震减灾工作纳入国家“十四五”规划、应急管理规划和国家综合防灾减灾救灾规划等上位规划。选派人员参加应急管理规划编制专班。

推进规划体系建设。建立信息交流机制，及时将“十四五”国家防震减灾规划框架、“十三五”规划评估情况和补短板强弱项研究成果印发系统各单位交流借鉴。加强对专项规划、省级规划和单位规划编制工作指导，因地制宜，突出特色，同时做好与国家防震减灾

规划的衔接，形成全国“一盘棋”。

（中国地震局规划财务司）

重大项目建设情况

2020 年，国家地震烈度速报与预警工程下达投资计划 2.9 亿元，项目累计下达投资计划 10.1 亿，占总投资（18.7 亿）的 54.01%；截至 12 月底，工程累计完成投资 92306.02 万元，累计完成率 91.39%，当年投资累计完成 38036.54 万元，当年投资完成率 81.40%。

2020 年，台站征租地手续完成率为 99.82%，台站土建开工率为 98.76%，完工率为 96.34%。10349 个一般站总体安装率已达 98.61%，已转入数据回传和数据质量提升阶段。第一批专业设备已全面进入安装阶段。项目法人负责年度统采的设备和服务均完成，硬件设备也完成供货；已具备按需开通骨干信道条件，已开通国家中心、四川和云南 3 条承载网测试链路。先行先试软件完成在四川、云南、台网中心和河北的部署并持续更新。全国地震预警终端安装率超过 95%。完成国家中心先行先试攻坚方案中制定任务主体工作，具备川滇等先行先试地区的地震烈度速报和预警产出能力。

（中国地震局规划财务司）

财务决算及分析

一、年度收入情况

2020 年度总收入 82.50 亿元。其中，上年结转 25.78 亿元，占 31.25%；2020 年收入 55.59 亿元，占 67.38%；使用非财政拨款结余 1.13 亿元，占 1.37%。

2020 年收入中，中央财政拨款 39.32 亿元，占 70.73%；地方财政拨款 7.72 亿元，占 13.89%；单位自行组织收入 8.55 亿元，占 15.38%。

单位自行组织收入中，事业收入 7.22 亿元，附属单位上缴收入 0.21 亿元，其他收入 1.12 亿元。

二、年度支出情况

2020 年总支出 55.63 亿元，其中，基本支出 29.04 亿元，占比 52.20%；项目支出 26.59 亿元，占比 47.80%。

基本支出中，人员经费支出 24.82 亿元，占总支出的 44.62%；公用经费支出 4.22 亿元，占总支出的7.59%。项目支出中，基本建设类项目支出7.66亿元，占总支出的13.77%。

三、年末结转结余情况

2020年年末结转结余25.79亿元，其中，基本支出结转1.63亿元，占比6.32%；项目支出结转24.23亿元，占比93.95%；经营结余-0.07亿元。

（中国地震局规划财务司）

机构、人员、台站、观测项目、固定资产等统计情况

地震系统机构

独立机构分类	机构数/个
合　计	47
省（自治区、直辖市）地震局	31
中国地震局直属事业单位（研究所、中心、学校）	14
中国地震局机关	1
中国地震局直属国有企业（地震出版社）	1

地震系统人员

人员构成	人数/人	占总人数的百分比/%
合　计	11574	—
其中：固定职工	10034	86.69
合同制职工	544	4.70
临时工	996	8.61

注：因中国地震局地壳应力研究所资产划转尚未完成，该单位机构、人员信息仍在本次统计范围内。

地震台站

观测台站种类	观测台站数/个	投入观测手段	投入观测仪器/台套	备注
合　计	3510	合　计	6897	1. 强震台观测点：2797个 2. 投入经费：95831万元
国家级地震台	222	测　震	1244	
省级地震台	286	地　磁	416	
省中心直属观测站	1072	地　电	225	
市、县级地震台	1583	重　力	76	
企业办地震台	347	地壳形变	849	
		地下流体	831	
		其　他	459	

地球物理场流动观测（常规）

项目名称	计量单位	计划指标量	实际完成量	完成计划比例/%
区域水准	千米	1378	1408	102
定点水准	处/次	683/984	683/983	100
跨断层水准	处/次	494/938	496/933	100
流动地磁	点	1400	1419	100
流动重力	千米/点	451870/5863	471381/6215	100
流动 GPS	点	409	407	100
基线测距	边	590	572	100

固定资产

固定资产分类	计量单位	数量	原值总计/千元	其中：当年新增
合　计		—	11335004	1015112
房屋和建筑物	平方米	2030819	4014724	468809
其中：业务用房	平方米	—	1483169	205510
仪器设备	台套	323309	6589497	499660
交通工具	辆	939	330214	5884
图书资料	册	390708	117707	13683
其他	—	—	281963	27076
土地	平方米	2855484	—	—
其中：台站用地	平方米	1896494	—	—

（中国地震局规划财务司）

国有资产管理及政府采购工作

一、国有资产管理

深化国有资产专项清理工作成果。2020 年 2 月和 3 月，两次向局领导专题汇报《中国地震局国有资产专项清理工作情况》及《国有资产专项清理问题清单有关情况》。3 月，印发《关于继续开展资产专项清理工作的通知》，要求各单位持续深化 2019 年专项清理工作成果，集中力量解决历史遗留问题，推动资产规范化标准化管理。7 月，召开 4 次线上会议，组织资产专项清理专家组，指导各单位结合实际完善本单位资产专项清理工作问题清单和整改台账。

做好 2016 年资产清查批复结果核实工作。组织各单位认真开展财政部批复 2016 资产清查结果核实工作。2020 年 8 月，完成复核工作，并向财政部上报 31 家需财政部审批的核实材料；14 家中国地震局批复权限内单位完成批复工作。在各单位完成 2016 年资产清查核实的基础上，又开展了 2016 年待报废处置资产的审核工作。26 家单位上报拟报废处置资产总额 31269. 81 万元，经审核，拟由中国地震局批复同意的有 12 家单位，拟处置资产总额 7023. 25 万元；拟报财政部审批的有 14 家单位，拟处置资产总额 24246. 56 万元。

规范资产管理工作程序。为进一步完善国有资产管理制度体系，规范资产配置使用处置等各环节管理，研究印发《中国地震局国有资产管理工作规范手册》，针对 100 万元以下除特定事项外资产报废调拨处置备案，及车辆资产调拨报废审批事项。

二、政府采购

（一）政府采购预算执行情况

2020 年，中国地震局编报政府采购计划 124439. 76 万元，与 2019 年采购计划相比，增加了 4769. 83 万元，增长率为 4. 00%。实际采购金额为 110622. 51 万元，与 2019 年相比，增加了 6932. 15 万元，增长 6. 69%。按照年度采购计划与实际采购金额相比，节省 13817. 26 万元，节约率为 11. 10%。

2019 年度和 2020 年度，中国地震局政府采购计划和执行金额大幅增加的原因有两点，一是 2019 年和 2020 年是国家地震烈度速报与预警工程、大震应急救灾物资储备等重大项目建设的关键年度，涉及的专业仪器设备采购、地震台站建设等政府采购项目大幅增加；二是加强了政府采购日常管理工作，要求局属各单位在开展政府采购项目时同时上报政府采购计划，理顺采购管理程序，政府采购项目统计和日常监管力度不断提高。

（二）政府采购管理情况

一是全面加强招标与采购管理制度建设。印发《中国地震局招标与采购管理办法》和《中国地震局关于进一步加强招标与采购内部控制的通知》，加强地震系统招标投标管理，规范政府采购和招标投标范围、程序和组织方式。二是积极探索全局政府采购改革各项工作。印发《关于做好政府采购意向公开工作的通知》，要求自 7 月 1 日起，全面实施政府采购意向公开工作，进一步提高政府采购工作透明度。三是严格规范日常管理工作。2019 年底，印发《中国地震局关于做好 2020 年度政府采购工作的通知》，布置全局年度政府采购工作，对采购预算编制、采购计划上报、采购执行报送等各个环节严格要求。

（中国地震局规划财务司）

党的建设

主要收载党建工作有关理论学习、基层党组织建设、正风肃纪、精神文明建设，以及纪检审计工作情况等。

2020 年党建工作综述

2020 年，深入学习贯彻习近平新时代中国特色社会主义思想，坚决贯彻落实习近平总书记重要指示批示和党中央决策部署，不断巩固深化“不忘初心、牢记使命”主题教育成果，夯实党的基层基础，切实把增强“四个意识”、坚定“四个自信”、做到“两个维护”落实和体现在推进新时代防震减灾事业现代化建设的具体行动和实际成效上。

一、强化政治建设，做到“两个维护”

深入学习贯彻习近平新时代中国特色社会主义思想。全面系统、及时跟进学习贯彻习近平总书记重要讲话、重要训词精神和《习近平谈治国理政》等理论文章，印发理论学习中心组年度学习计划，修订完善中心组学习制度，中国地震局党组坚持把学习贯彻习近平总书记重要讲话精神和党中央重大决策部署作为中国地震局党组会议的第一议题，组织开展 6 次中心组集中学习研讨。建立青年理论学习小组制度，党组成员亲自指导学习，党组书记闵宜仁同志召开青年干部座谈会，引导青年学用理论、成长成才。在中国地震局党组示范引领下，各单位、各级党组织全面开展形式多样的理论学习活动，不断推动学习贯彻习近平新时代中国特色社会主义思想走深走实。

加强政治机关建设。中国地震局党组印发开展强化政治机关意识教育方案，制定实施加强地震系统党的建设、创建模范机关工作方案，推动地震系统广大党员干部把旗帜鲜明讲政治作为第一要求，自觉增强“四个意识”，坚定“四个自信”，做到“两个维护”。中国地震局党组同志带头讲“强化政治机关意识、走好第一方阵”专题党课，全系统 100 余名司局级领导干部、各基层党支部结合实际开展讲党课活动，佩戴党徽、共唱国歌等政治仪式。理想信念教育普遍开展，印发文件规范地震系统党员工作时间之外政治言行。全系统政治机关意识明显增强，在落实贯彻党中央决策部署、推动中央巡视整改、全面从严治党等政治责任，在疫情防控、防汛救灾、地震应急等一线战场，在履行推进事业改革发展、防范化解地震风险、当好党和人民“守夜人”的职责使命中，做到“两个维护”，得到实际检验考验，涌现一批先进模范、典型事迹。湖北省地震局党员抗疫突击队获党中央表彰，中国地震局地质研究所获精神文明建设全国先进单位、首都标兵单位表彰。

二、夯实组织基础，提升党建质量

推进规范化建设。中国地震局党组制定党支部标准化规范化工作方案，印发加强局属事业单位党的建设的意见，全面加强基层党组织建设，推动基层党组织切实发挥政治功能、战斗堡垒作用。组织开展全系统党建工作、党支部标准化规范化及台站党建工作专项检查，63 个地震台站问题得到有效整改，7 个京直单位党组织完成换届或组织调整。

严肃党内政治生活。严格执行《关于新形势下党内政治生活的若干准则》，认真落实

“三会一课”、民主生活会、组织生活会、主题党日活动等组织生活制度。全系统党支部普遍召开“厉行勤俭节约，反对铺张浪费”专题组织会，开展“不忘初心、弘扬优良家风”主题党日活动，以及“学习践行重要训词精神”主题演讲比赛、读书交流等活动。

开展专项整治。印发“灯下黑”问题专项整治工作方案，聚焦“政治意识淡化、党的领导弱化、党建工作虚化、责任落实软化”的具体表现检视问题，首先在京直机关开展专项整治，按季度向中央和国家机关工委、按月向应急管理部报送整改进展，带动系统各单位开展相关整改。

强化干部队伍能力建设。组织京区直属单位党支部书记培训，明确党支部书记职责清单，落实全面从严治党要求。举办入党积极分子和发展对象培训班，组织专兼职工会干部参加“中国工人杯”全国职工读书竞赛活动，举办“新时代基层工会组织建设理论与实践”专题学习。广泛选调党员干部参加巡视工作，培养锻炼后备干部、优秀年轻干部。

三、强化精神文明建设，凝聚干事创业合力

推进统战群团工作。助力脱贫攻坚，组织消费扶贫 50 余万元，连续六年向新疆扶贫村少年儿童编织捐赠过冬衣物。做好疫情防控，拨付专项经费 60 余万元。广泛开展群众性文化健身活动，建设“职工之家”“温暖之家”。组织工会干部培训，开展工会经费审计。完善党外干部数据库，完成九三学社地震局支社支委候选人考察工作。开展五四主题团日活动，举办青年座谈会，召开青年读书、集中研讨等活动，提高青年干部理论素质，激励引导青年成长成才。

选树表彰先进。开展直属机关“两优一先”评选推荐，2 名同志和 1 个基层党支部荣获应急管理部“两优一先”表彰，2 名同志荣获优秀青年干部标兵和优秀青年干部荣誉称号，中国地震局直属机关党委审计处获全国审计协会先进集体表彰，中国地震局地球物理研究所蒋长胜同志当选全国青联常委、中央和国家机关青联委员。

（中国地震局直属机关党委）

2020 年全面从严治党工作综述

2020 年，坚持以习近平新时代中国特色社会主义思想为指导，全面贯彻党的十九大和党的十九届二中、三中、四中、五中全会精神，在党中央坚强领导下，在应急管理部党委和驻部纪检监察组指导监督下，深入推动习近平总书记关于防灾减灾救灾重要论述和防震减灾工作重要指示批示精神贯彻落实，全力抓好中央巡视整改，持续构建风清气正良好政治生态，提供坚强政治组织纪律保证。

一、旗帜鲜明讲政治，坚决做到“两个维护”

坚决贯彻落实重大决策部署，坚持全面从严治党与防震减灾业务工作同谋划、同部署、同推进、同考核，立足“两个大局”，坚决贯彻落实防灾减灾救灾新理念，深入研究在“全灾种、大应急”体制下的具体措施，聚集防震减灾核心职能，优化事业发展和业务布局，开展贯彻落实习近平总书记重要指示批示和党中央决策部署“回头看”，圆满完成年度重要震情应急处置及重大活动地震安全保障服务，全面做好脱贫攻坚和援疆援藏各方面工作。

二、积极开展中央巡视整改，深化巩固整改成果

一是着力提高巡视工作政治站位。自觉接受新一轮中央巡视检查，诚恳接受监督，全力配合支持中央巡视组工作。先后召开局党组会议、中心组学习、专题会议共 16 次，全力配合保障中央巡视开展。二是聚焦核心职能抓整改。坚持中央巡视整改“三个摆进去”、落实“四个融入”，建立局党组负总责，层层负责机制，实行周调度、双周研判、月度研究和督促落实工作机制。先后组织 2 次党组会、2 次中心组学习，完成确定的 163 项整改措施，其中 26 项持续推进，制修订 40 项制度。三是深化内部巡视监督。坚持以巡促改、以改促建，研究中央巡视反馈巡视工作专项检查 5 个方面 38 项整改措施，建立 7 项巡视制度，组织对党的十九大以来内部巡视整改自查自纠，对相关单位进行追责问责、督促对照反思整改，提升内部巡视工作质量。突出政治监督功能，组建 5 个巡视组，启动对 10 个局属单位开展常规巡视，督促深化巩固中央巡视整改成果。

三、持续完善责任落实机制，有力推进事业改革发展

一是发挥把方向管大局保落实领导作用。深入研究贯彻落实党中央、国务院决策部署等重大事项 44 项，习近平总书记及相关重要讲话精神等重大事项 91 项，事业改革发展等重要事项 49 项，建立健全 24 项制度机制，开展系列专项整治。坚决贯彻中央“过紧日子”要求，完善招标采购监管制度机制。二是强化责任落实组织领导。持续两年建立并完善局党组履行全面从严治党主体责任清单，按季度报告情况。印发年度全面从严治党工作要点，

组织地震系统全面从严治党工作视频会议进行部署安排。中国地震局党组同志分别督促指导部分单位全面从严治党重点工作，对历史遗留问题久拖不决、政治生态不好的单位专题听取汇报、约谈党委（党组）主要负责人。全年赴近20个单位开展全面从严治党工作调研。发挥考核“指挥棒”作用，将全面从严治党纳入考核重要内容。三是健全狠抓落实的责任机制。始终把坚持和加强党的全面领导贯穿到防震减灾工作各领域全过程，突出重点领域、关键环节和职权岗位，形成《中国地震局廉政勤政风险防控机制工作手册（试行）》。聚焦全面从严治党重点难点问题，形成《地震系统全面从严治党形势分析报告》《2020年政治生态分析报告》和《政治生态监测评估工作机制》。组织4个单位开展政治生态再研判再分析，推动相关领域集中开展专项清理整治，风险防控能力明显提高。

四、严格纪律和规矩，持之以恒正风肃纪

一是强化重大决策部署政治监督。围绕贯彻落实习近平总书记重要指示批示情况“回头看”、全国建设工程地震安全监管检查、预警工程项目实施、防汛救灾等开展政治监督，发挥监督保障执行作用。以高度的政治责任感严格疫情防控纪律，对3名违规人员分别给予诫勉、通报批评等组织处理。纪委书记（纪检组长）每季度向局党组报告监督工作情况，指导解决问题。二是深入开展整改整治促进作风转变。与中央持续解决困扰基层的形式主义问题为决胜全面建成小康社会提供坚强作风保证工作紧密结合，突出标本兼治，补齐制度短板，堵塞工作漏洞。组织地震系统开展2020年警示教育专项行动，组织地震系统召开警示教育大会，五一端午、中秋国庆前夕，印发通知要求、转发典型案例，强化纪律提醒，做实做细日常监督。三是严肃执纪问责推动标本兼治。局党组与驻部纪检监察组定期召开党风廉政建设专题会议并落实相关监督意见，对驻部纪检监察组移交14个单位20件次会商内容及相关问题进行分析研判、推动整改。

（中国地震局直属机关党委）

2020 年巡视工作综述

2020 年，中国地震局党组坚持以习近平新时代中国特色社会主义思想为指导，坚守巡视工作政治定位，贯彻落实中央巡视工作方针，聚焦“两个维护”根本任务，准确把握巡视监督重点，精准发现问题、推动解决问题，为推动地震系统全面从严治党向纵深发展，促进防震减灾事业改革发展提供坚强政治保障。

一、着力提高政治站位，认真履行巡视工作主体责任

局党组高度重视巡视工作，紧抓主体责任这个“牛鼻子”，在加强组织领导、把准定位、提升质量、用好成果和夯实基础等方面狠下功夫，不断推动巡视工作再上新台阶。党组书记闵宜仁同志亲自抓部署、强推动、促落实，以党组会、理论中心组学习会、巡视工作领导小组会议等形式，深入学习贯彻习近平总书记关于巡视工作的重要论述，研究巡视工作重要事项，安排年度巡视重点工作，落实巡视工作各项要求，切实担当第一责任人责任。中国地震局党组班子成员坚持“一岗双责”，结合分管部门和领域的职能职责，审阅联系单位的巡视报告和巡视反馈意见，督促抓好巡视整改落实。局党组巡视工作领导小组成员主动担当作为，做好工作对接、人员支持、专业协助、集成整改等工作，积极探索整合监督力量、共享监督成果的实现方式，形成协同高效的巡视监督工作格局。

二、强化政治责任担当，着力推动专项整改走深走实

在 2020 年 5—7 月中央第五轮巡视期间，全面接受中央巡视工作专项检查。局党组坚持把抓好巡视工作专项检查反馈意见整改作为重大政治责任，认真检视反思巡视工作存在的问题，制定专项整改方案，明确 38 项整改任务措施，着力抓好整改落实。坚持按照“四个融入”要求，把整改成果运用并贯穿于 2020 年局党组巡视工作始终，采取切实有效的措施，对加强巡视工作制度化建设、健全完善巡视工作责任体系、加强巡视干部队伍建设、提高巡视工作质量、做好巡视整改“后半篇”文章等做出部署安排、提出明确要求、督促指导落实。

三、夯实巡视工作基础，加强规范化建设和队伍建设

局党组注重抓基本、打基础，强素质、提能力，不断推动巡视工作创新发展。坚持以制度建设为重点，制定印发巡视工作领导小组工作规则等 7 项巡视工作制度，健全完善巡视组遴选组建、巡视整改监督、巡视成果运用等工作机制，形成覆盖巡视工作全过程、各环节的制度体系。健全巡视机构，机关党委加挂巡视办、单设巡视处、增加巡视人员编制，选调挂职干部充实工作力量。把巡视岗位作为发现、培养、锻炼干部的重要平台，严格政治标准，选派 45 名优秀干部参加年度巡视工作，完善推荐遴选、作风纪律后评估，及时更

新巡视人才库。加大巡视业务培训力度，选派巡视工作骨干6人参加中央巡视办举办的培训班，开展为期5天的巡前集中培训，优化培训课程设置，切实提高巡视干部履职尽责的能力和水平。

四、严格依规依纪依法，切实提高巡视监督质量和效果

2020年10月16日—12月2日，局党组派出5个巡视组，采取一托二方式，分别对甘肃局、陕西局、江西局、一测中心、河北局、河南局、地质所、出版社、黑龙江局和工力所10个局属单位党组（党委）开展常规巡视。各巡视组聚焦“四个落实”监督重点，始终坚持问题导向，通过听取汇报、谈话座谈、民主测评、查阅资料、调研走访以及受理来信来访等多种方式，深入了解情况，着力发现问题、精准分析问题，切实提高巡视监督质量。据统计，在现场巡视工作期间，5个巡视组共开展个别谈话698人次，调研走访近40个单位或部门，开展不同群体座谈交流10余次。局巡视办协调开展巡视中期调研，指导巡视组把准政治巡视定位、分析研判问题、起草巡视报告。党组成员、副局长阴朝民同志受局党组委托，亲自调研指导巡视工作。健全完善了巡视组、巡视办、领导小组“三级审核”及组办会商研判机制，着力把好巡视报告质量关。

五、强化巡视成果运用，发挥标本兼治的战略作用

局党组研究制定关于加强巡视整改工作的意见，对压实巡视整改主体责任、加强巡视整改监督、做好巡视整改成果运用作出明确规定。9月下旬，局巡视办对党的十九大以来党组巡视发现的问题进行梳理，按照职能责任转交各内设机构加强分析研判，从政策、制度、机制层面开展源头治理。12月18日，局党组巡视工作领导小组“一对一”听取巡视组巡视工作情况汇报，党组书记、局长闵宜仁同志及领导小组成员直接点人点事点问题，严把巡视政治定位、严格巡视监督尺子、严肃提出处置意见。对重点单位、重大风险、突出问题及复杂信访矛盾等重点问题，要求分管党组成员及相关内设机构督促跟进、切实推动问题解决。12月22日，局党组专题听取巡视工作综合情况汇报，审议巡视反馈意见，对做好巡视意见反馈、加强整改落实、充分运用巡视成果等工作进行研究部署，推动高质量高标准做好巡视“后半篇文章”。

（中国地震局直属机关党委）

2020 年审计工作综述

2020 年，有力发挥审计监督作用。一是坚持党对审计工作统一领导。4 月召开中国地震局党组审计领导小组会议，认真学习习近平总书记关于审计工作的重要指示批示精神和中央审计委员会《关于深入推进审计全覆盖的指导意见》，全面部署地震系统年度审计工作。二是强化重大决策部署贯彻落实情况监督。完成对 31 个省级防震减灾“十三五”规划贯彻落实情况的协作区专项审计。局属单位通过审计推动落实重大决策部署 16 项。三是加强对“关键少数”领导干部审计。完成辽宁局等 8 个单位 10 位主要负责人的经济责任审计。局属单位开展 2020—2022 年重要岗位领导干部经济责任审计全覆盖，聚焦承担财务管理、后勤管理、国有资产管理、项目管理、重大改革任务和重大项目建设职责的部门（单位）主要负责人进行审计。2020 年共审计重要岗位领导干部 157 人，审计金额 17.83 亿元，提出建议 300 余条，采纳率 100%。四是加强重点项目审计。坚持对国家地震烈度速报和预警工程开展跟踪审计，累计审计金额 14 亿元。“一带一路”地震监测项目印发审计工作细则。五是抓实审计整改。通报 2019 年度地震系统内部审计发现的共性问题，提出整改要求。对 8 个单位审计整改落实情况开展“回头看”专项检查，督促采取有力措施进行整改。局属单位加大整改力度，注重建立长效机制，2020 年审计意见当年整改完成率 66%，完善各类制度 64 项。六是抓实审计队伍建设。与中南财经政法大学合办审计业务培训，抽调 37 人次以审代训。地震系统 2020 年共开展审计项目 412 项、金额 150.32 亿元，核减了工程造价，提出工作建议 705 条。

直属机关党委审计工作在局党组坚强领导下，近年来工作成效显著，2020 年被中国内审协会授予 2017—2019 年度全国内部审计先进集体荣誉称号。

（中国地震局直属机关党委）

附　录

主要收载地震系统重大事件、各单位离退休人员人数统计表，以及出版的部分地震科技图书简介等。

2020 年中国地震局大事记

1 月 4 日

中国地震局印发《关于开展全国建设工程地震安全监管检查的通知》，从设计环节开展建设工程地震灾害风险隐患排查。

1 月 4—5 日

中国地震局组织开展局属单位和机关内设机构主要负责人集中述职述廉工作。中国地震局党组同志，中央纪委国家监委驻应急管理部纪检监察组有关同志出席会议。局属单位党政主要负责同志和局机关内设机构主要负责同志参加会议。

1 月 5 日

中国地震局开展 2019 年中国地震局领导班子和领导干部年度考核以及干部选拔任用工作“一报告两评议”。

1 月 7—8 日

2020 年全国地震局长会议在北京召开。会议贯彻落实全国应急管理工作会议部署，总结 2019 年防震减灾工作，部署 2020 年重点工作任务。

1 月 8 日

2020 年全国震情监视跟踪和应急准备工作部署会议在北京召开，应急管理部党组成员、副部长，中国地震局党组书记、局长郑国光出席会议并讲话，中国地震局党组成员、副局长阴朝民主持会议。

1 月 9 日

应急管理部党组成员、副部长，中国地震局党组书记、局长郑国光到广西壮族自治区地震局调研防震减灾工作并慰问干部职工。期间会见自治区党委书记鹿心社、自治区主席陈武。

1 月 10 日

意大利特伦托大学罗伯托·巴蒂斯通教授因其在中意合作研制的“张衡一号”电磁监测试验卫星方面的杰出工作，获得 2019 年国际科学技术合作奖。

1 月 12—14 日

中国地震局党组成员、副局长阴朝民到安徽调研指导防震减灾工作并慰问基层干部职工。期间会见安徽省委常委、常务副省长邓向阳，合肥市委常委、常务副市长罗云峰，副市长朱策。

1 月 13—14 日

中国地震局党组成员、副局长牛之俊到贵州省调研防震减灾工作并慰问贵州省地震局干部职工。期间会见贵州省委常委、常务副省长李再勇。

1 月 14 日

中央组织部任命王昆同志为中国地震局党组成员、副局长，免去牛之俊同志中国地震局党组成员、副局长职务。

1月16日

应急管理部党组成员、副部长，中国地震局党组书记、局长郑国光会见香港天文台台长岑智明一行3人。

1月16日

16时32分，新疆阿克苏地区库车县（北纬41.21度，东经83.60度）发生5.6级地震，震源深度16千米。

1月16—18日

中国地震局党组成员、副局长闵宜仁赴湖北省地震局调研慰问，实地指导台站工作、视察了解职工生活状况，组织召开职工座谈会，听取关于地震台站和监测预报业务改革发展的意见建议。

1月19日

21时27分，新疆喀什地区伽师县（北纬39.83度，东经77.21度）发生6.4级地震，震源深度16千米。震中位于伽师县西克尔库勒镇。

1月19日

国家市场监督管理总局发函《市场监管总局关于同意成立全国地震专用计量测试技术委员会的函》（国市监计量函〔2020〕27号），全国地震专用计量测试技术委员会成立。

1月19日

中国地震局印发《2020年全国震情监视跟踪和应急准备工作方案》。

1月22日

应急管理部党组成员、副部长，中国地震局党组书记、局长郑国光主持召开地震系统新冠肺炎疫情防控工作部署会议。

1月25日

应急管理部党组成员、副部长，中国地震局党组书记、局长郑国光视频调度地震系统疫情防控并部署地震应急响应工作。

1月26日

应急管理部党组成员、副部长，中国地震局党组书记、局长郑国光召开地震系统防控新冠肺炎疫情工作紧急专题视频会议。

1月28日

应急管理部党组成员、副部长，中国地震局党组书记、局长郑国光主持召开中国地震局新冠肺炎疫情防控工作领导小组会议。

2月1日

应急管理部党组成员、副部长，中国地震局党组书记、局长郑国光主持召开局新冠肺炎疫情防控工作专题会议。

2月2日

应急管理部党组成员、副部长，中国地震局党组书记、局长郑国光主持召开中国地震局新冠肺炎疫情防控工作领导小组（扩大）视频会议。

2月3日

00时05分，四川省成都市青白江区发生5.1级地震，震源深度21千米。地震现场工作组对四川省成都市3个区县共16个乡镇47个调查点展开实地调查，并于2月4日完成此次地震烈度图的绘制和发布。

2月4日

应急管理部党组成员、副部长，中国地震局党组书记、局长郑国光主持召开局新冠肺炎疫情防控工作领导小组会议。

2月6日

应急管理部党组成员、副部长，中国地震局党组书记、局长郑国光主持召开局新冠肺炎疫情防控工作领导小组会议。

2月7日

应急管理部党组成员、副部长，中国地震局党组书记、局长郑国光主持召开局长专题会议，研究突发震情应急会商处置、应急信息报送业务能力建设和地震灾害快速评估工作。中国地震局党组成员、副局长阴朝民出席。

2月12日

应急管理部党组成员、副部长，中国地震局党组书记、局长郑国光主持召开局新冠肺炎疫情防控工作领导小组会议。

2月12日

应急管理部党组成员、副部长，中国地震局党组书记、局长郑国光主持召开中国地震局局长专题会议，研究确定中国地震局地球物理研究所作为中国地震科学实验场牵头单位。

2月14日

应急管理部党组成员、副部长，中国地震局党组书记、局长郑国光主持召开党组会议，学习贯彻习近平总书记2月12日在中央政治局常务委员会会议上关于新冠肺炎疫情防控的重要讲话精神，部署加强地震系统疫情防控工作。

2月18日

应急管理部党组成员、副部长，中国地震局党组书记、局长郑国光主持召开地震系统新冠肺炎疫情防控工作视频会议。

2月19日

应急管理部党组成员、副部长，中国地震局党组书记、局长郑国光主持召开局务会议，听取中国地震局机关各内设机构贯彻落实2020年全国地震局长会议重点工作计划汇报，对做好当前新冠肺炎疫情防控工作和全年重点任务落实进行部署。

2月20日

应急管理部党组成员、副部长，中国地震局党组书记、局长郑国光与福建省省长唐登杰分别代表中国地震局与福建省人民政府签署共同推进新时代福建防震减灾能力现代化建设协议。

2月20—26日

中国地震局直属机关开展2019年度京区单位党委书记和机关党支部书记年度述职评议考核工作。

2月24日

中国地震局召开地震趋势专题会商会，应急管理部党组成员、副部长，中国地震局党组书记、局长郑国光出席会议并讲话。

2 月 25 日

应急管理部党组成员、副部长，中国地震局党组书记、局长郑国光主持召开 2020 年全面深化改革领导小组会议，传达学习中央全面深化改革委员会第十二次会议精神，研究部署地震系统全面深化改革工作。会议审议《2020 年全面深化改革督查工作方案》《2020 年全面深化改革评估工作方案》《中国地震局地震预测研究所深化科技体制改革方案》。

2 月 25 日

应急管理部党组成员、副部长，中国地震局党组书记、局长郑国光主持召开地震系统新冠肺炎疫情防控工作视频会议。

2 月 26 日

中国地震局党组印发《关于统筹推进新冠肺炎疫情防控和防震减灾工作的通知》。

2 月 26 日

中国地震局印发《年度全国地震重点危险区震情监视跟踪和应急准备工作规则（试行)》。

2 月 26 日

中国地震局印发《中国地震局 2020 年网络安全和信息化工作要点》。

2 月 28 日

经甘肃省人民政府批准，中国地震局定点扶贫县甘肃省永靖县正式退出贫困县序列。

2 月 28 日

中国地震局召开局新冠肺炎疫情防控工作领导小组会议。2 月底为支持疫情防控工作，中国地震局党组带领直属机关各级党组织和广大党员干部开展捐款活动。

3 月 3 日

应急管理部党组成员、副部长，中国地震局党组书记、局长郑国光主持召开党组会议，会议审议并原则同意中国地震局 2020 年定点扶贫工作要点、2020 年地震系统援疆援藏工作要点，并对年度定点扶贫和援疆援藏工作作出部署。

3 月 5 日

应急管理部党组成员、副部长，中国地震局党组书记、局长郑国光主持召开局疫情防控工作领导小组视频会议。

3 月 11 日

应急管理部党组成员、副部长，中国地震局党组书记、局长郑国光主持召开中国地震局党组理论学习中心组学习会议，深入学习贯彻习近平总书记在十九届中央纪委四次全会上的重要讲话精神和十九届中央纪委四次全会精神，集中研讨研究推进地震系统全面从严治党措施举措。

3 月 11 日

应急管理部党组成员、副部长，中国地震局党组书记、局长郑国光主持召开中国地震局党组党的建设与全面从严治党工作领导小组会议。中国地震局党组成员、副局长闵宜仁、阴朝民、王昆，驻应急管理部纪检监察组有关负责同志出席会议。

3 月 12 日

应急管理部党组成员、副部长，中国地震局党组书记、局长郑国光主持召开局疫情防控工作领导小组会议。

3 月 18 日

中国地震局党组印发《中国地震局党组 2020 年全面从严治党工作要点》。

3 月 19 日

应急管理部党组成员、副部长，中国地震局党组书记、局长郑国光主持召开局疫情防控工作领导小组会议。

3 月 20 日

09 时 33 分，西藏日喀则市定日县（北纬 28.63 度，东经 87.42 度）发生 5.9 级地震，震源深度 10 千米，震中位置距离定日县城 29 千米。

3 月 25 日

中国地震局召开地震系统全面从严治党工作视频会议，总结 2019 年地震系统全面从严治党工作，部署 2020 年重点任务。

3 月 26 日

应急管理部党组成员、副部长，中国地震局党组书记、局长郑国光主持召开局疫情防控工作领导小组会议。

3 月 27 日

中国地震局组织召开全国建设工程地震安全监管检查动员部署视频会议。应急管理部党组成员、副部长，中国地震局党组书记、局长郑国光出席会议并作了“强化责任担当依法监管履职，全面提升建设工程抗震设防水平”的讲话，党组成员、副局长阴朝民主持会议，党组成员、副局长王昆出席会议。

3 月 27 日

中国地震局召开防震减灾“十四五”规划编制领导小组会议，审议通过国家防震减灾“十四五”规划初步框架。

3 月 27 日

应急管理部党组成员、副部长，中国地震局党组书记、局长郑国光出席地震系统预算工作视频会议，贯彻落实“过紧日子”的要求，研究谋划 2020 年地震系统预算工作。中国地震局党组成员、副局长闵宜仁主持会议，中国地震局党组成员、副局长阴朝民、王昆出席会议。

3 月 30 日

中国地震局批准发布《活动断层探察 古地震槽探》等 5 项地震行业标准，自 2020 年 7 月 1 日起正式实施。5 项地震行业标准如下：

DB/T 81—2020《活动断层探察 古地震槽探》

DB/T 82—2020《活动断层探察 野外地质调查》

DB/T 83—2020《活动断层探察 数据库检测》

DB/T 84—2020《卫星遥感地震应用数据库结构》

DB/T 8.2—2020《地震台站建设规范 地形变台站第 2 部分：钻孔地倾斜和地应变台站》（代替 DB/T 8.2—2003）

4 月 1 日

20 时 23 分，四川省甘孜州石渠县（北纬 33.04 度，东经 98.92 度）发生 5.6 级地震，震源深度 10 千米。本次地震震后 12 秒，四川地震烈度速报与预警系统发出了石渠发生 5.0 级地震的预警信息，实时发送到省通信管理局、成都铁路局等单位的预警终端，为地震应急响应处置工作提供信息服务。

4 月 1 日

驻应急管理部纪检监察组、中国地震局党组召开会议，专题研究党风廉政建设和反腐败工作。应急管理部党委委员、副部长，中国地震局党组书记、局长郑国光主持会议并讲话，驻应急管理部纪检监察组同志出席会议并讲话，中国地震局党组成员、副局长闵宜仁、阴朝民、王昆出席会议并发言。

4 月 1 日

中国地震局党组印发《贯彻落实〈2019—2023 年全国党政领导班子建设规划纲要〉实施意见》。

4 月 2 日

应急管理部党委委员、副部长，中国地震局党组书记、局长郑国光主持召开局党组扩大会议、局疫情防控工作领导小组会议，深入学习贯彻习近平总书记在中央政治局会议上的重要讲话精神，进一步研究部署地震系统疫情防控和防震减灾工作。

4 月 3 日

中国地震局党组印发《中国地震局党组履行全面从严治党主体责任清单》。

4 月 7 日

应急管理部党委委员、副部长，中国地震局党组书记、局长郑国光会见中国核工业集团党组成员、副总经理李清堂一行。

4 月 7 日

中国地震局印发《关于公布 2019 年度国家防震减灾科普教育基地和科普示范学校名单的通知》，认定北京市地震与建筑科学教育馆等 56 个基地为 2019 年度国家防震减灾科普教育基地，北京市第十九中学等 85 所学校为 2019 年度国家防震减灾科普示范学校。

4 月 8 日

应急管理部党委委员、副部长，中国地震局党组书记、局长郑国光与国家留学基金委秘书长生建学共同签署《国家留学基金管理委员会和中国地震局开展国际化人才培养合作备忘录（2020—2022 年）》。

4 月 9 日

中国地震局印发《关于印发防震减灾法执法检查意见整改落实“回头看”工作方案的通知》。

4 月 9 日

中国地震局党组召开审计领导小组会议，听取 2019 年地震系统审计工作汇报，研究部署 2020 年审计工作，应急管理部党委委员、副部长，中国地震局党组书记、局长郑国光主持会议并讲话。

4 月 10 日

中国地震局党组审定印发《中国地震局党组落实 2020 年第一次党风廉政建设专题会监督意见整改方案》。

4 月 10 日

中国地震局地球物理研究所“一带一路”地震灾害风险监视技术研究创新团队入选科技部创新人才推进计划重点领域创新团队。

4 月 13 日

中国地震局印发《中国测震站网规划（2020—2030 年）》和《中国地球物理站网（地壳形变、重力、地磁）规划（2020—2030 年）》。

4 月 14 日

应急管理部党委委员、副部长，中国地震局党组书记、局长郑国光与地壳所离退休老同志代表座谈，听取关于国家自然灾害防治研究院筹建工作的意见和建议，并就做好老同志服务保障工作提出明确工作要求。

4 月 15 日

应急管理部党委委员、副部长，中国地震局党组书记、局长郑国光主持召开局党组会议，审议《关于推进地震台站改革的指导意见》《中国地震局组织人事工作监督清单》等事项。

4 月 16 日

应急管理部党委委员、副部长，中国地震局党组书记、局长郑国光主持召开国务院抗震救灾指挥部联络员会议。

4 月 17 日

中国地震局党组印发《中国地震局组织人事工作监督清单》。

4 月 20 日

中国地震局党组印发《关于学习贯彻〈关于深化事业单位改革试点工作的指导意见〉的通知》。

4 月 21 日

应急管理部党委委员、副部长，中国地震局党组书记、局长郑国光出席地震预测研究所科技体制改革动员大会并讲话，就预测所改革工作提出具体要求。

4 月 22 日

中国地震局党组印发《中国地震局党组关于推进地震台站改革的指导意见》。

4 月 22 日

中国地震局党组举办理论学习中心组集体学习专题视频报告会暨第 22 期震苑大讲堂，邀请国务院应急管理专家组成员，中国安全生产科学研究院学术委员会主任刘铁民作辅导报告。应急管理部党委委员、副部长，中国地震局党组书记、局长郑国光主持报告会。

4 月 23 日

应急管理部党委委员、副部长，中国地震局党组书记、局长郑国光主持召开局党组扩大会议，传达学习中共中央办公厅《关于持续解决困扰基层的形式主义问题为决胜全面建成小康社会提供坚强作风保证的通知》，研究部署贯彻落实措施。

4 月 23 日

应急管理部党委委员、副部长，中国地震局党组书记、局长郑国光主持召开局疫情防控工作领导小组会议。

4 月 24 日

应急管理部党委委员、副部长，中国地震局党组书记、局长郑国光主持召开党组会议，审议并原则通过《国家防震减灾“十四五”规划初步框架》。

4 月 27 日

应急管理部党委委员、副部长，中国地震局党组书记、局长郑国光主持召开局党组理论学习中心组集中学习扩大会议，深入学习领会习近平总书记关于防灾减灾救灾、国家治理体系和治理能力现代化系列重要论述精神，围绕应急管理体系和能力现代化建设，全面推进新时代防震减灾事业现代化建设，推进防震减灾事业高质量发展进行学习研讨。

4 月 28 日

应急管理部党委委员、副部长，中国地震局党组书记、局长郑国光主持召开局党组巡视工作领导小组会议并讲话。中国地震局党组成员、副局长闵宜仁、阴朝民、王昆出席会议，局党组巡视工作领导小组及办公室成员参加会议。

4 月 28 日

中国地震局召开局党组巡视工作领导小组会议。

4 月 27 日、29 日

应急管理部党委委员、副部长，中国地震局党组书记、局长郑国光主持召开局党组理论学习中心组 2020 年集体学习扩大会议，以“围绕应急管理体系和能力现代化，全面推进新时代防震减灾事业现代化建设”为主题，深入学习习近平总书记关于疫情防控、应急管理体系和能力建设系列重要论述，以及在中央政治局第 19 次集体学习时和中央财经委第七次会议上重要讲话。

4 月 30 日

中国地震局召开直属机关青年干部座谈会，应急管理部党委委员、副部长，中国地震局党组书记、局长郑国光出席会议并讲话，中国地震局党组成员、副局长、直属机关党委书记阴朝民主持会议。

5 月 6 日

应急管理部党委委员、副部长，中国地震局党组书记、局长郑国光主持召开局党组巡视工作领导小组会议。

5 月 9 日

应急管理部党委委员、副部长，中国地震局党组书记、局长郑国光主持召开局党组扩大会议，传达 2020 年全国巡视工作会议暨十九届中央第五轮巡视动员部署会议精神。

5 月 9 日

中国地震局成立学科管理领导小组与学科技术协调组。

5 月 9 日

受应急管理部党委委员、副部长，中国地震局党组书记、局长郑国光委托，中国地震局党组成员、副局长闵宜仁主持召开局疫情防控工作领导小组会议。

5 月 9—15 日

中国地震局组织开展全国防灾减灾日防震减灾科普宣传活动。应急管理部党委委员、副部长，中国地震局党组书记、局长郑国光接受《人民日报》、人民网等记者访谈，介绍近年来防震减灾事业发展，举办防震减灾知识网络竞赛、“同游震馆·共话减灾”网络直播主题活动、系列网络科普讲座等，发布“院士谈自然灾害系列”图书折页等科普作品。活动期间参与公众超过1亿人次，创历史新高。

5月11日

中国地震局召开直属机关党委全委会扩大会议。

5月13日

应急管理部党委委员、副部长，中国地震局党组书记、局长郑国光主持召开中国地震局党组扩大会议，进一步学习贯彻习近平总书记关于中央巡视工作重要论述精神，传达学习贯彻国家减灾委全体会议暨国务院防震减灾工作联席会议精神。

5月13日

中国地震局印发《关于地震系统纪检机构更名的通知》。

5月14日

应急管理部党委委员、副部长，中国地震局党组书记、局长郑国光主持召开中央第八巡视组巡视中国地震局党组工作动员会，中央第八巡视组组长宁延令作动员讲话，并对做好巡视工作提出具体要求，郑国光同志作表态发言。

5月14日

中国地震局直属机关党委印发《关于表彰中国地震局直属机关优秀共产党员、优秀党务工作者、先进基层党组织的决定》，共有18位同志和10个党支部荣获中国地震局直属机关“两优一先”荣誉称号。

5月14日

为落实中央纪委关于“三转”要求，按照《应急管理部政治部关于纪检机构更名的通知》要求，将纪检和审计职能进行分离，进一步规范地震系统纪检机构设置，对局机关和局属单位纪检机构更名。

5月14日

中国地震局印发《关于贯彻落实过紧日子要求 进一步加强和规范预算管理的通知》。

5月18日

21时47分，云南省昭通市巧家县（北纬27.18°，东经103.16°）发生5.0级地震，震源深度8千米。中国地震局派出1人参加应急管理部工作组，赴灾区指导抗震救灾工作。

5月18日

中国地震局召开2020年全国“两会”地震安全保障服务部署检查视频会议。

5月20日

应急管理部党委委员、副部长，中国地震局党组书记、局长郑国光主持召开2020年全面深化改革领导小组会议，传达学习中央全面深化改革委员会第十三次会议精神，研究部署常态化疫情防控新形势下地震系统全面深化改革工作。会议审议《中国地震局火山研究所建设方案》，听取中国地震局地质研究所改革情况汇报、各专项改革进展情况和改革办工作汇报。

5月20日

应急管理部党委委员、副部长，中国地震局党组书记、局长郑国光主持召开党组会议，审议通过《关于进一步深化地震安全性评价管理改革的意见》。

5 月 21 日

中国地震局召开地震系统视频会议，深入学习贯彻习近平总书记关于防灾减灾救灾重要论述和防震减灾重要指示批示精神，传达学习国家减灾委、国务院抗震救灾指挥部全体会议精神，部署贯彻落实工作。

5 月 21 日

应急管理部党委委员、副部长，中国地震局党组书记、局长郑国光主持召开党组会议，深入学习贯彻习近平总书记在中央和国家机关党的建设工作会议上重要讲话精神，学习贯彻中央和国家机关党的工作暨纪检工作会议精神，研究贯彻落实举措。

5 月 21 日

应急管理部党委委员、副部长，中国地震局党组书记、局长郑国光主持召开机关作风建设月活动青年干部座谈会。

5 月 26 日

00 时 54 分，北京市门头沟区发生 3.6 级地震，震源深度 18 千米，震中距门头沟区政府 17 千米。

5 月 27 日

完成 2017 年以前的 95 项现行地震标准和 2019 年前的 120 项制修订计划项目集中复审和评估清理。现行标准中继续有效 67 项，修订 27 项，废止 1 项。制修订项目计划中继续实施 63 项，取消 39 项，调整 18 项。

5 月 27 日

中国地震局与国家煤矿安全监察局联合印发《关于建立冲击地压矿井地震信息共享机制的通知》。

5 月 28 日

根据《中央编办关于中国地震局机关党委加挂党组巡视工作领导小组办公室牌子的批复》，中国地震局机关党委加挂党组巡视工作领导小组办公室牌子，名称变更为机关党委（党组巡视工作领导小组办公室）。

5 月 30 日

第二届全国创新争先奖表彰奖励大会在京举行。中国地震台网中心侯建民荣获第二届全国创新争先奖，成为中国地震局第一个获得此奖项的科技工作者。

6 月 2 日

应急管理部党委委员、副部长，中国地震局党组书记、局长郑国光主持召开党组会议，传达学习贯彻习近平总书记在全国“两会”期间及主持中央政治局第二十次集体学习时的重要讲话精神和全国“两会”精神，研究部署贯彻落实习近平总书记重要指示批示精神“回头看”等工作。

6 月 10 日

中国地震局印发《地震信息化建设管理办法》。

6 月 15 日

科技部、财政部、人力资源社会保障部将中国地震局工程力学研究所作为五年周期中央级科研事业单位绩效评价试点单位。

6 月 15 日

中国地震局批准成立中国地震局火山研究所。

6 月 15 日

应急管理部党委委员、副部长，中国地震局党组书记、局长郑国光主持召开中国地震局新冠肺炎疫情防控工作领导小组视频会议。

6 月 15 日

应急管理部党委委员、副部长，中国地震局党组书记、局长郑国光主持召开党组理论学习中心组专题学习视频会议，深入学习贯彻习近平总书记重要指示批示精神，督促检查地震系统落实习近平总书记重要指示批示“回头看”工作进展，听取有关内设机构开展情况汇报，进一步安排部署贯彻落实习近平总书记重要指示批示“回头看”工作。

6 月 17 日

中国地震局党组听取国家地震烈度速报与预警工程等三项工程进展情况汇报。

6 月 17—20 日

应急管理部党委委员、副部长，中国地震局党组书记、局长郑国光赴江西、湖南开展防汛检查，并听取江西省地震局、湖南省地震局工作汇报。

6 月 22 日

应急管理部党委委员、副部长，中国地震局党组书记、局长郑国光主持召开党组专题会议，再次听取贯彻落实习近平总书记重要指示批示“回头看”进展情况汇报，研究部署下一步工作。

6 月 22—23 日

中国地震局组织召开 2020 年年中全国地震趋势跟踪会商会。应急管理部党委委员、副部长，中国地震局党组书记、局长郑国光出席会议并讲话。中国地震局党组成员、副局长阴朝民出席会议。

6 月 24 日

应急管理部党委委员、副部长，中国地震局党组书记、局长郑国光主持召开中国地震局新冠肺炎疫情防控工作领导小组会议。

6 月 26 日

05 时 05 分，新疆和田地区于田县（北纬 35.73°，东经 82.33°）发生 6.4 级地震，震源深度 10 千米，震中距离于田县城 138 千米。

6 月 30 日

应急管理部党委委员、副部长，中国地震局党组书记、局长郑国光主持召开党组会议，学习传达习近平总书记对防汛救灾工作重要指示精神，习近平总书记在中央政治局第二十次集体学习时的重要讲话精神。听取学习贯彻落实习近平总书记重要指示批示精神“回头看”进展情况汇报，研究部署近期重点工作。

7 月 1 日

应急管理部党委委员、副部长，中国地震局党组书记、局长郑国光围绕“强化政治机关意识、坚定走好第一方阵，为防震减灾事业高质量发展提供坚强政治保障”作专题党课。

7月2日

中国地震局召开局疫情防控工作领导小组会议。

7月2日

中国地震局党组印发《关于认真学习贯彻习近平总书记重要指示批示精神全力做好2020年下半年全国震情监视跟踪和应急准备工作的通知》。

7月6日

中国地震局印发北京市地震局、河北省地震局、山西省地震局、吉林省地震局、湖北省地震局、云南省地震局6家省级地震局“三定”规定。

7月6日

中国地震局印发《中国地震局项目支出绩效评价管理办法》《中国地震局预算绩效运行监控管理暂行办法》《防震减灾基础设施维修改造经费管理办法》。

7月7日

中国地震局召开党组会议，审议中国地震局党组工作规则、中国地震局党组认真学习贯彻落实习近平总书记重要指示批示和党中央决策部署工作办法。

7月9日

应急管理部党委委员、副部长，中国地震局党组书记、局长郑国光主持召开2020年全面深化改革领导小组会议，传达学习中央全面深化改革委员会第十四次会议精神，研究部署地震系统全面深化改革工作。会议听取了改革办关于全面深化改革上半年工作总结和下半年工作建议汇报。

7月12日

中国地震局党组印发《中国地震局人事管理回避实施办法》。

7月12日

06时38分，河北省唐山市古冶区发生5.1级地震，震源深度10千米。

7月13日

09时28分，新疆伊犁州霍城县发生5.0级地震，震源深度15千米，地震未造成人员伤亡和财产损失。

7月15日

应急管理部党委委员、副部长，中国地震局党组书记、局长郑国光主持召开中国地震局网络安全和信息化领导小组会议，深入学习贯彻习近平网络强国战略思想，听取地震网络安全和信息化工作进展情况汇报，研究部署下一阶段重点工作。

7月15日

应急管理部党委委员、副部长，中国地震局党组书记、局长郑国光主持召开党组会议，学习贯彻落实习近平总书记对进一步做好防汛救灾工作重要指示精神，再次研究部署震情监视跟踪和应急准备工作。

7月16日

中国地震局召开地震系统全面深化改革推进视频会，深入学习贯彻习近平总书记关于全面深化改革和防灾减灾救灾重要论述，落实党中央全面深化改革决策部署，总结交流地震系统近年来全面深化改革工作，进一步推进全系统全面深化改革工作。应急管理部党委委员、副部长，中国地震局党组书记、局长郑国光出席会议并讲话，中国地震局党组成员、副局长王昆主持会议，中国地震局党组成员、副局长闵宜仁、阴朝民出席会议。

7月19日

应急管理部党委委员、副部长，中国地震局党组书记、局长郑国光主持召开党组会议，传达学习习近平总书记在中央政治局常委会会议上关于做好防汛工作的重要讲话精神，研究地震系统贯彻落实措施。

7月20日

应急管理部党委委员、副部长，中国地震局党组书记、局长郑国光主持召开党组会议，深入学习贯彻落实习近平总书记在中央政治局常务委员会会议上关于做好防汛救灾工作的重要讲话精神，研究地震系统贯彻落实措施。

7月21日

应急管理部党委委员、副部长，中国地震局党组书记、局长郑国光主持召开地震系统视频会议，传达学习贯彻习近平总书记关于防汛救灾重要指示精神，全面部署当前防震减灾工作。

7月21日

中国地震局印发《关于做好防震减灾公共服务试点有关工作的通知》。

7月21日

国家市场监督管理总局（国家标准化管理委员会）正式批准发布推荐性国家标准GB/T 17742—2020《中国地震烈度表》（代替GB/T 17742—2008），将于2021年2月1日起正式实施。

7月21日

中国地震局党组印发《学习贯彻落实习近平总书记关于防汛救灾重要指示工作方案》。

7月23日

04时07分，西藏那曲市尼玛县发生6.6级地震，震源深度10千米。

7月24日

应急管理部党委委员、副部长，中国地震局党组书记、局长郑国光主持召开党组会议，传达学习了国务院第三次廉政工作会议精神，听取地震系统2020年上半年全面从严治党工作情况汇报，研究部署下一阶段工作。

7月24日

中国地震局与中国核工业集团有限公司在北京签署战略合作协议。

7月24日

中国地震局党组会议研究同意应急管理部提出中国地震局地壳应力研究所划转应急管理部的划转方案。

7月28日

中国地震局召开深入学习贯彻习近平总书记“7·28”重要讲话精神座谈视频会，认真学习贯彻习近平总书记重要讲话精神，深入研讨贯彻落实全面提高地震灾害综合防范能力的举措。应急管理部党委委员、副部长，中国地震局党组书记、局长郑国光主持会议并讲话，河北省、四川省、云南省、新疆维吾尔自治区人民政府领导，住建部、交通部、教育部和唐山市人民政府领导作专题发言，15 名国务院抗震救灾指挥部成员单位代表、地震系统处级以上干部参加会议。

7 月 28 日

在习近平总书记调研考察唐山并发表重要讲话四周年之际，国务院抗震救灾指挥部办公室、中国地震局召开深入学习贯彻习近平总书记“7·28”重要讲话精神座谈视频会。

7 月 30 日

应急管理部党委委员、副部长，中国地震局党组书记、局长郑国光主持召开党组会议，围绕《习近平谈治国理政》第三卷进行专题学习研讨，研究部署地震系统学习宣传贯彻工作。

7 月 31 日

应急管理部党委委员、副部长，中国地震局党组书记、局长郑国光在中国地震局会见紫光集团联席总裁、紫光股份董事长、紫光新华三集团于英涛一行。

7 月 31 日

中国地震局印发《关于对河北省地震局等 11 家省局所属事业单位公务用车制度改革实施方案的批复》。

8 月 6 日

按照中央编办批复文件要求，中国地震局地壳应力研究所整体划转应急管理部，更名为国家自然灾害防治研究院。

8 月 11 日

应急管理部党委委员、副部长，中国地震局党组书记、局长郑国光到甘肃省永靖县调研脱贫攻坚和定点扶贫工作。

8 月 11—14 日

应急管理部党委委员、副部长，中国地震局党组书记、局长郑国光赴甘肃省检查地震灾害防范应对准备工作，与甘肃省委副书记、省长唐仁健座谈，双方就进一步加强甘肃省防灾减灾救灾工作和打赢永靖脱贫攻坚战进行了深入交流。期间，郑国光同志到定点帮扶县永靖县调研脱贫攻坚并赴甘肃局和舟曲地震台调研指导防震减灾工作。

8 月 18 日

中国地震局召开直属机关纪委第二十三次（扩大）会议。

8 月 19 日

中国地震局召开干部大会，中央组织部副部长曾一春出席会议并宣布中央决定：闵宜仁同志任中国地震局党组书记，郑国光同志不再担任中国地震局党组书记职务。会议由郑国光同志主持，应急管理部党委书记、副部长黄明出席会议并讲话。

8 月 20 日

中国地震局在北京组织召开地震易发区房屋设施加固工程协调工作组扩大会议暨加固工程协调调度会，调度工程推进情况，研究部署下一阶段重点工作。应急管理部党委委员，中国地震局党组书记闵宜仁出席会议并讲话，中国地震局党组成员、副局长王昆主持会议，协调工作组全体成员、联络员出席，各省级地震局及各地加固工程牵头部门负责人参加了会议。

8 月 20 日

中国地震局召开 2020 年度预算执行工作视频会议。应急管理部党委委员，中国地震局党组书记闵宜仁出席会议并讲话。

8 月 21 日

中央第八巡视组向中国地震局党组反馈巡视情况。同日，应急管理部党委委员，中国地震局党组书记闵宜仁主持向领导班子反馈会议并就做好巡视整改工作讲话。

8 月 21 日

应急管理部党委委员，中国地震局党组书记闵宜仁主持召开党组会议，传达学习贯彻习近平总书记在听取中央第五轮巡视情况汇报时的重要讲话精神，研究局党组落实中央巡视整改意见措施。

8 月 22 日

中国地震局印发《全面推行行政执法公示制度执法全过程记录制度重大执法决定法制审核制度实施意见》。

8 月 24 日

中国地震局办公室、国家广电总局办公厅联合印发《关于开展地震预警信息播发（应急广播）试点工作的通知》。

8 月 25 日

应急管理部党委委员，中国地震局党组书记闵宜仁代表中国地震局党组看望慰问老领导宋瑞祥、陈章立和陈建民。

8 月 25 日

应急管理部党委委员，中国地震局党组书记闵宜仁主持召开巡视整改工作领导小组会议。会议听取整改办近期工作汇报，对近期巡视整改工作做出部署。巡视办成员及各司联络员参加会议。

8 月 25 日

中国地震局召开局长专题会，研究完善地震系统管理体制研究生教育基地组建和局属单位报批报备事项、研究生教育基地组建和局属单位报批报备事项清理工作。

8 月 26 日

应急管理部党委委员，中国地震局党组书记闵宜仁主持召开党组理论学习中心组学习会议，认真学习《习近平谈治国理政》第三卷，深入学习贯彻习近平总书记在中央和国家机关党的建设工作会议、中央政治局第二十一次集体学习时重要讲话精神，学习领会习近平总书记关于意识形态工作的重要论述，进一步强化政治机关意识教育，践行“两个维护”。

8 月 27 日

中国地震局召开 2020 年机关作风建设月活动总结会。

8 月 27 日

应急管理部党委委员，中国地震局党组书记闵宜仁主持召开中国地震局防震减灾“十四五”规划编制领导小组会议。

8 月 27 日

应急管理部党委委员，中国地震局党组书记闵宜仁代表中国地震局党组看望慰问局科学技术委员会主任陈颙院士。

8 月 28 日

应急管理部党委委员，中国地震局党组书记闵宜仁主持召开党组会，学习传达贯彻习近平总书记在扎实推进长三角一体化发展座谈会上的重要讲话精神、在安徽考察时关于防汛救灾工作的重要指示精神和在经济社会领域专家座谈会，研究审议通过 22 个局属单位“三定”规定。

8 月 28 日

国务院发文任命闵宜仁同志为中国地震局局长。

9 月 1 日

中国地震局印发天津局、辽宁局、黑龙江局、上海局、江苏局、浙江局、安徽局、福建局、江西局、山东局、河南局、湖南局、广东局、广西局、重庆局、四川局、贵州局、陕西局、甘肃局、青海局、宁夏局、新疆局 22 个省级地震局职能配置、内设机构、所属事业单位设置和人员编制规定。

9 月 1 日

应急管理部党委委员，中国地震局党组书记、局长闵宜仁主持召开巡视整改工作领导小组会议。研究审议中央巡视反馈意见整改方案、选人用人专项检查反馈意见整改方案，巡视工作专项检查反馈意见整改方案，党组巡视整改专题民主生活会方案等。

9 月 2 日

应急管理部党委委员，中国地震局党组书记、局长闵宜仁出席天津市地震局领导班子调整宣布大会。

9 月 3 日

应急管理部党委委员，中国地震局党组书记、局长闵宜仁看望慰问老领导宋瑞祥。

9 月 4 日

应急管理部党委委员，中国地震局党组书记、局长闵宜仁主持召开党组会议，学习贯彻习近平总书记关于坚决制止餐饮浪费行为的重要指示精神，传达学习习近平总书记在中央第七次西藏工作座谈会、在中央全面深化改革委员会第十五次会议、纪念中国人民抗日战争暨世界反法西斯战争胜利 75 周年座谈会上的重要讲话精神，研究部署落实工作。

9 月 8 日

应急管理部党委委员，中国地震局党组书记、局长闵宜仁主持召开党组会议，研究巡视整改工作。

9 月 8 日

中国地震局党组印发《中共中国地震局党组落实中央巡视反馈意见整改方案》。

9 月 10 日

应急管理部党委委员，中国地震局党组书记、局长闵宜仁出席防灾科技学院 2020 年教师节庆祝表彰大会，并进行工作调研。

9 月 10 日

中国地震局党组印发《中共中国地震局党组落实巡视工作情况专项检查反馈意见整改方案》《中共中国地震局党组落实选人用人专项检查反馈意见整改方案》。

9 月 14 日

应急管理部党委委员，中国地震局党组书记、局长闵宜仁主持召开党组会议，深入学习习近平总书记在中央政治局第二十一次集体学习时的重要讲话精神，传达学习中央组织部电视电话会议精神，研究地震系统贯彻落实工作措施。

9 月 14 日

应急管理部党委委员，中国地震局党组书记、局长闵宜仁主持召开局务会议，审议并原则通过《中国地震局关于加强科技创新支撑新时代防震减灾事业现代化建设的实施意见》。

9 月 16 日

应急管理部党委委员，中国地震局党组书记、局长闵宜仁主持召开局党组 2020 年理论学习中心组学习会议，认真学习领会习近平总书记在纪念中国人民抗日战争暨世界反法西斯战争胜利 75 周年座谈会上的重要讲话精神，学习贯彻习近平总书记关于巡视工作重要论述和关于坚决反对浪费重要指示批示精神，以及在听取十九届中央第五轮巡视工作综合情况汇报时的重要讲话精神，学习领会中央巡视领导小组要求和中央巡视组反馈意见，统一思想，提高认识，为开好中国地震局党组巡视整改专题民主生活会打牢思想基础。

9 月 17 日

应急管理部党委委员，中国地震局党组书记、局长闵宜仁在北京会见定点扶贫县永靖县委书记尹宝山、县长张自贤一行，听取永靖县近期脱贫攻坚工作汇报，共商永靖县定点帮扶工作。

9 月 17 日

应急管理部党委委员，中国地震局党组书记、局长闵宜仁到中国地震应急搜救中心调研指导工作，听取工作情况汇报并与干部职工进行座谈。

9 月 18 日

应急管理部党委委员，中国地震局党组书记、局长闵宜仁会见福建省委常委、副省长赵龙一行。

9 月 18 日

中国地震局党组召开巡视整改专题民主生活会，党组书记、局长闵宜仁主持会议，中国地震局党组成员、副局长阴朝民、王昆出席会议，中央纪委机关、中央组织部、驻部纪检监察组、部机关党委有关同志到会指导。

9 月 18 日

中国地震局印发《北京 2022 年冬奥会和冬残奥会地震安全风险防范应对工作方案》。

9 月 21 日

中国地震局批准发布《地震台站建设规范 全球导航卫星系统基准站》等 3 项地震行业标准，自 2021 年 1 月 1 日起正式实施。3 项地震行业标准如下：

DB/T 19—2020《地震台站建设规范 全球导航卫星系统基准站》（代替 DB/T 19—2006）

DB/T 22—2020《地震观测仪器进网技术要求 地震仪》（代替 DB/T 22—2007）

DB/T 32. 1—2020《地震观测仪器进网技术要求 地下流体观测仪第 1 部分：压力式水

位仪》（代替 DB/T 32.1—2008）

9 月 22 日

应急管理部党委委员，中国地震局党组书记、局长闵宜仁主持召开2020年全面深化改革领导小组会议，传达学习中央全面深化改革委员会第十五次会议精神，研究部署推动地震系统更深层次改革。会议审议了《中国地震局成都青藏高原地震研究所建设方案（送审稿）》，听取了地震系统全面深化改革推进视频会议贯彻落实情况、地震台站改革工作、进一步全面深化改革任务清单编制和预测所科技体制改革进展等汇报。

9 月 22 日

应急管理部党委委员，中国地震局党组书记、局长闵宜仁主持召开党组会议，审议并原则通过中国地震台网中心等5个业务中心的“三定”规定。

9 月 22 日

应急管理部党委委员，中国地震局党组书记、局长闵宜仁主持召开局务会议，审议《中国地震局政策研究课题管理办法》《中国地震局网络安全管理办法》。

9 月 22 日

应急管理部党委委员，中国地震局党组书记、局长闵宜仁主持召开巡视整改工作领导小组会议暨巡视整改推进会。进一步压紧压实巡视整改政治责任，以上下联动、一体整改推动巡视整改工作。

9 月 23 日

全国地震专用计量测试技术委员会成立大会暨第一次工作会议在北京召开，地震计量委主任委员、中国地震局党组成员、副局长阴朝民出席会议并讲话。

9 月 23—25 日

中国地震局党组成员、副局长王昆作为国家减灾委全国自然灾害防治工作督查检查工作组，赴四川进行督察检查。

9 月 24 日

中国地震局召开组织人事工作会议。

9 月 24 日

应急管理部党委委员，中国地震局党组书记、局长闵宜仁主持中国地震局第二十三期震苑大讲堂，邀请中国政法大学校长、中国法学会行政法学研究会会长马怀德作“民法典实施与依法行政”专题讲座。中国地震局党组成员、副局长阴朝民，地震系统各单位处级以上干部参加讲座。

9 月 24 日

中国地震局印发《党的十九届五中全会和2020年国庆中秋“两节”地震安全保障服务实施方案》。

9 月 25 日

中国地震局在北京召开地震系统科学家座谈会，应急管理部党委委员，中国地震局党组书记、局长闵宜仁出席会议并讲话，听取地震科学家和科技工作者加快推动地震科技创新驱动事业发展的意见和建议，中国地震局党组成员、副局长阴朝民主持会议。

9 月 27 日

党组全体成员出席全国地震预警工作推进视频会，应急管理部党委委员，中国地震局党组书记、局长闵宜仁讲话。

9 月 27 日

中国地震局召开 2020 年国庆中秋假期地震安全保障服务动员部署视频会议。

9 月 28 日

应急管理部党委委员，中国地震局党组书记、局长闵宜仁主持召开党组会议，听取中央巡视反馈意见整改、选人用人专项检查反馈意见整改和巡视工作专项检查反馈意见整改进展情况汇报，研究部署下一阶段重点措施和任务。

9 月 28 日

应急管理部党委委员，中国地震局党组书记、局长闵宜仁主持召开党组会议，传达学习习近平总书记在第三次中央新疆工作座谈会上的重要讲话精神，听取国家地震烈度速报与预警工程等重点项目进展情况汇报，研究部署近期重点工作。

9 月 28 日

中国地震局印发《关于成立中国地震局地震预警工作推进领导小组的通知》。

9 月 29 日

中国地震局人事教育司组织开展人事干部视频培训。

9 月 30 日

应急管理部党委委员，中国地震局党组书记、局长闵宜仁到中国地震台网中心慰问国庆、中秋“双节”期间值班值守人员。

10 月 9 日

应急管理部党委委员，中国地震局党组书记、局长闵宜仁主持召开局党组巡视工作领导小组会议，研究审议局党组巡视工作相关制度。

10 月 9 日

应急管理部党委委员，中国地震局党组书记、局长闵宜仁主持召开党组会议，审议《中国地震局党组贯彻落实〈中国共产党党组（党委）理论学习中心组学习规则〉实施意见》。

10 月 12 日

应急管理部党委委员，中国地震局党组书记、局长闵宜仁主持召开专题会议，研究贯彻落实黄明书记调研讲话精神相关工作。

10 月 14 日

中国地震局印发《新疆重特大地震监测预测和应对准备工作方案》。

10 月 14 日

应急管理部党委委员，中国地震局党组书记、局长闵宜仁赴搜救中心调研全面从严治党工作。

10 月 15 日

应急管理部党委委员，中国地震局党组书记、局长闵宜仁主持召开地震系统视频会议，传达贯彻应急管理部党委书记、部长黄明调研讲话精神并以“敢于责任担当、不辱历史使命”为主题讲专题党课。

10 月 16 日

应急管理部党委委员，中国地震局党组书记、局长闵宜仁主持召开京津冀地区地震预警工作推进会议。

10 月 16 日

国家发展改革委副秘书长赵辰昕主持召开中国地震科学实验场咨询会，应急管理部党委委员，中国地震局党组书记、局长闵宜仁，中国地震局党组成员、副局长阴朝民、王昆参加。

10 月 16 日

中国地震局印发《中国地震局网络安全管理办法》。

10 月 17 日

中国地震学会召开第十次全国会员代表大会，完成理事会换届工作，选举张培震院士担任学会理事长。

10 月 19 日

中国地震局党组会议研究明确中国地震局地球物理研究所、地质研究所、地震预测研究所、工程力学研究所和防灾科技学院，实行党组织领导下的行政领导人负责制。

10 月 19 日

中国地震局印发《中国地震局公共服务事项清单（内部试行）》等 3 个文件，内部试行《中国地震局公共服务事项清单》和《中国地震局第一批公共服务事项和产品清单》，试行《中国地震局公共服务事项清单管理办法》。

10 月 20 日

驻部纪检监察组与中国地震局党组就中央巡视整改工作进行专题会商。

10 月 20—21 日

应急管理部党委委员，中国地震局党组书记、局长闵宜仁赴西藏开展抗震救灾、防汛抗旱、森林草原防灭火应急救援指挥体系调研，与西藏自治区党委常委、常务副主席姜杰座谈，调研期间分别听取四川省地震局党组、西藏自治区地震局党组工作汇报，并会见成都高新减灾研究所王暾。

10 月 22 日

中国地震局印发《地震中心站改革重点任务分工与实施方案》。

10 月 23—25 日

中国地震局党组成员、副局长王昆赴云南检查督导云南局巡视整改和地震预警项目先行先试攻坚工作，并深入昭通市巧家县就地震易发区房屋设施加固工程开展情况进行调研。

10 月 26 日

应急管理部党委委员，中国地震局党组书记、局长闵宜仁主持召开巡视整改工作领导小组会议并讲话。

10 月 26 日

中国地震局办公室印发《关于开展全国地震预警工作督导暨国家地震烈度速报与预警工程项目实施中期检查的通知》。

10 月 26 日

应急管理部党委委员，中国地震局党组书记、局长闵宜仁看望慰问“中国人民志愿军抗美援朝出国作战 70 周年”纪念章获得者代表林晴生同志。

10 月 26—30 日

机关纪委联合中国纪检监察学院举办了地震系统纪检干部监督执纪执法业务培训。

10 月 26—30 日

机关纪委联合中国纪检监察学院举办了地震系统纪检干部监督执纪执法业务培训。

10 月 27 日

中国地震局党组印发《省级地震局领导班子成员选拔任用工作实施办法》，进一步完善领导班子成员选拔任用制度。

10 月 27 日

中国地震局党组印发《中国地震局干部职工兼职管理办法（试行）》。

10 月 27 日

应急管理部党委委员，中国地震局党组书记、局长闵宜仁主持召开局务会议，审议《中国地震科学实验场组织架构方案》等工作。

10 月 27 日

应急管理部党委委员，中国地震局党组书记、局长闵宜仁主持召开党组会议，传达学习贯彻《中国共产党中央委员会工作条例》，听取工作汇报，研究部署当前重点工作。

10 月 28 日

中国地震局印发《地震英才国际培养项目管理办法》。

10 月 28 日

中国地震局印发《中国地震局校所全面合作三年行动方案》，制定局属研究所、防灾科技学院 2021—2023 年合作行动方案。

10 月 29 日

中国地震局印发《年度全国地震重点危险区确定技术规范》。

10 月 29 日

应急管理部党委委员，中国地震局党组书记、局长闵宜仁主持召开地震预警工作领导小组第一次会议，听取各专项工作组工作汇报。

10 月 29 日

应急管理部党委委员，中国地震局党组书记、局长闵宜仁主持召开新时代防震减灾事业现代化建设试点调研视频会议，听取现代化试点单位工作进展情况汇报。

10 月 29 日

应急管理部党委委员，中国地震局党组书记、局长闵宜仁主持召开部分单位落实中央巡视反馈意见整改工作推进会。传达驻部纪检监察组对部分单位和部门问题反馈意见，听取有关单位巡视整改情况汇报，提出工作要求。

10 月 29 日

应急管理部党委委员，中国地震局党组书记、局长闵宜仁出席并主持 2020 年局机关二级巡视员和一级调研员及以下职级晋升民主推荐会。

10 月 29 日

防震减灾法执法检查意见整改落实“回头看”情况调研全部结束。调研采用视频会议方式，将各省局分为六组进行。

10 月 30 日

中国地震局印发《地震台站监测岗位培训分级分类培训方案（2021 年版）》。

10 月 30 日

中国地震局党组印发《中国地震局领导干部政治素质考察细则（试行）》。

10 月 30 日

中国地震局党组印发《中国地震局干部挂职锻炼实施细则》。

10 月 30 日

中国地震局党组印发《关于中国地震局内设处级机构调整的通知》。

10 月 31 日—11 月 1 日

中国地震局党组成员、副局长王昆赴青海检查督导青海省地震局巡视整改、贯彻落实习近平总书记重要指示批示和党的建设等工作，实地调研西宁地震台和青海省防震减灾技术中心。

11 月 2 日

中国地震局党组会议审议通过《中国地震局事业单位领导人员管理办法》，于 11 月 3 日正式印发。

11 月 2 日

应急管理部党委委员，中国地震局党组书记、局长闵宜仁主持召开局务会议，听取震情工作汇报。中国地震局党组成员、副局长阴朝民、王昆出席。

11 月 2 日

应急管理部党委委员，中国地震局党组书记、局长闵宜仁主持召开党组会议，审议相关组织人事工作制度，听取地震系统落实《中国地震局组织人事工作监督清单》专项检查以及领导干部个人有关事项报告、因私出国（境）管理、落实干部回避制度、干部兼职取酬等专项整治的汇报，对地震系统运用检查成果、深化制度执行作出部署安排。

11 月 3 日

财政部自然资源和生态环境司司长夏先德一行到中国地震局调研，应急管理部党委委员，中国地震局党组书记、局长闵宜仁会见夏先德一行，中国地震局党组成员、副局长阴朝民参加调研。

11 月 3 日

中国地震局党组印发《中国地震局党组加强局属单位一把手监督实施办法（试行）》。

11 月 3 日

中国地震局党组印发《中国地震局事业单位领导人员管理办法》。

11 月 3—4 日

应急管理部党委委员，中国地震局党组书记、局长闵宜仁到山东省地震局调研全面从严治党工作，召开调研座谈会，传达学习贯彻党的十九届五中全会精神，深入学习贯彻习近平总书记重要讲话精神，大力推进新时期防震减灾事业高质量发展。

11 月 4—7 日

中国地震局党组成员、副局长阴朝民赴江苏、广东督导调研巡视整改和基层党建工作。

11 月 5 日

应急管理部党委委员，中国地震局党组书记、局长闵宜仁主持召开党组扩大会议，传达学习贯彻习近平总书记在党的十九届五中全会上的重要讲话精神，研究部署工作。中国地震局党组成员、副局长王昆出席。

11 月 5 日

应急管理部党委委员，中国地震局党组书记、局长闵宜仁主持召开青年干部代表座谈会，深入学习党的十九届五中全会精神和习近平总书记在中央党校 2020 年秋季学期中青年干部培训班开班式上的重要讲话精神，听取青年干部对巡视整改的意见建议。

11 月 5 日

应急管理部党委委员，中国地震局党组书记、局长闵宜仁主持召开地震系统 2020 年警示教育大会并讲话。会上，中国地震局党组成员、副局长阴朝民通报了党的十九大以来地震系统违纪违法典型案件情况。中国地震局党组成员、副局长王昆出席会议，中央纪委国家监委驻应急管理部纪检监察组有关同志到会指导。

11 月 6 日

应急管理部党委委员，中国地震局党组书记、局长闵宜仁主持召开地震监测中心站“三定”规定征求意见视频会，深入学习贯彻党的十九届五中全会精神，认真落实习近平总书记防灾减灾救灾重要论述和防震减灾重要指示批示精神，研究推进地震监测中心站“三定”规定编制工作。

11 月 6 日

2020 年度全国震害防御工作会议在北京召开。应急管理部党委委员，中国地震局党组书记、局长闵宜仁出席会议并讲话。中国地震局党组成员、副局长王昆主持会议。

11 月 6 日

中国地震局印发《关于建立健全中国地震科学实验场组织管理架构的通知》。

11 月 7—8 日

中国地震局党组成员、副局长王昆赴西藏检查督导西藏自治区地震局巡视整改、贯彻落实习近平总书记重要指示批示、全面从严治党和意识形态等工作，并到拉萨地磁台、部分居民小区实地调研。

11 月 9 日

中国地震局党组印发《中国地震局事业单位岗位设置和人员聘用实施意见》。

11 月 10 日

应急管理部党委委员，中国地震局党组书记、局长闵宜仁主持召开党组会议和局务会议，听取人才工作汇报，审定 2020 年度专业技术二级岗位任职资格评审结果，研究《中国地震局地震科技创新团队创建思路》。

11 月 10 日

应急管理部党委委员，中国地震局党组书记、局长闵宜仁主持召开局党组中央巡视整改工作领导小组会议，中国地震局党组成员、副局长阴朝民、王昆出席。

11 月 10 日

应急管理部党委委员，中国地震局党组书记、局长闵宜仁主持召开党组会，会议审议通过内蒙古自治区地震局、海南省地震局、西藏自治区地震局和中国地震局发展研究中心、机关服务中心等 5 个单位的“三定”规定，以及河北、山西、江西、河南、广东、四川、陕西等 7 个省局地震监测中心站“三定”规定。

11 月 10 日

应急管理部党委委员，中国地震局党组书记、局长闵宜仁主持召开局务会议，审议《中国地震局重大震情评估通报制度》等制度办法。

11 月 10 日

应急管理部党委委员，中国地震局党组书记、局长闵宜仁主持召开党组会，会议通过内蒙古自治区地震局、海南省地震局、西藏自治区地震局和中国地震局发展研究中心、机关服务中心以及河北省地震局等 7 个省局地震监测中心站“三定”规定。审议通过 2020 年专业技术二级岗位任职资格评审结果。

11 月 11 日

应急管理部党委委员，中国地震局党组书记、局长闵宜仁主持召开局党组理论学习中心组集体学习会议。会议认真学习贯彻党的十九届五中全会精神，深入学习领会习近平总书记关于防范化解重大风险等重要论述精神，科学谋划“十四五”时期防震减灾事业改革发展，进一步树牢国家总体安全观，增强防范化解重大风险意识，推动全面深化改革，加强地震灾害风险防治和公共服务体系建设。

11 月 12 日

应急管理部党委委员，中国地震局党组书记、局长闵宜仁会见广西壮族自治区党委常委、自治区副主席黄世勇一行。中国地震局党组成员、副局长阴朝民参加会见。

11 月 12 日

中国地震局印发河北省地震局、山西省地震局、江西省地震局、河南省地震局、广东省地震局、四川省地震局、陕西省地震局等 7 个单位地震监测中心站“三定”规定。

11 月 12 日

中国地震局印发《中国地震局招标与采购管理办法》。

11 月 12 日

中国地震局印发《中国地震局关于进一步加强招标与采购内部控制的通知》。

11 月 13 日

应急管理部党委委员，中国地震局党组书记、局长闵宜仁主持召开专题会议，审议京津冀地震监测研判与风险应对准备有关材料。中国地震局党组成员、副局长阴朝民、王昆出席会议。

11 月 13 日

中国地震局印发《中国地震局重大震情评估通报制度》。

11 月 17 日

应急管理部党委委员，中国地震局党组书记、局长闵宜仁主持召开党组会议，深入学习贯彻党的十九届五中全会精神，审议局党组关于做好党的十九届五中全会精神学习宣传贯彻工作方案，听取国家地震烈度速报与预警工程、自然灾害防治两项重点工程进展情况汇报。

11 月 17 日

应急管理部党委委员，中国地震局党组书记、局长闵宜仁主持召开局务会议，审议

《中国地震局关于进一步落实科技部等6部门〈关于扩大高校和科研院所科研相关自主权的若干意见〉的意见》。

11月17日

中国地震局印发《中国地震局防震减灾科普社会化项目管理办法（试行）》，推进防震减灾科普社会化。

11月17日

中国地震局党组会议审议并原则同意《中国地震局党组整治“近亲繁殖”问题实施办法》，并以局党组文件形式在全局系统印发实施，进一步加强和规范“近亲繁殖”问题整治。

11月19日

应急管理部党委委员，中国地震局党组书记、局长闵宜仁主持专题会议，听取贯彻落实党的十九届五中全会精神重点课题研究进展汇报。

11月20日

中国地震局召开地震预警项目座谈会，深入学习贯彻习近平总书记关于防震减灾和提升地震监测预警能力重要指示批示精神，就扎实推进中国地震预警“一张网”建设进行座谈研讨。应急管理部党委委员，中国地震局党组书记、局长闵宜仁出席会议并讲话。

11月20日

应急管理部党委委员，中国地震局党组书记、局长闵宜仁主持召开专题会议，研究统筹做好京津冀大震风险联防联控工作，中国地震局党组成员、副局长阴朝民出席。

11月20日

中国地震局与成都高新减灾研究所签订地震预警合作谅解备忘录。

11月20日

中国地震局印发《中国地震局关于进一步落实科技部等6部门〈关于扩大高校和科研院所科研相关自主权的若干意见〉的意见》。

11月20日

中国地震局地球物理研究所在2020年中央级高校和科研院所等单位重大科研基础设施和大型科研仪器开放共享评价考核中评价为优秀。

11月20日

中国地震局印发《关于成立中国地震局自然灾害防治重点工程工作专班地震灾害风险普查项目办公室及技术专家组的通知》。

11月24日

中国地震局核准印发地球所、地质所、预测所章程。

11月24日

中国地震局印发成都青藏高原地震研究所建设方案。

11月24日

中国地震局在科技与国际合作司设置“预测科技处”，负责组织地震预测科学技术应用研究、成果转化、推广应用和地震预测技术评估等工作。

11月24日

应急管理部党委委员，中国地震局党组书记、局长闵宜仁主持召开党组会议，传达学习习近平总书记在中央全面依法治国工作会议上的重要讲话精神，研究贯彻落实工作。中国地震局党组成员、副局长阴朝民、王昆出席。

11 月 24 日

中国地震局印发《关于机关议事协调机构和临时机构设置的通知》，进一步规范中国地震局机关议事协调机构和临时机构的设置管理。

11 月 25 日

应急管理部党委委员，中国地震局党组书记、局长闵宜仁主持召开 2020 全面深化改革领导小组会议，传达学习中央全面深化改革委员会第十六次会议精神，研究部署新发展阶段地震系统改革工作。会议审议《地震系统进一步全面深化改革工作思路（审议稿）》，听取 2020 年度改革评估工作进展情况汇报。

11 月 25 日

应急管理部党委委员，中国地震局党组书记、局长闵宜仁主持召开专题会议，听取 2021 年全国地震趋势会商准备情况汇报，中国地震局党组成员、副局长阴朝民、王昆参加。

11 月 26 日

中国地震局直属机关党委审计处受到中国内部审计协会表彰，获得“全国内部审计先进集体”称号。

11 月 26 日

中国地震局党组印发《关于地震系统干部兼职专项整治情况的通报》。

11 月 27 日

中国地震局召开 2020 年预算执行工作推进视频会议，通报全局预算执行情况，研究推进预算执行，部署 2021 年预算编制等重点工作。中国地震局党组成员、副局长阴朝民出席会议并讲话。

12 月 1 日

应急管理部党委委员，中国地震局党组书记、局长闵宜仁主持召开党组会议，听取全国建设工程地震安全监管检查工作汇报，研究部署当前重点工作。中国地震局党组成员、副局长阴朝民、王昆出席会议。

12 月 1 日

中国地震局科技委 2020 年度工作会议在北京召开，应急管理部党委委员，中国地震局党组书记、局长闵宜仁出席并讲话，中国地震局党组成员、副局长阴朝民、王昆出席。中国地震局科技委主任陈颙院士主持。会议听取“十四五”国家防震减灾规划编制情况和中国地震科学实验场工作进展汇报。

12 月 1 日

中国地震局党组会审议通过 2020 年中国地震局创新团队和优秀人才遴选结果。

12 月 1—2 日

2021 年度全国地震趋势会商会在北京召开，应急管理部党委委员，中国地震局党组书记、局长闵宜仁出席会议并讲话。中国地震局党组成员、副局长阴朝民出席会议。

12 月 8 日

应急管理部党委委员，中国地震局党组书记、局长闵宜仁先后主持召开党组会、局务会，审议省级地震局地震监测中心站“三定”规定和《地震监测中心站人员管理办法（试行)》《全国地震监测台站业务轮训总体工作方案》，中国地震局党组成员、副局长阴朝民、王昆出席会议。

12 月 8 日

中国地震局组织召开地震灾害风险普查试点“大会战”总结会暨全国试点推进视频会。中国地震局党组成员、副局长王昆出席会议并讲话。震害防御司传达了国务院普查办关于推进全国试点工作会议精神和部署，北京市地震局、山东省地震局分别介绍，局风险普查牵头部门负责人参加会议。

12 月 8 日

中国地震局党组会议审议通过《开展中央巡视反馈意见整改落实工作“回头看”实施方案》，并于 12 月 10 日以党组文正式印发。

12 月 11 日

中国地震局印发《防震减灾工作评比表彰办法》。

12 月 11 日

中国地震局印发《地震监测中心站人员管理办法（试行)》。

12 月 11 日

科技部、中宣部、中国科协印发《关于表彰全国科普工作先进集体和先进工作者的决定》，北京市防震减灾宣教中心被授予“全国科普工作先进集体”称号，工力所曲哲研究员被授予“全国科普工作先进工作者”称号。

12 月 16 日

为推动地震台站改革，规范地震监测中心站设置，中国地震局印发 24 个省级地震局地震监测中心站“三定”规定。31 个省 140 个地震监测中心站“三定”规定已全部批复完成。

12 月 16 日

应急管理部党委委员，中国地震局党组书记、局长闵宜仁主持召开专题会议听取中国地震科学实验场近期工作情况汇报，中国地震局党组成员、副局长阴朝民、王昆参加。

12 月 16 日

中央纪委常委、国家监委委员，副秘书长兼办公厅主任张春生一行赴中国地震局调研推进深化垂直管理单位纪检监察体制改革试点工作情况。中央纪委国家监委驻应急管理部纪检监察组组长蒲宇飞，应急管理部党委委员，中国地震局党组书记、局长闵宜仁及国家矿山安监局、应急管理部消防救援局有关负责同志参加调研座谈。

12 月 17 日

中国地震局印发《关于对天津市地震局等 17 个局属事业企业单位公务用车制度改革方案的批复》。

12 月 18 日

应急管理部党委委员，中国地震局党组书记、局长闵宜仁主持召开中国地震局党组巡视工作领导小组会议，听取巡视组汇报，审议巡视报告，研究巡视成果运用。

12 月 22 日

应急管理部党委委员，中国地震局党组书记、局长闵宜仁主持召开中国地震局党组会议，听取本轮巡视工作情况汇报，研究后续巡视工作安排及深化巡视成果运用。

12 月 22 日

应急管理部党委委员，中国地震局党组书记、局长闵宜仁主持召开党组会议，传达学习中央经济工作会议精神，研究贯彻落实工作，部署岁末年初重点任务，中国地震局党组成员、副局长阴朝民、王昆出席会议。

12 月 22 日

中国地震局党组召开专题会议听取地震预警工作推进汇报，应急管理部党委委员，中国地震局党组书记、局长闵宜仁就下一步工作提出要求。

12 月 23 日

应急管理部党委委员，中国地震局党组书记、局长闵宜仁主持召开局地震预警工作推进领导小组会议，听取台网中心关于《中国地震局成都高新减灾研究所地震预警合作谅解备忘录》落实进展的汇报，对政策研究组汇报的《地震预警信息发布指南》进行了研究，并就各专项工作组下一步工作进行了部署。

12 月 22—23 日

中国地震局组织开展地震系统纪检机构主要负责人述职述廉工作，局属单位纪检组长（纪委书记）参加。

12 月 23 日

应急管理部党委委员，中国地震局党组书记、局长闵宜仁主持召开地震预警工作推进领导小组会议，中国地震局党组成员、副局长阴朝民、王昆参加。

12 月 24 日

中国地震局举行新任职司局级领导干部集体任职廉政谈话会，中央纪委国家监委驻应急管理部纪检监察组组长蒲宇飞，应急管理部党委委员，中国地震局党组书记、局长闵宜仁出席会议并讲话。

12 月 24 日

中国地震局印发《关于印发〈地震计量工作管理办法（试行）〉的通知》。

12 月 24 日

中国地震局组织机关各内设机构新任职司局级领导干部和局属单位新任职领导班子正、副职进行集体宪法宣誓。应急管理部党委委员，中国地震局党组书记、局长闵宜仁监誓，中国地震局党组成员、副局长阴朝民主持宣誓仪式，中国地震局党组成员、副局长王昆出席。

12 月 25 日

应急管理部党委委员，中国地震局党组书记、局长闵宜仁赴国家地震紧急救援训练基地调研。

12 月 25 日

中国地震局印发《中国地震局国有资产管理办法》《中国地震局关于进一步加强和改进国有资产管理工作的通知》《中国地震局属单位企业管理办法》《关于西藏自治区地震局等 4 个单位公务用车编制有关事项的批复》。

12 月 28 日

应急管理部党委委员，中国地震局党组书记、局长闵宜仁主持召开局党组理论学习中心组集体学习会议，认真学习贯彻中央依法治国工作会议精神，深入学习领会习近平法治思想，研究提出依法治局、加快推进防震减灾法治建设的思路举措，为实现防震减灾治理体系和治理能力现代化提供有力保障。局机关各内设机构主要负责人、京区直属有关单位主要负责人参加学习会议。中国地震局党组成员、副局长阴朝民、王昆出席会议。

12 月 28 日

中国地震局直属机关党委印发《关于召开 2020 年度党支部组织生活会和开展民主评议党员的通知》。

12 月 28 日

新疆帕米尔陆内俯冲野外科学观测研究站和河北红山巨厚沉积结构与地震灾害野外科学观测研究站列入科技部国家野外站择优建设名单。

12 月 29 日

中国地震局直属机关党委印发《2021 年元旦春节期间持续纠治“四风”工作的通知》。

12 月 29 日

应急管理部党委委员，中国地震局党组书记、局长闵宜仁主持召开党组会议，审议局党组落实党的十九届五中全会精神和应急管理部党委相关重点工作安排的措施建议、局党组关于加强地震预报工作的指导意见等。

12 月 29 日

应急管理部党委委员，中国地震局党组书记、局长闵宜仁主持召开局务会议，听取全国震情监视跟踪和应急准备工作情况汇报，审议 2020 年综合考评量化评分及年度工作创新项目等。

12 月 30 日

应急管理部党委委员，中国地震局党组书记、局长闵宜仁为成都高新减灾研究所“地震预警技术研发成都中心”揭牌。

（中国地震局办公室）

2020年中国地震局系统各单位离退休人员统计

（截止时间：2020年12月31日）

序号	项　目	合　计	离休干部				退休干部					
			小计	局级	处级	其他	小计	局级	处级	研究员	副研	其他
	总　计	8672	146	24	106	16	8526	459	1665	508	2267	3627
1	北京市地震局	103					103	8	31	6	35	23
2	天津市地震局	191					191	8	33	13	55	82
3	河北省地震局	357	2			2	355	13	56	14	90	182
4	山西省地震局	201	2			2	199	12	49	6	44	88
5	内蒙古自治区地震局	178	6		6		172	8	31	1	27	105
6	辽宁省地震局	294	8	3	5		286	20	77	10	101	78
7	吉林省地震局	86	2		1	1	84	6	26		32	20
8	黑龙江省地震局	101	1		1		100	10	29	1	33	27
9	上海市地震局	131	4		4		127	13	32	8	31	43
10	江苏省地震局	267	2	1	1		265	15	35	16	102	97
11	浙江省地震局	83	1	1			82	11	19	2	16	34
12	安徽省地震局	142	4	1	3		138	8	29	5	31	65
13	福建省地震局	243	2	1		1	241	12	44	12	67	106
14	江西省地震局	45	1		1		44	4	14		9	17
15	山东省地震局	288	8	1	6	1	280	12	63	3	80	122
16	河南省地震局	149	4	1	3		145	5	36	5	33	66
17	湖北省地震局	354	5		5		349	16	45	41	114	133
18	湖南省地震局	69	2	1	1		67	6	34		10	17
19	广东省地震局	297	4	1	2	1	293	11	59	16	59	148
20	广西壮族自治区地震局	92	1		1		91	10	25		11	45
21	海南省地震局	55					55	6	17		14	18
22	重庆市地震局	24					24	4	13		5	2
23	四川省地震局	530	10	2	8		520	12	77	18	110	303
24	贵州省地震局	37	2	1	1		35		12		6	17
25	云南省地震局	520	6	2	4		514	13	56	18	154	273
26	西藏自治区地震局	32					32	8	15		3	6
27	陕西省地震局	202	7	1	6		195	7	38	6	49	95

续表

序号	项　目	合　计	离休干部				退休干部					
			小计	局级	处级	其他	小计	局级	处级	研究员	副研	其他
28	甘肃省地震局	499	5	2	2	1	494	7	50	32	120	285
29	宁夏回族自治区地震局	111					111	9	16	3	25	58
30	青海省地震局	93	1		1		92	7	20	2	12	51
31	新疆维吾尔自治区地震局	271	3	1	2		268	13	35	17	64	139
32	中国地震局地球物理研究所	370	10		8	2	360	9	54	63	144	90
33	中国地震局地质研究所	292	9		9		283	9	48	68	78	80
34	中国地震局地壳应力研究所	307	7		4	3	300	11	38	26	110	115
35	中国地震局地震预测研究所	196	5	1	3	1	191	11	69	10	61	40
36	中国地震局工程力学研究所	259	3		3		256	4	23	34	93	102
37	中国地震台网中心	197	1	1			196	17	38	23	61	57
38	中国地震灾害防御中心	126	3		3		123	4	20	3	18	78
39	中国地震局发展研究中心	5					5	2	3			
40	中国地震局地球物理勘探中心	257	3		2	1	254	12	42	8	68	124
41	中国地震局第一监测中心	180	3		3		177	5	47	7	38	80
42	中国地震局第二监测中心	118	2		2		116	7	28	2	21	58
43	防灾科技学院	109					109	5	29	9	32	34
44	中国地震局机关服务中心	83					83	13	50			20
45	中国地震局驻深圳办事处	10					10	4	3		1	2
46	中国地震局机关	118	7	2	3	2	111	52	57			2

（中国地震局离退休干部办公室）

地震科技图书简介

地震避险与自救互救案例及指南

孟晓春　主编

16 开　定价：39.80 元

地震避险不是标准化的，更不是模式化的，它是十分复杂的问题，受环境、位置、建筑、体力等多重因素制约，需要因地制宜，科学灵活应对。书中案例取材于北川幸存者的应急避险和自救互救真实情况，并配以作者科学的分析和理解，是一本指导基层和公众应急避险与自救互救技能培训的图书。

王妙月文集

王妙月　底青云等　著

16 开　定价：200.00 元

文集选取了王妙月先生研究成果中的部分内容，可分为重磁学、地震学、电磁学与直流电法等。其中，重磁学部分收集了重磁相关理论方法等论文 7 篇；地震学部分收集了天然地震震源机制等论文 12 篇，以及石油地震相关论文 28 篇；电磁学与直流电法部分收集了音频大地电磁法等论文 36 篇，激电正演论文 2 篇，极低频电磁探测论文 8 篇。

地震者说

张友林　杨秀生　主编

16 开　定价：68.00 元

本书将“说”这种文体古为今用，通过讲故事的形式，表达防震减灾行业精神，宣传防震减灾科普知识。首先从历史的维度，记述地震事件或地震中发生的奇闻逸事；其次从现代管理角度介绍我国防震减灾发展史；再次以普通工作者为叙事主体，表达防震减灾行业精神，启迪来者，激励后人；最后以记者札记和报告文学为主，呈现他们眼中与地震相关的事迹等。

农村精准到户地震避险设计及实例

朱桃花　郑建锋　主编

16 开　定价：38.00 元

本书适用于全国范围内农村精准到户的地震避险设计，尤其适用于以下两类农村地区：一是处于地震带上、地震多发的农村地区；二是地区偏远、发展落后、防震减灾基础设施不完善，村民获取防震减灾科普知识途径单一的农村地区。旨在加强农村地区的防震减灾科普教育工作，将防震减灾科普精准落实到户，把科普从公共场所推进到家庭，让每个农村家庭成员都能准确自救互救。

古诗中的地震

邓　森　编

16 开　定价：28.00 元

本书以绘画的形式生动地展现了地震诗中的场景，打破了一贯地将专业与文学相区别的模式，将古诗与地震完美融合，增加了专业知识的趣味性和可读性，书中文字配有拼音和注释，具有普适性，有助于普通大众特别是青少年认识古诗和地震在历史长河中留下的点点滴滴。

依兰—伊通断裂晚第四纪构造变形与分段

余中元　殷　娜　闵　伟　著

16 开　定价：68.00 元

依兰—伊通断裂既是郯庐断裂带北段的主要组成部分，也是东北地区规模和影响最大的发震构造。作者总结近十多年来的研究成果，得出该断裂带晚第四纪以来构造变形强烈，具备强震的孕育能力和构造背景等特征，这对深化对依兰—伊通断裂的科学认识及断裂沿线的防灾减灾工作有重要科学和防灾减灾现实意义。

东北地震区地震构造图（1:100 万）和说明书

刘　双　徐岳仁　编著

16 开　定价：500.00 元

其包含说明书和《东北地震区地震构造图（1:100 万）》两部分。其中，说明书用文字介绍了图包含的内容和编制过程等；图则整合简化最新研究成果，以1:100 万地理地图为底图，严格按照《活动断层探测》（GB/T36072—2018）、工程场地地震安全性评价（GB17741—2005）等有关要求编制。对提高社会公众服务水平、相关专业技术研究的从业人员具有重要的参考价值。

减轻自然灾害

陈　颙　著

16 开　定价：58.00 元

本书是陈颙院士最新创作的科普读物。本书在此前“自然灾害”科普系列的基础上，对自然灾害的研究从认识论和方法论的高度进行了初步梳理和提高，从更高的层面理解人类社会与其赖以生存的地球之间的共存关系，从而更好地领悟自然灾害的真谛，把握应对自然灾害的策略，服务于人类社会发展的需要。书中文字简洁通俗、阐述切中要害，案例引用经典，图文并茂。

滑坡灾害

陈　颙　著

16 开　定价：58.00 元

本书内容以重力作用为线索，以滑坡、泥石流为重点，阐释了重力作用下地质灾害的类型、成因、影响因素、社会危害以及防治要领，是防震减灾事业的一个重要方面。该书思路清晰，选材凝练，特别是将落石、塌陷、滑坡、泥石流等纳入重力地质作用的范畴阐释，有利于读者从力学本质上理解这些自然灾害的特点，把握应对措施，从而增强宣传、普及的效果。

地震预测研究年报（2019）

中国地震局地震预测研究所　编

16 开　定价：68.00 元

本书为中国地震局地震预测研究所编撰的连续出版物。2019 年报从“解剖地震”工程、地震预测研究实践、地震预测预报预警科技发展动态研究、地震预测重点实验室建设、中国地震科学实验场、学术交流活动六个部分总结、分析了地震预测研究的最新进展，以求最大限度减轻地震灾害风险的效果，对完善地震预测预报工作体系和服务于社会等具有重要意义。

社区应急指导手册

应急管理部国家减灾中心　编写

16 开　定价：21.00 元

社区是社会的基本单元，也是灾害事故的直接承受单位和第一响应单位。习近平总书记多次强调，要把社区居民发动起来，构筑起防控的人民防线。为此，国家减灾中心参考相关文件，借鉴各地社区应急管理工作实践智慧和国际经验，组织专业力量，从组织建设、日常管理和应急处置三个方面编制本手册，供社区工作人员参考和借鉴，助力提升社区应急管理能力和水平。

家庭应急手册

应急管理部国家减灾中心　编写

16 开　定价：19.00 元

本书为国家减灾委员会办公室指导、应急管理部国家减灾中心编写的丛书之一。本书通过“你的家庭安全吗”“有备才能无患”“学会应急措施”“应急常用信息”等内容，介绍了地震、台风、火灾、交通安全、公共卫生事件等常见灾害风险常识和避险方法，梳理家庭风险隐患，引导制定家庭应急方案，帮助降低和避免灾害带来的不利影响。

地震波的生成与传播

［美］何塞·普约尔（Jose Pujol）　著

马德堂　朱光明　李忠生　武银婷　仝红娟　译

16 开　定价：78.00 元

本书是一本经典译著，原著名为 *Elastic Wave Propagation and Generation in Seismology*，由剑桥大学出版社出版，主要内容有弹性波动力学基础、无限介质中的标量波动方程和弹性波动方程及其求解、分层介质中地震波的传播理论、面波理论、射线理论、无限均匀介质中的地震点震源问题的讨论、无限介质中的天然地震震源问题的讨论等。

中华经典应急管理名言警句集

张　静　著

16 开　定价：59.00 元

本书主要按照经典名句、原始出处、现代释义、应用场景四部分展开，致力于发掘古代典籍中关于应急管理、防灾减灾中的精华警句，阐释其优秀的哲学观、方法论、发展观，讲清楚这些思想精华的辩证思想、历史渊源、发展脉络与基本走向。这些古代智慧有利于增强当今应急管理与防灾减灾的文化基因和软实力。

测震分析预测技术方法工作手册

中国地震局监测预报司　编著

16 开　定价：120.00 元

测震分析预报技术管理组于 2015 年启动了基于《中国震例》（1966—2015）“研究建立不同时空尺度测震学预测指标体系”的清理工作；2019—2020 年测震分析预报技术管理组历经数次修订，最终汇编为集技术方法定义、物理含义、异常识别规则、预测指标、效能评估、典型震例为一体的测震学预测技术方法工作手册。本书为“地震危险性判定技术方法”系列丛书的一个分册，共十章。

地震电磁分析预测技术方法工作手册

中国地震局监测预报司　编著

16 开　定价：120.00 元

本书为“地震危险性判定技术方法”系列丛书的一个分册，共七章。第一章为地震电磁学概述；第二章为地电场干扰处理及地电场优势方位角法；第三章为地震地磁日变化异常分析方法；第四章为地震地磁扰动异常的分析方法；第五章为直流视电阻率法异常分析方法；第六章为磁测深视电阻率异常分析方法；第七章为与本手册有关的地磁分析软件介绍。

地震应急救援协同联动信息服务系统研究与应用

刘　军　洪中华　谭　明　主编

16 开　定价：40.00 元

本书为国家重点研发计划项目“星机地协同的大地震灾后灾情快速调查关键技术研究”的科研成果转化，研发的地震应急救援协同联动信息服务系统通过采集和传输各类灾情及其空间位置信息，实现地震灾区公众、现场指挥部和协同联动成员间的信息互通与共享，提高协同联动信息融合度。该著作能为应急管理人员、地震应急救援专业技术人员和科研人员的灾情收集与快速获取方面提供技术参考。

形变分析预测技术方法工作手册

中国地震局监测预报司　编著

16 开　定价：80.00 元

本书为“地震危险性判定技术方法”系列丛书的一个分册，分为六章。第一章为概述；第二章为定点形变分析方法与震例总结；第三章为断层形变分析方法与效能评估；第四章为重力分析方法与震例总结；第五章为 GNSS 形变资料分析方法与震例总结；第六章为综合分析与地震危险性判定，附录为数值计算在形变干扰分析中的应用。

一九二〇年海原大地震

《一九二〇年海原大地震》编委会　编

16 开　定价：192.00 元

本书是地震出版社策划的中国典型震例科学总结系列图书之一，也是在海原大地震 100 周年来临之际，地震出版社联合宁夏回族自治区地震局，将改革开放以来有关海原大地震系列研究成果合集的经典再现。其涵盖了翔实的地震史料、研究成果、稀有图片等。

地下流体分析预测技术方法工作手册

中国地震局监测预报司　编著

16 开　定价：160.00 元

为提高对地下流体异常识别的可操作性和规范化程度，保持异常判定方法的继承性，明确异常判定指标的意义，地下流体学科逐步完善了学科预测业务体系。本书为“地震危险性判定技术方法”系列丛书的一个分册：第一～三章主要介绍与地震地下流体相关的基础理论；第四章介绍地下流体观测技术；第五～八章介绍地下流体数据处理、异常提取、动态分析、异常核实和效能检验的方法；第九章总结梳理地下流体指标体系相关成果。

地震预测研究年报（2020）

中国地震局地震预测研究所　编

16 开　定价：68.00 元

本书是中国地震局地震预测研究所组织编撰的一本全面反映 2020 年在地震预测预报理论技术与方法、地震预测预报进展评估等方面的年度报告。本次年报顺应改革趋势，将 2020 年地震预测研究年报内容的重点体现在地震预测预报理论技术与方法、进展评估等方面，为地震系统内外从事地震预测预报的相关研究人员提供了一手、全面的参考资料。

中国地震年鉴（2019）

《中国地震年鉴》编辑部　编

16 开　定价：198.00 元

《中国地震年鉴（2019）》全面、系统反映 2019 年度地震与地震灾害、防震减灾地震科技、机构人事、规划财务、合作交流和党的建设工作以及重要会议活动等情况，是一部记载 2019 年全国地震灾害概况、防震减灾现状与发展、全面从严治党等方面工作的资料性工具书。

中国地震科学实验场工作进展

《中国地震科学实验场工作进展》编写组　编

16 开　定价：28.00 元

本书是对中国地震科学实验场建设以来取得的阶段性成果的总结，包括数据及共享工作开展情况、数据产品研制进展以及数据共享清单，是中国地震科学实验场建设以来第一本关于实验场工作成果总结的报告。

中国地震科学实验场数据年报（2019）

《中国地震科学实验场数据年报（2019）》编写组　编

16 开　定价：68.00 元

本书介绍了 2019 年度中国地震科学实验场数据及共享工作开展情况、数据产品研制进展，以及数据共享清单（目录）；是中国地震科学实验场建设以来第一本关于数据工作与进展的年报，记录了实验场在克服数据共享难题方面的积极探索，对从事有关研究的科技人员了解实验场数据工作，获取数据共享信息等很有价值。

（地震出版社）

《中国地震年鉴》特约审稿人名单

谷永新	北京市地震局
郭彦徽	天津市地震局
杨蒙蒙	河北省地震局
李　杰	山西省地震局
弓建平	内蒙古自治区地震局
赵广平	辽宁省地震局
孙继刚	吉林省地震局
张明宇	黑龙江省地震局
李红芳	上海市地震局
付跃武	江苏省地震局
王秋良	浙江省地震局
张有林	安徽省地震局
朱海燕	福建省地震局
胡翠娥	江西省地震局
李远志	山东省地震局
王志铄	河南省地震局
晁洪太	湖北省地震局
曾建华	湖南省地震局
钟贻军	广东省地震局
李伟琦	广西壮族自治区地震局
陈　定	海南省地震局
杜　玮	重庆市地震局
张永久	四川省地震局
陈本金	贵州省地震局
毛玉平	云南省地震局
张　军	西藏自治区地震局
王彩云	陕西省地震局
石玉成	甘肃省地震局
马玉虎	青海省地震局
张新基	宁夏回族自治区地震局
王　琼	新疆维吾尔自治区地震局
李　丽	中国地震局地球物理研究所
单新建	中国地震局地质研究所
张晓东	中国地震局地震预测研究所
李山有	中国地震局工程力学研究所
孙　雄	中国地震台网中心
陈华静	中国地震灾害防御中心
吴书贵	中国地震局发展研究中心
翟洪涛	中国地震局地球物理勘探中心
宋兆山	中国地震局第一监测中心
范增节	中国地震局第二监测中心
何本华	防灾科技学院
高　伟	地震出版社

《中国地震年鉴》特约组稿人名单

赵希俊　北京市地震局
丁　晶　天津市地震局
张帅伟　河北省地震局
和　炜　山西省地震局
王石磊　内蒙古自治区地震局
韩　平　辽宁省地震局
赵春花　吉林省地震局
李丽娜　黑龙江省地震局
刘　欣　上海市地震局
郑汪成　江苏省地震局
沈新潮　浙江省地震局
李　昊　安徽省地震局
王庆祥　福建省地震局
曹　健　江西省地震局
李志鹏　山东省地震局
滕　婕　河南省地震局
安　宁　湖北省地震局
孙慧璇　湖南省地震局
袁秀芳　广东省地震局
吕聪生　广西壮族自治区地震局
曾春梅　海南省地震局
谢　镪　重庆市地震局
何濛滢　四川省地震局
何国文　贵州省地震局
徐　昕　云南省地震局
赵立宁　西藏自治区地震局
谢慧明　陕西省地震局
许丽萍　甘肃省地震局
胡爱真　青海省地震局
沙曼曼　宁夏回族自治区地震局
邱媛媛　新疆维吾尔自治区地震局
卜淑彦　中国地震局地球物理研究所
高　阳　中国地震局地质研究所
张　洋　中国地震局地震预测研究所
彭　飞　中国地震局工程力学研究所
薛　杭　中国地震台网中心
杨　睿　中国地震灾害防御中心
许启慧　中国地震局发展研究中心
魏学强　中国地震局地球物理勘探中心
孙启凯　中国地震局第一监测中心
屈　佳　中国地震局第二监测中心
张玉琛　防灾科技学院
郭贵娟　地震出版社